Internationaler Naturschutz

Springer-Verlag Berlin Heidelberg GmbH

Karl-Heinz Erdmann (Hrsg.)

Internationaler Naturschutz

Mit 74 Abbildungen und 31 Tabellen

 Springer

Dr. KARL-HEINZ ERDMANN
Bundesamt für Naturschutz
Konstantinstraße 110

D-53179 Bonn

Umschlagbild: Naturschutzbildung im Biosphärenreservat Mount Carmel in Israel
Hintergrundbild: Desertifikationserscheinungen im Sahel der Republik Niger

Die Deutsche Bibliothek - CIP-Einheitsaufnahme
Internationaler Naturschutz : mit 31 Tabellen / Karl-Heinz Erdmann (Hrsg.). - Berlin; Heidelberg;
New York; Barcelona; Budapest; Hongkong; London; Mailand; Paris; Sanata Clara; Singapur; Tokio
: Springer, 1997
ISBN 978-3-642-64514-3   ISBN 978-3-642-60700-4 (eBook)
DOI 10.1007/978-3-642-60700-4
NE: Erdmann, Karl-Heinz [Hrsg.]

Herstellung: B. Schmidt-Löffler

Umschlaggestaltung: design & production, Heidelberg

SPIN:10521367   30/3136 - 5 4 3 2 1 0 - Gedruckt auf säurefreiem Papier

Inhaltsverzeichnis

Autorenverzeichnis

Dipl.-Ing. (FH) Marc Auer
Bundesministerium für Umwelt, Naturschutz und Reaktorsicherheit (BMU), Postfach 12 06 29, D-53048 Bonn

Franz Böhmer
Bundesamt für Naturschutz (BfN), Konstantinstr. 110, D-53179 Bonn

Jossi Cohen
Nature Reserve Authority (NRA), Yirmeyahu Street 78, Jerusalem 94467, Israel

Dr. Friedrich Duhme
TUM Freising-Weihenstephan, Lehrstuhl für Landschaftsökologie, D-85350 Freising-Weihenstephan

Jens A. Enemark
Gemeinsames Wattenmeersekretariat, Virchowstr. 1, D-26382 Wilhelmshaven

Dr. Karl-Heinz Erdmann
Bundesamt für Naturschutz (BfN), Konstantinstr. 110, D-53179 Bonn

Dr. Eliezer Frankenberg
Nature Reserve Authority (NRA), Yirmeyahu Street 78, Jerusalem 94467, Israel

Prof. Dr. Jörg Grunert
Universität Mainz, Geographisches Institut, Saarstr. 21, D-55122 Mainz

Dipl.-Geogr. Sigrid Hess
Technische Universität Dresden, Fakultät Forst-, Geo- und Hydrowissenschaften, Institut für Photogrammetrie und Fernerkundung, Momsenstr. 13, D-01069 Dresden

Prof. Dr. Frank Klötzli
Eidgenössische Technische Hochschule Zürich, Geobotanisches Institut, Zürichbergstr. 38, CH-8044 Zürich

Dr. Hans Dieter Knapp
Bundesamt für Naturschutz (BfN) - Internationale Naturschutzakademie (INA), Insel Vilm, D-18581 Lauterbach auf Rügen

Prof. Dr. Roman Lenz
Fachhochschule Nürtingen, Fachbereich Landespflege, Schelmenwasen 4-8,
D-72622 Nürtingen

Prof. Dr. Hartmut Leser
Universität Basel, Geographisches Institut, Klingelbergstr. 16,
CH-4056 Basel

Prof. Dr. Volker Linneweber
Potsdam-Institut für Klimafolgenforschung e.V., Telegrafenberg,
Postfach 60 12 03, D-14412 Potsdam
und Universität Magdeburg, Institut für Psychologie, Postfach 41 20,
D-39016 Magdeburg

Arnulf Müller-Helmbrecht
Koordinator des Sekretatiates der Bonner Konvention wandernde Tierarten
(CMS), Mallwitzstr. 1-3, D-53177 Bonn

Dipl.-Geogr. Jörg Sauerborn
Bundesamt für Naturschutz (BfN), Konstantinstr. 110, D-53179 Bonn

Dr. Thomas Schaaf
UNESCO, Division of Ecological Sciences, 1 Rue Miollis, F-75015 Paris

Dipl.-Ing. Peter Schall
ESRI Gesellschaft für Systemforschung und Umweltplanung mbH, Ringstr. 7,
D-85402 Kranzberg

Dipl.-Ing. Michael Sittard
ESRI Gesellschaft für Systemforschung und Umweltplanung mbH, Ringstr. 7,
D-85402 Kranzberg

Prof. Dr. Michael Stubbe
Universität Halle-Wittenberg, Institut für Zoologie, Domplatz 4,
D-06099 Halle/Saale

Prof. Dr. Martin Uppenbrink
Präsident des Bundesamtes für Naturschutz (BfN), Konstantinstr. 110,
D-53179 Bonn

Internationaler Naturschutz
- ein Vorwort

Karl-Heinz Erdmann (Bonn)

Von Natur aus unterliegen Pflanzen- und Tierpopulationen, Ökosysteme und auch Landschaften ständigen Veränderungen. Seit dem Auftreten der ersten Hominiden wird dieser natürliche Wandel in zunehmendem Maße anthropogen beeinflußt. Während paläo- und mesolithische Jäger und Sammler noch keine nachhaltigen Spuren hinterlassen und damit weitestgehend als Bestandteil der natürlichen Ökosysteme angesehen werden können, beginnt der Mensch spätestens im Neolithikum, die ursprünglichen Ökosysteme lokal, z.T. auch regional, umzugestalten. Aus Naturlandschaften werden Kulturlandschaften.

Die im Laufe der Zeit wachsende Einwirkung des Menschen auf seine Umwelt hat zur Folge, daß in den meisten Regionen der Erde die natürlichen ökosystemaren Prozesse, Biotope und Biozönosen heute tiefgreifend verändert sind und weitgehend kulturell gesteuert werden. Mit der Entfernung der natürlichen Vegetation schuf der Mensch - abhängig von der jeweils spezifischen Kulturausprägung und herrschenden Geisteshaltung - Ökosysteme neuen Typs. Diese vor allem durch anthropogene Nutzung hervorgegangenen Ökosystemtypen können u.a. in halbnatürliche, kultivierte und auch technische Varianten unterschieden werden.

Einige dieser anthropogenen Ökosysteme, insbesondere agrarisch geprägte, verfügen aufgrund einer mehrere Jahrhunderte während landwirtschaftlichen Nutzung über eine sehr hohe biologische Vielfalt. Um diese Vielfalt langfristig zu erhalten, ist es notwendig, die entsprechenden Landschaften auch zukünftig zu nutzen mit dem Ziel, die natürliche Sukzession zu verhindern. Die Nutzung ist jedoch derart zu gestalten, daß die verschiedenen, die biologische Vielfalt bedingenden ökosystemaren Strukturen und Prozesse erhalten werden.

Neben den als schützenswert eingestuften anthropogen geschaffenen Ökosystemtypen existieren aber auch vielfältige anthropogene Formen, die degradiert und irreversibel geschädigt sind. Ursachen hierfür sind u.a.

- Änderungen der Stoff- und Energieflüsse, vor allem durch Nutzungsintensivierungen,

- ein die Regenerationsrate übersteigender Verbrauch und die Verschmutzung von Boden, Wasser und Luft,

- die Vernichtung oder Gefährdung heimischer Tier- und Pflanzenarten sowie ihrer Lebensräume,

- die Verringerung des Erholungs- und Erziehungswertes der Landschaft.

Die verschiedenen anthropogenen Eingriffe in den Naturhaushalt haben weltweit dazu geführt, daß die natürliche Vielfalt, d.h. die Biodiversität, Geodiversität und Landschaftsdiversität, sehr stark abgenommen hat und auch gegenwärtig immer noch weiter zurückgeht, wovon in Zukunft auch existientielle Gefahren für den Menschen ausgehen können. Zu befürchten ist, daß bereits in naher Zukunft - ausgelöst durch Übernutzung und Belastung der Naturgüter - umfangreiche, derzeitig noch nicht exakt prognostizierbare und kalkulierbare Veränderungen im Naturhaushalt eintreten werden.

Im Gegensatz zu den Eingriffen in das Naturraumgefüge früherer Zeiten, die mehrheitlich auf der lokalen und regionalen Ebene stattfanden, handelt es sich bei den derzeit diskutierten Problemfeldern des Naturschutzes vor allem um überregional wirksame Ökosystemänderungen. In vielen Landschaften der Erde sind tiefgreifende Modifikationen der Strukturen, Funktionen und Prozesse bereits vorgezeichnet. Noch nicht eindeutig abzuschätzen ist, welche Konsequenzen diese Wandlungsvorgänge für die einzelnen Staaten haben können. Sicher ist: Einige Erdräume werden die Auswirkungen ökosystemarer Veränderungen stärker zu spüren bekommen als andere. Um den drohenden Gefahren angemessen begegnen zu können, wird künftig - stärker als dies in der Vergangenheit notwendig war - ein global abgestimmtes Handeln im Naturschutz erforderlich sein.

Das Ziel, Naturschutz auf internationaler Ebene zu installieren, ist keinesfalls jungen Ursprungs. Bereits im ausgehenden 19. Jahrhundert setzen erste Bestrebungen ein, Naturschutz international zu verankern. Nach einer bis ins Jahr 1945 zu terminierenden Anlaufphase folgt von 1945 bis 1970 eine Institutionalisierungsphase und von 1970 bis 1990 eine Konsolidierungsphase. Als Folge der politischen Umbrüche gegen Ende der 80er und zu Beginn der 90er Jahre dieses Jahrhunderts setzt auch im internationalen Naturschutz eine neue Ära ein. In der Folge dieses historischen Wandlungsprozesses entwickelt sich im Naturschutz weltweit eine wachsende Zusammenarbeit auf bilateraler, europaweiter wie auch globaler Ebene. Naturschutz wird seitdem zunehmend als gleichberechtigter Dialogpartner von anderen Nutzergruppen akzeptiert.

Wichtige Impulse hat der internationale Naturschutz durch die Konferenz der Vereinten Nationen für Umwelt und Entwicklung (UNCED) im Jahre 1992 in Rio de Janeiro erfahren. Insbesondere der Schutz und die nachhaltige Nutzung der natürlichen Ressourcen stehen seitdem im Zentrum politischer Bemühungen. Weltweite Aufmerksamkeit erlangte das anläßlich der UNCED von 167 Teilnehmerstaaten und der Europäischen Gemeinschaft unterzeichnete Übereinkommen über die Biologische Vielfalt. Damit wurde mit breiter Zustimmung der vertretenen Staaten eine wichtige internationale Grundlage für den Schutz und die nachhaltige Nutzung des globalen Naturerbes geschaffen.

Festzuhalten bleibt: Vielfältige Aktivitäten und internationale Vereinbarungen des Naturschutzes belegen, daß das Bewußtsein für die Notwendigkeit der Erhaltung der Funktionsfähigkeit des Naturhaushaltes und des dauerhaften Schutzes der natürlichen Ressourcen stetig gewachsen ist. Dennoch reichen die eingeleiteten Maßnahmen und Anstrengungen bei weitem noch nicht aus, um die komplexe Vielfalt der Natur langfristig zu bewahren und auch zu entwickeln. Ausgehend von akuten Problemfeldern wie

- der Abtragung fruchtbaren Bodens als Folge der Bodenerosion,
- der Verschmutzung der Gewässer,
- der Luftverunreinigung durch diverse Schadstoffe oder
- des Rückgangs der natürlichen Artenfülle

hat sich die Umwelt- und Naturschutzdiskussion längst zu einer grundsätzlichen gesellschaftspolitischen Diskussion über Konzepte einer wünschenswerten Zukunft weiterentwickelt. Dabei ist das Bewußtsein gewachsen, daß wirtschaftlicher und technischer Fortschritt nur dann sinnvoll sein kann, wenn - entsprechend dem Konzept der Nachhaltigkeit - die Funktionsfähigkeit der natürlichen Umwelt als Lebensgrundlage für heute lebende Menschen und künftige Generationen gewahrt bleibt.

Eine wichtige Aufgabe des internationalen Naturschutzes wird es deshalb künftig sein müssen, einerseits Fehlentwicklungen und Versäumnisse der Vergangenheit zu identifizieren und ihnen entgegenzuwirken, andererseits an der Zukunftsgestaltung auf lokaler, regionaler, nationaler und internationaler Ebene aktiv mitzuwirken. Beiträge des Naturschutzes könnten darin bestehen, dazu beizutragen, daß die Funktionsfähigkeit des Naturhaushaltes in seiner Gesamtheit dauerhaft geschützt, sozial und wirtschaftlich tragfähige Modelle eines schonenden Umgangs mit der Natur in repräsentativen Beispielregionen entwickelt und die dort gewonnenen Erkenntnisse auf die gesamte Fläche übertragen werden.

Vor dem Hintergrund der dargelegten Zusammenhänge wird deutlich, daß künftig eine weitere Verstärkung der Anstrengungen im Bereich des internationalen Naturschutzes notwendig ist. Eine Änderung menschlichen Verhaltens

Foto 1: Desertifikationserscheinungen im Sahel der Republik Niger

wird zwar seit langem angemahnt, wird jedoch bislang nur von einem geringen Bevölkerungsanteil praktiziert. Weder von der überwiegenden Zahl der Entscheidungsträger noch von der Bevölkerungsmehrheit wird bislang die Notwendigkeit zur langfristigen und grundlegenden Änderungen des umweltbezogenen Handelns gesehen. Um diesen notwendigen Wandlungsprozeß weiter zu fördern und auf die aktuellen Fragestellungen aufmerksam zu machen, veranstalteten das **Bundesamt für Naturschutz (BfN)** gemeinsam mit der **Universität Bonn**, der **Deutschen UNESCO-Kommission (DUK)** und der **Gesellschaft für Mensch und Umwelt (GMU)** im Wintersemester 1995/1996 die Ringvorlesung "*Internationaler Naturschutz*". Die Veranstaltung stand unter der Schirmherrschaft des Präsidenten des Bundesamtes für Naturschutz, **Martin Uppenbrink**.

Die vorliegende Publikation, mit der die im Rahmen der Ringvorlesung gehaltenen Vorträge zusammengefaßt werden, verfolgt das Ziel, aktuelle Probleme des internationalen Naturschutzes zu identifizieren, entsprechende Aufgabenfelder aufzuzeigen, angemessene praktikable Lösungsansätze zu entwickeln sowie präventive Lösungsstrategien vorzuschlagen. Namhafte dem deutschen Sprachraum entstammende Autoren geben einen Überblick über Themen, Schwerpunkte und künftige Perspektiven des internationalen Naturschutzes.

Die Beitragsfolge wird mit einem Grundsatzartikel von **Hans Dieter Knapp**, Bundesamt für Naturschutz (Insel Vilm), zum Thema *"Internationaler Naturschutz. Phantom oder Notwendigkeit?"* eröffnet. Neben einem Abriß der geschichtlichen Entwicklung werden Akteure, Aktionsebenen und Instrumente des internationalen Naturschutzes dargestellt. Es folgt ein Überblick über die verschiedenen Aktivitäten Deutschlands im internationalen Naturschutz. Im abschließenden Teil erörtert der Autor die Entwicklungen des Naturschutzes im Osten Europas nach dem politischen Umbruch Ende der 80er und zu Beginn der 90er Jahre. Den Artikel vervollständigt eine Zeittafel zur geschichtlichen Entwicklung des internationalen Naturschutzes.

Es folgt ein Aufsatz von **Thomas Schaaf**, Programmkoordinator der Division of Ecological Sciences der UNESCO (Paris), der den *"Beitrag der UNESCO zur Förderung des internationalen Naturschutzes"* beleuchtet. Im Mittelpunkt stehen dabei die Arbeiten, die im Rahmen des zwischenstaatlichen ökosystemaren UNESCO-Programms "Der Mensch und die Biosphäre" (MAB) durchgeführt wurden und werden. Der Autor stellt Arbeiten der UNESCO zur Etablierung von Modelllandschaften einer nachhaltigen Entwicklung, sogenannten Biosphärenreservaten, vor. Das Wirken der UNESCO zielt in diesem Bereich darauf ab, einerseits die natürlichen Ressourcen zu schützen, andererseits gemeinsam mit den und für die in diesen Gebieten lebenden und wirtschaftenden Menschen dauerhaft-umweltgerechte Lebensweisen zu etablieren. Am Beispiel von Projekten der UNESCO in afrikanischen Biosphärenreservaten werden Ansätze, Umsetzungskonzepte und Erfolgsaussichten diskutiert.

Diesen zwei Übersichtsbeiträgen folgen drei Aufsätze zu wichtigen Konventionen des internationalen Naturschutzes.

Der Artikel von **Franz Böhmer**, Bundesamt für Naturschutz (Bonn), lautet: "CITES - Washingtoner Artenschutz-Übereinkommen. Internationale Schutzbestimmungen für den Handel mit gefährdeten Tier- und Pflanzenarten und ihre nationale Umsetzung". Dieses 1973 in Washington ausgearbeitete internationale Abkommen zielt darauf ab, den grenzüberschreitenden Verkehr mit gefährdeten (lebenden oder toten) Tier- und Pflanzenarten, mit Teilen dieser oder mit Erzeugnissen, die aus geschützten Arten gewonnen wurden, zu regeln. Die verschiedenen behördlichen Eingriffsmöglichkeiten in Deutschland sowie einige Beispiele ausgewählter Schmuggelfälle werden abschließend dargestellt.

Arnulf Müller-Helmbrecht, Leiter des UNEP-Sekretariats für die Bonner Konvention (Bonn), stellt in seinem Beitrag die 1979 in Bonn-Bad Godesberg verhandelte und unterzeichnete "Konvention zur Erhaltung der wandernden wildlebenden Tierarten (Bonner Konvention)" vor. Mit diesem internationalen Übereinkommen wird das Ziel verfolgt, alle wandernden Tierarten in ihren Lebensräumen dauerhaft zu schützen. Die Konvention sieht die Einrichtung von Regionalabkommen vor, mit denen die Verbreitungsgebiete einzelner gefährdeter Arten oder auch Artengruppen zusammengefaßt und die beteiligten Arealstaaten zur Zusammenarbeit verpflichtet werden. Der Autor stellt die verschiedenen Konzepte, Strukturen und Strategien vor, mit denen versucht wird, die dargelegten Ziele zu erreichen.

"Schutz und Nutzung der natürlichen Ressourcen. Das Übereinkommen über die biologische Vielfalt" lautet der Beitrag des Landespflegers **Marc Auer** (Bundesministerium für Umwelt, Naturschutz und Reaktorsicherheit, Bonn) und des Geographen **Karl-Heinz Erdmann** (Bundesamt für Naturschutz, Bonn). Mit dem anläßlich der UNCED verabschiedeten Übereinkommen über die biologische Vielfalt wurde ein weltweit verbindlicher Rahmen sowohl für den Schutz als auch für die nachhaltige Nutzung der natürlichen Lebensgrundlagen geschaffen. Die Autoren beschreiben und bewerten die Entwicklung sowie Ziele und Inhalte der Konvention und diskutieren die Pflichten, welche den Industriestaaten auf der einen Seite und den Entwicklungsstaaten auf der anderen Seite aus dem Beitritt zum Übereinkommen erwachsen. In der Folge gilt das besondere Augenmerk den Regelungen zu genetischen Ressourcen. Den Abschluß bildet ein Ausblick auf die Umsetzung des Übereinkommens in Deutschland.

Es folgen zwei Aufsätze, in denen methodische Aspekte des internationalen Naturschutzes behandelt werden. Zum einen wird die humane Komponente des Schutzes der natürlichen Lebensgrundlagen diskutiert, zum anderen das Konzept der Biodiversität aus landschaftsökologischer Sicht einer kritischen Prüfung unterzogen.

Volker Linneweber vom Potsdam-Institut für Klimafolgenforschung und dem Institut für Psychologie der Universität Magdeburg überschreibt seinen Beitrag *"Psychologische und gesellschaftliche Dimensionen globaler Klimaänderungen".* Zentrales Anliegen des Artikels ist es, Antworten auf die Frage zu finden, wie soziale Systeme - aus psychologischer Sicht - mit globalen Umwelt- und Klimaänderungen umgehen. Fazit der Untersuchung ist: Nur wenn es gelingt, daß die verschiedenen involvierten Akteure bei der Konzeptionierung und Umsetzung ihrer Problemlösungsstrategien die Relativität ihrer eigenen Perspektive erkennen, ist eine wesentliche Voraussetzung für einen partnerschaftlichen Dialog der beteiligten Akteure geschaffen und ein erfolgreich verlaufendes "Erdsystemmanagement" möglich.

"Von der Biodiversität zur Landschaftsdiversität. Das Ende des disziplinären Ansatzes der Diversitätsproblematik" lautet das von **Hartmut Leser**, Geographisches Institut der Universität Basel, bearbeitete Thema. Der Autor verweist auf vielfältige derzeit noch existente theoretische und methodische Defizite im Naturschutz, die nur durch eine umfassende Ökologisierung des Naturschutzes zu beheben sein werden. Um der Naturschutzarbeit künftig zu größeren Erfolgen zu verhelfen, ist eine inter- und transdisziplinäre Zusammenarbeit unter Anwendung einer integrativen landschaftsökologischen Methodik anzustreben.

Es folgen fünf Fallbeispiele, anhand derer verschiedene regionale Aspekte und Ansätze des internationalen Naturschutzes erörtert werden.

Jens A. Enemark, Leiter des Gemeinsamen Wattenmeersekretariates in Wilhelmshaven, gibt in seinem Beitrag einen Überblick über *"Die deutsch-dänisch-niederländische Zusammenarbeit zum Schutz des Wattenmeeres. Ein Beispiel für den internationalen Naturschutz"*. Nach einer kurzen Beschreibung dieses größten zusammenhängenden tideabhängigen Gebietes der Erde folgt ein historischer Ausblick zum Wattenmeerschutz. Die unterschiedlichen Konzepte für die einzelnen Teilbereiche des Wattenmeeres, die in die hoheitlichen Zuständigkeiten der beteiligten Staaten fallen, werden ausführlich dargestellt. Um einen effektiveren Wattenmeerschutz künftig sicherzustellen, haben die drei Regierungen 1982 in Kopenhagen die "Gemeinsame Erklärung zum Schutz des Wattenmeeres" unterzeichnet. Obwohl verschiedene formale Unterschiede in der Umsetzung der Vereinbarungen in den drei Staaten bestehen, hat sich die Form der Zusammenarbeit bislang sehr bewährt. Sie kann - trotz mancher Schwierigkeiten in Einzelaspekten - als Vorbild für die Koordination und Abstimmung grenzüberschreitender Maßnahmen und Konzepte im internationalen Naturschutz dienen.

"Zur Dynamik von Naturschutzgebieten in der Schweiz" ist der Artikel von **Frank Klötzli**, Geobotanisches Institut der Eidgenössischen Technischen Hochschule in Zürich, überschrieben. Aufbauend auf der Darlegung von Grundlagen und Rahmenbedingungen der De-iure-Situation des Schutzes von Umwelt und Natur in der Schweiz wird die De-facto-Situation des schweizerischen Naturschutzes untersucht. Schwerpunkte bilden dabei die Methoden zur Kontrolle dynamischer Vorgänge der Vegetationsentwicklung in Naturschutzgebieten und entsprechende Untersuchungsergebnisse aus ausgewählten Gebieten. Die Ergebnisse belegen, daß zur Erfassung und Erklärung lokaler Vegetationsdynamiken über einen längeren Zeitraum erhobene Vergleichskartierungen erforderlich sind. Vielfach sind Veränderungen von Pflanzengesellschaften unvorhersehbar, d.h. gerichtete Entwicklungen der Veränderung sind nicht erkennbar. Nur eine Intensivierung der ökologischen Langzeitforschung könnte dazu beitragen, die Phänomene der ökosystemeigenen Fluktuationen künftig zu erhellen.

"Naturschutz in Westafrika. Das Beispiel des Pendjari-Nationalparks (Benin)" lautet der aus geographischer Sicht verfaßte Beitrag von **Jörg Sauerborn**, (Bundesamt für Naturschutz, Bonn), **Sigrid Hess** (Institut für Photogrammetrie und Fernerkundung der Technischen Universität Dresden) und **Jörg Grunert** (Geographisches Institut der Universität Mainz). Beschrieben werden die durch den Menschen verursachten Veränderungen der Naturlandschaft Westafrikas und die verschiedenen Bestrebungen, die Natur vor anthropogenen Eingriffen zu schützen. Unter anderem wurden in den bevölkerungsarmen und wildreichen Trockensavannen zahlreiche großflächige Schutzgebiete ausgewiesen. Am Beispiel des Pendjari-Nationalparks in Benin werden unterschiedliche Schutzkonzepte und deren Umsetzung diskutiert. Im Hinblick auf die Schutzbemühungen sind z.T. gravierende Defizite auszumachen. Um diese künftig zu beheben, werden an den internationalen Nationalparkzielen orientierte Perspektiven für die künftige Entwicklung des Gebietes aufgezeigt.

Ein Autorenteam, bestehend aus **Peter Schall** (ESRI Gesellschaft für Systemforschung und Umweltplanung mbH, Kranzberg), **Michael Sittard** (ESRI Gesellschaft für Systemforschung und Umweltplanung mbH, Kranzberg), **Eliezer Frankenberg** (Nature Reserve Authority, Jerusalem), **Roman Lenz** (Fachbereich Landespflege der Fachhochschule Nürtingen), **Jossi Cohen** (Nature Reserve Authority, Jerusalem) und **Friedrich Duhme** (Institut für Landschaftsökologie der Technischen Universität München, Freising-Weihenstephan), stellt in seinem Beitrag *"Deutsch-israelische Zusammenarbeit im Naturschutz. Aufbau eines Geographischen Informationssystems und konzeptionelle Planung des Biosphärenreservates Mount Carmel"* die wichtigsten Ergebnisse eines 1991 zwischen den Regierungen Deutschlands und Israels vereinbarten Projektes im Bereich Naturschutz und Landschaftspflege vor. Im Anschluß an die Beschreibung des Natur- und Kulturraumes des geplanten Biosphärenreservates Mount Carmel werden die konzeptionellen Planungen für das Gebiet dargelegt. Fußend auf einem Geographischen Informationssystem, das in der ersten Projektphase aufzubauen war, wurde die Detailplanung zur Leitbildentwicklung, zur Zonierung und zum Pflege- und Managementkonzept durchgeführt. Schließlich war ein Monitoringprogramm aufzubauen, das insbesondere der Erfolgskontrolle und als Grundlage für eine künftige Überarbeitung der Planung dient. In diesem Projekt wurde erstmals für ein Biosphärenreservat im Mittelmeerraum ein umfassendes Rahmenkonzept konzipiert und unter den zuständigen Behörden sowie mit der interessierten Öffentlichkeit einvernehmlich abgestimmt. Das methodische Vorgehen zur Erstellung des Projektkonzeptes und dessen Realisierung haben großes Interesse in anderen Staaten hervorgerufen und dienten bereits als Vorbild für ähnliche Planungsvorhaben mediterraner Biosphärenreservate.

Der Zoologe **Michael Stubbe** (Universität Halle-Wittenberg) untersucht in seinem Beitrag den "Naturschutz in der Mongolei. Eine nationale und internationale Herausforderung". Die Ausführungen basieren vor allem auf Ergebnissen zahlreicher, erfolgreich durchgeführter Expeditionen und Arbeitsaufenthalte in diesem zentralasiatischen Staat. Im Anschluß an einen kurzen Abriß der Erforschungsgeschichte der Tier- und Pflanzenwelt folgen ein Überblick über die Naturräumliche Gliederung der Mongolei und eine Darlegung der mongolischen Naturschutz- und Jagdgesetzgebung. An die Beschreibung der Organisation des staatlichen und ehrenamtlichen Naturschutzes schließt eine Übersicht über die mongolischen Naturschutzgebiete, Jagdreservate, Naturdenkmale und National- parke an. Ausblickend verweist der Autor auf künftige Gefahren für das Naturer- be der Mongolei, die durch den Abbau von Rohstoffen in derzeit noch weitgehend unberührten Teilen des Staates ausgelöst werden können.

Die Aufsatzsammlung beschließt ein Beitrag von **Martin Uppenbrink**, Prä- sident des Bundesamtes für Naturschutz (Bonn), zum Thema: "Politische Per- spektiven des internationalen Naturschutzes". Naturschutz wird als bislang vom politischen Geschehen weitgehend isolierter Bereich identifiziert. Um die damit verbundene relative Wirkungslosigkeit künftig abzubauen, benötigt der nationale wie internationale Naturschutz neue Impulse und auch neue Rahmenkonzepte. Wegweisende Anregungen hierzu wurden, so der Autor, durch die anläßlich der UNCED 1992 verabschiedeten internationalen Vereinbarungen, insbesondere die Klimakonvention und das Übereinkommen über die biologische Vielfalt, gege- ben. Diese Anstöße gilt es aufzunehmen und in die Naturschutzplanung zu integrieren. Nur so kann der Naturschutz in die nationalen wie internationalen Politikbereiche fest verankert werden. Zum Anschluß des Beitrages werden zehn Thesen zum internationalen Naturschutz vorgestellt, die Perspektiven für künftig zu bearbeitende und beachtende Schwerpunkte aufzeigen. Eine zentrale Bedeu- tung für die Zukunft des internationalen Naturschutzes hat das Konzept einer nachhaltigen Entwicklung. Der Naturschutz ist aufgerufen, an der Konzipierung und Umsetzung handlungsleitender Zukunftsstrategien mitzuwirken. Natur- schutz kann bei dieser, von der internationalen Staatengemeinschaft angemahn- ten gesellschaftlichen Neuorientierung einen wichtigen koordinierenden Part übernehmen.

Die Autoren der vorliegenden Publikation verbindet das gemeinsame Anlie- gen, einen integrativen Naturschutz zu vertreten. Oberstes Ziel eines derart verstandenen Naturschutzes ist es, die Funktionsfähigkeit des Naturhaushaltes langfristig zu sichern.

Auch in Zukunft wird die Unterschutzstellung von Biotopen und Landschafts- bestandteilen Baustein des internationalen Naturschutzes sein. Soll eine mög- lichst große landschaftliche Vielfalt mit einer reichhaltigen Naturausstattung auch in Zukunft erhalten bzw. entwickelt werden, sind Akzentverschiebungen in der Prioritätensetzung des Naturschutzes jedoch unumgänglich. Naturschutz darf sein Hauptaugenmerk nicht mehr vorrangig - wie dies in früheren Zeiten noch üblich war - auf besonders geschützte Gebiete richten; vielmehr benötigt der Naturschutz Ansätze, die sich auf die Gesamtfläche insgesamt beziehen.

Im besiedelten wie im unbesiedelten Bereich wird der Naturschutz dafür Sorge tragen müssen, die natürlichen Lebensgrundlagen als Potential für mensch- liche Entwicklung zu erhalten. Hierzu zählen neben materiellen sicher auch ethische und ästhetische Gesichtspunkte.

Foto 2: Naturschutzbildung im Biosphärenreservat Mount Carmel in Israel

Noch bestehende Akzeptanzdefizite wird der Naturschutz nur überwinden können, wenn er verständlich, mit Kompetenz und vor allem erfolgreich an der Lösung der aktuellen Zeitfragen mitwirkt. Naturschutz muß - abgestuft und angepaßt an das Naturraumpotential - auf der gesamten Fläche stattfinden, wenn Funktions- und Leistungsfähigkeit des Naturhaushaltes sowie Eigenart und Schönheit von Natur und Landschaft bewahrt werden sollen. Es muß eine Synthese zwischen den Anforderungen und Bedürfnissen des Menschen und der natürlichen Umwelt angestrebt und gefunden werden. Wenn das vorliegende Buch in diesem Sinne zu einem Nachdenken anregen kann, wäre dies ein weiterer Schritt zum Schutz der Natur.

Internationaler Naturschutz.
Phantom oder Notwendigkeit?

Hans Dieter Knapp (Insel Vilm)

Exposé

Ausgehend von einer Begriffs- und Zielbestimmung wird zunächst ein geschichtlicher Abriß internationaler Naturschutzaktivitäten gegeben. Es folgt eine Darstellung der Akteure und Aktionsebenen sowie Instrumente des internationalen Naturschutzes. Aktivitäten und Rolle der Bundesrepublik Deutschland werden untersucht und mit Beispielen unterlegt. Den Abschluß bilden zehn Thesen zu Perspektiven des internationalen Naturschutzes.

1. Einführung

Zur Einstimmung in das Thema soll ein karikierendes Bild gezeichnet werden:

> Hunderte graubetuchte Beamte
> aus aller Herren Länder
> hetzen per Airbus rings um den Erdball
> von internationaler Konferenz zu Konferenz
> und verhandeln bei Kunstlicht
> in vollklimatisierten Sitzungsräumen
> mit Hilfe von Simultanübersetzern
> in schalldichten Kabinen
> um Buchstaben und Satzzeichen
> von Konferenzpapieren
> Aktenordner für Aktenordner
> zur Rettung der biologischen Vielfalt
> unseres Planeten Erde.

"Internationaler Naturschutz" ist seit einigen Jahren neben *"biologischer Vielfalt"* und *"nachhaltiger Entwicklung"* ein vielstrapazierter Begriff, und "internationale Naturschützer" sind vielstrapazierte Personen, die Gefahr laufen, den unmittelbaren Bezug zur Natur, dem Gegenstand ihres Bemühens zu verlieren und sich in abstrakter Administration zu erschöpfen. Was nützt dies der Natur? Bevor dieser Frage weiter nachgegangen wird, soll die Institution, an der ich selber tätig bin, kurz vorgestellt werden (vgl. u.a. Jeschke/Knapp 1991a, 1991c).

Das *Bundesamt für Naturschutz* unterhält auf der Insel Vilm bei Rügen die Außenstelle *"Internationale Naturschutzakademie Insel Vilm (INA)"*. Die Internationale Naturschutzakademie Insel Vilm ist ein Ergebnis der Wende in der DDR und der Einigung Deutschlands. Sie wurde im Sommer 1990 durch die letzte DDR-Regierung mit Unterstützung des Bundesministeriums für Umwelt, Naturschutz und Reaktorsicherheit eingerichtet und am 6. Oktober 1990 vom damaligen Bundesumweltminister Klaus Töpfer eröffnet.

Mit dieser als Außenstelle der damaligen Bundesforschungsanstalt für Naturschutz und Landschaftsökologie (BFANL) und des heutigen Bundesamtes für Naturschutz (BfN) weitergeführten Einrichtung sollten

- die neuen Aufgaben der Bundesrepublik Deutschland im Ostseeschutz aufgegriffen,

- den Herausforderungen internationaler Zusammenarbeit, insbesondere mit Staaten des ehemaligen Ostblocks, entsprochen und

- eine Stätte kreativer Begegnung und Diskussion zwischen Vertretern aus Behörden, Wissenschaft, Politik, Verbänden, Wirtschaft zu Fragen des Naturschutzes geschaffen werden.

Mit der deutschen Einigung ist die Bedeutung der Bundesrepublik Deutschland in der internationalen Zusammenarbeit der Ostseeländer erheblich gewachsen. Mit der Konferenz der Regierungschefs der Ostsee-Anrainerstaaten 1990 in Ronneby/Schweden und der neuen Helsinki-Konvention zum Schutz der Meeresumwelt der Ostsee von 1992 sind neue Anforderungen an den Naturschutz im Ostseeraum gestellt, für deren Bearbeitung es bis zur Schaffung der INA keine geeignete Institution in der Bundesrepublik Deutschland gab.

Mit dem Zusammenbruch des Ostblocks und der gänzlich veränderten politischen Lage in Europa ist auch Deutschland herausgefordert, die Staaten des früheren sowjetischen Machtbereiches bei ihren Bemühungen zur Sicherung der biologischen Vielfalt zu unterstützen.

Mit der Konvention über die Biologische Vielfalt wurde von der *Konferenz der Vereinten Nationen für Umwelt und Entwicklung (UNCED) 1992 in Rio de Janeiro* eine umfassende internationale Vereinbarung geschaffen, die dem Naturschutz auch in Deutschland eine neue Dimension verleiht und zu engerer internationaler Zusammenarbeit verpflichtet.

Vor dem Hintergrund dieser neuartigen Herausforderungen wurden der BfN-Außenstelle INA auf der Insel Vilm folgende Aufgaben im Rahmen der Zuständigkeiten des Bundes übertragen:

- *Förderung des Wissenstransfers und der internationalen Zusammenarbeit* durch Konferenzen, Seminare und Treffen von Arbeits- und Expertengruppen (Fachgebiet II.1.1: Tagungen, Konferenzen, Verwaltung),

- *fachwissenschaftliche Unterstützung des Bundesministeriums für Umwelt, Naturschutz und Reaktorsicherheit* im Rahmen der supra- und internationalen Zusammenarbeit im Naturschutz (Fachgebiet II.1.2: Internationaler Naturschutz),

- *ökosystemare Umweltbeobachtung und Forschung in repräsentativen Gebieten des Ostseeraumes* zur Entwicklung wissenschaftlich fundierter Handlungsempfehlungen für die Naturschutzpolitik der Ostsee-Anrainer (Fachgebiet II.1.3: Meeres- und Küstennaturschutz).

Diese Aufgabenfelder sind in der vom Bundesminister für Umwelt, Naturschutz und Reaktorsicherheit bestätigten "Konzeption für Aufgaben und Arbeiten der Internationalen Naturschutz-Akademie Insel Vilm (INA)" vom 8. Mai 1991 ausführlich dargelegt und begründet. Sie fügen sich ein in die per Errichtungsgesetz dem Bundesamt für Naturschutz übertragenen Aufgaben der Forschung und Beratung.

Aus der Fülle bearbeiteter Themen seien folgende fachliche Hauptarbeitsfelder herausgestellt:

- **Konvention über die Biologische Vielfalt**: Auf Vilm wurden u.a. die Grundlagen für eine Strategie zur Bewahrung der biologischen Vielfalt in Deutschland erarbeitet sowie eine Analyse und Bewertung internationaler Verpflichtungen und Aktivitäten Deutschlands im Naturschutz vorgenommen. Aktuell werden mehrere Forschungs- und Entwicklungsvorhaben, u.a. eine Studie über die Situation der Nationalparke in Deutschland, betreut sowie zahlreiche internationale Tagungen durchgeführt (BfN 1995a, 1995b; BfN-INA 1994, 1995; BMU 1995; Knapp 1992, 1995a, 1995c; Korn 1994; Piechocki 1993, 1994; Stolpe 1995).

- **Naturschutz in der Entwicklungszusammenarbeit** mit Entwicklungs- und Schwellenstaaten, z.B. Beratungskurse für Auslandsmitarbeiter in Naturschutzprojekten und für Naturschutzexperten aus Staaten Asiens, Afrikas, Lateinamerikas, Beratung eines Modellprojekts "Naturschutz und Randzonenentwicklung in der Mongolei", Erstellung einer Datenbank über Möglichkeiten zur Naturschutz-Kooperation von Entwicklungsländern mit Universitäten, Naturschutzeinrichtungen, wissenschaftlichen Institutionen und Organisationen in Deutschland (BfN 1995a; Knapp 1993b, 1995c; Knapp/Succow 1995; Stolpe 1994; Tschimed-Otschir/Knapp 1994).

- **Meeres- und Küstennaturschutz im Nord- und Ostseeraum**, insbesondere Leitung der auf der Insel Vilm konstituierten internationalen Arbeitsgruppe Naturschutz und biologische Vielfalt (EC Nature) innerhalb der Helsinki-Kommission (HELCOM), deren erste Arbeitsergebnisse bereits durch die Ostseestaaten-Umweltministerkonferenz beschlossen wurden, Erarbeitung Roter Listen gefährdeter Pflanzen, Tiere und Biotope der Nordsee, des Wattenmeeres und der Ostsee, umweltverträgliche Ausführung von Küstenschutzmaßnahmen, Entwicklung eines ostseeweiten Systems mariner Schutzgebiete und eines geschützten Küstenstreifens usw. (Boedeker/Knapp 1995; Jeschke/Knapp 1991b; Knapp 1993a, 1995d, 1995e; Knapp et al. 1995; von Nordheim 1993, 1994, 1995; von Nordheim/Merck 1995; Vogel/von Nordheim 1995).

- **Tagungsbetrieb**: In den ersten fünf Jahren des Bestehens der Akademie fanden über 250 Tagungen, Seminare und Konferenzen mit fast 6.000 Teilnehmern auf Vilm statt. Im gleichen Zeitraum weilten über 30 Gastwissenschaftler aus zwölf Staaten Europas, Asiens und Amerikas zu Arbeits- und Studienaufenthalten auf der Insel. Hinzu kommen zahlreiche Fachkollegen aus über 30 Staaten aller Kontinente, die an bisher über 50 internationalen Veranstaltungen auf Vilm teilgenommen haben.

Die Kontaktnähe zu den Anrainerstaaten der Ostsee, sowie zu den Staaten Nordeuropas und Osteuropas, die strukturelle Verbindung der Tagungsstätte mit den beiden Fachreferaten "Internationaler Naturschutz" und "Meeres- und Küstennaturschutz" sowie die Möglichkeiten zu Exkursionen, Demonstrationen und Studien in der Region für nahezu alle Probleme von Naturschutz und nachhaltiger Entwicklung im Ostseeraum prägen den besonderen Charakter der Internationalen Naturschutzakademie Insel Vilm als Außenstelle des Bundesamtes für Naturschutz (vgl. BfN 1995a; BFANL 1991, 1992, 1993; Knapp 1993d; Knapp/Jeschke 1991; Knapp/Wiersbinski 1995).

2. Begriffsbestimmung und Ziele

Was ist internationaler Naturschutz? Diese Frage ist nicht leicht zu beantworten, da schon der Begriff Naturschutz schwer zu definieren ist (vgl. u.a. Primack 1995). So verstehen Ökologen unter Naturschutz anderes als Förster, Landespfleger haben andere Vorstellungen als Landwirte, Zoologen betrachten Tiere mit anderen Augen als Jäger, Ichthyologen sehen Fische anders als Angler, Juristen und Journalisten, Pädagogen und Botaniker, Touristen und Einheimische, Politiker und Wissenschaftler haben unterschiedliche Ansichten darüber, was Naturschutz ist und wozu er gut ist.

Internationaler Naturschutz stellt sich dar als ein Dschungel von weltweiten und regionalen Übereinkommen, bilateralen Abkommen, Programmen, Organisationen, Institutionen, Konferenzen, Resolutionen, Projekten und Kommissionen. In der Bewertung gibt es extrem gegensätzliche Positionen:

- Wirksamer Naturschutz ist nur in internationaler Zusammenarbeit möglich und sinnvoll.

- Internationaler Naturschutz ist ein Phantom, es gibt ihn gar nicht, und Übereinkommen haben nichts bewirkt.

Die Ziele und Grundsätze des Naturschutzes und der Landschaftspflege sind in Deutschland in §§ 1 und 2 des Bundesnaturschutzgesetzes (BNatSchG 1987) rechtlich fixiert. Die Bundesforschungsanstalt für Naturschutz und Landschaftsökologie formulierte "Leitlinien des Naturschutzes und der Landschaftspflege in der Bundesrepublik Deutschland" auf Grundlage von Ethik, Zeitfaktor und Raumbezug und unterbreitete Vorschläge für die Umsetzung in der praktischen Politik (Bohn et al. 1989).

Die Länderarbeitsgemeinschaft für Naturschutz, Landschaftspflege und Erholung (LANA) hat mit den "Lübecker Grundsätzen des Naturschutzes" eine strategische Grundkonzeption des Naturschutzes in der Bundesrepublik Deutschland begründet und als Ziele des Naturschutzes definiert (LANA 1991):

- Sicherung der Funktions-, Leistungs- und Regenerationsfähigkeit des Naturhaushaltes und seiner Naturgüter,

- Schutz der wildlebenden Tiere und Pflanzen in ihren natürlichen Lebensgemeinschaften,

- Erhaltung und behutsame Entwicklung von Eigenart, Vielfalt und Schönheit von Natur und Landschaft.

Diese Ziele gelten grundsätzlich auch für internationalen Naturschutz. Im Unterschied zu nationalem Bemühen handelt es sich dabei um gemeinsame Aktivitäten von zwei oder mehreren Staaten zur Erhaltung von Natur in beliebigen Teilen der Erde. Das kann je nach Perspektive Inland oder Ausland sein. Nach der Zahl der beteiligten Staaten gibt es *bilaterale* (zwei Staaten), *multilaterale* (mehrere Staaten einer bestimmten Region) und *internationale Zusammenarbeit im Naturschutz* (für alle Staaten offen).

Über die allgemeine Zielstellung von Naturschutz hinaus sind als spezielle Ziele internationalen Naturschutzes zu nennen:

- Natur durch gemeinsame Aktivitäten wirksamer zu schützen, als dies einem Staat allein möglich wäre,

- Natur in ihrer globalen Vielfalt sowie Funktionsfähigkeit des Naturhaushaltes in der gesamten Biosphäre zu erhalten.

Zur Verfolgung dieses Zieles - wirksamerer Schutz von Natur auf der Erde insgesamt - agieren verschiedene *Akteure* auf unterschiedlichen *Aktionsebenen*. Sie bedienen sich dabei verschiedener, in Abschnitt 4 dargestellter *Instrumente*. In Abschnitt 5 werden Aktivitäten und Rolle der Bundesrepublik Deutschland im internationalen Naturschutz beleuchtet und in Abschnitt 6 Beispiele aus Osteuropa und Asien skizziert. Zuvor wird eine Übersicht der historischen Entwicklung internationaler Naturschutzaktivitäten gegeben (Abschnitt 3).

3. Geschichtliche Entwicklung

Internationaler Naturschutz hat eine über hundertjährige Geschichte. In Anlehnung an die verschiedenen Phasen der Geschichte des Naturschutzes in Deutschland (BFANL 1990) lassen sich mehrere Phasen der Entwicklung internationaler Naturschutzbemühungen unterscheiden. Dabei vollzogen sich parallele Entwicklungen im Gebietsschutz (Nationalparke und andere Schutzgebiete), im Landschaftsschutz, im Vogelschutz, im Artenschutz (insbesondere Rote Listen) und Schutz natürlicher Ressourcen sowie bei der Bildung von Institutionen (Henke 1990).

3.1 Anlaufphase (Ende 19. Jh. bis 1945)

Mit der Gründung des Yellowstone-Nationalparks 1872 "als öffentlicher Park zum Nutzen und zur Erbauung des Volkes" wurde eine Bewegung zur Einrichtung von Nationalparken in aller Welt eingeleitet. Nationalparke sind heute die international erfolgreichste Schutzgebietskategorie, derzeit gibt es über 2.200 Nationalparke in über 120 Staaten der Welt. Das Konzept wurde jedoch zunächst nur von Kanada, Australien und Neuseeland aufgegriffen. In Europa stellte Schweden 1909 die ersten Nationalparke, jedoch abweichend vom amerikanischen Konzept als unzugängliche Wildnisgebiete unter Schutz, gefolgt von der Schweiz 1914. Bis zum ersten Weltkrieg wurden ca. 40 Nationalparke eingerichtet, darunter elf in Europa. 1925 erfolgte im ehemaligen Belgisch-Kongo die Gründung des ersten Nationalparks Afrikas. Zu Beginn des 2. Weltkrieges existierten weltweit ca. 300 Nationalparke, darunter 31 in zwölf Staaten Europas, Deutschland war nicht vertreten. Die Einrichtung von Nationalparken erfolgte zwar in Anlehnung und nach dem Vorbild amerikanischer Nationalparke, eine internationale Zusammenarbeit bei Schaffung und Management der Schutzgebiete fand in dieser Phase jedoch noch nicht statt. Immerhin gab es erste Ansätze zur Einrichtung grenzübergreifender Schutzgebiete, z.B. das tschechoslowakisch-polnische Naturreservat (1924) im Pieniny-Gebirge.

Wesentliche Initiativen zu internationaler Zusammenarbeit kamen in dieser frühen Phase von Vogelschützern und Zoologen, die bereits 1895 eine erste Internationale Konferenz für Vogelschutz in Paris veranstalteten und auf der zweiten Konferenz 1902 die "Internationale Übereinkunft zum Schutz der für die Landwirtschaft nützlichen Vögel" als erstes völkerrechtlich verbindliches internationales Vertragswerk im Naturschutz beschlossen. Als ältestes multilaterales Übereinkommen mit Naturschutzzielen gilt das "Übereinkommen zur Regelung der Lachsfischerei im Stromgebiet des Rhein" von 1885. Es handelt sich dabei um ein Abkommen zur Sicherung der Existenzgrundlage eines Wirtschaftszweiges, der Lachsfischerei. Der darin enthaltene "Nützlichkeitsansatz" liegt auch dem 1946 abgeschlossenen "Internationalen Übereinkommen zur Regelung des Walfangs" (erste Regelung 1931) zugrunde. Ziel ist nicht Naturschutz, sondern Erhaltung von Beutetieren als wirtschaftliche Ressource.

Frühe Ansätze der internationalen Naturschutzzusammenarbeit, insbesondere auf dem Gebiet des Vogelschutzes (5. Internationaler Ornithologenkongreß in Berlin 1910), und der Schaffung internationaler Institutionen (Paul Sarasin, Internationale Naturschutzkonferenz in Bern 1913) wurden durch den 1. Weltkrieg unterbrochen, danach in Europa sehr verhalten weitergeführt (1922 ICBP in London, 1928 Büro in Brüssel) und durch den 2. Weltkrieg erneut unterbrochen. In Amerika wurden 1918 ein Zugvogelabkommen und 1942 die "Panamerikanische Konvention zum Schutz der Natur und Erhaltung der wildlebenden Tierwelt in der westlichen Hemisphäre" abgeschlossen. In den 30er Jahren konzentrierten sich internationale Aktivitäten auf den Schutz der Pflanzen- und Tierwelt Afrikas. Die "Londoner Konvention zum Schutz der Flora und Fauna in ihrem natürlichen Zustand" (1933) wird von den meisten Staaten mit Kolonien in Afrika ratifiziert. Sie ist die erste Konvention mit Anlagen gefährdeter und seltener Tierarten und die erste auf einen ganzen Kontinent bezogene Naturschutzkonvention der Welt.

Bis zum 2. Weltkrieg konnte lediglich der Vogelschutz unter Führung amerikanischer und britischer Ornithologen internationale Organisationen aufbauen. Die USA und Großbritannien legten mit den von ihnen federführend betriebenen Konventionen die Grundlage für ihre internationale Naturschutzpolitik (Henke 1990).

3.2   Institutionalisierungsphase (1945 - 1970)

Der Versuch des Schweizerischen Bundes für Naturschutz, mit 16 Naturschützern aus verschiedenen Staaten die Kommission für Internationalen Naturschutz aus dem Jahre 1913 wiederzubeleben, schlug fehl.

Mit der Gründung mehrerer Organisationen und Gremien beginnt nach dem 2. Weltkrieg dennoch eine Institutionalisierungsphase internationaler Naturschutzbemühungen. Insbesondere die mit Unterstützung der UNESCO 1948 gegründete Welt-Naturschutzunion (IUPN, seit 1956 IUCN) wird zu der führenden Organisation, in der Staaten, Regierungsbehörden, Nichtregierungsorganisationen und Experten weltweit zusammenarbeiten (vgl. Kap. 4). Mit der Arbeit in ständigen Gremien (Kommissionen), regelmäßigen Generalversammlungen und Spezialkonferenzen mit grundlegenden Veröffentlichungen hat die IUCN den Naturschutz zu einem Thema internationaler zwischenstaatlicher Beziehungen gemacht und dies zu einer Zeit, als sich weltweit mit der Auflösung des Kolonialsystems und Herausbildung großer Militärblöcke die Aufteilung der Erde in die sogenannte Erste, Zweite und Dritte Welt vollzog.

In jener Phase wurden die Aktivitäten insbesondere von Expertengremien getragen. Ein wesentliches Ergebnis in dieser Phase war die Erkenntnis des dramatischen Rückgangs von Pflanzen- und Tierarten in allen Teilen der Welt (erst Ausgabe des "Red Data Book" 1966, 1970). Mit der Gründung der Kommission für Nationalparke und Schutzgebiete (CNPPA) 1958 in Athen, der 1. Weltkonferenz über Nationalparke in Seattle 1962 und der 10. IUCN-Generalversammlung 1969 in Neu Delhi wurden von der IUCN Impulse zur Entwicklung einer weltweiten Nationalparkbewegung gegeben.

Unter den internationalen Organisationen des Naturschutzes entwickelte sich der 1961 gegründete World Wildlife Fund (WWF) bis heute zur führenden, weltweit agierenden privaten Naturschutzorganisation. Innerhalb Europas sind Aktivitäten des Europarats zu verzeichnen (z.B. "Europadiplom", 1964).

Die Institutionalisierungsphase wird geprägt durch Gründung der IUPN/IUCN und deren Aufbau zu einer erfolgreichen internationalen Organisation und deren Zusammenarbeit mit ICBP, IWRB und WWF. Internationaler Naturschutz wird darüber hinaus noch von weiteren kleineren privaten Organisationen betrieben.

3.3 Konsolidierungsphase (1970 bis 1990)

Um 1970 beginnt eine Phase internationaler Zusammenarbeit im Naturschutz, in der die Gefährdung der natürlichen Existenzgrundlagen in breiter Öffentlichkeit bewußt wird; bekannte Publikationen aus dieser Zeit sind der 1. Bericht an den Club of Rome "Die Grenzen des Wachstums" (Meadows et al. 1972), der Bericht an den Präsidenten der Vereinigten Staaten "Global 2000" (Council 1980) sowie der Brundtlandt-Bericht "Unsere gemeinsame Zukunft" (Hauff 1987; vgl. auch Goodland et al. 1992). Die beginnende internationale Zusammenarbeit im Naturschutz mobilisiert - trotz Verschärfung der Ost-West-Konfrontation ("Kalter Krieg") - Kräfte und Initiativen, die der globalen Bedrohung entgegenwirken (Umweltbewegung, Friedensbewegung).

Diese Phase der Naturschutzzusammenarbeit mit Hilfe internationaler Übereinkommen auf Regierungsebene wird mit Annahme des weltweiten Programms

"Der Mensch und die Biosphäre" (MAB) durch die 16. Generalkonferenz der UNESCO im Jahre 1970 eingeleitet. Ziel dieses Programms ist es, die Wechselwirkungen zwischen dem handelnden und die Umwelt gestaltenden Menschen einerseits und der Biosphäre andererseits zu erforschen und zu dokumentieren mit dem Ziel, Grundlagen für eine nachhaltige Nutzung der natürlichen Ressourcen zu erarbeiten sowie diese in Modellandschaften zu erproben und umzusetzen. Mit einem weltweiten Netz von Biosphärenreservaten sollen Modelle für die Erhaltung natürlicher Ökosysteme sowie Modelle für naturverträgliches Leben und Wirtschaften entwickelt werden (AGBR 1995; Deutsche UNESCO-Kommission 1979; Deutsches MAB-Nationalkomitee 1990a, 1990b; Erdmann 1991; Erdmann/Nauber 1990, 1991, 1992; Petrich 1967; Udvardy 1975; UNESCO 1972, 1974, 1982, 1984). Die UNESCO ist damit eine der ersten internationalen Organisationen, die nicht nur die vom Menschen verursachte globale Bedrohung unserer Lebensgrundlagen erkannte, sondern darauf auch mit einem konkreten Programm reagierte (Weigelt 1995).

Die 1. Umweltkonferenz der Vereinten Nationen (1972 in Stockholm) führt zur Gründung des Umweltprogramms der Vereinten Nationen (UNEP) und löst weltweit Aktivitäten, insbesondere im Umweltschutz, aus. Auch wenn Naturschutz in dieser Phase bei weitem nicht das öffentliche Interesse wie der Umweltschutz gewinnt, so ist der Beginn dieser Phase durch den Abschluß mehrerer internationaler Übereinkommen zum Naturschutz gekennzeichnet. Dem Übereinkommen über Feuchtgebiete, insbesondere als Lebensraum für Wasser- und Watvögel von internationaler Bedeutung (Ramsar-Konvention, 1971), folgen die Konvention zum Schutz der antarktischen Robben (1972), das Übereinkommen zum Schutz des Kultur- und Naturerbes der Welt (World Heritage Convention der UNESCO, 1972; vgl. UNESCO 1994), das Washingtoner Artenschutzabkommen (CITES, 1973), das Übereinkommen zur Erhaltung der wandernden wildlebenden Tierarten (Bonner Konvention, 1979).

Von diesen Abkommen hat insbesondere CITES (Übereinkommen über den internationalen Handel mit gefährdeten Arten freilebender Tiere und Pflanzen) insofern größere Bedeutung erlangt, indem die Signatarstaaten Vollzugsbehörden zur Kontrolle des Handels mit gefährdeten Pflanzen und Tieren und daraus gewonnenen Produkten eingerichtet haben.

Biomspezifische Aktivitäten beziehen sich vor allem auf die Nordsee und das Wattenmeer (Oslo-Paris-Konvention, 1972/74 und 1992; Trilaterales Regierungsabkommen zum Schutz des Wattenmeeres, 1982 [vgl. BMU 1988]; Internationale Nordseeschutzkonferenzen, seit 1984 alle drei Jahre), auf die Ostsee (Helsinki-Konvention, 1974 und 1992; Ostseeländer-Gipfeltreffen von Esberg, 1990), auf das Mittelmeer (Barcelona-Konvention, 1976), das Schwarze Meer (Bukarest-Konvention, 1992), auf Hochgebirgsregionen (Alpen-Konvention, 1991 [vgl. BMU 1989]) sowie auf die größeren Ströme Mitteleuropas (Internationale Kommissionen zum Schutz der Donau, der Elbe [vgl. Arbeitsgemeinschaft 1994], des Rheins, der Mosel und Saar, der Oder). Diese Abkommen und Gremien verfolgen in erster Linie Ziele des technischen Umweltschutzes und der

Gewässerreinhaltung, Naturschutz spielte darin zunächst keine Rolle, gewinnt aber zunehmend an Beachtung.

Erste europäische Naturschutzinitiativen wurden Ende der 60er Jahre vom Europarat ergriffen. Mit der Vergabe eines "Europadiploms" werden seither vorbildlich betreute Schutzgebiete von besonderer Bedeutung in Europa ausgezeichnet. Das Europäische Naturschutzjahr 1970 hat den Naturschutz erstmals in der Öffentlichkeit thematisiert. Das zweite Europäische Naturschutzjahr wird nach 25 Jahren 1995 veranstaltet, es steht unter dem Motto "Naturschutz außerhalb von Schutzgebieten". Neben diesen vor allem auf allgemeine Öffentlichkeit zielenden Aktivitäten wurde vom Europarat mit der Berner Konvention (1979) auch ein Übereinkommen ins Leben gerufen, das allen Staaten Europas offensteht (ABN 1992). Mit diesen Aktivitäten hat der Europarat schon zur Zeit des Kalten Krieges, wenn auch mit bescheidenen Mitteln, auf eine Überwindung der Spaltung Europas hingewirkt.

Ein blockübergreifender, gesamteuropäischer Ansatz wird auch von der 1973 gegründeten Föderation der Natur- und Nationalparke Europas (FNNPE) verfolgt, die sich seither zur bedeutendsten Organisation europäischer Schutzgebiete entwickelt hat. Es handelt sich dabei um eine privatrechtliche Organisation aus überwiegend institutionellen Mitgliedern, insbesondere Verwaltungen von Nationalparken, Naturparken und anderen Schutzgebieten.

Die Europäische Gemeinschaft schuf mit der EG-Vogelschutzrichtlinie 1979 ein in den Mitgliedsstaaten rechtswirksames Instrument zum Naturschutz. Der Beschluß von zehn internationalen Schutzgebietskategorien durch die 2. Weltkonferenz über Nationalparke 1972, die World Conservation Strategy der IUCN 1980 und die Einrichtung des World Conservation Monitoring Centre in Cambridge 1988 sind Ereignisse von weltweiter Bedeutung für den Naturschutz.

Durch Veröffentlichung einer Vielzahl von Roten Listen und Rotbüchern gefährdeter Pflanzen, Tiere, Pflanzengemeinschaften, Biotope in allen Teilen der Welt "ist es doch gelungen, im Weltbewußtsein eine Wertsetzung für die Tier- und Pflanzenwelt und damit den Beginn eines Wandels in der Geisteshaltung zu erreichen" (Henke 1990, S.110).

3.4 Emanzipationsphase (ab 1990)

Während sich diese Übereinkommen zunächst speziellen Artengruppen und Einzelproblemen zuwandten (Feuchtgebiete, Handel, Robben etc.), ist seit Ende der 80er Jahre ein mehr holistischer und stärker integrativer Ansatz bei internationalen Übereinkommen und Aktivitäten zum Naturschutz zu beobachten.

Seit 1990 kommt es, möglicherweise im Gefolge politischer Veränderungen globalen Ausmaßes (Zusammenbruch des Ostblocks und Beendigung des kalten Krieges), zu einer geradezu stürmischen Entfaltung internationaler Naturschutzaktivitäten (vgl. u.a. Knapp 1990, 1995b).

Mit Schaffung der Europäischen Umweltagentur (1990), der Fauna-Flora-Habitat-Richtlinie der EU (1992), dem europäischen Schutzgebietsprogramm

"Natura 2000" (1992; vgl. u.a. Ssymank 1994) mit einem entsprechenden Finanzierungsinstrument "Life", dem Umweltaktionsprogramm (1993) sowie dem europäischen Aktionsplan für Schutzgebiete "Parke für das Leben" (1994) zeichnen sich Grundzüge einer europäischen Naturschutzpolitik ab. Seit dem politischen Umbruch in Osteuropa entwickeln sich Aktivitäten und Programme zur Unterstützung ehemaliger Ostblockstaaten bei der Sicherung ihres Naturerbes, sowohl im Rahmen bilateraler staatlicher Zusammenarbeit (Regierungs- und Ressortabkommen) als auch vor allem durch Initiativen privater Organisationen wie u.a. WWF, EURONATUR und NABU.

Mit der seit 1990 alle zwei Jahre auf Anregung des Europarates tagenden paneuropäischen Umweltministerkonferenz wird erstmals versucht, ein schlüssiges Konzept für den gesamteuropäischen Naturschutz im Hinblick auf das Übereinkommen über die Biologische Vielfalt zu entwickeln und die bisherigen paneuropäischen Einzelaktivitäten (Helsinki-Nachfolgeprozeß, Eeconet u.a.m.) zusammenzufassen.

Mit der Neufassung der Helsinki-Konvention zum Schutz der Ostsee (1992) werden auch die Voraussetzungen für ein umfassendes Ostsee-Naturschutz-Programm formuliert (vgl. auch MNU-SH 1995). Zugleich werden die Naturschutzziele auf Zielsetzungen des Übereinkommens über die Biologische Vielfalt abgestimmt.

Die weltweit angelegte Bonner Konvention zum Schutz wandernder wildlebender Tierarten wird derzeit durch einige für Europa bedeutsame Regionalabkommen unterlegt, so das Kleinwalabkommen für Nord- und Ostsee (1992), das Fledermausabkommen (1991), das Seehundabkommen (1990) sowie das afrikanisch-eurasische Wasservogelabkommen (1995; vgl. u.a. Boye 1994, 1995).

Parallel dazu hat Naturschutz Eingang in Entwicklungsprojekte der Technischen Zusammenarbeit mit Staaten der Dritten Welt gefunden.

Auf der Konferenz der Vereinten Nationen für Umwelt und Entwicklung (UNCED) 1992 in Rio de Janeiro werden die globale Bedrohung der Lebensgrundlagen auf der Erde durch Klimawandel, Waldzerstörung, Wüstenausbreitung und Verlust von biologischer Vielfalt von den Regierungschefs der Teilnehmerstaaten offiziell als Faktum anerkannt und mehrere, sehr umfassende Übereinkommen verabschiedet. Insbesondere mit dem Übereinkommen über die Biologische Vielfalt (vgl. u.a. Auer 1992a, 1992b, 1994; Korn 1995) wird eine neue Qualität und neue Phase im internationalen Naturschutz eingeleitet. Hauptziel der Konvention sind

1. die Erhaltung der biologischen Vielfalt,

2. die nachhaltige Nutzung natürlicher Ressourcen und

3. die gerechte Verteilung der sich aus der Nutzung von Bestandteilen biologischer Vielfalt ergebenden Gewinne.

Für die Umsetzung der Ziele des Übereinkommens wurde ein Finanzierungsinstrument "Global Environmental Facilities" (GEF) geschaffen.

Die Arbeitsgruppe "Conservation of Arctic Flora and Fauna" (CAFF, 1992) erarbeitet für die gesamte Arktis ein umfassendes Programm mit verschiedensten Maßnahmen zum Erhalt der biologischen Vielfalt. CAFF versucht, das Übereinkommen über die Biologische Vielfalt für die Arktis zu konkretisieren. Diese regionale oder auch sektorale Konkretisierung der Rio-Konvention findet in vielen Teilen der Welt statt.

Die gegenwärtige "Emanzipationsphase" des internationalen Naturschutzes ist trotz weiterer Naturzerstörung großen Stils und weiterer Rückgangs biologischer Vielfalt durch zunehmend komplexere Zusammenarbeit auf bilateraler, europaweiter und weltweiter Ebene gekennzeichnet. Rio wurde trotz enttäuschter Erwartungen zu einem Wendepunkt in der Geschichte internationaler Zusammenarbeit. Die Industriestaaten haben ihre Rolle als Hauptverursacher der globalen Krise erkannt, und die zwingende Notwendigkeit eines globalen Umdenkens und Umsteuerns wird kaum noch ernsthaft bestritten. An der Schwelle zum 3. Jahrtausend wird Naturschutz zu einer Frage des Überlebens (IUCN/ UNEP/WWF 1991).

4. Akteure, Aktionsebenen und Instrumente

Akteure und Aktionsebenen im internationalen Naturschutz sind sehr vielfältig und unterschiedlich. Sie reichen von privaten Einzelinitiativen bis zu umfassenden weltweiten Programmen.

Die *Vereinten Nationen (UNO)* haben die 1. Umweltkonferenz 1972 in Stockholm und die UNCED 1992 in Rio des Janeiro als bislang größte internationale Zusammenkunft vorbereitet und durchgeführt, das Umweltprogramm UNEP und das Entwicklungsprogramm UNDP ins Leben gerufen. Die Weltorganisation ist die Hauptkraft zur Lösung internationaler Umwelt- und Entwicklungsprobleme.

Die Sonderorganisation der Vereinten Nationen für Erziehung, Wissenschaft und Kultur *(UNESCO)* hat mit dem Programm *"Der Mensch und die Biosphäre"* *(MAB)* 1970 einen neuen Ansatz der Integration von Naturschutz und Entwicklung ins Leben gerufen. Mit "Biosphärenreservaten" - zentraler Bestandteil des MAB-Programms - soll ein weltweites Netz von Gebieten entwickelt werden, das repräsentative Beispiele aus möglichst allen biogeographischen Regionen der Erde umfaßt und den Menschen mit allen seinen Tätigkeiten und deren Auswirkungen auf Natur und Landschaft integriert. Schutz und nachhaltige Nutzung der biologischen Ressourcen sollen in Biosphärenreservaten durch die Erforschung der Wechselwirkungen erkannt, in der praktischen Anwendung miteinander verbunden und der breiten Öffentlichkeit vermittelt werden. Ziel ist die Erarbeitung und Umsetzung von beispielhaften Konzepten, die den Ansprüchen von Mensch und Natur gleichermaßen gerecht werden. Damit stellen Biosphärenreservate einen gänzlich neuen Gebietstyp dar, der z.B. über das Nationalparkkonzept weit hinausgeht. Biosphärenreservate sind insbesondere eine Kategorie komplexer Regionalentwicklung und keine Schutzgebietskategorie im engeren

Sinne. Derzeit existieren 337 Biosphärenreservate in 85 Staaten, darunter auch zahlreiche Nationalparke, versehen mit dem Etikett Biosphärenreservat (AGBR 1995). Die UNESCO ist auch Initiator und Träger der Welterbe-Konvention (1972).

In der 1948 gegründete *Welt-Naturschutzunion (IUCN)* arbeiten Staaten, Regierungsbehörden, Nichtregierungsorganisationen und Experten zusammen. Die IUCN zählt derzeit über 800 Mitglieder aus 126 Staaten. Die Bundesrepublik Deutschland ist seit 1958, die vormalige Bundesforschungsanstalt für Naturschutz und Landschaftsökologie (jetzt Bundesamt für Naturschutz) seit 1971, die Gesellschaft für Technische Zusammenarbeit (GTZ) seit 1974 Mitglied in dieser weltweit tätigen Organisation. Insgesamt sind zwölf Institutionen und Verbände aus Deutschland IUCN-Mitglied. Ziel dieser Organisation ist u.a. die Erarbeitung wissenschaftlicher Grundlagen, Strategien und Programme für den globalen Schutz der Natur. Ein Instrument dafür sind Schutzgebiete.

Die IUCN bemüht sich seit Jahrzehnten, die unterschiedlichen Typen von Schutzgebieten zu definieren und zu kategorisieren, um sie weltweit vergleichbar zu machen und effizienter anwenden zu können. Weltweit gibt es mindestens 140 verschiedene Begriffe für Schutzgebiete. In Australien werden beispielsweise 45 Schutzgebietstypen, beim US National Park Service 18 Schutzgebietstypen unterschieden.

Bei der IUCN-Generalversammlung 1969 in Neu Delhi wurde mit einer weltweiten Definition des Begriffs "Nationalpark" ein erster Schritt zu einem System abgestimmter Schutzgebietskategorien getan. 1978 wurden mit dem Bericht der IUCN-Nationalparkkommission *(CNPPA)* zehn Kategorien von Schutzgebieten definiert (Alliance for Nature 1990). Dieses Klassifikationssystem hat weltweite Verbreitung erfahren, hat Eingang gefunden in nationale Rechtsvorschriften und dient als Grundlage für die "Liste der Nationalparke und Schutzgebiete der Vereinten Nationen" (IUCN 1991).

Seit 1984 arbeitete eine Projektgruppe der CNPPA an der Präzisierung und Revision dieser Kategorien und berichtete während der IUCN-Generalversammlung 1990 in Perth/Australien darüber. Auf dem IV. Nationalpark-Weltkongreß 1992 in Caracas/Venezuela wurde die Erarbeitung eines neuen Kategoriensystems zur Ablösung der Kategorien von 1978 beschlossen und begonnen. Im Ergebnis dieses Prozesses wurden bei der IUCN-Generalversammlung 1994 in Buenos Aires/Argentinien insgesamt sechs Management-Kategorien vorgestellt und im gleichen Jahr als "Richtlinie für Management-Kategorien von Schutzgebieten" veröffentlicht (IUCN 1994b, autorisierte deutsche Fassung IUCN/ FÖNAD 1995).

Darin wurden folgende Management-Kategorien unterschieden:

Ia:	Strenges Naturreservat,
Ib:	Wildnisgebiet,
II:	Nationalpark,
III:	Naturmonument,

IV: Biotop-/Artenschutzgebiet mit Management,

V: Geschützte Landschaft/Geschütztes Marines Gebiet,

VI: Ressourcenschutzgebiet mit Management.

Für Europa sind *EU-Kommission* (Erlaß verbindlicher Richtlinien), *Europarat* (u.a. Initiativen zu wirksamer Öffentlichkeitsarbeit im Naturschutz) sowie die *Regierungen* der einzelnen Staaten durch Mitgliedschaft in internationalen Übereinkommen, bilaterale Abkommen, Mitarbeit in Gremien und Kommissionen Hauptträger staatlicher Aktivitäten im Naturschutz.

In Deutschland ist das *Auswärtige Amt* (AA) mit Botschaften und Auslandsvertretungen in 234 Staaten für die Ausgestaltung internationaler Beziehungen zuständig. "Die auswärtige Umweltpolitik ist ein nicht mehr wegzudenkender Teil der vom Auswärtigen Amt zu verantwortenden Außenpolitik geworden" (AA 1994). Das Auswärtige Amt begleitet die im wesentlichen vom *Bundesministerium für Umwelt, Naturschutz und Reaktorsicherheit (BMU)* und vom *Bundesministerium für wirtschaftliche Zusammenarbeit und Entwicklung (BMZ)* federführend wahrgenommenen Umweltaufgaben.

Das *BMU* hat die Ressortzuständigkeit für Naturschutzzusammenarbeit, nimmt die Mitgliedschaft der Bundesrepublik in der IUCN, in der Kommission für nachhaltige Entwicklung (CSD) und in anderen Gremien wahr und unterhält Umweltabkommen mit verschiedenen Staaten.

Das zum Geschäftsbereich des BMU gehörende *Bundesamt für Naturschutz (BfN)* ist Vollzugsbehörde für das Washingtoner Artenschutzabkommen sowie die entsprechenden Artenschutzregelungen der Europäischen Union und des Bundes (Bundesartenschutzverordnung). Es genehmigt die Ein- und Ausfuhr geschützter Tiere und Pflanzen, von Teilen geschützter Tiere und Planzen und der aus Tieren oder Pflanzen hergestellten Erzeugnisse. Es erarbeitet auch die wissenschaftlichen Entscheidungsgrundlagen, die mit eingereichten Ein- oder Ausfuhranträgen anfallen und die zur Weiterentwicklung des internationalen Artenschutzes notwendig sind.

Im Bereich der Forschung und Beratung erarbeitet das BfN Fachbeiträge zu verschiedenen Fragen des internationalen Naturschutzes sowie zur Umsetzung von Verpflichtungen aus internationalen Übereinkommen, berät Projekte, veranstaltet Tagungen, vermittelt Erfahrungen und Informationen.

Entwicklungsprojekte des BMZ werden von der *Gesellschaft für Technische Zusammenarbeit (GTZ)* durchgeführt. Darin finden Naturschutzaspekte zunehmend Beachtung, und seit Rio gibt es auch spezielle Projekte für Naturschutz und nachhaltige Regionalentwicklung.

Auch einzelne *Bundesländer* pflegen eine grenzübergreifende Naturschutzzusammenarbeit, z.B. Brandenburg mit Polen im Bereich des Oder-Nationalparks, Sachsen und Bayern mit Tschechien. Schutzgebietsverwaltungen unterhalten Partnerschaftsabkommen mit benachbarten Schutzgebieten oder auch mit Schutzgebieten in fernen Staaten. Wissenschaftliche Institutionen und Gesellschaften tragen u.a. durch Wissenschaftleraustausch und Tagungen zur Lösung internationaler Naturschutzprobleme bei. Vor allem aber sind es privatrechtlich organisierte Verbände und Stiftungen, die der internationalen Naturschutzzusammenarbeit immer wieder kräftige Impulse geben. Aus der Vielzahl solcher Organisationen und Initiativen können hier nur einige wenige, die in Deutschland von Bedeutung sind, genannt werden.

Die 1973 gegründete *Föderation der Natur- und Nationalparke Europas* (*FNNPE*, heute *EUROPARC*) ist eine politisch unabhängige, gesamteuropäische Organisation, in der die Verwaltungen von über 380 Großschutzgebieten aus 33 europäischen Staaten zusammenarbeiten zur Unterstützung und Förderung des gesamten Spektrums von Schutzgebieten in Europa. Zur Föderation EUROPARC zählen Schutzgebietsverwaltungen auf nationaler und regionaler Ebene, staatliche Institutionen und unabhängige Naturschutzorganisationen, aber auch akademische Einrichtungen, die sich mit Fragen von Schutzgebieten befassen. EURO-PARC arbeitet partnerschaftlich mit der IUCN, mit dem WWF International und dem Europarat zusammen. 42 Mitglieder aus Deutschland sind in EUROPARC vertreten, 1991 wurde die deutsche Sektion der Föderation (FÖNAD) ins Leben gerufen, um den Aufbau und die Entwicklung von Großschutzgebieten bundesweit zu unterstützen und soweit nötig zu koordinieren.

Die FNNPE hat auf der Grundlage der Verpflichtungen des Weltnationalparkkongresses 1992 gemeinsam mit IUCN, WWF, WCMC und Birdlife International den "Aktionsplan für Schutzgebiete in Europa, Parke für das Leben" erarbeitet.

Als Internationale Organisation widmet sich vor allem der 1961 mit Sitz in der Schweiz gegründete *World Wide Fund for Nature (WWF)* der Entwicklung und dem Management von Schutzgebieten auch in Europa. Der WWF zählt heute weltweit 24 Nationale WWF-Organisationen (davon 15 in Europa) und fünf assoziierte Organisationen und unterhält 23 WWF-Programmbüros (davon vier in Europa) (WWF 2000; WWF 1994). Der WWF Deutschland wirkt seit seinem Bestehen erfolgreich zur Erhaltung von Lebensräumen und bedrohten Tierarten. In seiner internationalen Arbeit setzt er Schwerpunkte beim Schutz borealer Wälder, der Tropenwälder, der Meere und Küsten. Gemeinsam mit WWF International ist er beispielsweise tätig in fast allen Staaten des ehemaligen Ostblocks, so mit Flächenschutzprogrammen in Georgien, in der Mongolei, in Polen, in Rußland und dem Baltikum, aber auch in Afrika, Asien und Lateinamerika.

Auch die 1987 in Deutschland gegründete *Stiftung Europäisches Naturerbe (EURONATUR)* unterstützt europaweit die Einrichtung und Entwicklung von Schutzgebieten. Sie hat innerhalb weniger Jahre über 50 Projekte in 13 europäischen Staaten erfolgreich initiiert (Hutter/Thielke 1992).

Der *Naturschutzbund Deutschland e.V. (NABU)* nimmt die deutsche Mitgliedschaft bei Birdlife International wahr, entfaltet mit dem Bundesfachausschuß Internationales und der NABU-Ostkoordination vielfältige Aktivitäten in internationalen Gremien und Projekten in Staaten des ehemaligen Ostblocks, z.B. in Kirgistan, Kasachstan, Rußland, der Ukraine und Weißrußland.

Auch der *Deutsche Naturschutzring (DNR)* und der *Bund für Umwelt und Naturschutz Deutschland (BUND)* sind international durch Mitarbeit in Gremien, Lobbyarbeit, Projekte und Kampagnen im Naturschutz aktiv.

Instrumente zur Verwirklichung von internationalen Naturschutzzielen sind:

- weltweite Übereinkommen, Programme und Richtlinien (vgl. Tab. 1),

- regionale Übereinkommen und Programme für einzelne Kontinente oder Regionen (die für Europa bedeutsamen sind in Tab. 2 zusammengestellt),

- bilaterale Übereinkommen zwischen zwei Staaten (die Regierungsabkommen und Ressortabkommen der Bundesrepublik Deutschland sind in Tab. 3 aufgelistet),

- Projekte der Entwicklungszusammenarbeit und Naturschutzprojekte zur Sicherung von Schutzgebieten und gefährdeten Arten,

- Schutzgebietspartnerschaften, Personalaustausch, grenzübergreifende nachbarschaftliche Aktivitäten, Ausbildungsprogramme, internationale Lobbyarbeit und vieles andere mehr.

- Übereinkommen über Feuchtgebiete, insbesondere als Lebensraum für Wasser- und Watvögel von internationaler Bedeutung (Ramsar-Konvention),abgeschlossen 1971 in Ramsar/Iran, Sitz in Gland/Schweiz, 83 Mitgliedsstaaten (Deutschland seit 1976).

- Biosphärenreservate, Man and Biosphäre Programm der UNESCO (MAB 8), abgeschlossen 1970, Sitz in Paris/Frankreich, derzeit 337 Biosphärenreservate in 85 Staaten der Erde, Deutschland Mitglied seit 1972, 13 Biosphärenreservate in Deutschland.

- Übereinkommen zum Schutz des Kultur- und Naturerbes der Welt (World Heritage Convention der UNESCO), abgeschlossen 1972, Sitz in Paris/Frankreich, 142 Mitgliedsstaaten (Deutschland seit 1976), 1995 420 World Heritage Sites von der UNESCO anerkannt, darunter 97 Naturerbegebiete.

- Konvention zum Schutz der antarktischen Robben, abgeschlossen 1972, Sitz in Cambridge/UK, 16 Mitgliedsstaaten (Deutschland seit 1987).

- Übereinkommen über den internationalen Handel mit gefährdeten Arten freilebender Tiere und Pflanzen (CITES bzw. Washingtoner Artenschutzabkommen), abgeschlossen 1973 in Washington/USA, Sitz in Genf/Schweiz, 118 Mitgliedsstaaten (Deutschland seit 1976).

- Übereinkommen zur Erhaltung der wandernden wildlebenden Tierarten (Bonner Konvention, CMS), abgeschlossen 1979 in Bonn, Sitz in Bonn/Deutschland, 47 Mitgliedsstaaten (Deutschland seit 1984).

- Übereinkommen über die biologische Vielfalt (CBD), abgeschlossen 1992 in Rio de Janeiro/Brasilien, 120 Mitgliedsstaaten (Juli 1995), Deutschland seit 1994.

Tab. 1: Weltweite Naturschutz-Übereinkommen (Auswahl)

<table>
<tr><td>

Richtlinien der Europäischen Union

- EG-Vogelschutzlinie (1979),
- Fauna-Flora-Habitat-Richtlinie (FFH) und Schutzgebietsnetz "Natura 2000" (1992),
- Flankierende Maßnahmen zur Agrarreform, Verordnung 2078/92 der EU (1992).

</td></tr>
<tr><td>

Aktivitäten des Europarates

- Europadiplom (1964), Sitz in Straßburg/Frankreich, 40 Mitgliedsstaaten, Deutschland seit 1967,
- Übereinkommen über die Erhaltung der europäischen wildlebenden Pflanzen und Tiere und ihrer natürlichen Lebensräume (Berner Konvention), abgeschlossen 1979 in Bern/Schweiz, Sitz in Straßburg/Frankreich, 28 Mitgliedsstaaten, Deutschland seit 1984.

</td></tr>
<tr><td>

Regionalabkommen der Bonner Konvention

- Seehundabkommen (1990), Sitz in Wilhelmshaven/Deutschland, 3 Mitgliedsstaaten, Deutschland seit 1991,
- Fledermausabkommen (1991), Sitz in Bonn/Deutschland, 9 Mitgliedsstaaten, Deutschland seit 1994,
- Kleinwalabkommen (1992), Sitz in Cambridge/UK, 6 Mitgliedsstaaten, Deutschland seit 1994,
- Afrikanisch-eurasisches Wasservogelabkommen (1995).

</td></tr>
<tr><td>

Weitere Regionale Abkommen/Aktivitäten

- Trilaterale Regierungskonferenz zum Schutz des Wattenmeeres (1982), Sitz in Wilhelmshaven/Deutschland, 3 Mitgliedsstaaten, Deutschland seit 1982,
- Internationale Nordseeschutzkonferenz (1983), 10 Teilnehmerstaaten, Deutschland seit 1983,
- Übereinkommen zum Schutz der Alpen (Alpenkonvention) (1991), 8 Mitgliedsstaaten, Deutschland seit 1994,
- Helsinki-Konvention zum Schutz der Meeresumwelt der Ostsee (Neufassung 1992), Sitz in Helsinki, 9 Mitgliedsstaaten, Deutschland seit 1994,
- Oslo-Paris-Konvention zum Schutz der Meeresumwelt des Nord-Ost-Atlantiks (Neufassung 1992), 14 Mitgliedsstaaten, Deutschland seit 1994.

</td></tr>
</table>

Tab. 2: Regionale Naturschutz-Übereinkommen in Europa (Auswahl)

5. Aktivitäten und Rolle der Bundesrepublik Deutschland

Ziel internationaler Naturschutzaktivitäten der Bundesrepublik Deutschland ist wirksamerer Naturschutz sowohl in Deutschland (nach innen gerichtet) als auch im Ausland (nach außen gerichtet).

Deutschland ist Mitglied bei zehn *weltweiten Konventionen*, deren Ziele in erster Linie Naturschutz betreffen (vgl. auch Tab. 1). Dabei sind die Aspekte der ökologisch nachhaltigen Nutzung biologischer Ressourcen mit eingeschlossen. Deutschland arbeitet außerdem in vier internationalen Naturschutz-Organisationen mit: IUCN, UNEP, IWRB und CSD.

Innerhalb Europas ist Deutschland darüber hinaus an 29 *regionalen Übereinkommen*, Programmen und Institutionen zum Naturschutz beteiligt (Aktivitäten der EU, des Europarates und weiterer paneuropäischer Organisationen, Regional-

Nr.	Partnerland	Art des Abkommens	Jahr
1	Albanien	Ressort	1992
2	Australien	Ressort	1992
3	Bulgarien	Regierung	1993
4	China	Ressort	1994
5	Estland	Ressort	1992
6	Indien	Ressort	in Vorbereitung
7	Indonesien	Ressort	1993
8	Iran	Ressort	1992
9	Israel	Regierung	1993
10	Kanada	Ressort	1990
11	Lettland	Ressort	1993
12	Litauen	Ressort	1993
13	Malaysia		in Vorbereitung
14	Mexiko	Ressort	1993
15	Polen	Regierung	1994
16	Rumänien	Regierung	1993
17	Russische Föderation	Regierung	1992
18	Singapur	Ressort	in Vorbereitung
19	Slowakische Republik	Regierung	in Vorbereitung
20	Tschechische Republik	Regierung	in Vorbereitung
21	Türkei	Regierung	1992
22	Ukraine	Regierung	1993
23	Ungarn	Regierung	1993
24	USA	Regierung	1975
25	Weißrußland	Ressort	in Vorbereitung

Tab. 3: Bilaterale Abkommen der Bundesrepublik Deutschland

abkommen der Bonner Konvention, biomspezifische Abkommen; vgl. Tab. 2).
Mit bislang 25 Staaten bestehen bilaterale *Regierungs- bzw. Ressortabkommen*
(z.T. in Vorbereitung), die einen Naturschutzbezug aufweisen (vgl. Tab. 3).

Das erste bilaterale Abkommen, in dem *Umweltpolitik* erwähnt wird, ist das
Regierungsabkommen mit den USA von 1975. Im 1990 folgenden Ressortabkommen mit Kanada wird ausdrücklich auch Naturschutz erwähnt.

Seit 1992 hat Deutschland acht weitere Regierungsabkommen sowie neun
weitere Ressortabkommen des BMU abgeschlossen, drei Regierungs- und drei
Ressortabkommen sind derzeit in Vorbereitung.

Der Abschluß bilateraler Abkommen hat somit nach der deutschen Vereinigung und nach Überwindung der politischen Spaltung Europas deutlich zuge-

nommen. Die 14 Abkommen mit Staaten des ehemaligen Ostblocks machen deutlich, welch hohen Stellenwert die Umwelt- und Naturschutzzusammenarbeit im Prozeß der Demokratisierung und Stabilisierung dieser in schwierigen Übergangssituationen befindlichen Staaten zukommt.

Obwohl die Übereinkommen in der Regel der Zusammenarbeit im technischen Umweltschutz Priorität geben, wird Zusammenarbeit im Naturschutz in allen Vertragstexten ausdrücklich erwähnt. In mehreren Verträgen wird auch der Zusammenhang zwischen nachhaltiger Wirtschaftsentwicklung und Schutz der Naturressourcen hervorgehoben. Im Ressortabkommen mit dem Iran (1992) wird der Schutz der Meeresumwelt und der Küstengebiete ausdrücklich erwähnt.

Mit dem deutsch-indonesischen Ressortabkommen (1993) wurde das erste bilaterale Abkommen mit einem Entwicklungsstaat abgeschlossen. Es knüpft in seinen Inhalten unmittelbar an die UNCED von Rio 1992 an. Drei weitere Abkommen mit Entwicklungsländern sind in Vorbereitung.

Das Tropenwaldprogramm der Bundesregierung hat eine Sonderrolle; es handelt sich um bilaterale Maßnahmen im Rahmen der Zusammenarbeit mit Entwicklungsstaaten, die auch Beitrag zu einem Maßnahmenpaket der EU sind. An weiteren deutschen Naturschutzaktivitäten in der Entwicklungszusammenarbeit sind das Tropenökologische Begleitprogramm und das Förderprogramm "Umsetzung der Biodiversitätskonvention" der GTZ zu nennen.

Internationale Aktivitäten im Naturschutz haben seit ca. 25 Jahren auch in Deutschland beständig zugenommen (u.a. Zahl der Übereinkommen, Vertragsstaaten, Konferenzen, Kommissionen, Sekretariate, Arbeitsgruppen, Berichte, Datenbanken, finanzielle Aufwendungen).

Die Wirksamkeit der einzelnen Abkommen und Programme im Hinblick auf die Zielstellung, "besserer Schutz von Natur" ist sehr verschieden. Während einzelne Abkommen rechtsverbindlich sind, und/oder Befugnisse und Strukturen des Vollzugs aufweisen (z.B. CITES, FFH) oder aber mit Finanzierungsinstrumenten ausgestattet sind (z.B. Übereinkommen über die Biologische Vielfalt, FFH), haben andere Abkommen/Programme vor allem PR-Effekte (Europadiplom).

Der Stellenwert von Naturschutz im Rahmen internationaler Aktivitäten der Bundesrepublik Deutschland sowie die für Naturschutzaktivitäten verfügbaren Mittel sind vergleichsweise sehr gering. Trotz zahlreicher Mitgliedschaften und im internationalen Vergleich relativ hoher Beitragszahlungen ist die Rolle Deutschlands im internationalen Naturschutz eher bescheiden und i.d.R. durch reaktives Verhalten geprägt. Das deutsche Engagement im internationalen Naturschutz entspricht bei weitem noch nicht der politischen und wirtschaftlichen Bedeutung der Bundesrepublik Deutschland im internationalen Maßstab.

Die Umsetzung von internationalen Übereinkommen und Programmen des Naturschutzes innerhalb Deutschlands wird durch das föderale System erschwert. Während die Bundesrepublik Deutschland Subjekt der internationalen Vereinbarungen ist, liegt die Zuständigkeit für die Umsetzung i.d.R. bei den einzelnen Ländern des Bundes. Je integrativer und komplexer der Ansatz eines

Übereinkommens oder Programms ist, desto komplizierter und vielfältiger ist das Spektrum beteiligter Institutionen zur Umsetzung.

Auch die Nutzung von internationalen Erfahrungen für Naturschutz und Landschaftspflege in Deutschland wird durch die Zuständigkeitsverteilung zwischen Bund und Ländern erschwert. Ein Gesamtkonzept für das internationale Engagement Deutschlands im Naturschutz gibt es bislang nicht.

Der Nutzeffekt internationaler Naturschutzaktivitäten für die Natur ist schwer einzuschätzen, da es kaum Indikatoren und entsprechende Untersuchungen gibt. Die Aussagen Roter Listen und Berichte über fortschreitende Naturzerstörung in nahezu allen Teilen der Welt lassen auf begrenzte Wirksamkeit internationaler Naturschutzzusammenarbeit schließen, wobei zum limitierenden Faktor meist die Unwirksamkeit nationaler Maßnahmen wird. Es kann jedoch als sicher angenommen werden, daß ohne internationale Aktivitäten die Situation in vielen Staaten sehr viel schlechter wäre. Nicht zu unterschätzen ist die aufklärerische Funktion von internationaler Naturschutzkooperation. In einer (hier nicht dargestellten) Vielzahl von Fällen wird weltweit durch internationale Naturschutz-Aktivitäten Naturzerstörung verhindert, gebremst oder zumindest gemildert.

Als relativ wirksame Instrumente erweisen sich z.B. CITES (da klare Vollzugsanweisungen), FFH-Richtlinie (da rechtliche Verbindlichkeit, qualifizierte Vorgaben und Finanzierungsinstrument) und das MAB-Programm (durch Einbeziehung des Menschen in Schutzbemühungen).

Das Übereinkommen über die Biologische Vielfalt hat Naturschutz in Verbindung mit Entwicklungsfragen weltweit zu einen politischen Thema gemacht, den Nord-Süd-Dialog intensiviert und der Entwicklungszusammenarbeit neue Impulse gegeben sowie auch in Deutschland eine ressortübergreifende Diskussion in Gang gebracht und die Notwendigkeit nachhaltiger Entwicklung thematisiert.

Positive Auswirkungen auf Naturschutz und Landschaftspflege in Deutschland haben insbesondere auch die Ramsar-Konvention (Feuchtgebietsschutz), Vogelschutz- und FFH-Richtlinien (Arten- und Biotopschutz) sowie das MAB-Programm (Biosphärenreservate) gebracht. Die IUCN-Kriterien für Schutzgebiete (vgl. IUCN 1994a, 1994c) sowie Aktivitäten der FNNPE haben die Schaffung und Entwicklung großer Schutzgebiete, insbesondere Nationalparke, in Deutschland gefördert.

Die Erfolgsbilanz deutscher Aktivitäten im internationalen Naturschutz fällt jedoch trotz erheblicher Aufwendungen insgesamt bescheiden aus. Die Zahlen von Mitgliedschaften, Höhe von Beiträgen, Zahl von Konferenzen, Meetings, Sitzungen, Aktenvorgängen, Berichten, Programmen sind wesentlich schneller angewachsen als konkrete Ergebnisse bei der Erhaltung biologischer Vielfalt in Deutschland und im Ausland. Ursachen dafür sind fehlende Bundeszuständigkeiten, fehlendes Gesamtkonzept, strukturelle Kommunikationsbarrieren und unzureichende Koordinierung der verschiedenen Aktivitäten, zu schwache Lobby, komplizierte Zuständigkeitsverteilung, Geld- und Personalmangel.

In der Situation des internationalen Naturschutzes spiegelt sich bis zum gewissen Grade das Dilemma des Naturschutzes in Deutschland wider. Defensiver Naturschutz in Deutschland kann schwerlich den Schutz der biologischen Vielfalt in anderen Staaten beflügeln und internationalen Naturschutz beleben. Internationale Konventionen mit komplizierter Struktur und aufwendigen Berichtspflichten vermögen andererseits kaum, die Situation des Naturschutzes in Deutschland zu verbessern.

Um aus der Spirale wechselseitiger Blockierung herauszukommen, sind

- Verbesserung von strukturell-konzeptionellen Voraussetzungen,

- geographische Schwerpunktsetzungen,

- thematische Bündelungen sowie

- Intensivierung der Aktivitäten in Schwerpunktbereichen notwendig.

6. Umbruch im Osten bringt neue Dimension im Naturschutz

Mit dem politischen Umbruch im Ostblock hat der Naturschutz einen bemerkenswerten Aufbruch erlebt. Für viele Menschen ist er zum Hoffnungsträger geworden. Nicht nur im Osten Deutschlands wurden neue große Schutzgebiete geschaffen, sondern auch in anderen Staaten wurde die Chance des Umbruchs genutzt (IUCN 1990; Knapp/Succow 1995; Krever et. al. 1994; WWF 1991).

Seit 1990 gibt es in dem riesigen Raum zwischen Polen und Kamtschatka, zwischen Eismeer und Transkaukasien verstärkte Bemühungen um die Sicherung der noch verbliebenen Naturreichtümer. So wurden auf dem Gebiet der heutigen Russischen Föderation seit 1990 16 neue Zapovedniks (strenge Schutzgebiete ohne wirtschaftliche Nutzung) mit einer Gesamtfläche von 97.568 km^2 ausgewiesen. Das ist mehr als die Fläche von Nordrhein-Westfalen, Niedersachsen und Schleswig-Holstein zusammengenommen. Darunter befinden sich z.B. das 1993 geschaffene große Arktis-Reservat auf der sibirischen Taimyr-Halbinsel mit allein 4,2 Mio. Hektar. 15 von insgesamt 26 Nationalparken in Rußland wurden seit 1990 geschaffen. Sie umfassen über 117.000 km^2, das entspricht etwa einem Drittel der Fläche der Bundesrepublik Deutschland. Darunter befinden sich so bedeutende Gebiete wie der Beringija-Nationalpark an der Beringstraße, der Nenecky-Nationalpark in der russischen Arktis, mit 6.000 km^2 größter Nationalpark Europas, und der Vodlozero-Nationalpark in Karelien/Nordrußland, mit 200.000 Hektar Moorland der bedeutendste Moor-Nationalpark in Europa.

Russische Experten entwarfen ein großräumiges Schutzgebietsprogramm für den Norden und Fernen Osten der Russischen Föderation, dessen Realisierung noch in den Anfängen steckt. Für Kamtschatka wurde auf der Grundlage mehrjähriger Forschungen dem Szenario drohender Naturzerstörung durch Bergbau und Industrie eine realisierbare Vision von Naturschutz und nachhaltiger Regionalentwicklung gegenübergestellt. Für die Baikalseeregion wurden auf Druck von

Bürgerinitiativen Konzepte zur Landschaftsplanung und nachhaltigen Entwicklung erarbeitet und mit internationaler Unterstützung vorangebracht (vgl. u.a. Fritz 1993; Koptyug/Uppenbrink 1996).

In Polen konnten zahlreiche Naturparadiese erhalten werden. Bäuerliche Landwirtschaft hat vielgestaltige Kulturlandschaften gepflegt, wie sie in Deutschland nicht mehr zu finden sind. Auch Naturlandschaften sind dank konsequenter Schutzmaßnahmen bewahrt worden. Der Slowinski-Nationalpark an der Ostseeküste, der Urwald von Bielowiecza, die Hohe Tatra und das Riesengebirge gehören zu den ältesten Schutzgebieten im östlichen Mitteleuropa und zum wertvollsten Bestand des europäischen Naturerbes. Die Biebza-Niederung in Nordostpolen ist eine der ausgedehntesten Sumpflandschaften in Europa und im Biesczady-Gebirge im Dreieck Polen, Slowakei und Ukraine regenerieren karpatische Buchenwälder auf großer Fläche. Sie bilden wahrscheinlich das ausgedehnteste Buchen-Naturwaldreservat Europas. Mit dem bereits 1986 von einer privaten Stiftung initiierten und von der polnischen Regierung und von den Wojewodschaften unterstützten Projekt "Grüne Lunge Polens" soll im Nordosten Polens eine ökologische Modellregion entstehen (Kassenberg et al. 1991; Wolfram/Szkiruc 1993).

In Georgien wurden 1991 mit Unterstützung des WWF sieben große Schutzgebiete konzipiert und gesichert, mit denen die wichtigsten Naturlandschaften des Kaukasusstaates in ihrer biologischen Vielfalt und landschaftlichen Großartigkeit erhalten werden sollen (Succow 1992a, 1992b; Succow/Jungius 1992).

In der Mongolei wird seit 1991 an der Entwicklung eines Systems großer Schutzgebiete gearbeitet, mit dem repräsentative Beispiele aus allen großen Landschaftszonen von der Taiga bis zur Wüste im Naturzustand erhalten werden sollen. Seit 1992 unterstützt der WWF die Naturschutzbemühungen in der Mongolei, 1994 wurde im Rahmen der deutschen Entwicklungszusammenarbeit das GTZ-Projekt "Naturschutz und Randzonenentwicklung in der Mongolei" begonnen (Tschimed-Otschir/Knapp 1994; WWF 1990, 1991, 1994).

Die Restnatur des Ostens stellt einen bedeutenden Teil des Naturerbes Europas und der Welt dar. Es muß im internationalen Interesse liegen, dieses Naturerbe vor der Zerstörung durch vordergründige Wirtschaftsinteressen zu bewahren. Unter den westlichen Industriestaaten kommt vor allem Deutschland wegen seiner besonderen wirtschaftlichen und politischen Stellung sowie aufgrund der geographischen Lage und vielfältiger historischer, kultureller und wirtschaftlicher Beziehungen eine besondere Verantwortung zu, die Staaten des Ostens bei der Bewahrung ihres Naturerbes zu unterstützen. Die Mithilfe bei der Schaffung von Nationalparks und insbesondere auch bei der Benennung von World Heritage Sites und Biosphärenreservaten der UNESCO sind dazu ein wichtiger Beitrag (vgl. BfN/NABU 1995).

Offensiver Naturschutz im Sinne der Erklärungen von Rio leistet einen wirksamen Beitrag zur inneren Stabilisierung und Demokratisierung der im Umbruch befindlichen Gesellschaften. Entwicklung von Bürgermündigkeit und regionaler Identität, Aufbau von gemeinnützigen Organisationen, Erhalt traditioneller umwelt- und sozialverträglicher Wirtschaftsweisen tragen zur Konfliktvermeidung und Integration bei. Ziele einer neuen Naturschutzstrategie sollten sein:

- Sicherung noch erhaltener Naturlandschaften durch *Schaffung großer Schutzgebiete* (Vorsorgeprinzip),

- *Aufbau regionaler Wirtschaftskreisläufe* auf der Grundlage nachhaltiger Nutzung natürlicher Ressourcen sowie

- *Entwicklung von Umweltbewußtsein, regionaler Identität und Verantwortung durch offensive Bildungs- und Öffentlichkeitsarbeit.*

Der politische Umbruch und wirtschaftliche Zusammenbruch im Osten hat zugleich zum Aufbruch in einen offensiven Naturschutz geführt, der dem Vorsorgeprinzip entsprechend die erhalten gebliebenen Naturschätze auch künftigen Generationen bewahren kann. Dies wird jedoch nur mit internationaler Verpflichtung möglich sein.

7. Schlußfolgerungen

1) Internationaler Naturschutz ist kein Phantom sondern Wirklichkeit. Er hat sich phasenhaft

- seit 100 Jahren ganz allmählich (Anlaufphase bis 1945),

- seit 50 Jahren zielgerichtet (Stabilisierungsphase 1945-1970),

- seit 25 Jahren sehr breit (Instrumentalisierungsphase 1970-1992) und

- seit fünf Jahren geradezu stürmisch (Emanzipationsphase ab 1992)

entwickelt.

2) Internationaler Naturschutz ist notwendig, weil Natur Grenzen überschreitet, weil es internationalen Handel mit Naturgütern gibt und weil Naturzerstörung oft internationalen Charakter aufweist. Naturzerstörung hat längst globales Ausmaß erreicht, Naturzerstörer haben weltweite Strukturen und internationale Lobby aufgebaut. Naturschutz kann dem nicht allein mit lokalen oder nationalen Aktivitäten begegnen.

3) Internationaler Naturschutz erfordert das Setzen von Schwerpunkten und thematische Bündelung. Als besonders vordringlich werden angesehen:

- Sicherung von Substanz durch Einrichtung von großen Schutzgebieten, d.h. Sicherung noch vorhandener intakter und funktionsfähiger Naturräume vor wirtschaftlichem Zugriff und Zerstörung.

- flächenhafte Anwendung von Verfahren ökologisch nachhaltiger Nutzung erneuerbarer natürlicher Ressourcen, insbesondere durch Landwirtschaft, Waldwirtschaft, Fischerei und Jagd.

4) Internationaler Naturschutz erfordert darüber hinaus professionelle und offensive Bildungs-, Öffentlichkeits- und Lobbyarbeit. Bewußtseinsbildung und

Stärkung regionaler Identität sind nötig, damit Naturschutz von möglichst vielen Menschen akzeptiert und mitgetragen wird. Es muß bewußt gemacht werden, daß Naturschutz eine vorrangige Aufgabe zur Sicherung der natürlichen Lebensgrundlagen und des Lebens in seiner Vielfalt überhaupt ist.

5) Internationaler Naturschutz erfordert die Durchdringung aller Politikbereiche mit den Zielen der in Rio (1992) verabschiedeten Erklärungen. Die Leitgedanken von Rio, insbesondere die AGENDA 21 und das Übereinkommen über die Biologische Vielfalt, müssen in geeigneter Form immer wieder in die verschiedenen Politikbereiche hineingetragen werden, sowohl national als auch international, um praktische Wirksamkeit zu erlangen. Naturschutz kann als eine ressortübergreifende Aufgabe nur erfolgreich betrieben werden, wenn er in andere Zuständigkeiten hineinwirkt. Hier ist auch die Einbeziehung der diplomatischen Dienste in internationale Naturschutzaufgaben zu erwägen.

6) Internationaler Naturschutz ist nur wirksam, wenn internationale Vereinbarungen auch befolgt und national umgesetzt werden. Ohne politischen Willen in den einzelnen Staaten und ohne nationale Instrumente bleiben internationale Vereinbarungen wirkungslos.

7) Internationales Engagement eines Staates ist um so glaubhafter und gewichtiger, je besser Naturschutz auf dem eigenen Territorium geregelt und betrieben wird. Naturschutz hat auch im lokalen und nationalen Handeln internationale Dimension, indem die globale Zielstellung - Erhaltung von Natur - am konkreten Beispiel verwirklichen wird.

8) Deutsches Engagement im internationalen Naturschutz erfordert geographische Schwerpunktbildung, da von Deutschland nicht überall auf der Welt gleichermaßen Naturschutzaktivitäten betrieben werden können. Es sollte vorrangig die drei folgenden Räume berücksichtigen:

- Die Europäische Union, die wegen der Zugehörigkeit Deutschlands vor allem Rückwirkungen auf den Naturschutz in Deutschland selbst hat.

- Mittel- und Osteuropa einschließlich der Nachfolgestaaten der Sowjetunion. Hier kommt Deutschland aufgrund seiner wirtschaftlichen und politischen Stellung sowie aufgrund der geographischen Lage und vielfältiger historischer, kultureller und wirtschaftlicher Beziehungen eine besondere Verantwortung zu, die betreffenden Staaten bei der Bewahrung ihres Naturerbes zu unterstützen.

- "Entwicklungsländer" wegen der Mitverantwortung Deutschlands an der Naturzerstörung in diesen Staaten und aufgrund von Verpflichtungen aus dem Übereinkommen über die Biologische Vielfalt. Die weitere Eingrenzung innerhalb dieses sehr weitgespannten Rahmens (Lateinamerika, Afrika, Asien) sollte sich an Projekten der deutschen Entwicklungszusammenarbeit orientieren.

9) Internationaler Naturschutz ist auch ein Beitrag zur Völkerverständigung sowie zur Demokratisierung und Stabilisierung von politischen, wirtschaftlichen und sozialen Verhältnissen in Staaten des ehemaligen Ostblocks und der Dritten Welt.

8. Literatur

AA [Auswärtiges Amt] (Hrsg.) (1994): Außenpolitik und Umweltschutz. - Bonn

ABN (1992): Naturschutz für Europa. - Jahrbuch für Naturschutz und Landschaftspflege 45. - Bonn

AGBR [Ständige Arbeitsgruppe der Biosphärenreservate in Deutschland] (Hrsg.) (1995): Biosphärenreservate in Deutschland, Leitlinien für Schutz, Pflege und Entwicklung. - Berlin, Heidelberg u.a.

Alliance for Nature (1990): Die IUCN-Kriterien der 1985 United Nations List of National Parks and "Protected Areas". - Wien (offizielle Übersetzung)

Arbeitsgemeinschaft [Arbeitsgemeinschaft der Landesanstalten und -ämter für Naturschutz und Bundesamt für Naturschutz] (1994): Die Elbe und ihr Schutz - eine internationale Verpflichtung. In: Natur und Landschaft 69, S.239-250

Auer, M. (1992a): UN-Konventionsentwurf zum Schutz der Biologischen Vielfalt. In: Natur und Landschaft 67, S.67-68

Auer, M. (1992b): FFH-Richtlinie verabschiedet. In: Natur und Landschaft 67, S.124-125

Auer, M. (1994): Biodiversitäts-Konvention in Kraft. In: Natur und Landschaft 69, S.62

BfN [Bundesamt für Naturschutz] (1995a): Zwei Jahre Bundesamt für Naturschutz. Gründungsbericht. - Bonn

BfN [Bundesamt für Naturschutz] (1995b): Materialien zur Situation der biologischen Vielfalt in Deutschland. - Münster

BfN-INA [Bundesamt für Naturschutz-Internationale Naturschutzakademie Insel Vilm] (1994): Bericht zur biologischen Vielfalt in Deutschland. - Insel Vilm

BfN-INA [Bundesamt für Naturschutz-Internationale Naturschutzakademie Insel Vilm] (1995): Internationaler Naturschutz - Bearbeitungssituation und Bearbeitungserfordernisse in Deutschland. - Insel Vilm

BfN/NABU [Bundesamt für Naturschutz/Naturschutzbund Deutschland] (1995): Deutsche Hilfe für russische Naturschützer. In: Natur und Landschaft 70, S.426

BFANL [Bundesforschungsanstalt für Naturschutz und Landschaftsökologie] (1990): Zeittafel zur Geschichte des Naturschutzes in Deutschland. In: Natur und Landschaft 65, S.113-114

BFANL [Bundesforschungsanstalt für Naturschutz und Landschaftsökologie] (1991): Konzeption über Aufgaben und Arbeiten der Internationalen Naturschutz-Akademie Insel Vilm (INA). - Bonn

BFANL [Bundesforschungsanstalt für Naturschutz und Landschaftsökologie] (1992): Übersichten zum Naturschutz. - Bonn (Neubearbeitung)

BFANL [Bundesforschungsanstalt für Naturschutz und Landschaftsökologie] (1993): Bericht über die Arbeiten der Bundesforschungsanstalt für Naturschutz und Landschaftsökologie -BFANL- 1992. In: Natur und Landschaft 68, S.209-225

BMU [Bundesministerium für Umwelt, Naturschutz und Reaktorsicherheit] (1988): Gemeinsames Wattenmeersekretariat. In: Natur und Landschaft 63, S.285

BMU [Bundesministerium für Umwelt, Naturschutz und Reaktorsicherheit] (1989): 1. Internationale Alpenkonferenz in Berchtesgaden. In: Natur und Landschaft 64, S.597-598

BMU [Bundesministerium für Umwelt, Naturschutz und Reaktorsicherheit] (1995): Bericht der Bundesregierung zur Umsetzung des Übereinkommens über die biologische Vielfalt in der Bundesrepublik Deutschland. - Bonn

Boedeker, D. und H.D. Knapp (1995): Ökologie der Salzwiesen, Dünen und Schären. In: Rheinheimer, G. (Hrsg.): Meereskunde der Ostsee. - Berlin u.a. (2. Aufl.), S.222-229

Bohn, U.; K. Bürger und H.-J. Mader (1989): Leitlinien des Naturschutzes und der Landschaftspflege in der Bundesrepublik Deutschland. In: Natur und Landschaft 64, S.379-381

Boye, P. (1994): Afrikanisch-eurasisches Wasservogelabkommen. In: Natur und Landschaft 69, S.108

Boye, P. (1995): Bonner Konvention: Afrikanisch-eurasisches Wasservogelabkommen vereinbart. In: Natur und Landschaft 70, S.326.

Council [Council on Environmental Quality und State Department] (Hrsg.) (1980): The Global 2000 Report to the President. - Washington

Deutsche UNESCO-Kommission (Hrsg.) (1979): Zwischenstaatliche Konferenz über Umwelterziehung. Schlußbericht und Arbeitsdokumente der von der UNESCO in Zusammenarbeit mit dem Umweltprogramm der Vereinten Nationen (UNEP) vom 14. - 26. Oktober 1977 in Tiflis (UdSSR) veranstalteten Konferenz. - München, New York

Deutsches MAB-Nationalkomitee (Hrsg.) (1990a): Der Mensch und die Biosphäre. Internationale Zusammenarbeit in der Umweltforschung. - Bonn

Deutsches MAB-Nationalkomitee (Hrsg.) (1990b): MAB stellt sich vor. - Bonn

Erdmann, K.-H. (1991): Der Mensch und die Biosphäre. - Nationalpark 70, S.8-12

Erdmann, K.-H. und J. Nauber (1990): Biosphären-Reservate - Ein zentrales Element des UNESCO-Programms "Der Mensch und die Biosphäre" (MAB). In: Natur und Landschaft 65, S.479-483

Erdmann, K.-H. und J. Nauber (1991): UNESCO-Biosphärenreservate. Ein internationales Programm zum Schutz, zur Pflege und zur Entwicklung von Natur- und Kulturlandschaften. In: Umwelt. Informationen des Bundesministers für Umwelt, Naturschutz und Reaktorsicherheit 10/1991, S.440-450

Erdmann, K.-H. und J. Nauber (1992): Der deutsche Beitrag zum UNESCO-Programm "Der Mensch und die Biosphäre" (MAB) im Zeitraum Juli 1992 bis Juni 1994. - Bonn

Fritz, G. (1993): Russisch-deutsche Konferenz "Umweltverträgliche Tourismusentwicklung in Rußland - allgemeine Tendenzen und Probleme der Baikalregion". In: Natur und Landschaft 68, S.540

Goodland, R.; H. Daly; S. El Serafy und B. von Droste (1992): Nach dem Brundtland-Bericht: Umweltverträgliche wirtschaftliche Entwicklung. - Bonn

Hauff, V. (Hrsg.) (1987): Unsere gemeinsame Zukunft. - Greven

Henke, H. (1990): Grundzüge der geschichtlichen Entwicklung des internationalen Naturschutzes. In: Natur und Landschaft 65, S.106-112

Hutter, C.-P. und G. Thielke (1992): Natur ohne Grenzen. - Stuttgart

IUCN (1990): Protected Areas in Eastern and Central Europe and the USSR. An Interim Review. - Environmental Research Series 1. Oxford

IUCN (1991): Protected Areas of the World. A review of national systems. Volume 2: Palaearctic. - Gland, Cambridge

IUCN (1994a): Parke für das Leben: Aktionsplan für Schutzgebiete in Europa. - Gland, Cambridge

IUCN (1994b): Guidelines for Management Categories of Protected Areas. - Gland, Cambridge

IUCN (1994c): 1993 United National List of National Parks and Protected Areas. - Gland, Cambridge

IUCN (1994d): Richtlinie für Management-Kategorien von Schutzgebieten. - Grafenau

IUCN, UNEP, WWF (1991): Unsere Verantwortung für die Erde - Strategie für ein Leben im Einklang mit Natur und Umwelt. - Gland

Jeschke, L. und H.D. Knapp (1991a): Die Naturschutzakademie auf der Insel Vilm. In: Naturschutzarbeit in Mecklenburg-Vorpommern 34/1, S.16-22

Jeschke, L. und H.D. Knapp (1991b): Naturschutz und Küstenschutz - Zuarbeit zum Nationalen Ostsee-Aktionsprogramm. In: Naturschutzarbeit in Mecklenburg-Vorpommern 34/1, S.33-37

Jeschke, L. und H.D. Knapp (1991c): Internationale Naturschutzakademie Insel Vilm. In: Europäisches Bulletin der Natur- und Nationalparke 29, 109, S.28-29

Kassenberg, A. et al. (1991): Voraussetzungen einer Regionalpolitik in der Ökoregion "Grüne Lunge Polens". - Bialostok u.a.

Knapp, H.D. (1990): Nationalparke in der DDR: Bausteine für ein gemeinsames europäisches Haus. In: Nationalpark 67, S.4-9

Knapp, H.D. (1992): Rote Listen gefährdeter Pflanzen- und Tierarten in den neuen Bundesländern. - Schriftenreihe für Vegetationskunde 23, S.11-16

Knapp, H.D. (1993a): Neue Nationalparke an der deutschen Ostseeküste. Mehr Natur am Meer - Helfen Nationalparke? In: WWF-Tagungsbericht 7/1993, S.135-162

Knapp, H.D. (1993b): Umbruch im Osten - Chance oder Niedergang für Natur und Landschaft? In: Amerikahaus München (Hrsg.): Future Works '93, Deutsch-Amerikanische Umwelttage. - München, S.57-76

Knapp, H.D. (1993c): Die internationale Naturschutzakademie Insel Vilm. In: Rügener Heimatkalender 1994, S.105-111

Knapp, H.D. (1995a): Zur Situation des Naturschutzes in Deutschland und die Notwendigkeit neue Wege zu suchen, vor dem Hintergrund der Ergebnisse von Rio. In: Akademie für Natur und Umwelt Schleswig-Holstein (Hrsg.): Naturschutz - Lösungswege und Strategien. - Neumünster, S.49-63

Knapp, H.D. (1995b): Vision - Wirklichkeit - Perspektive. Das ostdeutsche Nationalparkprogramm fünf Jahre danach. In: Nationalpark 87, S.6-12

Knapp, H.D. (1995c): Was ist biologische Vielfalt? In: Gesellschaft für Technische Zusammenarbeit (Hrsg.): Biologische Vielfalt erhalten! Eine Aufgabe der Entwicklungszusammenarbeit. - Dokumentation des Fachgesprächs "Umsetzung der Biodiversitätskonvention" am 13. Juni 1995 in Eschborn. - Eschborn, S.7-8

Knapp, H.D. (1995d): Belastung und Schutz der Boddenlandschaften an der deutschen Ostseeküste. In: Bundesamt für Naturschutz (Hrsg.): Zwei Jahre Bundesamt für Naturschutz (Gründungsbericht). - Bonn, S.64-65

Knapp, H.D. (1995e): Gemeinsam für die Ostsee. Gesunde Küste - lebendes Meer. In: WWF-Tagungsbericht 9, S.53-81

Knapp, H.D.; D. Boedeker und H. von Nordheim (1995): Naturschutz. In: Rheinheimer, G. (Hrsg.): Meereskunde der Ostsee. - Berlin u.a. (2. Aufl.), S.297-302

Knapp, H.D. und L. Jeschke (1991): Naturschutzakademie Insel Vilm - Stätte der Begegnung im südlichen Ostseeraum. In: Nationalpark 70, S.26-29

Knapp, H.D. und M. Succow (1995): Die Situation des Naturschutzes in Osteuropa. Unterstützung notwendig. In: Politische Ökologie 13/43, S.39-42

Knapp, H.D. und N. Wiersbinski (1995): Bericht 1991 - 1994 und konzeptionelle Überlegungen zum Akademiebetrieb an der BfN-Außenstelle Internationale Naturschutzakademie Insel Vilm. - Insel Vilm

Koptyug V.A. und M. Uppenbrink (1996): Sustainable Development of the Lake Baikal Region - A Model Territory for the World. Proceedings of the NATO Advanced Research Workshop "Sustainable Development of the Lake Baikal Region as a Model Territory for the World" in Ulan-Ude, Sept. 12-17, 1994. - Berlin, Heidelberg u.a.

Korn, H. (1994): Von der 19. Generalversammlung der IUCN vom 17. - 26. Januar 1994 in Buenos Aires, Argentinien. In: Natur und Landschaft 69, S.265

Korn, H. (1995): Erste Vertragsstaatenkonferenz zur Biodiversitätskonvention. In: Natur und Landschaft 70, S.137

Krever, V. et al. (1994): Conserving Russia's Biological Diversity: an Analytic Framework and Initial Investment Portfolia. - Washington D.C.

LANA [Länderarbeitsgemeinschaft für Naturschutz, Landschaftspflege und Erholung] (1991): Lübecker Grundsätze des Naturschutzes (Grundsatzpapier). - o.O. (verabschiedet von der 57. LANA-Vollversammlung am 6. Dezember 1991 in Lübeck)

Meadows, D.; D. Meadows; E. Zahn und P. Milling (1972): Die Grenzen des Wachstums. Bericht des Club of Rome zur Lage der Menschheit. - Stuttgart

MNU-SH [Ministerium für Natur und Umwelt des Landes Schleswig-Holstein] (1995): Ostsee-Umweltminister-Konferenz. In: Natur und Landschaft 70, S.501-502

von Nordheim, H. (1993): Internationale Naturschutz-Tagung der Ostseeanliegerstaaten zur Helsinki-Konvention. In: Natur und Landschaft 68, S.272

von Nordheim, H. (1994): 20-Jahr-Feier "Konvention zum Schutz der Meeresumwelt der Ostsee" (Helsinki-Konvention). Neue Chancen für den Naturschutz im Ostseeraum? In: Natur und Landschaft 69, S.211-213

von Nordheim, H. (1995): Schutz der Nehrungs-, Haff- und Boddenküsten im südöstlichen Ostseeraum. In: WWF-Tagungsbericht 9, S.231-250

von Nordheim, H. und Th. Merck (1995): Rote Listen der Biotoptypen, Tier- und Pflanzenarten des deutschen Wattenmeer- und Nordseebereichs. - Schriftenreihe für Landschaftspflege und Naturschutz 44

Petrich, K. (1969): Die UNESCO-Biosphärenkonferenz 1968 - ein Auftakt. In: Natur und Landschaft 44, S.215-216

Piechocki, R. (1993): "Sustainable Development" - mehr als eine konsensstiftende Leerformel? In: Unabhängiges Institut für Umweltfragen e.V. (Hrsg.): Informationsbrief 18, S.3-10

Piechocki, R. (1994): Who's afraid of the wandering wolf? In: New Scientist 1919, S.19-21

Primack, R.B. (1995): Naturschutzbiologie. - Heidelberg, Berlin, Oxford

Ssymank, A. (1994): Neue Anforderungen im europäischen Naturschutz. Das Schutzgebietssystem NATURA 2000 und die FFH-Richtlinie der EU. In: Natur und Landschaft 69, S.395-406

Stolpe, G. (1994): Naturschutz in den Tropen und Subtropen: der deutsche Beitrag. In: Natur und Landschaft 60, S.108-110

Stolpe, G. (1995): Naturschutz und nachhaltige Regionalentwicklung in Europa. In: Natur und Landschaft 70, S.137

Succow, M. (1992a): Nationalparke für Mensch und Natur in Georgien. Ungestörte Natur - Was haben wir davon? In: WWF-Tagungsbericht 6, S.117-129

Succow, M. (1992b): Nationalparke in Georgien. In: Nationalpark 75, S.24-29

Succow, M. und H. Jungius (1992): Sieben auf einen Streich - Nationalparke in Georgien. In: WWF-Journal 1/92, S.44-45

Tschimed-Otschir, B. und H.D. Knapp (1994): König Berg und Graf Fluß. In: WWF-Journal 3/94, S.28-31

Udvardy, M.D.F. (1975): A classification of the biogeographical provinces of the world. Prepared as a contribution to the UNESCO's Man and the Biosphere Programme, Project No. 8. - IUCN Occasional Paper 18

UNESCO (Hrsg.) (1972): International Co-ordinating Council of the Programme on Man and the Biosphere (MAB) - 1st Session. - MAB Report Series 15

UNESCO (Hrsg.) (1974): Programme on Man and the Biosphere (MAB). Task Force on: Criteria and Guidelines for the Choice and Establishment of Biosphere Reserves - Final Report. - MAB Report Series 22

UNESCO (Hrsg.) (1982): UNESCO-Programm "Mensch und Biosphäre" (MAB). - Paris

UNESCO (Hrsg.) (1984): Action plan for biosphere reserves. In: Nature and Resources 20/4, S.1-12

UNESCO (Hrsg.) (1994): The World Heritage. - Madrid

Vogel, S. und H. von Nordheim (1995): Gefährdung von Meeressäugetieren durch Schiffsverkehr. In: Seevögel, Zeitschrift des Vereins Jordsand 16/4, S.82-86

Weigelt, M. (1995): Eine Chance für Deutschland - Biosphärenreservate als Schutzgebietskategorie. In: Nationalpark 2/95, S.13-16

Wolfram, Ch. und Z. Szkiruc (1993): Grüne Lungen Polens. - Bialystok

WWF (1990): Mission for the 1990s. - Genf

WWF (1991): Mittel- und Osteuropa: Europas wilder Osten. In: Panda Magazin 2/91

WWF (1994): Jahresbericht 1994. Naturschutz in Deutschland, Europa und weltweit. - Frankfurt/Main

---

**Zeittafel zur Geschichte des internationalen Naturschutzes
(Zusammengestellt nach BfN 1995b; BfN-INA 1995; BFANL 1990,
1992b; Henke 1990 u.a.)**

---

1. Anlaufphase (Ende 19. Jh. bis 1945)

1872   Gründung des Yellowstone National Park durch Beschluß des amerikanischen Kongresses leitet weltweite Einrichtung von Nationalparken und anderen Schutzgebieten im Verlauf des 20. Jahrhunderts ein,

1885   Übereinkommen zur Regelung der Lachsfischerei im Stromgebiet des Rheins zwischen Deutschland, den Niederlanden und der Schweiz abgeschlossen,

1895   1. Internationale Konferenz für Vogelschutz in Paris,

1902   2. Internationale Konferenz für Vogelschutz in Paris beschließt "Internationale Übereinkunft zum Schutz der für die Landwirtschaft nützlichen Vögel,

           USA und Kanada gründen die "International Association of Game, Fish and Conservation Commissioners",

1909   Schweden richtet die ersten Nationalparke in Europa ein,

           Internationale Konferenz über "World resources, their inventory, conservation and wise utilization" in Den Haag mit Teilnehmern aus 45 Staaten,

           1. Internationaler Kongreß für Landschaften in Paris,

1910   Internationaler Ornithologenkongreß in Berlin mit Teilnehmern aus 14 Ländern gründet ständige Einrichtung für Vogelschutz (durch 1. Weltkrieg abgebrochen),

           Internationaler Zoologenkongreß in Graz, Antrag des Schweizerischen Naturforschers Paul Sarasin zur Gründung einer internationalen Kommission für Naturschutz,

1913   1. Internationale Naturschutzkonferenz in Bern mit Teilnehmern aus 19 Ländern der ganzen Welt, Gründung einer beratenden Kommission für internationalen Naturschutz mit Sitz in Bern, Paul Sarasin (1856-1929) gilt als Begründer, Tätigkeit durch 1. Weltkrieg unterbrochen,

           in Amerika erscheint das Buch "Our Vanishing Wildlife" von William T. Hornady als Vorläufer späterer roter Listen,

1914   Gründung des Schweizerischen Nationalparks, weltweit bestehen ca. 40 Nationalparke, in Europa elf (Schweden zehn, Schweiz einer),

1914-1918   1. Weltkrieg unterbricht beginnende internationale Zusammenarbeit im Naturschutz,

1918	Zugvogelabkommen zwischen USA und Kanada begrenzt Jagd auf Wasservögel, 1936 tritt Mexiko dem Abkommen bei,
1922	Gründung des Internationalen Komitees für Vogelschutz (ICBP) in London (seit 1993 Birdlife International),
1923	1. Internationaler Kongreß für Naturschutz in Paris, Deutschland war nicht geladen,
1924	Tschechoslowakei und Polen errichten im Pieniny-Gebirge das erste Ländergrenzen überschreitende Naturreservat Europas,
1925	1. Nationalpark in Afrika gegründet (Albert National Park in Belgisch-Kongo, heutiger Virunga National Park in Zaire),
1928	Internationales Büro für Naturschutz in Brüssel gegründet, später in der IUPN (IUCN) aufgegangen,
1933	Liste schutzbedürftiger afrikanischer Tierarten durch das "American Committee for International Wildlife Protection" (ACIWP) vorgelegt,
	Internationale Konferenz zum Schutz der Flora und Fauna Afrikas in London, Verabschiedung der "Londoner Konvention zum Schutz der Flora und Fauna in ihrem natürlichen Zustand",
1937	ICBP erarbeitet auf Konvention in Wien nach mehrjährigen Beratungen Entwurf für ein neues internationales Vogelschutzabkommen, Weiterarbeit durch 2. Weltkrieg abgebrochen,
1939	weltweit ca. 300 Nationalparke, darunter 31 Nationalparke in zwölf Staaten Europas,
1942	"Panamerikanische Konvention zum Schutz der Natur und Erhaltung der wildlebenden Tierwelt in der westlichen Hemisphäre" (Washingtoner Konvention),
1939-1945	*2. Weltkrieg unterbricht internationale Naturschutzzusammenarbeit.*

2. Institutionalisierungsphase (1945 bis 1970)

1946	Internationales Übereinkommen zur Regulierung des Walfangs, Internationale Walfangkommission legt Fangquoten fest,
1947	Internationales Büro für Wasservogelforschung (IWRB) in London gegründet, initiiert internationale Wasservogelzählungen und stellt 1965 Liste von Feuchtgebieten internationaler Bedeutung für Wat- und Wasservögel in Europa und Nordafrika auf,
1948	Gründung der Welt-Naturschutzunion (IUPN, seit 1956 IUCN) in Fontainebleau/Frankreich, mit Unterstützung der UNESCO,

1949	Internationale Fachkonferenz zum Schutz der Natur in Lake Success/New York von UNESCO und IUPN,
1950	Generalversammlung der IUPN in Brüssel, Gründung der Artenschutzkommission (Survival Service Commission),
	Arbeit am "Internationalen Übereinkommen für Vogelschutz" durch ICBP, tritt erst 1963 in Kraft, Deutschland und Italien treten wegen des Verbots von Frühjahrsjagden nicht bei,
1958	Gründung der Kommission für Nationalparke und Schutzgebiete (CNPPA) anläßlich der 6. Generalversammlung der IUCN in Athen, Antrag an Vereinte Nationen zur Herausgabe und laufenden Aktualisierung einer weltweiten Liste von Nationalparken und anderen Schutzgebieten,
1960	7. Generalversammlung der IUCN in Warschau beginnt Arbeit an "Red Data Books",
1961	1. Ausgabe der UN-Liste der Nationalparke und Schutzgebiete,
	Gründung des World Wildlife Fund (jetzt World Wide Fund for Nature, WWF) in der Schweiz,
	Internationale Kommission zum Schutz von Mosel und Saar (IKSMS),
	Erklärung von Arusha/Tanganjika (heute Tansania), Manifest zum Schutz der Natur und natürlicher Ressourcen in modernen afrikanischen Staaten,
1962	1. Weltkonferenz über Nationalparke in Seattle/USA regt weltweite Nationalparkbewegung an,
1964	Europarat schafft "Europadiplom" als Prädikat zur Auszeichnung von Schutzgebieten von europäischem Interesse,
1966	die beiden ersten Bände des internationalen Red Data Book (Säugetiere und Vögel) erscheinen als Loseblattsammlung in Luzern,
1967	IUCN veranstaltet in Großbritannien Internationales Symposium über Landschaftsschutzgebiete,
1968	Zwischenstaatliche Sachverständigenkonferenz über die wissenschaftlichen Grundlagen für eine rationale Nutzung und Erhaltung des Potentials der Biosphäre der UNESCO in Paris, Empfehlung zur Gründung eines ökologischen Programms, das 1970 als MAB-Programm ins Leben gerufen wurde,
	Konvention von Algier: Afrikanische Konvention für die Erhaltung der Natur und natürlicher Ressourcen,
1969	10. IUCN-Generalversammlung in Neu Delhi verabschiedet erste internationale Nationalparkdefinition.

3. Konsolidierungsphase (1970 bis 1990)

1970	Gründung des UNESCO-Programms "Der Mensch und die Biosphäre" (MAB) durch die 16. Generalkonferenz der UNESCO,

1970   Gründung des UNESCO-Programms "Der Mensch und die Biosphäre" (MAB) durch die 16. Generalkonferenz der UNESCO,

Europarat veranstaltet erstes europäisches Naturschutzjahr,

IUCN veröffentlicht erstes Red Data Book über gefährdete und seltene Pflanzen,

1971   "Übereinkommen über Feuchtgebiete, insbesondere als Lebensraum für Wasser- und Watvögel von internationaler Bedeutung" in Ramsar/Iran abgeschlossen (Ramsar-Konvention), Deutschland seit 1976 Mitglied,

1972   Übereinkommen zum Schutz des Kultur- und Naturerbes der Welt (World Heritage Convention der UNESCO), Deutschland 1976 beigetreten,

1. UN-Umweltkonferenz in Stockholm führt zur Gründung des Umweltprogramms der Vereinten Nationen (UNEP) mit Sitz in Nairobi/Kenia,

2. Weltkonferenz über Nationalparke in Grand Teton/USA beschließt zehn internationale Schutzgebietskategorien,

Konvention zum Schutz der antarktischen Robben,

1972/1974   Übereinkommen von Oslo und Paris zur Verhütung der Meeresverschmutzung des Nordost-Atlantiks,

1973   Übereinkommen über den internationalen Handel mit gefährdeten Arten freilebender Tiere und Pflanzen (CITES bzw. Washingtoner Artenschutzübereinkommen), seit 1975 völkerrechtlich in Kraft, Deutschland seit 1976 Mitglied,

Gründung der Föderation der Natur- und Nationalparke Europas (FNNPE),

1974   Helsinki-Konvention zum Schutz der Meeresumwelt des Ostseegebietes,

1975   Regierungsabkommen zwischen der Bundesrepublik Deutschland und den USA ist erstes Regierungsabkommen Deutschlands, in dem Umweltpolitik erwähnt wird,

1976   Barcelona-Konvention zum Schutz des Mittelmeeres,

1976/1979   Europarat verabschiedet Resolution zur Errichtung eines Europäischen Netzwerks biogenetischer Reservate,

1978   IUCN veröffentlicht "Green Book of Outstanding Landscapes" als Pendant zur UN-Liste der Nationalparke,

1979   Erlaß der EG-Vogelschutzrichtlinie als rechtsverbindliche Regelung in den Ländern der Europäischen Gemeinschaft,

Übereinkommen zur Erhaltung der wandernden wildlebenden Tier-
arten (Bonner Konvention, CMS), in Deutschland seit 1984 in
Kraft, 1. Vertragsstaatenkonferenz 1985 empfiehlt Abschluß von
Regionalabkommen,

Übereinkommen über die Erhaltung der europäischen wildlebenden Pflanzen und Tiere und ihrer natürlichen Lebensräume (Berner
Konvention), in Deutschland seit 1985 in Kraft,

1980   World Conservation Strategy der IUCN,

1981   IUCN und WWF fordern Moratorium für gesamten kommerziellen
Walfang,

1982   3. Weltkongreß über Nationalparke in Bali zum Thema "Die Rolle
der Schutzgebiete zur nachhaltigen Unterstützung der Gesellschaft",

Trilaterales Regierungsabkommen zum Schutz des Wattenmeeres
zwischen den Niederlanden, Deutschland und Dänemark,

1983   1. Internationaler Biosphärenreservatkongreß der UNESCO in
Minsk/UdSSR (heute Weißrußland), Erstellung des "Action Plans for
Biosphere Reserves",

1984   1. Internationale Nordseeschutzkonferenz, fortan alle zwei Jahre,

1985   CORINE-Biotoperhebung der Europäischen Union,

1987   Gründung der Internationalen Kommission zum Schutz des Rheins
(IKSR),

Stiftung Europäisches Naturerbe (SEN, heute EURONATUR) in
Deutschland gegründet,

1988   World Conservation Monitoring Centre (WCMC) in Cambridge/UK.

4. Emanzipationsphase (ab 1990)

1990   11. IUCN-Generalversammlung in Perth/Australien,

WWF veröffentlicht Naturschutzstrategie für die 90er Jahre "Mission for the 1990s",

starke Zunahme von Nationalpark- und Schutzgebietsgründungen,
insbesondere in Ländern des ehemaligen Ostblocks, allein in
Rußland werden innerhalb von drei Jahren 16 neue "Zapovedniks"
und 15 neue Nationalparke eingerichtet, Nationalparkprogramm
der DDR als "Baustein für ein europäisches Haus",

Gründung der Europäischen Umweltagentur der EU in Kopenhagen,

Konferenz der Regierungschefs der Ostseeanrainerstaaten zum
Ostseeschutz in Ronneby/Schweden,

"Umwelt für Europa" (Europäische Umweltministerkonferenz) auf Initiative des Europarates,

Seehundabkommen innerhalb der Bonner Konvention,

Umweltabkommen zwischen Deutschland und Kanada erwähnt ausdrücklich Naturschutz,

1991 Übereinkommen über UVP im grenzüberschreitenden Zusammenhang (ESPOO),

EU-Programm LIFE zur Finanzierung von Projekten zur Umsetzung von Natura 2000,

Fledermausabkommen innerhalb der Bonner Konvention,

Übereinkommen zum Schutz der Alpen (Alpenkonvention),

Gründung der Internationalen Kommission zum Schutz der Elbe (IKSE),

IUCN, UNEP und WWF veröffentlichen die "Strategie für ein Leben im Einklang mit Natur und Umwelt - Unsere Verantwortung für die Erde,

1992 Konferenz der Vereinten Nationen für Umwelt und Entwicklung (UNCED) in Rio de Janeiro verabschiedet die

- Konvention über die Biologische Vielfalt,

- Agenda 21,

- Klimakonvention,

- Rio-Deklaration,

- Walderklärung,

4. Nationalpark-Weltkongreß in Caracas/Venezuela, beschließt Erarbeitung eines neuen Kategorien-Systems für Schutzgebiete,

Kommission über nachhaltige Entwicklung (CSD) auf Grundlage Kap. 15 der Agenda 21 gegründet,

Arbeitsgruppe "Conservation of Arctic Flora and Fauna" (CAFF) erarbeitet umfassendes Programm zum Erhalt der biologischen Vielfalt der Arktis,

Übereinkommen zum Schutz und zur Nutzung grenzüberschreitender Wasserläufe und internationaler Seen,

Fauna-Flora-Habitat-Richtlinie der EU und Schutzgebietsprogramm Natura 2000,

EU-Verordnung über flankierende Maßnahmen zur Agrarreform,

Kleinwalabkommen innerhalb der Bonner Konvention,

Zusammenführung und Neuformulierung der Oslo-Paris-Konvention zum Schutz der Meeresumwelt des Nordost-Atlantiks,

Bukarest-Konvention zum Schutz des Schwarzen Meeres,

Abschluß von Umweltabkommen zwischen Deutschland und Albanien, Australien, Estland, Iran sowie von Regierungsabkommen mit der Russischen Förderation und der Türkei,

Umweltabkommen zwischen Deutschland und Iran hebt Schutz der Meeresumwelt und Küstengebiete hervor,

World Resources Institute (WRI), IUCN und UNEP in Absprache mit FAO und UNESCO veröffentlichen die "Global Biodiversity Strategy",

1993   Umweltaktionsprogramm der EU,

Ministerkonferenz zum Schutz von Wäldern in Europa in Helsinki,

Abschluß von Umweltschutzabkommen zwischen Deutschland und Bulgarien, Indonesien, Israel, Lettland, Litauen, Mexiko sowie Regierungsabkommen mit Rumänien, der Ukraine und Ungarn,

Umweltabkommen zwischen Deutschland und Indonesien ist erstes bilaterales Abkommen mit einem Entwicklungsstaat,

1994   12. IUCN-Generalversammlung in Buenos Aires/Argentinien verabschiedet neue Managementkategorien für Schutzgebiete (Guidelines for Protected Area Managment Categories),

1. Vertragsstaatenkonferenz zum Übereinkommen über die Biologische Vielfalt in Nassau/Bahamas,

Europäischer Aktionsplan für Schutzgebiete "Parke für das Leben" (IUCN, FNNPE, WCMC),

Internationale Kommission zum Schutz der Donau (IKSD) in Wien und Übereinkommen über die Zusammenarbeit zum Schutz und zur verträglichen Nutzung der Donau,

Internationale Kommission zum Schutz der Oder (IKSO),

Abschluß von Umweltabkommen Deutschlands mit China und Polen,

Weltkonferenz über nachhaltige Entwicklung kleiner Inselstaaten in Barbados,

UNESCO veröffentlicht "Island Agenda",

1995   Internationale Biosphärenreservatkonferenz der UNESCO in Sevilla/Spanien, Erstellung der Sevilla-Strategie sowie der Internationalen Leitlinien für das Weltnetz der Biosphärenreservate,

2. Vertragsstaatenkonferenz zum Übereinkommen über die Biologische Vielfalt in Djakarta/Indonesien,

Afrikanisch-eurasisches Wasservogelabkommen innerhalb der Bonner Konvention,

5. Europäische Umweltministerkonferenz in Sofia/Bulgarien, Programm "Umwelt für Europa".

Der Beitrag der UNESCO zur Förderung des internationalen Naturschutzes

Thomas Schaaf (Paris)

Exposé

Im Anschluß an die verschiedenen wissenschaftlichen Umweltschwerpunkte der UNESCO wird das Programm "Der Mensch und die Biosphäre" (Man and the Biosphere, MAB) vorgestellt. Dieses Programm vebindet auf internationaler und zwischenstaatlicher Ebene ökologische Forschung, Naturschutz und wirtschaftliche Entwicklung miteinander. Einige Projektbeispiele aus Afrika dienen der Illustration. Dem weltweiten Netz von Biosphärenreservaten gilt hier das besondere Interesse. In Biosphärenreservaten wird versucht, neue und unkonventionelle Wege einer dauerhaft-umweltgerechten Entwicklung zu beschreiten.

1. Einleitung

Als Sonderorganisation der Vereinten Nationen hat die UNESCO (United Nations Educational, Scientific and Cultural Organization) die Aufgabe, die internationale Zusammenarbeit in den Bereichen Erziehung, Wissenschaft, Kultur und Kommunikation zu fördern. Innerhalb des Wissenschaftsbereiches der UNESCO haben mehrere internationale und zwischenstaatliche Kooperationsprogramme zum Ziel, die wissenschaftlichen Grundlagen zum besseren Verständnis der Umwelt bereitzustellen: das Internationale Geologische Korrelationsprogramm (International Geological Correlation Programme, IGCP) befaßt sich unter anderem mit den geologischen und tektonischen Veränderungen der Erdkruste sowie der Erfassung mineralischer und fossiler Lagerstätten; das Internationale Hydrologische Programm (International Hydrological Programme, IHP) erforscht insbesondere die nachhaltige Nutzung der Wasserreserven der Erde und untersucht die Schadstoffbelastung unterirdischer Wasservorkommen; die Internationale Ozeanographische Kommission (International Oceanographic Commission, IOC) der UNESCO widmet sich der Erforschung ozeanischer Einflüsse auf Klimaschwankungen sowie den Auswirkungen der Meeresverschmutzung auf marine Ökosysteme; und schließlich zielt das Programm "Der Mensch und die Biosphäre" (Man and the Biosphere Programme, MAB) darauf ab, Strukturen, Funktionen und die Dynamik von Ökosystemen zu untersuchen und Wege zu einer nachhaltigen Nutzung der natürlichen Ressourcen aufzuzeigen, wobei - wie im Namen bereits angedeutet - dem Menschen als Teil der Biosphäre eine zentrale Bedeutung beigemessen wird.

2. Das Programm "Der Mensch und die Biosphäre"

Auf das letztgenannte UNESCO-Programm soll im folgenden näher eingegangen werden, da es neben seinem wissenschaftlichen Umweltanspruch auch einen besonderen Beitrag zum internationalen Naturschutz leistet. Als das MAB-Programm im Jahre 1970 von der 16. Generalkonferenz der UNESCO ins Leben gerufen wurde, kam dies fast einer kleinen wissenschaftlichen Revolution gleich: Zum ersten Mal wurde auf internationaler und zwischenstaatlicher Ebene ein Umweltprogramm geschaffen, das den Umweltproblemen auf interdisziplinärer - wenn nicht sogar holistischer - Weise zu begegnen versuchte (von Droste/Schaaf 1991). Nicht nur traditionelle Umweltdisziplinen wie Biologie, Geographie, Agrar- oder Forstwissenschaften sollten an der Erforschung der ökosystemaren Zusammenhänge beteiligt werden, sondern auch und gerade die Sozial- und Wirtschaftswissenschaften. Dies geschah mit dem Ziel, von dieser Seite Hinweise für ein besseres Verständnis der Wechselbeziehung zwischen "Mensch und Umwelt" zu erhalten.

Das Lancieren des MAB-Programms stellte eine wichtige konzeptionelle Weiterentwicklung der früher eher sektorell oder einzeldisziplinär strukturierten Forschungsprogramme wie beispielsweise das Internationale Biologische Programm (IBP) dar; wissenschaftshistorisch gesehen fand mit dem Beginn des MAB-Programms ein Umdenken zu einem ganzheitlichen Ansatz in der Umweltforschung statt.

Dementsprechend werden die MAB-Forschungsbereiche meist mittels komparativer Fallstudien in physiographischen Einheiten oder bioklimatischen Regionen durchgeführt und spiegeln den anthropozentrischen, problemorientierten Ansatz wider (wie z.B. die Arbeitsschwerpunkte "Der Einfluß des Menschen auf Gebirgs- und Tundraökosysteme" oder "Der Einfluß des Menschen auf die Dynamik von Ökosystemen arider und semi-arider Zonen"; vgl. UNESCO 1988).

Im Laufe der Jahre wurden in über 110 Ländern MAB-Nationalkomitees (MAB National Committees) gegründet. Diesen obliegt die Forschungskoordination auf nationaler Ebene mit den jeweiligen Wissenschaftsinstitutionen und umweltrelevanten Einrichtungen des Landes. Zur Aufgabe des internationalen MAB-Sekretariates bei der UNESCO (betreut von der UNESCO-Abteilung "Division of Ecological Sciences") gehört es, die MAB-Forschung weltweit zu koordinieren und gleichzeitig einen Erfahrungs- und Wissenschaftsaustausch mit den Forschern der im MAB-Programm partizipierenden Staaten zu gewährleisten. Das MAB-Programm stellt demnach ein Forschungsforum dar, das auf zwischenstaatlicher Ebene eine wissenschaftliche Zusammenarbeit im Umweltbereich ermöglicht und fördert (Schaaf 1992).

3. Biosphärenreservate

Von den MAB-Projektbereichen hat sich im Laufe der Zeit vor allem jener als besonders wegweisend erwiesen, mit dem versucht wird, Umweltforschung,

Naturschutz und nachhaltige wirtschaftliche Entwicklung miteinander zu koppeln. Der ursprüngliche, etwas schwerfällige Titel dieses Projektbereiches "Erhaltung von Naturgebieten und des darin enthaltenen genetischen Materials" wird heute eher mit dem Schlagwort "Biosphärenreservat" bezeichnet. Biosphärenreservate dienen dem Schutz repräsentativer Natur- und Kulturlandschaften, sind gleichzeitig aber auch bevorzugte Stätten zur Erforschung ökosystemarer Zusammenhänge und gelten als Modellandschaften, in denen dargestellt werden kann, daß wirtschaftliche Entwicklung und Umwelt- und Artenschutz sich nicht ausschließen müssen, sondern im Gegenteil sinnvoll vereinbart werden können. Im Gegensatz zu vielen traditionellen Schutzgebieten, wie etwa Nationalparken, erheben Biosphärenreservate den Anspruch, die ortsansässige Bevölkerung gleichberechtigt in die Planung und das Management der Gebiete miteinzubeziehen (Schaaf 1995b).

Die drei Funktionen eines Biosphärenreservates Naturschutz, Forschung und wirtschaftliche Entwicklung drücken sich konkret in einer räumlichen Zonierung aus: Idealschematisch betrachtet besteht jedes Biosphärenreservat aus drei konzentrischen Zonen (vgl. Abb.1).

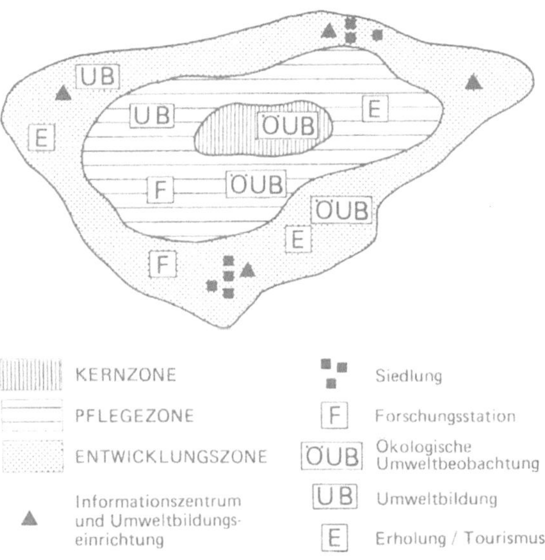

*Abb.1: Schematische Zonierung eines
Biosphärenreservates*

Die streng geschützte Kernzone (core area) schließt repräsentative natürliche oder nur wenig gestörte Ökosysteme ein, sie ist meist als Nationalpark oder Naturschutzgebiet geschützt. Die Kernzone ist von einer Pflegezone (buffer zone) umgeben, in der nur Aktivitäten stattfinden sollen, die mit den Zielen der Kernzone in Einklang stehen; hier finden besonders die Forschung, Umwelterziehung und -schulung wie auch Erholung ihren Platz. Die Pflegezone ihrerseits ist von einer Entwicklungszone (transition zone) umgeben, größeren Gebieten, in denen eine enge Zusammenarbeit zwischen Forschern, Verwaltern und der örtlichen Bevölkerung erreicht werden soll, mit dem Ziel einer nachhaltigen und umweltschonenden Nutzung der natürlichen Ressourcen der Region.

Weltweit existieren derzeit 328 Biosphärenreservate in 82 Ländern, wovon sich zwölf in Deutschland befinden (Stand: Oktober 1995). Das internationale

Netz der Biosphärenreservate dient insbesondere dem Erfahrungsaustausch und Wissenstransfer zum ökologischen Umweltmanagement und zur nachhaltigen und schonenden Nutzung natürlicher Ressourcen. Des weiteren ist geplant, die Biosphärenreservate als Standorte für die im Aufbau befindliche Ökologische Umweltbeobachtung (ÖUB) zu nutzen.

4. Kooperationsprojekt zu Biosphärenreservaten in Afrika

Seit 1995 führt die UNESCO im Rahmen des MAB-Programms ein neues Projekt in Afrika durch, welches den Wissenstransfer im Umweltmanagement-bereich zwischen Biosphärenreservaten fördern soll. Das mit Mitteln des Bundesministeriums für wirtschaftliche Zusammenarbeit und Entwicklung (BMZ) geförderte Projekt untersucht insbesondere, wie lokale Bevölkerungsgruppen in und um Biosphärenreserate durch Artenschutz Einkommen erzielen können. Fünf afrikanischen Länder - Ghana, Kenia, Nigeria, Tanzania und Uganda - bietet das Projekt "Biosphere Reserves for Biodiversity Conservation and Sustainable Development in Anglophone Africa" (BRAAF) die Möglichkeit, Erfahrungen im Ressourcenmanagement auszutauschen. Wie die folgenden Beispiele zeigen, existieren zahlreiche Möglichkeiten, gerade über den Umwelt- und Artenschutz einkommensfördernde Maßnahmen für die ländliche Bevölkerung durchzuführen.

4.1 Das Biosphärenreservat Amboseli (Kenia)

Das Biosphärenreservat Amboseli in Kenia ist einer der Untersuchungsstandorte der im BRAAF-Projekt zusammengeschlossenen afrikanischen Biosphärenreservate. Seine Kernzone bildet der im Jahre 1974 ausgewiesene Amboseli Nationalpark. Zur Illustration des Projektansatzes wird zunächst die Problematik des Parkes dargestellt.

Dieser an der Grenze zu Tanzania gelegene Nationalpark zeichnet sich nicht nur durch seine pittoreske Lage am Fuße des Mount Kilimandjaro aus, sondern auch durch seine sogenannten "Big Five" (Löwen, Büffel, Leoparden, Rhinozerosse und Elefanten), die das Herz jedes Safaritouristen höher schlagen lassen. Der Tourismus beschert Kenia rund 40 % seiner ausländischen Devisen und ist mit US.$ 400 Mio. Einnahmen pro Jahr wichtigster Wirtschaftsfaktor des Landes (vgl. Pierce 1995). So sehr dieser Geldsegen für das Land auch wünschenswert sein mag, so richtet gerade die Ausweisung von Nationalparken für den Tourismus auch einigen ökologischen Schaden an: Das Großwild wird zwar durch das Jagdverbot in den Nationalparken mittelfristig geschützt, langfristig zeichnet sich jedoch eine Degradation der Ökosysteme ab, da den Touristen zuliebe die Nationalparke mit Großwild überstockt werden.

Gerade im Amboseli Nationalpark fiel schon ab den 60er Jahren ein signifikanter Vegetationsschwund auf, der den Kenya Widlife Service veranlaßte,

Untersuchungen durchzuführen. Mehrere Hypothesen wie beipielsweise steigende oder fallende Bodenwasserspiegel oder periodisch schwankende Bodenversalzungsgrade erwiesen sich als wenig relevant und mußten als Verursacher des Vegetationsschwundes ausgeschlossen werden.

Schließlich wurde - mehr durch Zufall - der eigentliche Störfaktor herausgefunden. In einem von etwa einem Meter tiefen Graben umgrenzten Areal wuchs die Vegetation erstaunlich rasch nach. Da nur der Elefant als einziges Großwild diesen Graben nicht überschreiten konnte, wurde klar, daß der Weidedruck der Elefanten die Degradation der Vegetation verursacht.

Mit dem Verschwinden der Baum- und Strauchvegetation veränderten sich auch für andere Großwildarten die Lebensbedingungen; so wurde beispielsweise den Giraffen die Nahrungsgrundlage entzogen, und Raubtieren wie Löwen und Leoparden fehlte das Vegetationsdickicht, von dem aus der Beute aufgelauert werden konnte. Folge der Vegetationszerstörung war eine Abwanderung der Megafauna in die umliegenden Gebiete des Nationalparks, das heißt in die Pflege- und Entwicklungszone des Biosphärenreservates. Der enorme Elefantendruck in Amboseli hat heute zu der paradoxen Situation geführt, daß die Artenvielfalt im Nationalpark (= Kernzone des Biosphärenreservates) niedriger ist als außerhalb des Parkes, wo die Tiere weniger vor Verfolgung geschützt sind.

Sollten also die Bestockungsraten der Elefanten in Amboseli zu hoch sein? Laut Auskunft von David Western und John Waithaka vom Kenya Wildlife Service wäre diese Annahme falsch formuliert: nicht die Zahl der Elefanten pro Areal ist zu hoch, sondern das Habitat der Elefanten ist im Laufe des 20. Jahrhunderts zu klein geworden, da die Elefanten von ihren angestammten Weideplätzen durch die Ausbreitung von Landwirtschaft und Siedlungen vertrieben worden sind.

Das Einrichten von Ausschlußgehegen (exclosures) für Elefanten im Amboseli Nationalpark würde zwar dem allgemeinen Zurückwachsen der Vegetation zuträglich sein, würde aber auch paradoxerweise zu einer Verarmung der pflanzlichen Artenvielfalt führen. Als Pionierpflanze wächst besonders die Akazienart *Acacia tortilis* schneller zurück als andere Pflanzenarten und beginnt bald, das durch den Ausschluß der Elefanten sich regenerierende Ökosystem zu dominieren. Berechnungen haben ergeben, daß die von Elefanten unbeeinträchtigten und dadurch sich scheinbar regenerierenden Areale eine bis zu 50 % geringere Artenvielfalt aufweisen als Areale, in denen Elefanten von Zeit zu Zeit als weidende "Störfaktoren" auftreten.

Elefanten sind wichtig, um eine hohe pflanzliche Artenvielfalt zu erzielen: Durch ihr Eindringen in das Dickicht der zurückwachsenden Vegetation verändern sie mosaikartig die Lichtverhältnisse, so daß unterschiedlichste Pflanzen mit verschiedenartigen Lichtansprüchen eine Chance bekommen nachzuwachsen. Gewisse Störfaktoren wie Elefanten sind also der Ausbildung von artenreichen Ökosystemen durchaus förderlich.

Die Kernzone des Biosphärenreservates Amboseli ist jedoch zur Zeit dermaßen geschädigt, daß Korrektur- und Regenerationsmaßnahmen im Ökosystem unerläßlich erscheinen. In erster Linie gilt es, den Weidedruck der Elefanten zu verringern oder ganz einfach die Zahl der Elefanten im Park zu reduzieren. Dazu gibt es mehrere Möglichkeiten wie etwa die gezielte Auslese durch Vergabe von Jagdlizenzen (culling) oder durch Umsiedelung der Elefanten in andere Gebiete (translocation). Die Vergabe von gebührenpflichtigen Jagdlizenzen zur Dezimierung von Elefanten wird besonders im südlichen Afrika (Botswana, Zimbabwe, Republik Südafrika) praktiziert, wodurch den Staaten sogar noch ein Einkommen über diese Form des Jagdtourismus zufällt. In Kenia jedoch ist der Elefant so etwas wie eine "heilige Kuh" und sein Abschießen - zumindest in der öffentlichen Meinung - ein Tabu. Hinzukommt, daß Kenia ein Unterzeichnerstaat der CITES Konvention ist (Convention on International Trade in Endangered Species of wild fauna and flora), unter der Elefanten und ihre Derivate (Elfenbein) streng geschützt sind.

Die Umsiedlung von Elefanten in Gebiete mit geringeren Bestockungsraten stellt sich demnach als derzeit praktikabelste Lösung dar, auch wenn sie aufwendig und kostspielig ist. Es stellt sich jedoch die Frage: Welche Bestockungraten sind für ein Gebiet akzeptabel, wenn nicht sogar erstrebenswert, um artenreiche Ökosysteme zu erhalten? Tragfähigkeitsberechnungen sind nicht nur auf der rein naturwissenschaftlichen Seite umstritten, sie bergen auch politischen und wirtschaftlichen Zündstoff. In Kenia beispielsweise setzt sich besonders das Forstministerium für eine Verminderung der Elefantenzahlen ein, um vor allem die Baumvegetation vor Wildverbiß zu schützen. Das für den Fremdenverkehr zuständige Ministerium hingegen propagiert eine Ausweitung der Elefantenzahlen. Touristen kommen schließlich vor allem nach Kenia, um Großwild - und insbesondere Elefanten - zu bestaunen.

Vielleicht kann jedoch gerade der Tourismus einen Beitrag zur Rettung degradierter Ökosysteme leisten, sofern er in sinnvoller Form praktiziert wird (vgl. McNeely 1993). Zwei Beispiele seien hier vorgestellt, die helfen sollen, sowohl den Weidedruck der Elefanten als auch den Besucherdruck der Menschen auf den Nationalpark Amboseli zu verringern. In beiden Fällen sind es die Masai, die dem Tourismus ein besonderes Gepräge verleihen.

Bei dem ersten Beispiel handelt es sich um ein "Vorzeigedorf" der Masai. Die Masai sind eine stolze Ethnie, die es strikt ablehnt, von Fremden fotographiert zu werden (Es gab in der Vergangenheit Fälle, in denen Touristen umgebracht wurden, die das Fotographiertabu ignoriert haben). Allerdings haben sich die Masai darauf geeinigt, ein Dorf für Touristen zu öffnen. Nach der Entrichtung einer Eintrittsgebühr darf der Fremde hier nach Herzenslust Masai ablichten, ja sogar in die Häuser der Masai eintreten und deren Wohnweise kennenlernen. Als Höhepunkt des Dorfbesuches stellen sich dann die Masai-Frauen in einer langen Reihe auf und tanzen zu traditionellen Gesängen in ihrer Festtagskleidung. Nach Beendigung der Vorführung werden den Touristen handgefertigte Kunstgegenstände (Perlenketten, Armreifen, Dolche, Speere etc.) zum Kauf angeboten. Sowohl über den Eintrittspreis als auch über den Verkauf von Kunsthandwerk erzielen die Masai ein Einkommen.

Jedoch gehen über diese Art von Tourismus die Meinungen weit auseinander. Für die einen "prostituieren" sich die Masai in lamentabler Weise, für die anderen verlangen die Masai Geld für das vermeintliche Allgemeinrecht eines jeden, unentgeltlich fotographieren zu können.

Aus meiner Sicht ist dieser "Vorzeigetourismus" als positiv zu bewerten. Tatsache ist, daß durch das Vorzeigedorf der Tourismus kanalisiert wird und auf ein einziges Dorf beschränkt bleibt. Dadurch werden wohl 99 % der anderen Masai-Dörfer vom Massentourismus "verschont", so daß die dortigen Masai ihren eigenen Lebensstil ungestört von Fremdeinfluß bewahren können. Außerdem sollte nicht vergessen werden, daß es auch in Europa Freilichtmuseen gibt, in denen Fremdenführer in Trachtenkleidung tradierte Lebensweisen vor dem Hintergrund malerischer alter Dörfer vorstellen.

Vor allem im Hinblick auf den Naturschutz ist dieser Tourismus zu begrüßen und wird auch vom Kenya Wildlife Service aktiv unterstützt. Durch den Besuch in dem Masai-Vorzeigedorf, das sich außerhalb der eigentlichen Amboseli Nationalparkgrenzen befindet (d.h. in der Entwicklungszone des Biosphärenreservates), verringert sich der Besucherdruck auf die Kernzone des Biosphärenreservates. Bei einer durchschnittlichen Fremdenverweildauer von drei Tagen im Biosphärenreservat schlägt ein halber Besuchstag im Masai-Dorf durchaus positiv zu Buche, und weniger Safaribusse durchstreifen das bereits degradierte Ökosystem.

Eine neue Initiative zur Verringerung des Besucherdruckes auf die Kernzone zeichnet sich seit 1994 ab, die umso mehr Aufmerksamkeit erregt, da sie ausschließlich von den Masai ausging. Wie bereits angedeutet ist die Artenvielfalt mittlerweile in den Pflege- und Entwicklungszonen des Biosphärenreservates heute weit höher als in der Kernzone. Besonders Nilpferde, Giraffen aber auch Raubtiere bevorzugen das Dickicht in der Entwicklungszone außerhalb der degradierten Kernzone, die den Masai gehört. Diese haben hier mit sachkundiger Unterstützung des Kenya Wildlife Service private Wildgehege angelegt, die seit 1996 für den Fremdenverkehr geöffnet sind. Im Unterschied zu den sehr luxuriösen Lodges innerhalb des Nationalparkes sind hier einfache Zeltunterkünfte für Touristen, die über geringere Finanzmittel verfügen, errichtet worden. Die Masai fungieren dabei nicht nur als Personal im Fremdenverkehrsgewerbe, sondern werden als Wildhüter und Landespfleger ausgebildet, um ausschließlich ihre natürlichen Ressourcen in Eigenregie zu managen.

Noch wichtiger erscheint jedoch, daß diese Initiative den Masai über die Eintrittspreise in die Wildgehege als auch über die Einnahmen für Übernachtungen in den Wildgehegen ein Einkommen oberhalb des Subsistenzlevels sichern. Hier wird deutlich, daß es für die im und um das Biosphärenreservat lebende Bevölkerung finanziell lohnender ist, Schutz von Großwild und dem dazugehörigen Habitat zu betreiben, als Großwild zu jagen oder zu vertreiben. Es scheint, daß durch derartige einkommensfördernde Maßnahmen die vielzitierte harmonische Koppelung von Naturschutz und wirtschaftlicher Entwicklung hier modellhaft betrieben wird.

Selbstverständlich stellen sich auch einige Fragen wie etwa nach der Nachhaltigkeit und Wirtschaftlichkeit solcher Initiativen, dem Einfluß auf das Ökosystem und besonders nach den Nutznießern dieser privaten Wildgehege: Partizipieren hier alle Sozialgruppen der Masai, oder kommt der zu erwartende Geldsegen nur einer kleinen "Masai-Elite" zugute?

Mit genau diesen Fragen beschäftigt sich das eingangs bereits zitierte UNESCO-Projekt "Biosphere Reserves for Biodiversity Conservation and Sustainable Development in Anglophone Africa (BRAAF)". Die nachhaltige Nutzung natürlicher Ressourcen von Biosphärenreservaten durch die Lokalbevölkerung, der partizipatorische Ansatz im Umweltmanagement und das Untersuchen einkommensfördernder, wirtschaftlicher Aktivitäten sind Ziele dieses Projektes. Da das Projekt erst vor kurzem angelaufen ist, kann über detaillierte Ergebnisse noch nicht berichtet werden.

4.2 Das Biosphärenreservat Bia in Ghana

Ein weiterer Standort des BRAAF-Projektes befindet sich in Ghana, wo im Biosphärenreservat Bia Einkommensmöglichkeiten durch den schonenden Umgang mit Ressourcen bestehen und gleichzeitig Umwelterziehung praktiziert wird.

Im tropischen Regenwald gelegen, ist das Biosphärenreservat Bia das letzte Habitat der Waldelefanten des Landes. Es gilt als Heimstätte endemischer Eidechsenarten und beherbergt auch andere selten gewordene Tierarten wie Leoparden und Waldantilopen. Relativ zahlreich vertreten im Biosphärenreservat Bia ist jedoch die Riesenschnecke (*Acatina acatina*), die als Fleischlieferant eine wichtige Komponente im täglichen Speiseplan im Umkreis des Biosphärenreservates lebenden Anwohner darstellen. Dementsprechend ist die Nachfrage nach diesen Riesenschnecken recht groß.

Genau hier setzt ein vom ghanaischen Game and Wildlife Department konzipiertes Pilotprojekt an, über die Parkressource "Riesenschnecke" den Anwohnern ein Einkommen zu sichern. Hierzu wurden zwei Dorfgemeinschaften in der Pflegezone des Biosphärenreservates ausgewählt, deren Mitglieder Lizenzen zum Sammeln der Riesenschnecken erwerben können. Die Lizenzen gelten in der Regel für die Dauer der Regenzeit (ca. drei Monate pro Jahr) und fallen genau mit der Periode zusammen, in der die Riesenschnecken sehr zahlreich auftreten. Über den Lizenzerwerb verpflichtet sich der Schneckensammler zum Besuch von Umweltseminaren, in denen eine schonende und nachhaltige Nutzung der natürlichen Parkressourcen vermittelt wird. Ein Teil der Gebühr für die Sammellizenz wird an das Game and Wildlife Department Ghanas abgeführt, das über die Parkwächter die Umweltseminare organisiert und durchführt. Der übrige Teil jedoch geht in einen gemeinsamen Fonds der Dorfgemeinschaft, über dessen Nutzen die Dorfbewohner frei entscheiden können. Die Gelder dieses Fonds sollen für kommunale Arbeiten verwandt werden wie etwa den Bau von Wasserbrunnen oder für kleinere Schulerneuerungen.

Auch dieses Beispiel zeigt, wie eine nachhaltige und wirtschaftliche Entwicklung bei gleichzeitiger schonender Nutzung der natürlichen Ressourcen gefördert werden kann. Die Koppelung von finanziellen Anreizen (Sammeln von Riesenschnecken) mit Umwelterziehung und Kleinprojekten auf Dorfebene hat sich mittlerweile so erfolgreich durchgesetzt, daß auch andere Dörfer Interesse an dieser Initiative angemeldet haben.

Im UNESCO-BRAAF Projekt soll künftig untersucht werden, ob diese Initiative im Biosphärenreservat Bia auch auf Dauer umweltverträglich ist und falls ja, ob diese Initiative auf andere natürliche Ressourcen des Biosphärenreservats Bia übertragen werden kann. Wie bereits am Beispiel der Masai im Biosphärenreservat Amboseli Kenias gezeigt, stellt sich natürlich auch hier die Frage, welchen sozialen Bevölkerungsgruppen derartige Projekte in erster Linie zugute kommen und ob solche einkommensfördernden Maßnahmen nicht auch neue soziale Randgruppen schaffen. Da dieses Konzept relativ neu ist, müssen solche Initiativen wissenschaftlich untersucht werden. Bedeutsam ist jedoch, daß von derartigen Initiativen wichtige Impulse für ein rationales und umweltschützendes Biosphärenreservatmanagement erwartet werden können. Schließlich liegt genau hier die Hauptaufgabe des MAB-Programmes der UNESCO: die wissenschaftlichen Grundlagen für ein ökologisches Management der Umwelt zu erarbeiten sowie nachhaltige und umweltschonende wirtschaftliche Aktivitäten zu fördern.

5. Schutz von heiligen Wäldern

Ein weiteres MAB-Projekt der UNESCO befindet sich im Norden Ghanas, wo das Hauptinteresse dem sogenannten "Umweltschutz von unten" gilt. Hier stehen nicht staatlich verordnete Naturschutzgebiete im Mittelpunkt des Interesses, sondern Gebiete, die seit Jahrhunderten bei der Bevölkerung einen wichtigen "Schutzstellenwert" einnehmen (vgl. Schaaf 1994).

Die Trockensavanne im Norden Ghanas zeigt ähnliche Umweltschäden auf wie in den benachbarten Ländern Elfenbeinküste, Togo oder Burkina Faso: Durch Überweidung, agrarische Überbeanspruchung des Bodens, Feuerholzentnahme, Buschfeuer oder auch ganz einfach durch den Siedlungsdruck der stark anwachsenden Bevölkerung ist die ehemalige Busch- und Baumsavanne derart degradiert, daß an manchen Orten der nackte Boden ansteht und die Vegetationsdecke fehlt.

Trotz der Umweltschäden finden sich in einigen Gegenden kleine Haine, ja ganze Wäldchen, die in starkem Kontrast zu dem ansonsten geschädigten Ökosystem stehen. Es sind "heilige Haine", welche aus religiösen/animistischen Gründen und traditionellen Wertvorstellungen von den Dorfgemeinschaften aktiv geschützt werden.

Diese Wäldchen beherbergen eine oder mehrere Gottheiten, die sich an bestimmten Tagen der Woche manifestieren und die Gestalt von Schlangen, Affen, Krokodilen oder Leoparden annehmen können. Zu bestimmten Zeiten des

Jahres - oft im Zusammenhang mit dem Agrarkalender - werden den Gottheiten Opfer dargebracht, um die landwirtschaftlichen Erträge zu sichern oder einfach um die Dorfgemeinschaft vor jeglichem Unbill zu bewahren. Für jeden heiligen Hain ist ein sogenannte Fetisch-Priester zuständig, der die Opferrituale vornimmt und darauf achtet, daß die Wohnstätten der Gottheiten nicht durch unbedachtes Betreten gestört werden.

Da die Wäldchen mit einem Tabu belegt sind, haben sich die Wäldchen über die Jahrhunderte vor menschlichen Eingriffen erhalten können. Für die ökologische Forschung und den Naturschutz sind diese Wäldchen von unschätzbarem Wert, da sie den Zustand ungestörter Savannenökosysteme vor menschlichen Eingriffen in den natürlichen Savannenhaushalt widerspiegeln. In heutiger Zeit mit ihrer allgemein fortschreitenden Umweltzerstörung können solche Wäldchen als Referenzareale dienen, um degradierte Savannenbereiche zu restaurieren (vgl. Schaaf 1995a).

An dieser Stelle setzt das MAB-Projekt "CIPSEG" (CIPSEG = "Cooperative Integrated Project on Savanna Ecosystems in Ghana") der UNESCO ein. Ziel des Projektes ist es unter anderem, einheimische (also den örtlichen bioklimatischen Verhältnissen angepaßte) Pflanzenarten aus den Wäldchen zu entnehmen und damit einen Beitrag zur Rehabilitation degradierter Savannenökosysteme zu leisten.

Dabei ist darauf zu achten, daß die heiligen Wäldchen nicht durch die angewandte Feldforschung entmystifiziert werden. In langen vorbereitenden Gesprächen mit den Häuptlingen, Fetisch-Priestern und Dorfältesten wurde der Zweck des Projektes vorgestellt und besonders darauf hingewiesen, daß das Projekt einen Beitrag zum besseren Schutz der Wälder leisten möchte.Da sich auch im "Innern Afrikas" ein gewisser Wertewandel durch die Ausbreitung des Islam und des Christentums in bezug auf die Einstellung zur Natur bemerkbar macht, hat sich das Projekt vorgenommen, besonders durch Umwelterziehung Kindern und Frauen den Wert dieser Reliktwäldchen nahezubringen.

Nachdem den Dorfgemeinschaften zugesichert wurde, daß die am Projekt beteiligten Wissenschaftler nur nach vorheriger Erlaubnis des jeweiligen Fetisch-Priesters die Haine betreten, ist das Projekt auf eine sehr große Akzeptanz der Bevölkerung gestoßen. Die Häuptlinge der drei für das Projekt ausgewählten heiligen Wäldchen Malshegu, Tali und Yiwogu stellten dem MAB-Projekt der UNESCO mehrere hektargroße Flächen zur Verfügung, die von dem Projekt zu Versuchs- und Aufforstungszwecken genutzt werden können. Gleichzeitig sollen die für die Haine zuständigen Dorfgemeinschaften auch direkte Nutznießer des Projektes sein. Das Projekt unterstützt mit finanziellen Mitteln dörfliche Selbsthilfegruppen auf dem sogenannten grass-roots level, etwa in Bereichen der dörflichen Elektrifizierung. Mehrere auf die Dorfgemeinschaften ausgerichtete Workshops wurden bislang durchgeführt, u.a. zur Kontrolle von Buschfeuern (Einrichten und Management von Brandschutzzonen) oder zu Aufforstungstechniken, die mit einfachen Mitteln von der Bevölkerung selbst durchgeführt werden können.

Wissenschaftlich gesehen fügt sich das CIPSEG-Projekt auch hier in die integrierte und ganzheitliche Philosophie des UNESCO-Programms "Der Mensch und die Biosphäre" (MAB) ein. Interdisziplinäre ghanaische Forschungsteams von der University of Ghana (Legon), der University of Science and Technology (Kumasi) und der neu gegründeten University for Development Studies (Tamale) arbeiten an gemeinsamen Projektzielen. So erstellt zum Beispiel das Botanische Institut der University of Ghana ein Pflanzeninventar der in den Hainen vorkommenden Arten. Das Geographische Institut der gleichen Universität beschäftigt sich mit Landnutzungsstudien im weiteren Umkreis um die heiligen Wäldchen, die als Vorleistungen zu interventionistischen Entwicklungsmaßnahmen zu sehen sind. Die University of Science and Technology mit ihrem Institut für Erneuerbare Natürliche Ressourcen und ihrem Waldforschungsinstitut untersuchen die klimatischen, edaphischen und sozio-ökonomischen Gegebenheiten des Projektgebietes. Abgesehen von der sich gegenseitig befruchtenden Zusammenarbeit zwischen den führenden Wissenschaftlern der ghanaischen Universitäten, bietet das Projekt auch jüngeren ghanaischen Forschern die Gelegenheit, Magister- und Doktorarbeiten im Rahmen des Projektes anzufertigen.

Daß solch ein kulturell sensitives Projekt nicht nur von Naturwissenschaftlern gestaltet und betreut werden kann, liegt auf der Hand. Über die sozio-ökonomischen Dimensionen hinaus, wird besonders Wert auf die sozio-kulturellen Gründe gelegt, die zu dem jahrhundertelangen Schutz der heiligen Wäldchen geführt haben. Das ghanaische Zentrum für nationale Kultur hat durch Befragungen herausgefunden, daß die Existenz der Wäldchen bis in das 15./16. Jahrhundert zurückreicht. Ausschlaggebend für die Tabuisierung der Haine waren zum Teil kriegerische Auseinandersetzungen der Stämme untereinander, als die Haine und deren Gottheiten "wunderbaren" Schutz vor Überfällen boten, zum Teil dienten und dienen die Wäldchen als Begräbnisstätten wichtiger Persönlichkeiten, die als Geister weiterhin existieren.

Der Frage zur geschlechterspezifischen Ressourcennutzung sowohl der Haine an sich (z.B. medizinische Pflanzen) als auch der weiteren Umgebung (z.B. Feuerholzversorgung) ist eine weitere Komponente des Projektes. Dabei stellte sich heraus, daß das Sammeln von Feuerholz durchaus nicht nur Domäne der Frauen ist (wie oft allgemeinhin angenommen wird), sondern daß diese Funktion in manchen Dorfgemeinschaften auch von Männern ausgeübt wird. Fragen des "wer", "wie" und "für wen" im Rahmen der natürlichen Ressourcennutzung verdienen aus verständlichen Gründen eine zentrale Stellung im Hinblick auf einen traditionellen Umwelterhalt durch kulturelle Werte.

Trotz seiner bisher kurzen Laufzeit hat das Projekt schon internationale Beachtung bei verschiedenen Konferenzen und Foren gefunden, was wohl auch an der Besonderheit des Projektes liegt, traditionelle kulturelle Werte mit wissenschaftlicher ökologischer Forschung im Umweltbereich zu verknüpfen. Das ghanaische Fernsehen filmte die Eröffnung des UNESCO-CIPSEG Centre (ein Feldforschungszentrum mit Laboratorien und Büros) durch den ghanaischen

Minister der Nordregion im Dezember 1993. Abgesehen von den laufenden wissenschaftlichen Projektberichten sind einige Videofilme entstanden, welche die Öffentlichkeit über das Projekt informieren können. Schließlich gibt es nicht nur im Norden Ghanas heilige Wäldchen, die es zu schützen gilt, sondern in fast allen Teilen Afrikas wie auch in anderen Erdteilen (man denke etwa an die heiligen Berge in vielen Teilen Asiens, besonders in China, oder an die heiligen Gegenden der Navajo-Nationen in den USA). Daß sich Umwelterhalt nicht nur über staatlich verordnete Nationalparke oder Naturschutzgebiete "von oben" erreichen läßt, sondern auch und gerade durch kulturell bedingte Wertvorstellungen der Bevölkerung "von unten", soll anhand dieses Projektes exemplarisch dargestellt werden.

Mit diesem Projekt beschreitet das MAB-Programm neue Wege im Umwelt- und Naturschutzbereich. Nicht nur durch staatlich verordnete Nationalparke oder Naturschutzgebiete, sondern auch durch Gebiete, die durch traditionelle religiöse Wertvorstellungen jahrhundertelange Umweltzerstörung überdauert haben, können wichtige Ökosysteme der Nachwelt erhalten bleiben. Die Nominierung der heiligen Wälder zu einem Biosphärenreservat ist derzeit in Vorbereitung.

6. Schlußbetrachtung

Wie die angeführten Beispiele zeigen sollten, versucht die UNESCO, über ihre wissenschaftlichen Umweltprogramme einen Beitrag zum internationalen Naturschutz zu leisten. Insbesondere das Programm "Der Mensch und die Biosphäre" (MAB) mit seinem weltweiten Netz von Biosphärenreservaten beschreitet neue, unkonventionelle Wege im Naturschutz: Der Mensch wird nicht als Antagonist der Umwelt verstanden, sondern es wird versucht, seine wirtschaftliche Aktivitäten und kulturellen Wertvorstellungen in ein gesamtplanerisches, dauerhaft-umweltgerechtes und partizipatorisches Managementkonzept zum Schutz von Mensch und Natur einzubinden. Daß dies leichter gesagt ist als getan, ist evident - den Versuch zu wagen, ist sowohl der Natur als auch dem Menschen gegenüber eine ethische Verpflichtung.

7. Literaturverzeichnis

Droste, B. von und Th. Schaaf (1991): "Der Mensch und die Biosphäre" (MAB) - ein internationales Forschungsprogramm der UNESCO. In: Geographische Rundschau 43, S.202-205

McNeely, J. (1993): Economic Incentives for Conserving Biodiversity - Lessons for Africa. In: Ambio 22, S.144-150

Pierce, F. (1995): Selling Wildlife Short. In: New Scientist 1993, S.28-31

Schaaf, Th. (1992) "Le Programme sur l'homme et la biosphère (MAB) de l'UNESCO - Coopération internationale et scientifique sur l'environnement". In: Actes du colloque sur "La protection de l'environnement dans le grand Casablanca". Université Hassan II, Publications de la Faculté des Lettres et des Sciences Humaines, Ain Chock - Casablanca, Marokko

Schaaf, Th. (1994): Heilige Wälder für den Natur- und Umweltschutz. In: UNESCO heute 41, S.181-183

Schaaf, Th. (1995a): Les bois sacrés: protection de l'environnement basée sur les croyances traditionelles. In: UNESCO (Hrsg.): Culture et Agriculture - Textes d'orientations sur le thème de 1995. - Paris, S.45-47

Schaaf, Th. (1995b): Biosphere Reserves for conservation, research and development - a new look at an old concept. - Eröffnungsvortrag zum "Second international symposium on sustainable mountain development: managing fragile ecosystems in the Andes" am Titikaka-See (Bolivien), 04.-10. April 1995 (Tagungsberichte in Vorbereitung)

UNESCO (1988): Man Belongs to the Earth. International Co-operation in Environmental Research. - Paris

CITES -
Washingtoner Artenschutz-Übereinkommen.
Internationale Schutzbestimmungen für den Handel mit
gefährdeten Tier- und Pflanzenarten und ihre nationale
Umsetzung

Franz Böhmer (Bonn)

Exposé

Der grenzüberschreitende Verkehr mit gefährdeten Tier- und Pflanzenarten unterliegt in der Bundesrepublik Deutschland internationalen und nationalen Übereinkommen und Gesetzen. Aufbau, Inhalt und praktische Umsetzung dieser Rechtsgrundlagen sind Inhalt dieses Beitrages. Die Ausführungen werden durch die Darstellung der nationalen Besonderheiten und der Eingriffsmöglichkeiten der zuständigen Behörden ergänzt. Daß trotzdem immer wieder versucht wird, diese Regelungen zu umgehen, belegen einige Beispiele ausgewählter Schmuggelfälle.

1. Historische Entwicklung

Die ersten Schutzmaßnahmen zur Erhaltung bestimmter Arten, die durch einzelne Staaten oder Staatengruppen beschlossen wurden, sind nicht auf den Gedanken des Artenschutzes, sondern auf wirtschaftliche Notwendigkeiten zurückzuführen. So beschloß das Land Norwegen bereits Mitte des 19. Jahrhunderts Schutzmaßnahmen zur Erhaltung der Biberbestände einzuführen, da der Handel mit Biberfellen große wirtschaftliche Bedeutung hatte.

Ein erster länderübergreifender Schutzvertrag war die Konvention zum Schutz der Seebären (der sogenannte Beringsee-Vertrag), der im Jahre 1911 zwischen den USA, Rußland, Japan und dem Vereinigten Königreich von Großbritannien geschlossen wurde. Der Grund für diesen Schutzvertrag war die Dezimierung der Seebärenbestände durch Pelzjäger. In dieser Konvention waren ebenfalls Schutzbestimmungen für Seeotter enthalten.

In den Folgejahren bis 1971 wurden von verschiedenen Ländern immer wieder einzelstaatliche oder bilaterale Maßnahmen zum Schutz bestimmter felltragender Arten beschlossen. Den Abschluß bildete 1971 eine Empfehlung der International Fur Trade Federation an ihre Mitglieder, den Handel mit Fellen von fünf vor der Ausrottung stehenden Arten einzustellen. Im Jahre 1972 wurde anläßlich der 1. Umweltkonferenz der Vereinten Nationen in Stockholm der Beschluß gefaßt, ein internationales Artenschutzabkommen zu erstellen, mit dem

der Handel gefährdeter Tier- und Pflanzenarten beschränkt und kontrolliert
werden kann. Die dazu notwendigen Verhandlungen wurden vom 12. Februar bis
02. März 1973 in Washington geführt. Als Ergebnis wurde von den Verhand-
lungspartnern das "Übereinkommen über den internationalen Handel mit gefährdeten Arten wildlebender Tiere und Pflanzen" beschlossen. Die international
gebräuchliche Abkürzung "CITES" setzt sich aus den hervorgehobenen Anfangs-
buchstaben der englischen Bezeichnung des Übereinkommens "Convention on
International Trade in Endangered Species of wild fauna and flora" zusammen.

Das Übereinkommen trat nach seiner Ratifizierung durch zehn Staaten international am 01. Juli 1975 in Kraft. Bei diesen Signatarstaaten handelte es sich um
Chile, Ecuador, Nigeria, Schweden, Tunesien, Uruguay, die USA, die Vereinigten Arabischen Emirate, Zypern sowie die Schweiz als Staat, bei dem das
Übereinkommen hinterlegt wurde.

Die Bundesrepublik Deutschland hat dieses Übereinkommen, das auf Grund
des Verhandlungsortes als Washingtoner Artenschutzübereinkommen - kurz WA
- bezeichnet wird, mit dem Gesetz zum Washingtoner Artenschutzübereinkommen[1] im Jahre 1976 ratifiziert, es trat am 20. Juni 1976 in Kraft. Inzwischen
gehört das Washingtoner Artenschutzübereinkommen zu den weltweit am häufigsten ratifizierten Naturschutzübereinkommen. CITES ist inzwischen von 130
Vertragsstaaten (Stand: 01. Januar 1996) unterzeichnet worden und gehört damit
zu den Naturschutzregelungen mit der größten internationalen Akzeptanz.

Neben diesem Artenschutzübereinkommen gibt es eine Reihe weiterer internationaler Verträge zum Artenschutz, die jedoch nicht in allen Staaten Gesetzes-
kraft erlangt haben.

2. Intention des Washingtoner Artenschutzübereinkommens

Die Gründe für den Abschluß dieses internationalen Vertragswerkes lassen
sich am besten aus der Präambel entnehmen. Hier haben die Vertragspartner in
fünf Punkten festgelegt, warum der Abschluß des Übereinkommens von großer
Bedeutung ist.

**In der Erkenntnis, daß die freilebenden Tiere und Pflanzen in
ihrer Schönheit und Vielfalt einen unersetzlichen Bestandteil
der Systeme der Erde bilden,
im Bewußtsein, daß die Bedeutung der freilebenden Tiere und
Pflanzen in ästhetischer, wissenschaftlicher und kultureller
Hinsicht sowie im Hinblick auf die Erholung und die Wissenschaft ständig zunimmt,**

---

1 Gesetz zu dem Übereinkommen vom 03. März 1973 über den internationalen
  Handel mit gefährdeten Arten freilebender Tiere und Pflanzen (Gesetz zum
  Washingtoner Artenschutzübereinkommen) vom 22. Mai 1975 (BGBl. II,
  S.773).

**in der Erkenntnis, daß die Völker und Staaten ihre freileben-
den Tiere und Pflanzen am besten schützen können und schützen sollten,
in der Erkenntnis, daß die internationale Zusammenarbeit zum
Schutz bestimmter Arten freilebender Tiere und Pflanzen vor
einer übermäßigen Ausbeutung durch den internationalen
Handel lebenswichtig ist,
im Bewußtsein der Notwendigkeit, dazu geeignete Maßnahmen
unverzüglich zu treffen,**

wurde ein Übereinkommen geschlossen, das den internationalen Handel mit
gefährdeten Arten freilebender Tiere und Pflanzen verbieten, beschränken oder
zumindest reglementieren soll.

Von besonderer Bedeutung ist dabei, daß im Washingtoner Artenschutzübereinkommen der Begriff "Handel" als jeder grenzüberschreitende Verkehr mit
Exemplaren geschützter Tiere oder Pflanzen definiert wird (Art. I c WA). Dabei
ist es unerheblich, ob bei diesem grenzüberschreitenden Transport ein wirtschaftlicher Gewinn wie im sonstigen Handel erzielt werden soll. Betroffen und
reglementiert ist vielmehr jeglicher Transport über eine Grenze.

3. Rechtliche Umsetzung in der Europäischen Union und in der Bundesrepublik Deutschland

Wie bereits dargelegt, wird das Washingtoner Artenschutzübereinkommen
derzeit von 130 Vertragsstaaten angewendet. Dabei ist der eigentliche Text des
Übereinkommens seit 1973 im wesentlichen unverändert geblieben. Regelmäßig
modifiziert werden jedoch die Anhänge, in denen geschützte Tiere und Pflanzen
aufgelistet sind. Zur Auslegung von Begriffen sowie zur Klärung von Durchfüh-
rungsfragen werden auf den turnusmäßig stattfindenden Vertragsstaatenkonferenzen Resolutionen beschlossen, in denen an die einzelnen Vertragsstaaten
Empfehlungen oder Forderungen zur Durchführung des Übereinkommens gerichtet werden. Die Europäische Union (EU) - damals noch die Europäische
Wirtschaftsgemeinschaft - hat bereits im Jahre 1982 eine Verordnung beschlossen, mit der das internationale Übereinkommen innerhalb der EWG einheitlich
angewendet werden soll (vgl. Bendomir-Kahlo 1989). Aus diesem Grund wurde
das Übereinkommen vollständig in den Anhang A der Verordnung (EWG) Nr.
3626/82 des Rates vom 03. Dezember 1982[2] zur Anwendung des Übereinkommens über den internationalen Handel mit gefährdeten Arten freilebender Tiere
und Pflanzen in der Gemeinschaft, zukünfig EG-Verordnung, aufgenommen.

---

2 Verordnung (EWG) Nr. 3626/82 des Rates vom 03. Dezember 1982 zur Anwendung des Übereinkommens über den internationalen Handel mit gefährdeten Arten freilebender Tiere und Pflanzen in der Gemeinschaft (ABl. EG Nr., L
   384, S.1).

Artikel 1 dieser Verordnung bestimmt eindeutig, daß das in Anhang A wiedergegebene Übereinkommen unmittelbar in allen EWG-Staaten gilt.

Darüber hinaus enthält die Verordnung, ergänzt durch die Durchführungsverordnung (EWG) Nr. 3418/83 der Kommission vom 28. November 1983[3], die sogenannte Formular-Verordnung, über das internationale Übereinkommen hinausgehende, verschärfende Bestimmungen. Die Verordnung legt einheitlich fest, wie der Verkehr mit geschützten Arten zwischen der jetzigen EU und den sogenannten Drittstaaten stattfinden soll. Zusätzlich enthält sie eine Bestimmung zum Vermarktungsverbot sowie Regelungen für Transporte innerhalb der Europäischen Gemeinschaft.

In der Bundesrepublik Deutschland ist das WA, wie bereits erwähnt, 1976 per Gesetz in Kraft getreten. Dieses Gesetz enthielt im wesentlichen die Regelungen über die Zuständigkeiten für die Durchführung des Übereinkommens sowie Bestimmungen über die Ahndung von Verstößen. Mit Inkrafttreten der Neufassung des Bundesnaturschutzgesetzes[4] zum 01. Januar 1987 sowie der Bundesartenschutzverordnung[5] wurden für die Bundesrepublik Regelungen erlassen. So enthält das Bundesnaturschutzgesetz sogenannte Schädigungs- und Störverbote sowie Besitz- und Vermarktungsverbote (vgl. Kap.7), die für besonders geschützte Arten gelten. Diese innerstaatlichen Verbote gehen über die Regelungen der internationalen Übereinkommen (EG-Verordnung und WA) hinaus.

Ein zusätzlicher wichtiger Bestandteil dieser nationalen Bestimmungen sind die hierin enthaltenen Ordnungswidrigkeiten- und Strafvorschriften sowie die gesetzlichen Möglichkeiten der Beschlagnahme und Einziehung im objektiven Verfahren.

4. Aufbau und Inhalt der Anhänge sowie ihr Verhältnis zueinander

Wesentliche Bestandteile der bisher genannten Übereinkommen, Verordnungen und Gesetze sind die Anhänge oder Anlagen, in denen die Tier- und Pflan-

---

3   Verordnung (EWG) Nr. 3418/83 der Kommission vom 28. November 1983 mit Bestimmungen für eine einheitliche Erteilung und Verwendung der bei der Anwendung des Übereinkommens über den internationalen Handel mit gefährdeten Arten freilebender Tiere und Pflanzen in der Gemeinschaft erforderlichen Dokumente (ABl. EG Nr. L 344, S.1).

4   Bundesnaturschutzgesetz in der Fassung der Neubekanntmachung vom 12.03.1987 (BNatSchG) (BGBl. I, S.889).

5   Verordnung zum Schutz wildlebender Tier- und Pfalnzenarten (Bundesartenschutzverordnung - BArtSchV) in der Fassung der Bekanntmachung vom 18. September 1989 (BGBl. 1, S.1677).

zenarten je nach Schutzstatus aufgelistet sind. So enthält das Washingtoner
Artenschutzübereinkommen insgesamt drei Anhänge (Anhang I bis Anhang III),
in denen Tiere und Pflanzen aufgelistet sind. Die Grundprinzipien für die Aufnahme in die Anhänge legt Art. II des WA fest.

Art. II Abs. 1 WA
**Anhang I enthält alle von der Ausrottung bedrohten Arten, die
durch den Handel beeinträchtigt werden oder beeinträchtigt
werden können ...**
Von diesem Anhang werden z.B. alle Menschenaffen, verschiedene
andere Affenarten, alle Meeresschildkröten, einige Wale, Greifvögel, verschiedene Katzen, einige Papageienarten, bestimmte Reptilien sowie verschiedene Pflanzenarten (z.B. aus den Familien der
Orchideen und Kakteen) erfaßt.

Art. II Abs. 2 WA
Anhang II enthält
**a) alle Arten, die, obwohl sie nicht notwendigerweise schon
heute von der Ausrottung bedroht sind, davon bedroht werden
können, wenn der Handel mit Exemplaren dieser Arten nicht
einer strengen Regelung unterworfen wird,**
**b) andere Arten, die einer Regelung unterworfen werden müs-
sen, damit der Handel mit Exemplaren gewisser Arten im Sinne
von Buchstabe a) unter wirksame Kontrolle gebracht werden
kann.**
Dieser Anhang ist wesentlich umfangreicher und beinhaltet u.a.
alle Katzen, Wale, Affen, Papageien, Greifvögel, Krokodile, Warane sowie alle Orchideen und Kakteen, soweit diese nicht bereits
nach Anhang I WA geschützt sind. Ebenfalls erfaßt werden sämtliche Steinkorallen und Riesenmuscheln. Viele Arten sind nicht
namentlich aufgeführt, da z.T. Familien komplett erfaßt sind.

Art. II Abs. 3 WA
**Anhang III enthält alle Arten, die von einer Vertragspartei als
Arten bezeichnet werden, die in ihrem Hoheitsbereich einer
besonderen Regelung unterliegen ... und bei denen die Mitarbeit anderer Vertragsparteien bei der Kontrolle des Handels
erforderlich ist.**
In diesem Anhang sind im Gegensatz zu den Anhängen I und II WA
nur einzelne Arten aufgeführt, z.B. viele zu den Sperlingsvögeln
gehörende Arten.

Die EG-Verordnung hat ebenfalls in zwei Anhängen (Anhang C Teil 1 und
Anhang C Teil 2) Arten aufgenommen, die bereits dem WA unterliegen, für die
die EG jedoch schärfere Schutzbestimmungen in Form verschärfter Einfuhrge-
nehmigungspflichten erlassen hat. Diese Anhänge C Teil 1 und C Teil 2 enthalten
nur Arten, die in den Anhängen II oder III des WA bereits aufgenommen sind.

So werden vom Anhang C Teil 1 alle Wale, Greifvögel und Eulen sowie verschiedene Orchideenarten erfaßt, der Anhang C Teil 2 beinhaltet einige Katzenarten sowie alle Papageien, Krokodile und Warane. Die Arten des Anhangs C Teil 1 gelten in der EU und beim Warenverkehr mit Drittstaaten als Arten des Anhangs I WA, für die Arten des Anhangs C Teil 2 sieht die Verordnung über das WA hinausgehende Genehmigungspflichten bei der Einfuhr in die EU vor.

Änderungen der Anhänge I bis III WA werden auf den turnusmäßig stattfindenden Vertragsstaatenkonferenzen oder aber in einem schriftlichen Verfahren zwischen den Vertragsstaaten beschlossen. Diese Änderungen mit den ggf. erforderlichen Änderungen der Anhänge C Teil 1 und 2 werden von der EU als Verordnung[6] veröffentlicht.

Zusätzlich zu diesen fünf Anhängen mit internationaler Gültigkeit enthält die Bundesartenschutzverordnung von 1987 noch einmal drei Anlagen (Anlage 1 - 3), in denen Tiere und Pflanzen je nach Schutzstatus aufgelistet sind und die in der Bundesrepublik Deutschland bestimmten Regelungen unterliegen. Dabei enthalten die Anlagen 1 und 3 der Bundesartenschutzverordnung Arten, die weder dem WA noch der EG-Verordnung unterliegen.

In Anlage 1 wurden die Arten aufgenommen, die

1. wegen der Gefährdung des Bestandes heimischer Arten durch den menschlichen Zugriff im Geltungsbereich dieses Gesetzes oder wegen der Verwechslungsgefahr mit solchen gefährdeten Arten oder

2. wegen der Gefährdung des Bestandes nichtheimischer Arten oder Populationen durch den internationalen Handel oder wegen der Verwechslungsgefahr mit solchen gefährdeten Arten erforderlich ist.

Eine Aufnahme in Anlage 1 erfolgte auch für Arten im Rahmen der Umsetzung anderer Rechtsakte der Gemeinschaft auf dem Gebiet des Artenschutzes, u.a. der EU-Vogelschutzrichtlinie[7] (§§ 20e Abs. 1, 26a Bundesnaturschutzgesetz [BNatSchG]).

Durch Anlage 1 werden z.B. alle europäischen Reptilien- und Vogelarten geschützt, die nicht bereits dem WA unterliegen; ausgenommen sind die Vogelarten, die vom Jagdrecht erfaßt werden.

Anlage 3 enthält Arten, die dem Jagdrecht unterliegen, deren grenzüberschreitender Transport aber zum Schutz vor Beeinträchtigung durch den internationalen Handel einer Kontrolle unterworfen werden soll, sowie Arten, die wegen der Gefahr der Faunenverfälschung nur mit Genehmigung grenzüberschreitend trans-

---

6   Verordnung (EG) Nr. 558/95 der Kommission vom 10. März 1995 zu Änderung der Verordnung (EWG) Nr. 3626/82 des Rates zur Anwendung des Übereinkommens über den internationalen Handel mit gefährdeten Arten freilebender Tiere und Pflanzen in der Gemeinschaft (ABl. EG Nr. L 57, S.1).

7   Richtlinie des Rates com 02. April 1979 über die Erhaltung der wildlebenden Vogelarten (79/409/EWG) (ABl. EG Nr. L 103, S.1).

portiert werden dürfen. Anlage 3 enthält vor allem die Vogelarten, die aufgrund des Jagdrechts aus Anlage 1 ausgenommen sind.

Anlage 2 Bundesartenschutzverordnung dagegen enthält nur Arten, die bereits dem WA und/oder der EG-Verordung unterliegen und die strengeren nationalen Maßnahmen unterworfen werden sollen, weil

- dadurch die Überlebenschancen für lebende Exemplare verbessert,

- einheimische Arten erhalten oder

- andere Arten oder Populationen in ihren Ursprungsländern

erhalten werden sollen (§ 21a Abs. 1 Nr 1 Bundesnaturschutzgesetz).

Vertikal gibt es somit drei Ebenen, auf denen die Anhänge oder Anlagen mit geschützten Arten zu sehen sind. Die Anhänge oder Anlagen einer Ebene (horizontal) schließen sich gegenseitig aus, die Anhänge oder Anlagen der verschiedenen Ebenen (vertikal) stehen dagegen teilweise in einem kumulativen, teilweise in einem alternativen Verhältnis zueinander.

5. Begriffsdefinition "Tier und Pflanze"

Im allgemeinen Sprachgebrauch wird unter den Begriffen "Tier" und "Pflanze" jeweils das vollständige lebende Exemplar verstanden. Auch das Bundesnaturschutzgesetz und die Bundesartenschutzverordnung als maßgebende nationale Bestimmungen verwenden in ihren Paragraphen nur die Begriffe "Tiere" und "Pflanzen". Da eine Beschränkung des Artenschutzes auf lebende Tiere und Pflanzen am Schutzziel vorbeilaufen würde, war es erforderlich, festzulegen, was im Sinne der Gesetze unter diesen Begriffen verstanden wird.

Ein ähnliches Problem besteht ebenfalls im WA sowie in der EG-Verordnung. Hier wird jedoch statt des Begriffes "Tiere und Pflanzen" der Begriff "Exemplar" verwendet. Für beide Begriffe gelten jedoch im wesentlichen deckungsgleiche Definitionen, die in allen Rechtsgebieten vorhanden sind. Nach diesen Definitionen umfaßt der Begriff "Exemplar" bzw. "Tiere und Pflanzen" jedes lebende oder tote Tier sowie jede lebende oder tote Pflanze. Er wird jedoch ausgedehnt auf alle anderen Entwicklungsformen von Tieren und Pflanzen, wie z.B. Eier, Larven, Puppen, Samen oder Früchte. Da auch das nicht ausreichen würde, unterliegen dem Schutz, der für eine Art gilt, auch alle anderen erkennbaren Teile von Tieren oder Pflanzen sowie alle anderen, ohne weiteres erkennbar aus geschützten Arten gewonnen Erzeugnisse. Welche Teile und Erzeugnisse als ohne weiteres erkennbar gelten, ist im Anhang B der EG-Verordnung sowie in der Anlage 4 der Bundesartenschutzverordnung aufgelistet. Darüber hinaus unterliegen aber auch alle anderen Teile und Erzeugnisse dem Schutz, wenn aus irgendeinem Umstand hervorgeht, daß es sich um Teile von Tieren oder Pflanzen einer geschützten Art oder um Erzeugnisse daraus handelt. Zu diesen Umständen können z.B. die Verpackung, ein Warenzeichen oder auch eine Aufschrift gehören. Am leichtesten kann dies anhand eines Beispiels erläutert werden. Alle Nashörner (*Rhinocerotidae*) unterliegen dem Schutz des WA. Dieser Schutzstatus gilt für die lebenden und toten Tiere dieser Familie. Er gilt auch für die Hörner der Nashörner. Sie gehören zu den ohne weiteres erkennbaren Teilen, da sie in Anhang B Nr. 4 der EG-Verordnung aufgelistet sind. Der Schutz gilt aber auch für Arzneimittel, bei deren Produktion nach Angaben auf der Verpackungsbeilage ein geringer Prozentsatz gemahlenes Nashorn-Horn verwendet wurde. Für alle beschriebenen Tiere und Produkte gilt der Schutzstatus, der in den Anhängen des Washingtoner Artenschutzübereinkommens für die jeweilige Art festgelegt ist.

Entsprechendes gilt für die Pflanzen, die den Schutzbestimmungen unterliegen. Hier gilt jedoch eine Besonderheit. Vom Schutz der Anhänge II und III des WA sind bestimmte Teile und Entwicklungsformen von Pflanzen ausgenommen. Um welche Teile und Entwicklungsformen es sich handelt, ist abschließend in den Erläuterungen zu den Anhängen festgelegt. Beispielhaft können hier die Samen und Pollen verschiedener Pflanzen, Gewebekulturen von Pflanzen sowie bestimmte Früchte und Erzeugnisse aus diesen (z.B. von Pflanzen der Gattung *Vanilla* oder *Opuntia*) genannt werden.

6. Die Regelungen im grenzüberschreitenden Verkehr

Mit Inkrafttreten der EG-Verordnung Nr. 3626/82 zum 01. Januar 1984 muß bei der Betrachtung der Handelsregelungen im grenzüberschreitenden Warenverkehr zwischen zwei verschiedenen Verkehrswegen unterschieden werden. In dieser Verordnung wurden die Regelungen festgelegt, die ab diesem Zeitpunkt sowohl für den Warenverkehr zwischen den Staaten der Europäischen Gemeinschaft und allen anderen sogenannten Drittstaaten als auch für den innergemeinschaftlichen Verkehr gelten sollen (vgl. Schmidt-Räntsch 1990).

Doch zuerst zu den Regelungen, die sich aus dem Washingtoner Artenschutzübereinkommen ergeben. Das WA unterwirft sämtliche grenzüberschreitenden Transporte mit Tieren und Pflanzen geschützter Arten einer Dokumentationspflicht. Diese besteht aus der Verpflichtung, vor Beginn des Transportes entsprechende Genehmigungen von den zuständigen Behörden des Ausfuhr- sowie ggf. des Einfuhrstaates einzuholen. Dabei legt das WA die Verantwortung eindeutig in die Hände des Ausfuhrstaates. Lediglich bei Naturentnahmen von Arten, die dem Schutz des Anhang I unterliegen, hat nach dem WA auch der Bestimmungsstaat eine Genehmigungspflicht. Für Arten aller drei Anhänge des WA gilt vom Grundsatz her folgendes: der grenzüberschreitende Transport von geschützten Exemplaren ist nur zulässig, wenn der Ausfuhrstaat vor der Ausfuhr eine Ausfuhrgenehmigung, eine Wiederausfuhrbescheinigung oder ein Ursprungszeugnis erteilt hat. Welches Dokument erforderlich ist, ergibt sich aus Tab. 1.

Über diese internationale Regelung hinaus hat die damalige EWG, jetzt EU, in ihrer Verordnung eine weitergehende Dokumentenpflicht bei der Einfuhr in die EU festgelegt. Bei allen Einfuhren in die EU sind, neben den nach dem WA erforderlichen Dokumenten, zusätzliche Einfuhrdokumente der EU erforderlich. Dabei werden zwei Arten unterschieden:

Schutzstatus	Herkunft	Dokumente
Anh. I WA	Ursprungsland	Ausfuhrgenehmigung und Einfuhrgenehmigung
Anh. I WA	andere Länder	Wiederausfuhrbescheinigung
Anh. II WA	Ursprungsland	Ausfuhrgenehmigung
Anh. II WA	andere Länder	Wiederausfuhrbescheinigung
Anh. III WA	Land, das die Aufnahme beantragt hat	Land, das die Aufnahme beantragt hat
Anh. III WA	andere Länder	Ursprungszeugnis oder sonstige Bescheinigung

Tab. 1: Dokumentenpflicht nach dem Washingtoner Artenschutz-übereinkommen (WA)

1. die Einfuhrgenehmigung, die von einer zuständigen Vollzugsbehörde des einzelnen EU-Staates grundsätzlich vor der Einfuhr erteilt werden muß oder

2. die Einfuhrbescheinigung, die durch die Zollverwaltung im Zeitpunkt der ordnungsgemäßen Einfuhr erteilt wird.

In der Bundesrepublik Deutschland ist das Bundesamt für Naturschutz für die Erteilung der Genehmigungen zuständig.

Bei der Festlegung der erforderlichen Dokumente ist wiederum der Schutzstatus maßgebend, erweitert um die beiden Anhänge C Teil 1 und C Teil 2 der EG-Verordnung. In Tab. 2 sind die bei der Einfuhr in die EU erforderlichen Einfuhrdokumente aufgeführt; die erforderlichen Ausfuhrdokumente sind Tab.1 zu entnehmen.

Zusätzlich zu diesen aus den beiden Tabellen ersichtlichen Genehmigungen ergeben sich weitere Pflichten zur Vorlage von Dokumenten aus dem Schutzsta-

Schutzstatus WA	Schutzstatus EG-Verordnung	Einfuhrdokumente
Anh. I	---	Einfuhrgenehmigung
Anh. II	---	Einfuhrbescheinigung
Anh. II	Anh. C Teil 1	Einfuhrgenehmigung
Anh. II	Anh. C Teil 2	Einfuhrgenehmigung
Anh. III	---	Einfuhrbescheinigung
Anh. III	Anh. C Teil 1	Einfuhrgenehmigung
Anh. III	Anh. C Teil 2	Einfuhrgenehmigung

Tab. 2: Einfuhrdokumente bei der Einfuhr in die Europäische Union (EU)

tus nach der Bundesartenschutzverordnung. Alle drei Anlagen der Bundesartenschutzverordnung sehen für die dort erfaßten Arten grundsätzlich eine weitere Genehmigungspflicht im Falle der Ein- und Ausfuhr in die/aus der Bundesrepublik Deutschland vor, die Anlage 2 jedoch nur dann, wenn die jeweilige Art in Spalte 4 mit "+" gekennzeichnet ist. Dabei ist besonders zu beachten, daß diese Dokumentenpflicht nach Anlage 2 der Bundesartenschutzverordnung neben der Dokumentenpflicht auf Grund der EG-Verordnung bestehen bleibt. Hier ist besonders zu beachten, daß diese Dokumentenpflicht immer dann gilt, wenn die Grenze der Bundesrepublik Deutschland überquert wird. Dabei ist es unerheblich, ob der Warenverkehr mit einem EU-Staat oder mit einem anderen Staat erfolgt.

Neben diesen Regelungen gibt es auch Dokumentenpflichten für Arten, die dem WA unterliegen und die innerhalb der Europäischen Union transportiert werden sollen. Hier ist Art. 29 der VO (EWG) Nr. 3418/83 maßgebend, der für diese innergemeinschaftlichen Transporte ein bestimmtes Dokument, die sogenannte CITES-Bescheinigung vorsieht. Eine Übersicht über die Gesamtdokumentenpflicht ergibt sich aus Tab.3. Der Wegweiser zu den erforderlichen Dokumenten ist § 21 Bundesnaturschutzgesetz.

Von dieser grundsätzlichen Pflicht zur Vorlage bestimmter Papiere gibt es mehrere Ausnahmen, dabei handelt es sich im wesentlichen um

- Erleichterungen im Verkehr zwischen registrierten wissenschaftlichen Einrichtungen,

- Dokumentenbefreiungen bei Gegenständen, die zum persönlichen Gebrauch oder als Hausrat bestimmt sind sowie

- Erleichterungen im Falle der Durchfuhr durch die Bundesrepublik Deutschland.

Für bestimmte Waren (Herbariums-Exemplare, andere haltbar gemachte Museums-Exemplare oder auch lebendes Pflanzenmaterial) sind im Austausch zwischen registrierten wissenschaftlichen Einrichtungen oder Wissenschaftlern die oben beschriebenen Dokumente nicht erforderlich. In diesen Fällen genügt es, wenn die Sendung von einem "Etikett" begleitet wird, das neben der Registriernummer des versendenden Betriebes nur noch wenige weitere Angaben enthält (Art. VII Abs. 6 WA, Art. 12 EG-Verordnung).

Die Erleichterung für Gegenstände zum persönlichen Gebrauch oder Hausrat ergibt sich aus Art. VII Abs. 3 WA. Hier wird, unterschieden nach Anhangszugehörigkeit, für bestimmte Fälle die Möglichkeit vorgesehen, Teile und Erzeugnisse ohne die vorgeschriebenen Dokumente zu befördern. Bei diesen Teilen und Erzeugnissen handelt es sich entweder um Gegenstände, die im Rahmen einer Reise erworben wurden und die für den persönlichen Gebrauch bestimmt sind, wie z.B. Reisemitbringsel oder auch Jagdtrophäen, sowie um Hausrat, der im Rahmen eines Umzugs grenzüberschreitend transportiert wird. Ausgeschlossen von dieser Regelung sind lebende Tiere.

Im Art. VII werden die einzelnen Prüfkriterien aufgeführt, nach denen ein dokumentenfreier, grenzüberschreitender Transport möglich ist. Bei den Arten

Schutzstatus nach			Drittlandsverkehr			Verkehr innerhalb der EU	
WA	EG-VO	BArtSchV	Dok. Ausfuhr-staat	Dok. EU	Dok. Bundes-republik	Dok. EU	Dok. Bundes-republik
I	---	---	AG/WAB	EG	---	CITES	---
II	---	---	AG/WAB	EB	---	CITES	---
III	---	---	AG/UZ	EB	---	CITES	---
II	C 1	---	AG/WAB	EG	---	CITES	---
II	C 2	---	AG/WAB	EG	---	CITES	---
II	---	2	AG/WAB	EB	nat. EG	CITES	nat. EG
III	C 1	---	AG/UZ	EG	---	CITES	---
III	C 2	---	AG/UZ	EG	---	CITES	---
III	---	2	AG/UZ	EB	nat. EG	CITES	nat. EG
---	---	1	---	---	nat. EG	---	nat. EG
---	---	3	---	---	nat. EG	---	nat. EG

Tab. 3: Dokumentenpflicht bei der Einfuhr in die Bundesrepublik Deutschland. Erläuterung der Abkürzungen:
AG = Ausfuhrgenehmigung, WAB = Wiederausfuhrbescheinigung, CITES = CITES-Bescheinigung, EG = Einfuhrgenehmigung nach der EG-VO, EB = Einfuhrbescheinigung, nat. EG = Einfuhrgenehmigung nach BNatSchG, UZ = Ursprungszeugnis

der Anhänge I und II WA läuft es hier im wesentlichen darauf hinaus, daß die Einfuhr solcher Gegenstände aus Vertragsstaaten in die Bundesrepublik Deutschland durch Personen, die hier ihren gewöhnlichen Aufenthaltsort haben, dokumentenfrei nicht möglich ist. Damit reduzieren sich hier die Fälle der dokumentenfreien Ein- oder Ausfuhr auf wenige Vorgänge wie z.B. eine vorübergehende Einfuhr im Rahmen einer Urlaubsreise.

Eine ähnliche Regelung für solche Erzeugnisse existiert auch für die Arten der Anlagen 1 bis 3 Bundesartenschutzverordnung. Dabei gilt für diese Gegenstände folgende Bedingung: der Beteiligte muß nachweisen, daß die Gegenstände rechtmäßig der Natur entnommen wurden oder aber, daß die Tiere und Pflanzen, von denen diese Waren stammen, gezüchtet oder durch Anbau gewonnen wurden (§ 21 Abs. 6 BNatSchG).

Die Durchfuhr von Tieren und Pflanzen, die dem internationalen Artenschutzrecht unterliegen, ist dann in vereinfachter Form möglich, wenn diese Durchfuhr unter zollamtlicher Überwachung erfolgt und Dokumente des Ausfuhrstaates vorgelegt werden können oder aber ihr Vorhandensein hinreichend nachgewiesen werden kann.

Die Durchfuhr von Arten, die der Bundesartenschutzverordnung unterliegen, ist unter zollamtlicher Überwachung dokumentenfrei möglich.

7. Zusätzliche nationale Verbote

Der 5. Abschnitt des Bundesnaturschutzgesetzes mit Durchführungsbestimmungen zum Artenschutzrecht regelt jedoch - in Anlehnung an die EG-Verordnung - nicht nur den grenzüberschreitenden Warenverkehr, sondern enthält auch nationale Beschränkungen, die über die international bestehenden hinausgehen. Bei diesen nationalen Beschränkungen handelt es sich um die

- Schädigungs- und Störverbote sowie um die
- Besitz- und Vermarktungsverbote,

deren Grundsätze im § 20 f Abs. 1 und 2 BNatSchG festgeschrieben sind.

Getrennt nach "besonders geschützten Tier- und Pflanzenarten" sowie "vom Aussterben bedrohte Tier- und Pflanzenarten" ist im Abs. 1 festgehalten, was im Zusammenhang mit diesen Tieren und Pflanzen an Schädigungen und Störungen untersagt ist. Danach ist es verboten, wildlebende Tiere der besonders geschützten Arten zu fangen, zu verletzen oder zu töten und ihre Nist-, Brut-, Wohn- oder Zufluchtstätten zu schädigen oder zu zerstören. Ähnliche Schädigungsverbote gelten auch für wildlebende Pflanzen der besonders geschützten Arten. Für Tiere und Pflanzen der vom Aussterben bedrohten Arten gelten darüber hinaus Störverbote, die sich z.B. auf das Aufsuchen, Fotografieren, Filmen und ähnliche Handlungen beziehen. Störungen durch Tätigkeiten dieser Art an Standorten und Zufluchtstätten vom Aussterben bedrohter Arten sind grundsätzlich untersagt (vgl. Abb.1).

An dieser Stelle ist es erforderlich zu klären, welche Arten "besonders geschützt" und "vom Aussterben bedroht" sind. Die Zuordnung zu diesen Kategorien ergibt sich aus der Einreihung der Arten in die Anhänge. Danach sind "besonders geschützt" alle die Arten, die

- in Anhang I oder II WA,
- in Anhang C Teil 1 oder Anhang C Teil 2 der EG-Verordnung sowie
- in Anlage 1 BArtSchV aufgeführt sind oder in Anlage 2 in der Spalte 2 BArtSchV entsprechend gekennzeichnet sind.

"Vom Aussterben bedroht" sind alle Arten des Anhangs I WA, alle Arten, die in Anlage 1 BArtSchV durch Fettdruck sowie alle Arten, die in Anlage 2 Spalte 3 BArtSchV durch "+" gekennzeichnet sind. Diese beiden Kategorien sind auch im Zusammenhang mit den Besitz- und Vermarktungsverboten sowie den Ordnungswidrigkeiten- und Strafvorschriften von Bedeutung.

Bereits die EG-Verordnung enthält im Art. 6 ein Vermarktungsverbot für Arten, die einem bestimmten Schutz unterliegen. Dieser Artikel läßt jedoch jedem

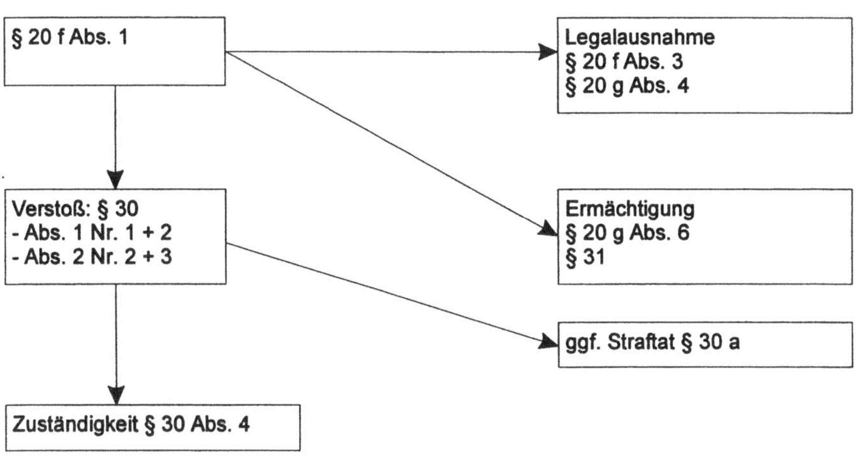

Abb. 1: Schädigungs- und Störverbot

Staat die Freiheit, von diesen Vermarktungsverboten zu bestimmten Zwecken Ausnahmen zu gewähren.

Über diese Regelungen der EG-Verordnung hinaus hat das Bundesnaturschutzgesetz im § 20 f Abs. 2 Nr. 1 und 2 BNatSchG Besitz- und Vermarktungsverbote festgeschrieben (vgl. Abb.2). Danach ist es verboten, Tiere und Pflanzen der besonders geschützten Arten in Besitz zu nehmen, die tatsächliche Gewalt über sie auszuüben oder sie zu be- oder verarbeiten (Besitzverbot). Das Vermarktungsverbot umfaßt jegliche Form des Verkaufs, das zum Verkauf vorrätig halten, das zum Verkauf anbieten oder auch das zu kommerziellen Zwecken zur Schau stellen. Wie in allen anderen Fällen gibt es auch von diesen Verboten verschiedene Ausnahmen. Dabei muß unterschieden werden nach den Legal-Ausnahmen, die das Gesetz in bestimmten Paragraphen vorsieht sowie nach Ermächtigungen, mit denen bestimmte Behörden befugt werden, in ausgewählten Einzelfällen Befreiungen oder Ausnahmen zuzulassen. In Abb.1 und Abb.2 sind die Verbote mit ihren Legal-Ausnahmen und Ermächtigungsgrundlagen sowie die sich daraus ergebenden Folgen zusammengestellt.[8] Dabei werden Regelungen, die sich aus dem Jagdrecht ergeben, nicht berücksichtigt. Anspruch auf Vollständigkeit wird nicht erhoben.

8. Eingriffsmöglichkeiten der Behörden

Auf Grund des föderalen Aufbaus der Bundesrepublik Deutschland und der sich aus dem Grundgesetz ergebenden Aufgabenteilung sind verschiedene Bun-

---

8 Die in Abb. 1 und Abb. 2 angegebenen Fundstellen sind, soweit nichts anderes vermerkt, dem Bundesnaturschutzgesetz entnommen.

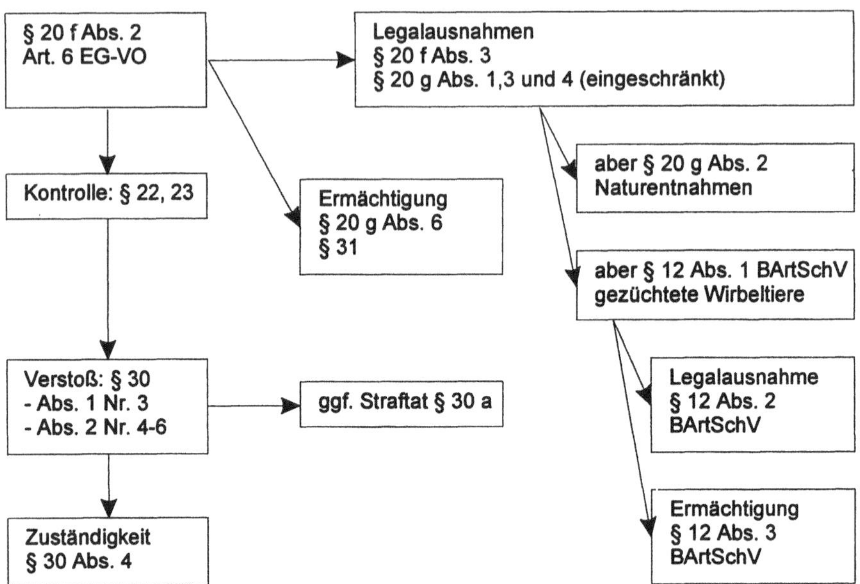

Abb. 2: Besitz- und Vermarktungsverbot

des- und Landesbehörden mit dem Vollzug des Artenschutzrechts beauftragt. Auf Bundesebene liegen die Vollzugsaufgaben beim Bundesministerium für Umwelt, Naturschutz und Reaktorsicherheit sowie beim Bundesamt für Naturschutz. Zusätzlich zu diesen beiden Behörden wirkt die Zollverwaltung im Rahmen der Abfertigung sowie als Ermittlungsbehörde beim Vollzug des Artenschutzrechts mit. Bei den Bundesländern wurde keine einheitliche Regelung getroffen. Im Regelfall wurde das Artenschutzrecht bei den Landes-Umweltministerien (oberste Landesbehörden) angesiedelt. Die Vollzugsaufgaben wurden von dort auf unterschiedliche Ebenen der Verwaltung delegiert, teilweise auf Landesoberbehörden, teilweise auf Mittelbehörden und teilweise - wie in Bayern oder Nordrhein-Westfalen - auf örtliche Kreisbehörden.

Eine der wichtigsten Eingriffsmöglichkeiten der Behörden ist das sogenannte objektive Beschlagnahme- und Einziehungsverfahren, das sowohl der Zollverwaltung im Rahmen der Abfertigung als auch den Landesbehörden im Rahmen der Vor-Ort-Kontrollen ein wichtiges Instrumentarium zur Verfügung stellt. Grundlage ist in beiden Fällen die Forderung nach der Vorlage der erforderlichen Dokumente für eine ordnungsgemäße Ein- oder Ausfuhrabfertigung oder aber zum Nachweis des legalen Besitzes oder der legalen Vermarktung. Rechtsgrundlagen sind die §§ 21 f und 22 des BNatSchG. Diese Paragraphen ermöglichen es den berechtigten Behörden, bei Fehlen der Dokumente die entsprechenden Tiere und Pflanzen zu beschlagnahmen und, sollten die Dokumente nicht nachgereicht werden können, diese Tiere und Pflanzen einzuziehen. Bei diesen Verfahren kommt es nicht auf das Verschulden des jeweiligen Besitzers an. Einziges Kriterium für die Durchführung des Verfahrens ist das Vorhandensein der erforderlichen Dokumente. Dabei besteht insofern ein Unterschied, als die einzelnen Schritte für die Zollverwaltung zwingend vorgeschrieben sind, während den Landesbehörden im Falle der Einziehung ein Ermessen eingeräumt worden ist.

Neben dieser Beschlagnahme- und Einziehungsmöglichkeit im objektiven Verfahren bestehen natürlich alle strafprozessualen Maßnahmen fort, zu denen auch die Sicherstellung und Einziehung gehören. Zusätzlich zur Wegnahme der Tiere und Pflanzen droht dem Beteiligten in vielen Fällen ein Bußgeld- oder strafrechtliches Verfahren. In § 30 Abs. 1 und 2 BNatSchG sowie im § 14 der BArtSchV sind die Tatbestände aufgeführt, bei denen es zu einer bußgeldrechtlichen Ahndung kommen kann. Dabei handelt es sich sowohl um Tatbestände, die im Zusammenhang mit dem Grenzübertritt erfüllt werden können als auch um Tatbestände, die im Inland bei Verstößen gegen die geltenden Schädigungs- und Störverbote sowie Besitz- und Vermarktungsverbote erfüllt werden können. Je nach Tat droht ein Bußgeld bis zu DM 100.000; zuständige Verwaltungsbehörden sind das Bundesamt für Naturschutz oder die landesrechtlich zuständigen Behörden.

Die in § 30 Abs. 1 BNatSchG aufgeführten Ordnungswidrigkeitstatbestände - dazu zählen z.B. Verstöße gegen das Vermarktungsverbot sowie Verstöße gegen bestimmte Ein- und Ausfuhrregelungen - können sich durch ihre Begehensweise zu Straftaten qualifizieren. Der § 30 a BNatSchG unterscheidet dabei zum einen nach der Art des Begehens und zum anderen nach dem Status der betroffenen Arten.

"Qualifizierende" Merkmale sind hier vor allem die Tatbestände "gewerbs- oder gewohnheitsmäßiges Begehen" und die Tatsache, daß es sich bei den betroffenen Arten um "vom Aussterben bedrohte" handelt. Der Strafrahmen reicht hier von einer Geldstrafe bis zu einer Verurteilung zu max. 5 Jahren Gefängnis. Die bisher höchste verhängte Gefängnisstrafe betrug 3 Jahre wegen illegalen Handels und Einfuhr von Papageien. Natürlich ist es auch hier möglich, im Rahmen des Bußgeldverfahrens oder des Strafverfahrens die betroffenen Tiere oder Pflanzen einzuziehen.

Die Einziehung führt immer dazu, daß der Beteiligte endgültig das Eigentum an den Tieren oder Pflanzen verliert und diese dann weggenommen und durch die zuständigen Behörden "verwertet" werden müssen. Bei Teilen und Erzeugnissen erfolgt die Verwertung in der Regel durch kostenlose leihweise Abgabe der Gegenstände an wissenschaftliche, kulturelle oder Bildungseinrichtungen wie z.B. Museen, zoologische Sammlungen, Hochschulen oder andere Schulen. Bei der Verwertung lebender Tiere oder Pflanzen gibt es grundsätzlich drei Möglichkeiten.

Die erste und weitaus schwierigste in der Umsetzung ist die Rückführung der Tiere und Pflanzen in ihr Ursprungsland und dort die Auswilderung. Diese Maßnahme wurde durch das Bundesamt für Naturschutz in verschiedenen Einzelfällen durchgeführt. So wurden z.B. lebende Wüstenwarane nach Ägypten zurückgeführt und Kaiseradler, die als Jungtiere beschlagnahmt wurden, nach einer Ausgewöhnungsphase in einem passenden Biotop wieder ausgewildert.

Die zweite und bei weitem häufigste Maßnahme ist die Unterbringung der lebenden Tiere und Pflanzen in geeigneten Einrichtungen. Dazu zählen zoologische Gärten, Vogelparks, botanische Gärten und auch versierte private Halter, die in der Lage sind, die Tiere oder Pflanzen artgerecht zu halten. Vor einer Abgabe der Tiere oder Pflanzen an diese Einrichtungen, besonders vor der Abgabe an private Halter, erfolgt eine Überprüfung der Zuverlässigkeit des einzelnen Übernehmers. In diesem Fall werden die Tiere oder Pflanzen dauerhaft leihweise per Vertrag dem jeweiligen Übernehmer überlassen.

Die dritte und bisher durch das Bundesamt nicht praktizierte, aber durchaus vorgesehene Möglichkeit ist das Töten der Exemplare. Dies ist eine Maßnahme, die vor allem aus tierseuchenrechtlichen Gründen in der Zukunft aber erforderlich werden kann.

9. Herausragende Schmuggelfälle der letzten Jahre

Zum Schluß sollen noch einige herausragende Schmuggelfälle der letzten Jahre beschrieben werden. Die Beispiele beschränken sich auf Fälle aus dem Bereich der lebenden Tiere und Pflanzen. Hier kommt es immer wieder zu Aufgriffen durch die Zollverwaltung, die die ganze Phantasie der teilweise professionellen Schmuggler unter Beweis stellen.

So transportieren Privatpersonen lebende Affen unter der Kleidung oder in der Kleidung, Reptilien als Gürtel oder Halsketten oder Vogeleier in speziell präparierten Westen.

Im Frühjahr 1995 wurden bei der Einreisekontrolle von zwei Privatpersonen am Flughafen Düsseldorf zwei lebende Kuba-Amazonen beschlagnahmt. Die beiden Reisenden hatten die Vögel mit Klebebändern umwickelt und diese dann in aus Stoff gefertigten "Achsel-Holstern" unter der Kleidung einzuschmuggeln versucht. Der Lohn dieser Tat waren DM 16.000 und DM 12.000 Geldstrafe.

Sehr einfallsreich war auch ein Student, der versuchte, auf diesem Wege eine "schnelle Mark" zu machen. Jedoch scheiterte sein Versuch, insgesamt 370 Pfeilgiftfrösche aus Venezuela über Spanien nach Deutschland einzuschmuggeln. Die Tiere waren jeweils zu zehnt in Eisbechern verpackt und im Karton und im Seesack des Reisenden verstaut.

Professioneller ging ein holländischer Staatsbürger zu Werke, der seine Koffer fachmännisch zur Aufnahme von 250 Reptilien vorbereitet hatte. Dabei handelte es sich in der Masse um geschützte Warane. In seine Koffer und Reisetaschen hatte er Holzgestelle eingebaut, an die die Leinensäckchen mit den geschützten Reptilien gehängt wurden. Die Gepäckstücke befanden sich im Gepäckraum eines Reisebusses zwischen dem Gepäck der anderen Mitreisenden.

Auch bei Pflanzen gibt es Liebhaber, die keine Mühe scheuen, seltene Standortpflanzen illegal zu importieren. So konnten am Flughafen München zwei Reisende festgestellt werden, die insgesamt 1.800 Kakteen in ihrem Gepäck transportierten. Es handelte sich dabei durchweg um Pflanzen, die in Mexiko illegal der Natur entnommen worden waren.

Ein häufig genutztes Versteck und Hilfsmittel ist der PKW. Ein tschechischer Staatsbürger versuchte 1993 insgesamt 24 Papageien, darunter über 20 Tiere des Anhangs I WA, über einen deutsch-tschechischen Grenzübergang in die Bundesrepublik Deutschland einzuschmuggeln. Dabei nutzte er die bauartbedingten Hohlräume hinter der Tür- und Seitenverkleidung sowie in der Rücksitzbank zum Transport der Vögel. Größere Mengen kleiner Singvögel (ca. 600) wurden ebenfalls schon auf diesem Weg transportiert. Insgesamt 24 Kisten mit Singvögeln hatte ein belgischer Staatsbürger in seinem PKW versteckt, als er an der deutsch-polnischen Grenze kontrolliert wurde.

Überrascht waren die Zöllner am Flughafen München, als im Rahmen der Ausreisekontrolle eine nervöse Frau überprüft wurde. Im Saum der Mütze eingenäht fanden die Zöllner einen Kleinkrallen-Affen, der bereits ein halbes Jahr vorher durch den mitreisenden Ehemann der Beteiligten aus Südamerika nach Deutschland eingeschmuggelt worden war und den die beiden jetzt auf der Reise in die südostasiatische Heimat der Frau mitnehmen wollten.

Dies ist nur ein kleiner Einblick in die Welt der illegalen Transporte lebender Tiere und Pflanzen. Unberücksichtigt bleiben dabei all die Versuche, Teile und Erzeugnisse ohne die erforderlichen Dokumente, teils aus Unwissenheit, teils aber auch mit voller Absicht, in die Bundesrepublik Deutschland einzuschmuggeln. Dabei reicht die Breite der Erzeugnisse vom Elfenbein über Nashörner, Felle von gefleckten Katzen, Lederwaren aus Reptilienleder, Erzeugnisse der traditionellen chinesischen Medizin, bei deren Produktion Rhinozeroshorn, Tigerknochen oder Krokodilgalle verwendet wurden, bis hin zu skurril präparierten Reptilien oder Amphibien wie dem Kaiman, der auf den Hinterbeinen stehend präpariert wurde und in der rechten Klaue einen Aschenbecher und in der linken Klaue eine Pfeife hält, die er gerade zum Maul führt.

10. Literatur

Schmidt-Räntsch, A. (1990): Leitfaden zum Artenschutzrecht. - Köln

Bendomir-Kahlo, G. (1989): CITES - Washingtoner Artenschutzübereinkommen; Regelung und Durchführung auf internationaler Ebene und in der Europäischen Gemeinschaft. - Berlin

Konvention zur Erhaltung der wandernden wildlebenden Tierarten
(Bonner Konvention)

Arnulf Müller-Helmbrecht (Bonn)

1. Notwendigkeit internationalen Handelns

Milliarden Tiere einer bisher ungezählten Zahl von Arten (grobe Schätzungen belaufen sich auf etwa zehntausend) bleiben während ihres Lebens nicht an ein und demselben Standort, sondern ziehen in regelmäßigen zeitlichen Abständen über weite Strecken von den Stätten ihrer Geburt an andere Plätze und kehren wieder zurück. Zu verweisen ist u.a. auf die größte Gruppe, die Zugvögel: Störche, Kraniche, Gänse, Enten, Ibisse, Flamingos, um nur einige zu nennen; oder die Meeressäugetiere wie Wale, Delphine, Robben, Seekühe; die Reptilien wie Meeresschildkröten oder die Landsäugetiere wie Fledermäuse oder Antilopen. Auch diverse Fischarten wandern, z.B. Aale und Lachse, und Schmetterlinge wie der Monarchfalter in Nordamerika und der Appollonfalter in Westeuropa. Tausende, bei manchen Arten Zehntausende von Kilometern liegen zwischen Sommer- und Winterquartieren oder Geburts- und Lebensrevieren. Das Wanderungsverhalten der einzelnen Arten ist so verschieden wie die Lebensraumansprüche auf den Stationen der Wanderungen. Die artspezifischen Wanderwege sind seit undenklichen Zeiten unverändert. Erst massive Eingriffe des Menschen in den Naturhaushalt (Klimaänderungen) führten beispielsweise bei einigen Arten zu Anpassungen der Wanderrouten.

Trotz der Vielfalt der Tierarten, ihrer Wanderwege und Lebensraumansprüche gibt es doch einiges, was ihnen weitgehend gemeinsam ist:

- Der wachsende Zugriff der Menschen auf die Naturräume wirkt sich besonders nachteilig auf die wandernden Arten aus. Die nutzungsbedingten Veränderungen im Mittelmeerraum beispielsweise, d.h. die Trockenlegung von Feuchtgebieten und die Bewässerung von Trockenzonen für deren agrarische Nutzung, die zunehmende Besiedlung von Gebieten, die als Rasträume für durchziehende Vögel dienten, sowie der Verbrauch der immer knapper werdenden Süßwasserressourcen in den Trockenzonen der Sahara und des Sahel drohen die Zugwege von einigen Milliarden Vögeln zu unterbrechen, wodurch das Aussterben einer großen Zahl von Arten in einigen Jahrzehnten vorprogrammiert ist.

- Egoistische, häufig auch nur gedankenlose Eingriffe in natürliche Abläufe oder Gegebenheiten bringen Bestände ganzer Arten oder Populationen in Gefahr. So werden z.B. Robben und Delphine in einigen Meeresregionen von Fischern als Nahrungskonkurrenten systematisch getötet. Ziehende Wasservögel werden von Landwirten und Fischfarmern besonders in den Rastgebieten bzw. in den Gebieten, in denen sich die Vögel auf den Zugwegen durch geographische Gegebenheiten konzentrieren, als Schadvögel vernichtet. Die Nutzung der letzten Nistplätze der Meeresschildkröten für touristische, Siedlungs- und industrielle Zwecke haben die Meeresschildkröten an den Rand des Aussterbens gebracht.

- Die Einstellung zu den Erhaltungsbedürfnissen der freilebenden Tiere, insbesondere aber der wandernden, ist in den diversen Regionen sehr unterschiedlich ausgeprägt: Während in west- und nordwesteuropäischen Ländern Freiwillige die Nester von selten gewordenen Vögeln in den Nistzeiten bewachen, werden die Tiere auf ihrem Zug in einigen Mittelmeerländern in unkontrollierten Mengen abgeschossen.

- Das Phänomen der Tierwanderungen, die Wanderwege der einzelnen Arten und ihre Lebensraumansprüche sind weitgehend unerforscht; ebenso wenig sind die Zusammenhänge zwischen wandernden Tierarten und der Vielfalt von Flora und Fauna bekannt. Der ökonomische Wert wandernder Arten für die Menschen heute und in Zukunft wie auch ihre ökologische Bedeutung als Indikatoren für die Makrovernetzung von Ökosystemen, für die Wasser- und Luftverschmutzung, für umweltbelastende Agrarproduktion oder Verbrauch von Naturflächen sind noch nicht ansatzweise ausgelotet.

Das 1992 geschlossene globale Übereinkommen über die Biologische Vielfalt propagiert die Erhaltung und nachhaltige Nutzung der biologischen Ressourcen (i.e. der Flora und Fauna) zum Nutzen der Menschen; es garantiert den Staaten, in denen diese Naturgüter heimisch sind, das alleinige Besitz- und Nutzungsrecht. Es liegt auf der Hand, daß für wandernde Arten nur ein gemeinsames Besitz- und Nutzungsrecht der Staaten, durch die sie wandern (sogenannte Arealstaaten), gelten kann und daß aus dem gemeinsamen Eigentum auch eine gemeinsame Schutz- und Erhaltungspflicht resultiert.

Die Erhaltung wandernder Arten ist der Prüfstein des internationalen Artenschutzes. Hier wird sich zeigen, ob die weltweiten Bestrebungen zur Erhaltung der Artenvielfalt tatsächlich unterschiedlichste Nationalitäten an einen Tisch bringen und zum gemeinsamen verantwortungsvollen Handeln motivieren können.

2. Die Bonner Konvention (BK)

Die Notwendigkeit einer internationalen Konvention mit dem Ziel, wandernde Tierarten zu erhalten und zu diesem Zweck die grenzüberschreitende Zusammenarbeit zu organisieren, wurde in den frühen 70er Jahren erkannt. Die Konvention geht auf die Empfehlung Nr. 32 der Konferenz der Vereinten Nationen für eine menschliche Umwelt (Stockholm, 1972) zurück, in der festgestellt wurde, daß der Schutz von Tierarten, die über Ländergrenzen hinweg und in den Ozeanen wandern, einer besonderen Zusammenarbeit aller betroffenen Staaten bedürfen. Die Regierung der Bundesrepublik Deutschland übernahm 1974 von dem Umweltprogramm der Vereinten Nationen (UNEP) das Mandat und erarbeitete zusammen mit dem Zentrum für Umweltrecht der Weltnaturschutzunion (IUCN) einen Übereinkommensentwurf. 1979 wurde die Konvention in der

Stadthalle von Bad Godesberg verhandelt und unterzeichnet. Sie trat am 01. November 1983 völkerrechtlich in Kraft, nachdem die Mindestzahl von 15 Staaten sie ratifiziert hatte. Seit dieser Zeit stieg die Zahl der Mitgliedsländer langsam, aber stetig und umfaßt derzeit 49 Staaten (Stand 01. Mai 1996; vgl. Abb. 1), verteilt über fünf geographische Regionen: Afrika (17), Amerika und Karibik (4), Asien (5), Europa (21) und Ozeanien (2).

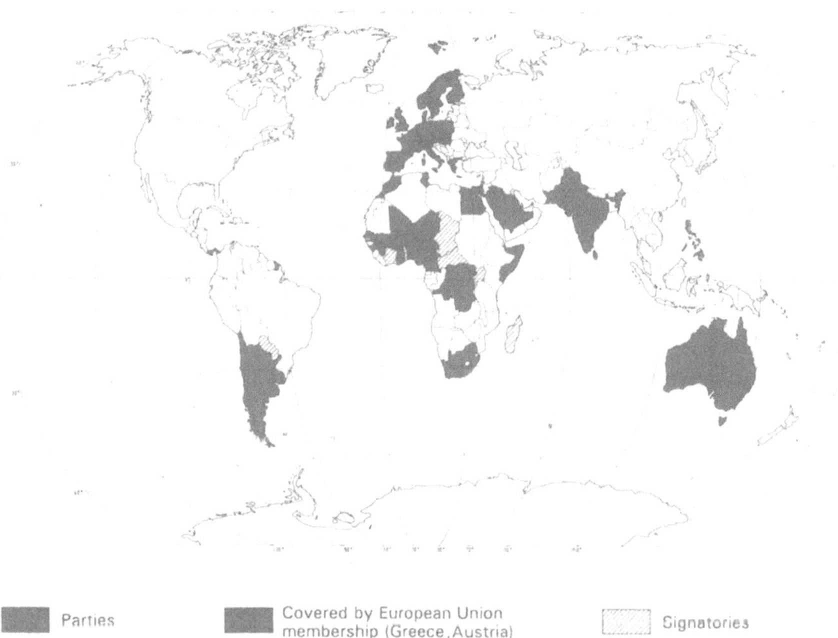

Abb. 1: Karte der Vertrags- und Signatarstaaten der Bonner Konvention (Stand 01. Mai 1996)

In der Präambel der Konvention wird der "immer größer werdende Wert der wildlebenden Tiere aus umweltbezogener, ökologischer, genetischer, wissenschaftlicher, ästhetischer, freizeitbezogener, kultureller, erzieherischer, sozialer und wirschaftlicher Sicht" berufen, die "besondere Sorge um diejenigen Arten wildlebender Tiere, die Wanderungen über die nationalen Zuständigkeitsgrenzen hinweg oder außerhalb derselben unternehmen", ausgedrückt und die gemeinsame Schutzpflicht aller Staaten betont, in denen oder durch die die Tiere wandern.

Die erklärte **Zielsetzung der Konvention** ist es, daß **alle wandernden Tierarten** (in der Luft, zu Wasser und auf der Erde) **in ihrem gesamten Lebensraum erhalten** werden sollen. Soweit die Arten in ihrem Bestand gefährdet sind oder sich in einem ungünstigen Erhaltungszustand befinden, sollen geeignete Schutzmaßnahmen dazu führen, daß die Bestände sich erholen, um dann auch wieder in naturverträglicher Weise genutzt werden zu können.

Wie kann dieses Ziel erreicht werden? Zunächst erfordert es die Zusammenarbeit aller Vertragsstaaten nach folgenden inhaltlichen Schwerpunkten:

- strenge Schutzmaßnahmen der jeweiligen Arealstaaten für alle wandernden Arten, die akut in ihrem gesamten Lebensraum vom Aussterben bedroht und in **Anhang I** der Konvention aufgeführt sind;

- Ausarbeitung und Abschluß von Abkommen zwischen den jeweiligen Arealstaaten zur Erhaltung wandernder Arten, die nicht notwendigerweise vom Aussterben bedroht sind, es aber ohne internationale oder international abgestimmte Erhaltungsmaßnahmen bald sein werden (aufgeführt in **Anhang II** der Konvention);

- abgestimmte Forschung und Langzeitbeobachtung (Monitoring) der Arten über die gesamten Wanderungsräume.

Anhang I (vom Aussterben bedrohte wandernde Tierarten) enthält wandernde Arten, die aufgrund zuverlässiger (wissenschaftlicher) Nachweise "gefährdet", d.h. in ihrem gesamten Verbreitungsgebiet oder einem bedeutenden Teil desselben vom Aussterben bedroht sind. Die Liste des Anhang I umfaßt derzeit mehr als 50 Arten, z.B. fünf Walarten, die Mönchsrobbe, mehrere afrikanische Gazellenarten, den Schneeleoparden, den sibirischen Schneekranich, den Dünnschnabel-Brachvogel und mehrere Meeresschildkrötenarten.

Den Vertragsstaaten der Konvention, in denen Tiere dieser Arten vorkommen, obliegt es, deren vorsätzliches Töten, Jagen, Fischen und Fangen zu verbieten. Sie müssen sich um die Erhaltung und Wiederherstellung wichtiger Lebensräume bemühen sowie möglichst alle Faktoren ausschalten bzw. kontrollieren, welche die Wanderung der Tiere gefährden können (vgl. Art. III Abs. 2 bis 5 der BK).

Die Aufnahme von weiteren Arten in Anhang I beschließt die Konferenz der Vertragsstaaten auf der Basis von Vorschlägen einzelner Staaten. Ebenso können Arten aus dem Anhang I gestrichen werden, wenn die Gefährdungsfaktoren nicht mehr vorhanden und die Arten durch den Verlust des Schutzstatus nicht erneut bedroht sind.

Anhang II umfaßt Arten, die sich in einem ungünstigen Erhaltungszustand befinden. Unter der Bonner Konvention werden *Regionalabkommen* für einzelne dieser Arten, meist jedoch für Artengruppen entwickelt, deren Bestände sich ohne gezielte, international abgestimmte Schutzmaßnahmen nicht erholen würden. Diesen Abkommen sollen die Staaten beitreten, die für die Erhaltung einer Art oder Artengruppe zusammenarbeiten müssen, auf deren Hoheitsgebieten sowohl Sommer- und Winterquartier als auch die Wanderrouten liegen (sogenannte Arealstaaten). Hierzu ist es nicht zwingend nötig, daß diese Staaten auch Mitglieder der Bonner Konvention sind.

Die BK unterscheidet die Regionalabkommen nach ihrem geographischen Wirkungsbereich und ihrer Verbindlichkeit für die einzelnen Vertragsstaaten, vertiefend nachzulesen in Art. IV Abs. 3 in Verbindung mit Art. V der Konvention. Eine Vorstufe für solche Abkommen sind die *Verwaltungsabkommen* (VA) der obersten Fachbehörden von Arealstaaten, die insbesondere für akut vom Aussterben bedrohte Arten geschlossen werden sollen, wenn dringende Aktionen erforderlich sind und nicht darauf gewartet werden kann, bis ein Abkommen geschlossen und durch die Mitgliedsstaaten ratifiziert ist.

Regionalabkommen sollen nach den Vorgaben der Konvention möglichst umfassende Regelungen für den Schutz bzw. die Erhaltung und das Management bestimmter Arten oder großräumiger, geographisch abgegrenzter Populationen von Arten enthalten. Insbesondere sollen solche Abkommen:

- eine Mehrzahl von Arten oder Gruppen von Arten umfassen, die einen gleichen oder ähnlichen Wanderungsraum und gleiche Lebensraumansprüche haben (z.B. afrikanische und westpaläarktische Wasservögel, Gazellen der Sahara/Sahelzone);

- sich auf das gesamte Verbreitungsgebiet der gefährdeten Art ausdehnen, d.h. alle Arealstaaten sollen unter dem Abkommen zusammenarbeiten;

- alle für die Effizienz des Abkommens notwendigen Instrumentarien mobilisieren, u.a.

    - koordinierte Management-Pläne,

    - Erhaltung und Wiederherstellung der Lebensräume,

    - Kontrolle der die Wanderung beeinflussenden Faktoren,

    - Zusammenarbeit bei Forschungs- und Monitoringvorhaben,

    - harmonisierte Gesetzgebung und deren effektiver Vollzug in den Arealstaaten,

    - Informationsaustausch und Öffentlichkeitsarbeit.

Aus Opportunitätsgründen, d.h. wenn es für einen schnellen bzw. effektiven Schutz der betreffenden Art oder Arten besser ist, sind Abweichungen von diesem Anforderungsprofil möglich.

Eine schwer überwindbare Hürde bei allen Regionalabkommen und VA besteht darin, alle jeweiligen Arealstaaten an einen Tisch zu bringen und zur Zusammenarbeit zu bewegen. Vor allem in der sogenannten dritten Welt und in weiten Teilen der ehemaligen Sowjetunion sind die Staaten mit sehr vielgestaltigen Problemen konfrontiert, die den Artenschutz oftmals völlig in den Hintergrund treten lassen.

2.1 Geschlossene Regionalabkommen

Inzwischen sind die im folgenden zu behandelnden sechs Regionalabkommen bzw. VA geschlossen worden.

2.1.1 Erhaltung der Seehunde im Wattenmeer (1990)

Dieses Regionalabkommen trat 1991 in Kraft. Es ist das erste unter der Bonner Konvention geschlossene Abkommen und diente als Muster für alle folgenden. Es wurde ausgearbeitet und zwischen Deutschland, Dänemark und den Niederlanden geschlossen, als eine gefährliche Viruserkrankung die gesamte Seehundpopulation des Wattenmeers zu vernichten drohte.

Inhaltlicher Schwerpunkt ist die Entwicklung eines gemeinsamen Managementplanes der Vertragsstaaten zur Erhaltung des Lebensraumes der Seehunde, u.a. Reduzierung der Wasserverschmutzung, abgestimmte Maßnahmen gegen die Bejagung der Tiere und ihre Beunruhigung durch Touristen, Berufs- und Sportschiffahrt, Koordinierung von Forschung und Monitoring, Öffentlichkeitsarbeit und Zusammenarbeit aller mit Artenschutz befaßten Behörden und nichtstaatlichen Organisationen.

Die Zusammenarbeit im Rahmen des Abkommens hat dazu beigetragen, daß sich die Seehundbestände erfreulich schnell wieder erholt haben.

2.1.2 Erhaltung der Kleinwale in Nord- und Ostsee (1991) *"ASCOBANS"*

Dieses Abkommen wurde im Oktober 1991 geschlossen und trat am 29. März 1994 in Kraft. Es hat zum Ziel, die Bedrohungen für die 14 Delphin- und andere Kleinwal-Arten, die in der Nord- und Ostsee vorkommen (fünf davon sind bereits sehr selten), deutlich zu verringern (vgl. Abb. 2). U.a. sollen die Gefährdungsursachen näher erforscht und alle erforderlichen Erhaltungsmaßnahmen in einer zwischen den Arealstaaten abgestimmten Weise getroffen werden.

Die erste Tagung der Vertragsstaaten fand vom 26.-28. September 1994 auf Einladung der schwedischen Regierung in Stockholm statt. Aus folgenden Gründen kann diese Konferenz als ein großer Erfolg gewertet werden:

- alle sechs Vertragsstaaten und die meisten der Arealstaaten, die das Abkommen noch nicht ratifiziert hatten, waren vertreten; Repräsentanten von drei zwischenstaatlichen (IATTC, NAMMCO, Wattenmeer-Sekretariat) und sieben nichtstaatlichen Organisationen, die speziell mit der Erhaltung von Walen befaßt sind, nahmen als Beobachter teil;

- die Vertragsstaaten legten Rechenschaft über bisherige Maßnahmen zur Erhaltung der Kleinwale in ihren Hoheitsgewässern ab. Ein vorläufiger Bericht über das Ergebnis einer Zählung von Schweinswalen *(Phocoena phocoena)* in der Nordsee und westlichen Ostsee im Juni 1994 gab Anlaß zu der Hoffnung, daß sich zumindest die Bestände dieser Meeressäuger durch koordinierte Erhaltungsmaßnahmen schnell erholen können.

- Die Europäische Union, Frankreich und Polen versicherten, dem Abkommen in nächster Zeit beitreten zu wollen. Polen tat dies am 18.01.1996. Die russischen und lettischen Delegierten legten Ihren Regierungen nahe, ebenfalls das Abkommen zu unterzeichnen.

- Die Konferenz der Vertragsstaaten gründete ein ständiges Sekretariat mit Sitz in Cambridge/England sowie einen Beratenden Ausschuß, der die Erhaltungsmaßnahmen in den Abkommensstaaten verfolgen und koordinieren sowie gemeinsame grenzüberschreitende Maßnahmen veranlassen soll.

- Der wichtigste Beschluß der Konferenz war die Verabschiedung eines anspruchsvollen Arbeitsprogrammes, welches maßgebliche Fortschritte für die nächsten drei Jahre erwarten läßt. U.a. sollen in Zusammenarbeit mit dem

Fischereisektor die Methoden des Fischfangs überprüft und geeignete Alternativen entwickelt werden, um die sogenannten Beifänge auszuschalten oder auf ein Minimum zu reduzieren.

Abb. 2: *Geltungsbereich des Abkommens zur Erhaltung der Kleinwale in Nord- und Ostsee - "ASCOBANS"*

2.1.3 Erhaltung der Fledermäuse in Europa (1991) *"EUROBATS"*

Am 16.01.1994 trat dieses Abkommen in Kraft. Darin geht es um die Erhaltung von 30 Fledermausarten Europas, die durch Reduzierung ihrer Lebensräume, Zerstörung der Überwinterungsquartiere sowie den breiten Einsatz von Pestiziden und anderen giftigen Chemikalien bedroht sind.

Vertragsstaaten sind Dänemark, Deutschland, Frankreich, Großbritannien, Irland, Luxemburg, die Niederlande, Norwegen, Portugal, Schweden, die Tschechische Republik und Ungarn. Einige andere Staaten haben mitgeteilt, daß sie

bald beitreten und im Vorgriff darauf bereits mitarbeiten wollen. Ein vorläufiges
Sekretariat unter der Schirmherrschaft des britischen Umweltministeriums übernahm bereits 1992 die Koordination der Arealstaaten und unterstützte den Informationsaustausch durch Herausgabe der Zeitschrift *Eurobat Chats*. In Evora/Por-
tugal wurde im Juli 1993 eine große wissenschaftliche Tagung veranstaltet. Hier
wurde die Dringlichkeit der internationalen Zusammenarbeit und der Abstimmung von Erhaltungsmaßnahmen für Fledermäuse in Europa bekräftigt.

Die erste Konferenz der Vertragsstaaten fand im Juli 1995 in Bristol/England
statt, Gastgeber war die britische Regierung. Alle Vertragsstaaten, neun weitere
Arealstaaten, zahlreiche internationale und nationale staatliche und nichtstaatli-
che Organisationen nahmen daran teil. Unter anderem wurde beschlossen, ein
ständiges Sekretariat einzurichten, welches am 01.01.1996 seine Arbeit in Bonn
aufnahm. Wie auch beim Kleinwaleabkommen wurden ein Beratender Ausschuß
eingesetzt und ein umfangreiches Arbeitsprogramm für die folgende Arbeitspe-
riode verabschiedet. Der Ausschuß konstituierte sich im April 1996 und nahm
seine Arbeit auf.

2.1.4 Erhaltung der afrikanisch-eurasischen wandernden Wasservögel (1995) *"AEWA"*

Am 16. Juni 1995 beschlossen Repräsentanten von 66 Staaten in Den
Haag/Niederlande dieses bislang umfassendste und anspruchsvollste Abkommen. 172 Vogelarten, deren Jahreszyklus auch den Aufenthalt in Feuchtgebieten
einschließt, sollen in den Genuß der internationalen Artenschutzmaßnahmen
kommen, unter ihnen Störche, Kraniche, Pelikane, Flamingos, Enten und Gänse.

Die 117 Arealstaaten (einschließlich der Europäischen Union) liegen in
Europa, Teilen Asiens und Nordamerikas, im Mittleren Osten und in Afrika (vgl.
Abb. 3). Insgesamt erstreckt sich das Abkommen über einen geographischen
Bereich, der von der Arktis zwischen den kanadischen Neufundland-Inseln und
der sibirischen Halbinsel Taymir bis zur Südspitze Afrikas reicht.

Ein umfassender Aktionsplan wurde erarbeitet, der folgende Schwerpunkte
beinhaltet:
1. Arten- und Lebensraumerhaltung,
2. Management, Forschung und Monitoring,
3. Gesetzgebung in den Vertragsstaaten und deren Vollzug,
4. Ausbildung und Öffentlichkeitsarbeit,
5. internationale Koordinierung.

Die erste Tagung der Vertragsstaaten ist innerhalb eines Jahres nach dem
völkerrechtlichen Inkrafttreten des Abkommens abzuhalten. Für die Koordinierung der grenzüberschreitenden Maßnahmen ist die Einrichtung eines technischen Ausschusses und eines ständigen Sekretariates vorgesehen. Der Ausschuß
soll mit Vertretern von Vertragsstaaten und von bestimmten internationalen
Nicht-Regierungorganisationen, die fachlich qualifiziert sind, besetzt werden.

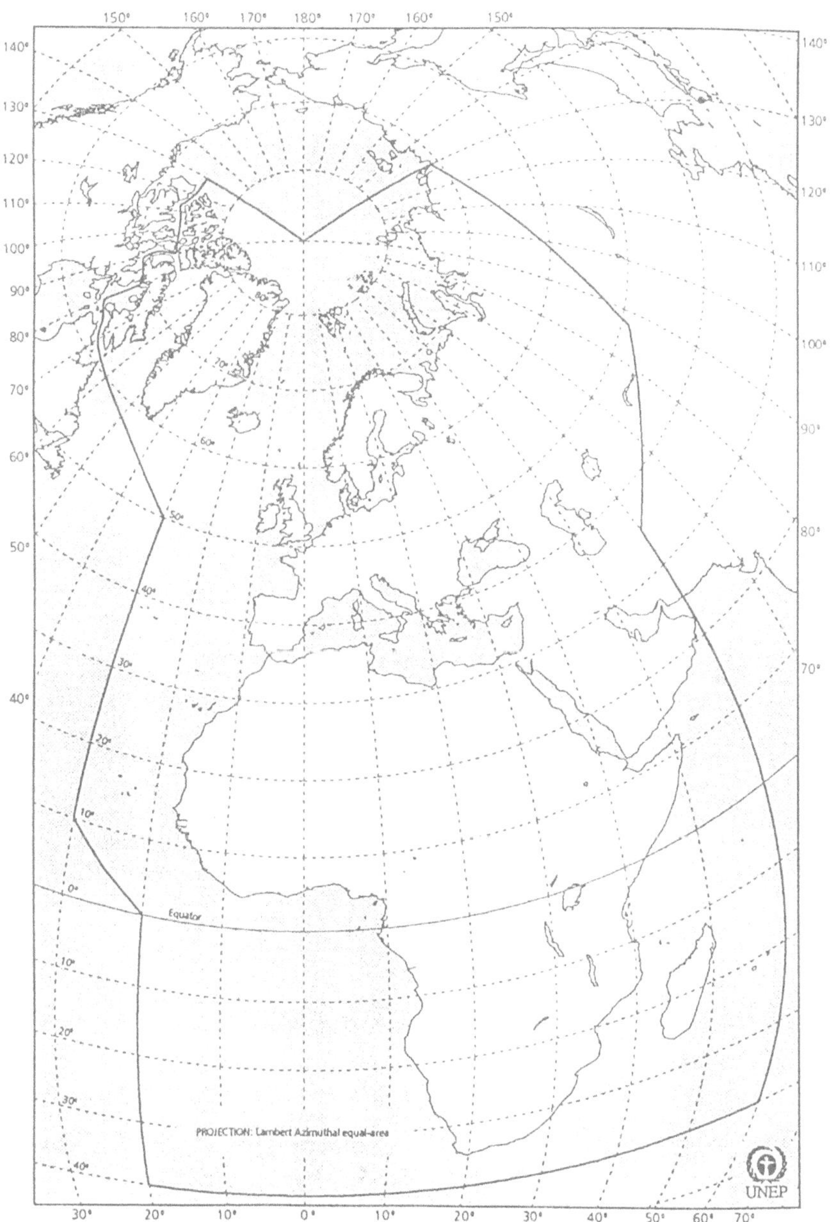

*Abb. 3: Geltungsbereich des afrikanisch-eurasischen Wasservogelabkommens
(AEWA)*

Die Niederlande haben für die Dauer von drei Jahren ein vorläufiges Sekretariat eingerichtet, um dem Abkommen eine Startbasis zu geben; nach dem Inkrafttreten des Abkommens wird das ständige Sekretariat dem Konventionsse-

kretariat in Bonn eingegliedert. Von einigen Ländern und internationalen Organisationen werden bereits Modellprojekte entwickelt, die für die künftige Durchführung des Abkommens wegweisend sein sollen.

2.1.5 Erhaltung des Sibirischen Schneekranichs (VA 1993)

Dieses Verwaltungsabkommen soll das Überleben der west- und zentralasiatischen Populationen des Schneekranichs (*Grus leucogeranus*), die vom Aussterben bedroht sind, sichern.

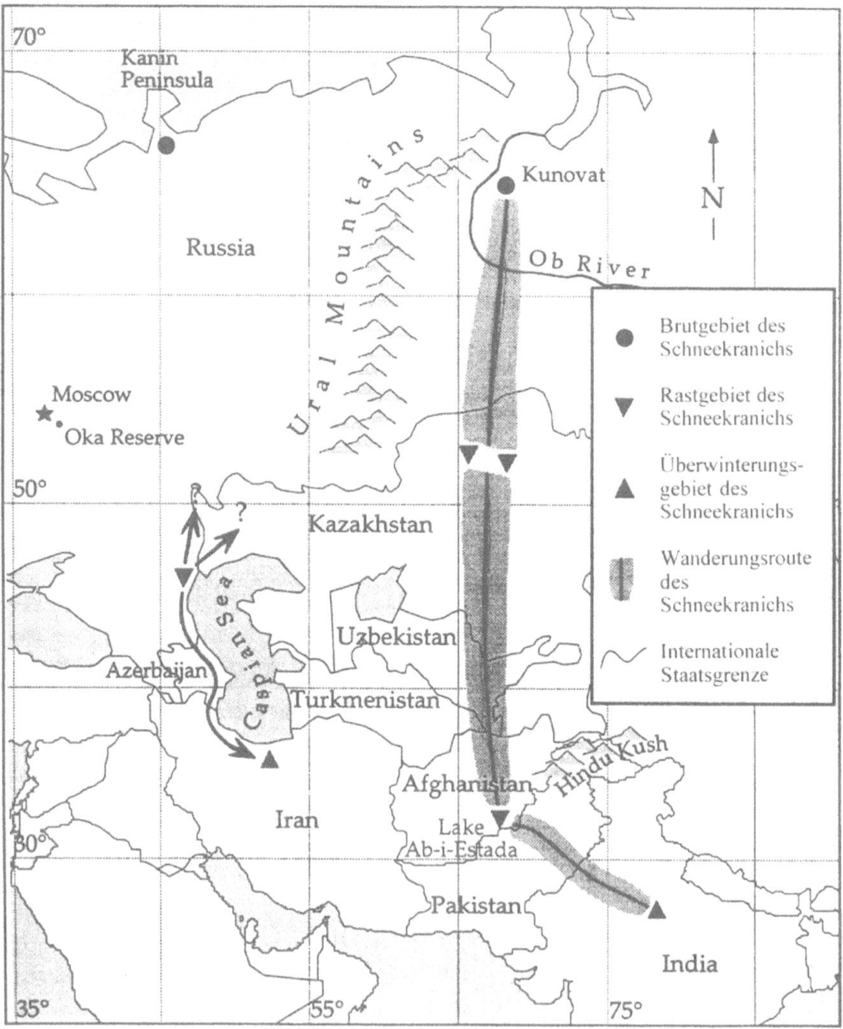

Abb. 4: Wanderungsroute des Sibirischen Schneekranichs

Die fünf wichtigsten Arealstaaten haben das Abkommen bereits unterzeichnet (vgl. Abb. 4). Im Mai 1995 trafen sich Kranichexperten und Vertreter der Arealstaaten in Moskau. Das Treffen war ein Meilenstein für die Akzeptanz des Abkommens und die Rettungsbemühungen, da erstmals Regierungsvertreter und Wissenschaftler aus fast allen Arealstaaten (acht von neun) sowie Experten der spezialisierten Nicht-Regierungsorganisationen zusammenkamen. Wertvolle Kontakte wurden geknüpft, neueste wissenschaftliche Erkenntnisse ausgetauscht und konkrete Maßnahmen geplant. Seit Herbst 1995 werden die Brut- und Überwinterungsgebiete sowie die Zugwege systematisch erforscht, und es wird versucht, in Gefangenschaft gezüchtete Tiere auszuwildern.

1996 wurden in den Überwinterungsgebieten in Indien nur noch vier und im Iran nur neun Kraniche gesichtet. Forscher setzen große Hoffnungen in die Aussetzung von gezüchteten Kranichen. Sie sollen sich in der Wildnis wieder einleben. Dies dürfte auch die einzige Möglichkeit sein, die Populationen vor dem Aussterben zu bewahren.

2.1.6 Erhaltung des Dünnschnabel-Brachvogels (VA 1995)

Experten gehen davon aus, daß es nur noch höchstens 200 bis 300 Vögel dieser Art (*Numenius tenuirostris*) gibt (vgl. Abb. 5 und Abb. 6).

Bis Ende November 1995 unterzeichneten 15 der 29 Arealstaaten und drei internationale Organisationen das Verwaltungsabkommen zur Erhaltung des Dünnschnabel-Brachvogels. Das Sekretariat der Bonner Konvention unternimmt alles, um konkrete Hilfsmaßnahmen in den verschiedenen Ländern zu fördern, angefangen bei der Unterstützung der Zusammenarbeit von Naturschutzorganisationen, Wissenschaftlern und den jeweiligen Regierungsvertretern bis hin zur Einbeziehung von internationalen Organisationen in geplante Aktionen. *BirdLife International* erarbeitete in diesem Zusammenhang einen umfassenden längerfristigen Aktionsplan. Albanien, Bulgarien, Griechenland, Italien, Marokko, Rußland und die Ukraine haben bereits einige konkrete Vorhaben in Angriff genommen. Von dem Internationalen Jagdrat zur Erhaltung des Wildes (CIC) wird eine staatenübergreifende Kampagne vorbereitet mit dem Ziel, die Jäger zu sensibilisieren. Außerdem planen vom Sekretariat beauftragte Experten derzeit ein Bündel von Schwerpunktmaßnahmen, die die Lebenssituation der Tiere im gesamten Verbreitungsgebiet verbessern

Abb. 5: Dünnschnabel-Brachvogel

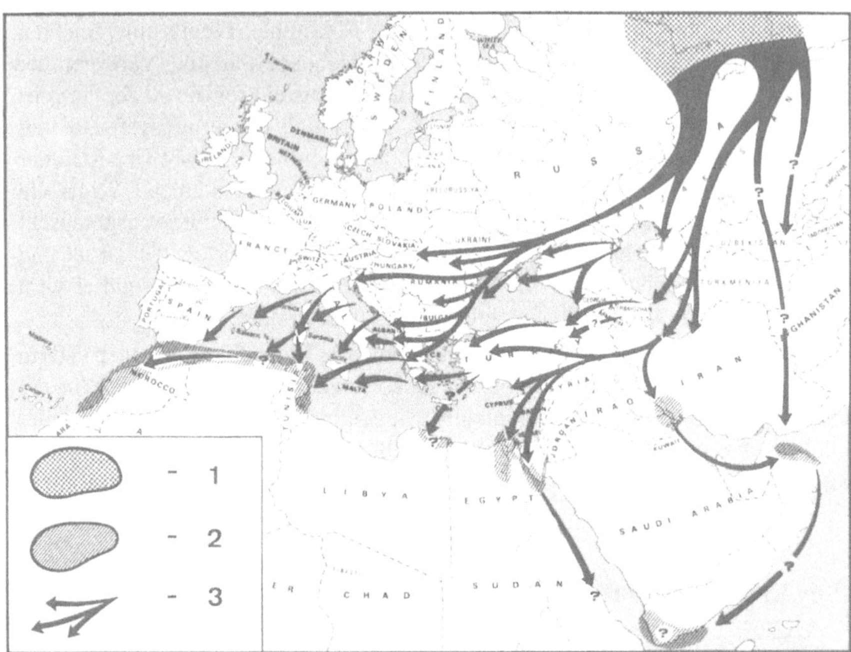

Abb. 6: Karte der Wanderungsrouten des Dünnschnabel-Brachvogels (Herbst)
1 vermutetes Brutgebiet; 2 Überwinterungsgebiet; 3 Zugweg/Herbst

sollen. Deren Finanzierung erweist sich jedoch noch als ein Problem; das Sekretariat sucht Geldgeber, die es ermöglichen, daß alle geplanten Projekte realisiert werden können.

2.2 In Entwicklung befindliche Abkommen

Verschiedene andere Abkommen befinden sich in der Phase der Entwicklung. Davon sind bereits

- in Verhandlung:

  - Wale und Delphine im Mittelmeer und im Schwarzen Meer,

- in unterschiedlichen Stadien der Vorbereitung:

  - wandernde Wasservögel der asiatisch-pazifischen Region,

  - die asiatische Population der Kragentrappe (*Chlamydotis undulata*),

  - die mitteleuropäische Population der Großtrappe (*Otis tarda*),

  - Kleinwale und Meeresschildkröten der west- und ostafrikanischen Küstenregionen,

  - Kleinwale im Indischen Ozean und Pazifik,

  - Albatrosse,

  - Gazellen der nordafrikanischen Trockenzonen.

3. Ausführende Organe der Bonner Konvention

Zur Umsetzung der Ziele der Bonner Konvention wurden verschiedene Gremien gebildet.

Die **Vertragsstaatenkonferenz (VSK)** ist das beschließende Gremium der BK. In Abständen von drei Jahren treffen sich die Regierungvertreter der Vertragsstaaten, um die Umsetzung der früher gefaßten Beschlüsse zu prüfen und die Arbeitsschwerpunkte für die nachfolgenden drei Jahre festzulegen. Vertreter von Nicht-Vertragsstaaten sowie staatlichen und nichtstaatlichen Organisationen dürfen als Beobachter teilnehmen.

Der **Ständige Ausschuß** ist das Vertreterorgan für die VSK in der Zeit zwischen dem regulären Zusammentreten der Vertragsstaaten. Er trifft Entscheidungen von höherem politischen Gewicht, korrespondiert mit Regierungen von Vertrags- und Nicht-Vertragsstaaten sowie internationalen staatlichen Organisationen auf politischer Ebene und beaufsichtigt die Aufgabenerledigung durch das Sekretariat.

Der **Wissenschaftliche Rat** berät die übrigen Organe der Konvention in wissenschaftlichen Fragen und gibt Empfehlungen für die Änderung der Anhänge oder die Ausarbeitung von Regionalabkommen. Er setzt sich aus je einem Experten aus jedem Vertragsstaat und bis zu acht von der VSK berufenen Fachleuten zusammen, die über spezielle, für die Konvention wichtige Kenntnisse verfügen.

Das **Sekretariat** ist für die administrative Umsetzung der Konvention zuständig. Seine Arbeit umfaßt u.a. die inhaltliche und organisatorische Vorbereitung und Durchführung von Konferenzen der VSK, des Ständigen Ausschusses und des Wissenschaftlichen Rates sowie von Arbeitsgruppen, die von diesen Organen eingesetzt worden sind. Darüber hinaus arbeitet es mit den Sekretariaten von anderen Konventionen sowie mit internationalen und nationalen staatlichen und nichtstaatlichen Organisationen zusammen. Weitere Schwerpunkte seiner Arbeit liegen in der Entwicklung sowie Organisation der Beratung von Abkommen und in der Öffentlichkeitsarbeit.

Momentan ist das Sekretariat im Hause des Bundesamtes für Naturschutz in Bonn untergebracht, wird aber in voraussichtlich naher Zukunft innerhalb Bonns in ein Gebäude mit anderen UN-Organisationen wie zum Beispiel dem Sekretariat der Klima-Rahmenkonvention und der Freiwilligenorganisation der VN zusammenziehen.

4. Mitgliedschaft in der Bonner Konvention

Zu den **Verpflichtungen** der Vertragsstaaten gehören im wesentlichen die Umsetzung der Konvention und der betreffenden Abkommen im eigenen Land sowie die Erfüllung anderer Aufgaben, die in der Konvention genannt oder von der VSK festgelegt worden sind. Diese Aufgaben beinhalten im einzelnen:

- Strenge Schutzmaßnahmen für gefährdete wandernde Arten (Anhang I) durch entsprechende Gesetzgebung und deren Durchführung,

- Erhaltungsmaßnahmen im Rahmen der Regionalabkommen für Arten des Anhang II,

- Bereitstellen von Personal und Finanzmitteln für die Verwirklichung der wissenschaftlichen und praktischen Aufgabenstellungen sowie der Verwaltungsarbeit,

- Teilnahme an den Konferenzen der Vertragsstaaten und der Tagungen des Wissenschaftlichen Rates,

- Zusammenarbeit mit anderen Ländern und Organisationen im Interesse der Erhaltung gefährdeter wandernder Arten in dem von der Konvention und den betreffenden Abkommen gesteckten Rahmen,

- Mitarbeit bei der Ausarbeitung weiterer Regionalabkommen,

- Erstellung von Berichten über die Durchführung der Konvention.

Im übrigen entrichten die Vertragsstaaten jährliche Mitgliedsbeiträge, aus denen die Verwaltungskosten der Konvention bestritten werden.

Eine der häufigsten Fragen von Vertretern der Nicht-Vertragsstaaten ist die nach dem **Nutzen**, den sie als Vertragsstaaten aus ihrer Mitgliedschaft in der BK ziehen würden. Die Frage an sich ist nicht plausibel, da eigentlich eher nach dem Nutzen für die Erhaltung der betreffenden wandernden Arten gefragt werden sollte. Sie spiegelt jedoch den geringen Stellenwert des Naturschutzes im allgemeinen und der internationalen Zusammenarbeit für die wandernden Arten im besonderen wider. Die weltweite Wirtschaftkrise, die leeren Kassen der Staaten, die existenziellen Probleme der Menschen in den Entwicklungsländern sowie in den osteuropäischen Ländern tun ein übriges, um das Anliegen der auf die Zukunft gerichteten Erhaltung der Natur gegenüber den Gegenwartsproblemen der Menschen und Gemeinwesen weit in den Hintergrund zu rücken.

Dabei hat sich mittlerweile weltweit die Erkenntnis durchgesetzt, daß die Erhaltung der Natur ("Biodiversität") und ihres Wirkungsgefüges die wichtigste Basis für das Überleben und die Erhaltung der Lebensgrundlagen für die künftigen Generationen der Menschheit sind. Handelte man nach dieser Erkenntnis, so würde man sehen, daß wandernde Arten eine Gruppe von Tieren sind, die einer besonderen Betrachtung und Behandlung bedürfen. Sie sind Indikatoren für den Zustand der Ökosysteme in den weiträumigen Netzen der Wanderungssysteme. Sie sind, da sie zum größten Teil weit oben in der Nahrungskette stehen, wichtige Indikatoren für den Zustand der Natur insgesamt. Sie tragen in noch weitgehend unbekanntem Umfang zu der Erhaltung eines breit gefächerten Spektrums an Pflanzen- und Tierarten bei. Schließlich sind sie eine wichtige Genreserve und bergen ein noch nicht ausgeschöpftes Potential für wissenschaftliche und technische Innovationen.

Es ist leider eine Erfahrungstatsache, daß Erhaltungsbemühungen für wandernde Tierarten in den meisten Ländern in das System des nationalen Artenschutzes integriert sind, der meist auf regionaler oder kommunaler Ebene stattfindet. Die besonderen Schutzerfordernisse der wandernden Arten, die sich aus den großräumigen Wanderungen ergeben, werden dadurch meist nicht beachtet. Die Lücken in der Erforschung der Wanderwege ganzer Artengruppen selbst in Westeuropa (wie z.B. der Fledermäuse) zeigen die Defizite auch bei den Erhaltungsmaßnahmen auf. Abkommen der Arealstaaten können diese Lücken schließen. Sie begründen die reale Verpflichtung dieser Staaten und ihrer Organe, den Kenntnisrahmen zu erweitern und die Schutz- und Erhaltungserfordernisse zu erkunden. Der Nutzen, den diese Länder daraus ziehen, ist einmal die Möglichkeit, zielgerichtete und effektive Erhaltungsmaßnahmen zu treffen; zum anderen wird die Kosten-Nutzen-Relation für diese international abgestimmten Maßnahmen erheblich verbessert, weil mit relativ weniger Aufwand ein größerer Erhaltungseffekt erzielt wird, als wenn isolierte Maßnahmen im innerstaatlichen Rahmen getroffen werden. Dies bedeutet allerdings nicht, daß der Aufwand absolut gesenkt werden kann. Für Entwicklungsländer besteht ein zusätzlicher Vorteil insofern, als die zu zahlenden Beiträge für sie sehr gering sind, kleinere Projekte aus dem Fonds der Konvention bzw. der jeweiligen Abkommen finanziert werden, größere Projekte bessere Chancen haben, von internationalen, supra-nationalen oder nationalen Entwicklungsfonds der Industrieländer gefördert zu werden. Darüber hinaus werden die Reisekosten für Vertreter der Regierungen oder Forschungseinrichtungen von Entwicklungs- und osteuropäischen Ländern, die an Tagungen der Konvention bzw. der Abkommen teilnehmen, erstattet. Die Konvention und die Abkommen bewirken auch eine Zusammenführung der Forscher, der Vollzugsbehörden und der nichtstaatlichen Organisationen, wodurch die Zusammenarbeit nicht nur auf der internationalen, sondern auch in den innerstaatlichen Bereichen verbessert wird. Auch bewirken die Abkommen eine größere Aufmerksamkeit in der Öffentlichkeit und dadurch wiederum bei den öffentlichen Entscheidungsträgern. Es würde zu weit führen, hier an Beispielen zu erläutern, wie die Arbeiten intensiviert und gleichzeitig kostengünstiger gestaltet werden könnten, aber dieser Aspekt ist ein entscheidender Vorteil sowohl für die Vertragstaaten als auch die schutzbedürftigen Arten.

5. Beziehungen zu anderen globalen Konventionen

Die BK ist die einzige globale Konvention, die speziell für die Erhaltung **wandernder Arten** geschaffen worden ist. Durch das System der Regionalabkommen können die Schutzmaßnahmen und Nutzungsmöglichkeiten auf die Bedürfnisse der Erhaltung bzw. Wiederherstellung gesunder Bestände der jeweiligen Arten zugeschnitten werden. Es gibt bei der Durchführung der BK gewisse Überschneidungen mit anderen internationalen Konventionen, aber überwiegend haben jene Konventionen andere Zielsetzungen oder Schwerpunkte, die bewirken, daß die Bedürfnisse wandernder Arten nur am Rande behandelt werden.

Das **Übereinkommen über Biologische Vielfalt** (Convention on Biological Diversity - CBD) wurde 1992 geschlossen. Es sollte die allumfassende weltweite

Konvention zur Erhaltung und nachhaltigen Nutzung aller biologischen Ressourcen (d.h. aller Pflanzen und Tiere) werden. Es gibt aber nach heutigen Schätzungen zwischen 14 und 40 Millionen verschiedene Pflanzen- und Tierarten, die meisten davon noch unbekannt und unerforscht. Das Instrumentarium der Konvention umfaßt neben bestimmten Erhaltungsmaßnahmen auch schwerpunktmäßig so strittige Themen wie Eigentums- und wirtschaftliche Verwertungsrechte, gentechnische Nutzungsrechte und Sicherheitsfragen, Finanz- und Technologietransfer zwischen Industrie- und Entwicklungsländern und vieles mehr. Dadurch, daß die Konvention das Eigentumsrecht jedes politischen Staatsgebildes an "seinen" biologischen Ressourcen verbürgt, sind auch die Entscheidungen, in welcher Weise die Konvention durchgeführt wird, ausschließlich Sache der betreffenden Staaten. Damit ist die Konvention einerseits so überfrachtet, daß sie den Bedürfnissen der Erhaltung von wandernden Arten nicht gerecht werden kann, obwohl natürlich diese Arten ebenfalls von dieser Konvention erfaßt werden. Andererseits wird dem Grunderfordernis der Erhaltung wandernder Arten, nämlich die Abstimmung der Forschungs- und Erhaltungsmaßnahmen zwischen den jeweiligen Arealstaaten, in keiner Weise Rechnung getragen.

Bei der Erarbeitung und Verhandlung der Konvention waren sich die Regierungsvertreter und Experten darüber einig, daß die bestehenden Konventionen ihre Anwendungsfelder behalten und unterstützend auch für die Umsetzung dieser neuen Konvention wirken sollten. Die BK versteht sich insoweit als das spezialisierte Durchführungsinstrument für die CBD in bezug auf die wandernden Arten. Für die Zusammenarbeit der Sekretariate beider Konventionen wird zur Zeit eine Rahmenvereinbarung ausgearbeitet.

Ähnlich ist das Verhältnis zu der **Internationalen Seerechtskonvention** (United Nations Convention on the Law of the Sea - UNCLOS) in bezug auf wandernde Fischarten. Mit dem **Internationalen Übereinkommen zur Regelung des Walfangs** (International Whaling Convention - IWC) besteht eine Arbeitsteilung insoweit, als diese sich ausschließlich mit der Erhaltung nutzbarer Bestände der Großwale befaßt, während die BK die Erhaltung der Delphine und kleinen Walarten verfolgt, die traditionell nicht wirtschaftlich genutzt werden. Mit der **Konvention über Feuchtgebiete, insbesondere als Lebensraum für Wasser- und Watvögel, von internationaler Bedeutung** (sog. Ramsar Konvention) bestehen Überschneidungen bei dem Regionalabkommen über die afrikanisch-eurasischen Wasservögel, jedoch nur, was Gebietsschutzmaßnahmen angeht. Es ist beabsichtigt, diesen Bereich gemeinsam anzugehen. Eine entsprechende Vereinbarung zwischen den Sekretariaten wird zur Zeit beraten.

Es gibt noch eine Reihe von regionalen Konventionen, Abkommen und Programmen, die den Schutz und die Erhaltung biologischer Ressourcen zum Inhalt haben. Diese sind jedoch großenteils von ihrem geographischen Zuschnitt, ihrem Anwendungsbereich und ihren Mechanismen her nicht geeignet, den Schutzbedürfnissen wandernder Tierarten ausreichend Rechnung zu tragen. Soweit möglich und zweckmäßig, wird jedoch die Zusammenarbeit mit deren Institutionen gesucht, um Doppelarbeit zu vermeiden.

6. Zukünftige Herausforderungen

Die bereits inkraftgetretenen Regionalabkommen der BK zeigen ermutigende Ergebnisse; die Zahl der Vertragsstaaten steigt, und vielfältige Aktivitäten sind zu sehen. Insbesondere ist erkennbar, daß von der Existenz der Abkommen, ihrer Durchführungsorgane auf internationaler Ebene und der Erarbeitung von Arbeitsprogrammen Anstöße ausgehen, die direkt zu einer stärkeren Befassung der zuständigen Durchführungsbehörden, der Forschungseinrichtungen und der nichtstaatlichen Organisationen mit der Thematik in den Vertragsstaaten führen.

Ziel für die nächsten Jahre ist es, die Zahl der Vertragsstaaten der BK und der bestehenden Abkommen zu vergrößern, eine Reihe weiterer Regionalabkommen zur Abschlußreife zu entwickeln und die Zusammenarbeit mit anderen globalen und regionalen Konventionen zu intensivieren. Auch soll die bereits gute Zusammenarbeit mit internationalen Nicht-Regierungsorganisationen und die Öffentlichkeitsarbeit intensiviert werden.

Zu den weiteren Zielen gehört es, ein Weltregister aller wandernden Arten (deren Zahl nur grob auf etwa 10.000 geschätzt werden kann) zu erstellen, aus dem die Prioritäten für Forschungs- und Schutzmaßnahmen abgeleitet werden sollen, sowie die BK zu einer globalen Zentrale für die Information und Zusammenarbeit über wandernde Arten auszubauen.

7. Abkürzungen

AEWA	Agreement on the Conservation of African-Eurasian Migratory Waterbirds - Abkommen zur Erhaltung der afrikanisch-eurasischen wandernden Wasservögel (*noch unveröffentlicht*)
Arealstaat	Staat, der über einen Teil des Verbreitungsgebietes der wandernden Art Hoheitsrechte ausübt
ASCOBANS	Agreement on the Conservation of Small Cetaceans of the **Baltic** and **North Seas** - Abkommen zur Erhaltung der Kleinwale in der Nord- und Ostsee (*BGBl. 1993 II 1113*)
BirdLife International	internationale nichtstaatliche Organisation zur Erhaltung der Vogelwelt, in Deutschland vertreten durch den Naturschutzbund Deutschland (NABU)
BK (vgl. auch "CMS")	Bonner Konvention (vgl. CMS)
CBD	Übereinkommen über die biologische Vielfalt (*BGBl. 1993 II 1741*)
CIC	Conseil international de la chasse et la conservation du gibier (Internationaler Jagdrat zur Erhaltung des Wildes)

CMS	Convention on the Conservation of Migratory Species of Wild Animals (Übereinkommen zur Erhaltung der wandernden wildlebenden Tierarten) (vgl. BK) (*BGBl. 1984 II 569*)
EUROBATS	Agreement on the Conservation of Bats in Europe - Abkommen zur Erhaltung der Fledermäuse in Europa (*BGBl. 1993 II 1106*)
IATTC	Inter-American Tropical Tuna Commission (Interamerikanische Kommission für Thunfische der Tropen)
IUCN	World Conservation Union (ehemals: International Union for the Conservation of Nature and Natural Resources) - Weltnaturschutzunion
IWC	International Whaling Convention (Internationales Übereinkommen zur Regelung des Walfanges) (*BGBl. 1982 II 558*)
NAMMCO	North Atlantic Marine Mammals Commission (Nordatlantische Kommission für Meeressäugetiere)
Ramsar	Übereinkommen über Feuchtgebiete, insbesondere als Lebensraum für Wasser- und Watvögel, von internationaler Bedeutung (benannt nach der Stadt Ramsar in Iran) (*BGBl. 1976 II 1265*)
UNCLOS	United Nations Convention on the Law of the Sea (Internationale Seerechtskonvention) (*BGBl. 1994 II 1798*)
UNEP	United Nations Environment Programme (Umweltprogramm der Vereinten Nationen)
VA	Verwaltungsabkommen
VSK	Vertragsstaatenkonferenz
Wattenmeer-Sekretariat	Sekretariat des Abkommens zum Schutz der Seehunde im Wattenmeer (*BGBl. 1991 II 1307*)

Schutz und Nutzung der natürlichen Ressourcen.
Das Übereinkommen über die biologische Vielfalt

Marc Auer (Bonn) und
Karl-Heinz Erdmann (Bonn)

1. Einleitung

In den zurückliegenden Jahren hat sich die Erkenntnis durchgesetzt, daß die globalen Umweltprobleme künftig weltweit entschlossene Gegenmaßnahmen erfordern. Zu einer der größten Herausforderungen in Gegenwart und Zukunft zählt in diesem Zusammenhang die zunehmende Erosion der biologischen Vielfalt, d.h. der Verlust von Arten, die Beeinträchtigung von Lebensräumen sowie der Rückgang der genetischen Variabilität innerhalb der Arten (vgl. Solbrig 1994).

Nicht nur sentimentale Empfindungen über das Schwinden der biologischen Vielfalt sind Auslöser für eine Vielzahl weltweit eingeleiteter Gegenmaßnahmen, sondern insbesondere die wissenschaftliche Erkenntnis, daß mit dem irreversiblen Verlust an biologischer Vielfalt auch umfangreiche Entwicklungspotentiale heute lebender und künftiger Generationen verloren gehen, möglicherweise sogar die Lebensgrundlage menschlicher Existenz gefährdet sein kann. Dem entsprechend hat sich die Erhaltung pflanzen- und tiergenetischer Ressourcen in jüngster Vergangenheit zu einem vielbeachteten Forschungsbereich und zentralen Arbeitsschwerpunkt sowohl der Ernährungs-, Gesundheits- als auch der Naturschutzpolitik entwickelt. Anläßlich der Konferenz der Vereinten Nationen für Umwelt und Entwicklung (United Nations Conference on Environment and Development; UNCED) vom 03. bis 14.06.1992 in Rio de Janeiro/Brasilien stand das Themenfeld "biologische Vielfalt" erstmals auf der politischen Tagesordnung. Mit der Verabschiedung des "Übereinkommens über die biologische Vielfalt" wurde ein vielbeachteter Auftrag an die Staatengemeinschaft gerichtet, den Prozeß der öffentlichen Bewußtwerdung um die natürlichen Ressourcen und deren Schutz zu verstärken.

Um den Gefahren des Verlusts der biologischen Vielfalt zu begegnen, fordert das Übereinkommen die Vertragsparteien auf, Strategien und Konzepte zu konzipieren sowie Maßnahmen zum Schutz der biologischen Vielfalt einzuleiten. Angestrebt wird eine Doppelstrategie, welche Aspekte sowohl des Schutzes als auch der nachhaltigen, umweltverträglichen Nutzung integriert (vgl. WRI/IUCN/UNEP 1992). Nachhaltige Nutzung soll die natürlichen Lebensgrundlagen langfristig schonen und den Erhalt der biologischen Vielfalt für heutige und zukünftige Generation gewährleisten. Formen nachhaltiger Nutzung zeichnen sich vor allem durch ein emissionsarmes, abfallarmes, weniger Rohstoffe und Energie verbrauchendes Wirtschaften aus.

Im Anschluß an die Begriffsdefinition folgt ein Überblick zur Entwicklung des Übereinkommens über die biologische Vielfalt. Es schließen sich Kapitel zu den Zielen und Inhalten des Übereinkommens, zu dessen Entwicklung nach UNCED, zu den Pflichten von Industriestaaten und Entwicklungsstaaten, zum Clearing-House Mechanismus, über Regelungen zu genetischen Ressourcen sowie zur Umsetzung des Übereinkommens in Deutschland an.

2. Definition von biologischer Vielfalt

Biologische Vielfalt umfaßt die Vielfalt und Variabilität zwischen und innerhalb von Arten sowie die Vielfalt von Ökosystemen. Sie bezieht sich auf wildlebende wie auf domestizierte Arten, aber auch auf Organismen, Populationen oder andere biotische Bestandteile von Ökosystemen.

Biologische Vielfalt umfaßt die Eigenschaft biologischer Elemente und Systeme, sich wandelnden abiotischen und biotischen Umweltbedingungen anzupassen, womit u.a. die Existenz und Entwicklung der verschiedenen Lebensgemeinschaften gesichert werden. Die biologische Vielfalt wird primär durch die Qualität der biotischen (Flora, Fauna) und abiotischen Umweltmedien (Boden, Wasser, Luft) bestimmt. Umgekehrt beeinflußt sie in ihrer jeweiligen Ausprägung auch ihre Umgebung. Die biologische Vielfalt trägt zur biologischen Regulierung der Atmosphäre bei und bildet damit letztlich auch die Grundlage für menschliches Leben auf der Erde. Neben dieser fundamentalen Funktion besitzt die biologische, insbesondere die genetische Vielfalt weitere Bedeutung für die Menschheit als Nahrungs- und Rohstoffquelle.

Gegenwärtig sind weltweit ca. 1,75 Mio. Arten beschrieben worden (Hawksworth/Kalin-Arroyo 1995, S.118), der größte Anteil entfällt dabei auf Insekten. Schätzungen zu unentdeckten bzw. bislang unbeschrieben gebliebenen Arten gehen weit auseinander (vgl. Steininger 1996, S.28f.). Die vermutete Artenzahl schwankt bei verschiedenen Autoren zwischen 10 und 100 Mio. (vgl. Tab.1). Die von dem United Nations Environment Programme (UNEP) in Auftrag gegebene Expertenstudie "Global Biodiversity Assessment" geht von insgesamt 13 bis 14 Mio. Arten weltweit aus.

Um einen umfassenden Schutz und eine nachhaltige Nutzung der biologischen Vielfalt zu gewährleisten, sind über den konventionellen Artenschutzansatz hinaus integrierte Naturschutzmaßnahmen zu ergreifen und eine nachhaltige Entwicklung einzuleiten.

3. Die Entwicklung des Übereinkommens über die biologische Vielfalt

Aus Sorge um den sich weltweit beschleunigenden Verlust der Vielfalt von Tier- und Pflanzenarten und deren Lebensräumen mit den damit verbundenen Auswirkungen auf das menschliche Wohlergehen hat die Weltnaturschutzunion

	bekannte Arten	Schätzungen noch zu entdeckender Arten
Viren	5.000	ca. 500.000
Bakterien	4.000	400.000 bis 3 Mio.
Pilze	70.000	1 bis 1,5 Mio.
Einzeller	40.000	100.000 bis 200.000
Algen	40.000	200.000 bis 10 Mio.
Pflanzen	250.000	300.000 bis 500.000
Wirbeltiere	45.000	50.000
Rundwürmer	15.000	500.000 bis 1 Mio.
Weichtiere	70.000	200.000
Krebstiere	40.000	150.000
Spinnen/Milben	75.000	750.000 bis 1 Mio.
Insekten	950.000	8 bis 100 Mio.

Tab.1: Weltweit bekannte Arten und Schätzungen noch zu entdeckende Arten (nach Groombridge 1992)

(IUCN) bereits zu Beginn der 80er Jahre die Erarbeitung einer weltweiten Konvention zu diesem Thema angeregt. UNEP hat diese Initiative aufgegriffen und die internationale Staatengemeinschaft für Aspekte der biologischen Vielfalt sensibilisiert mit dem Ziel, eine entsprechende internationale Vereinbarung zu verabschieden. Am 25.05.1989 beschloß UNEP, eine Arbeitsgruppe zur Erarbeitung eines Übereinkommens über die biologische Vielfalt (Convention on Biological Diversity; CBD) einzuberufen. Deren erste Sitzung fand vom 19. bis 23.11.1990 in Nairobi/Kenia statt. Zur Diskussion standen zwei Konventionsentwürfe, erstellt von UNEP und IUCN. Die Diskussion verschiedener inhaltlicher Schwerpunkte der biologischen Vielfalt erbrachte - anstelle einer Konkretisierung - eine Ausweitung der Aufgabenstellungen und damit vielfältige Komplikationen. Zu Textverhandlungen kam es noch nicht.

Die darauf folgende zweite Verhandlungsrunde (25.02. bis 06.03.1991 in Nairobi) war von der Behandlung prozeduraler Fragen geprägt. Mehrere Tage waren notwendig, um sich auf den Vorsitzenden, den chilenischen Botschafter in Kenia, V. Sanchez, und das Bureau der Verhandlungen zu einigen. 1991 benannte der UNEP-Verwaltungsrat die Arbeitsgruppe in Anlehnung an den entsprechenden Ausschuß der Klimarahmenkonvention in "Zwischenstaatlichen Verhandlungsausschuß" (Intergovernmental Negotiating Committee, INC) um.

Auf Einladung Spaniens fand die dritte Sitzung des INC vom 25.06. bis 03.07.1991 in Madrid statt. Erstmals wurde auf Grundlage eines von UNEP erarbeiteten Textentwurfes ausführlich sachbezogen verhandelt. Insbesondere standen fachliche Verpflichtungen der späteren Artikel 6 bis 10 sowie der Zugang zu genetischen Ressourcen, der Transfer von Technologien und Finanzfragen im Mittelpunkt der Diskussion.

Während die vierte Verhandlungsrunde (23.09. bis 02.10.1991 in Nairobi) keine nennenswerten Fortschritte erbrachte, konnten anläßlich der 5. Sitzung des INC vom 25.11. bis 04.12.1991 in Genf, da die G 77 (Gruppe von 77 Entwicklungsstaaten) nicht mehr auf der vorrangigen Behandlung von Fragen der Finanzierung und des Technologietransfers beharrte, Sachfragen zügig behandelt werden.

Die 6. Sitzung (06. bis 15.02.1992 in Nairobi) diente dazu, den Textentwurf des Übereinkommens in wesentlichen Teilen zu überarbeiten. Erst am Ende des 7. INC (11. bis 22.05.1992 in Nairobi) erzielten die Vertreter von über 100 Staaten Einigkeit über den Entwurf des Übereinkommens (vgl. Auer 1992a; IUCN 1993). Darüber hinaus wurden vier Resolutionen verabschiedet.

Anläßlich der UNCED vom 03. bis 14.06.1992 in Rio de Janeiro lag der Vertragstext zur Zeichnung aus. Für Deutschland zeichnete Bundeskanzler H. Kohl das Übereinkommen am 12.06.1992. Die Ratifikation erfolgte am 21.12.1993.

Seit der Rio-Konferenz wurde das Übereinkommen über die biologische Vielfalt von über 170 Staaten unterzeichnet (vgl. Auer 1992b) und von nunmehr 158 Staaten ratifiziert (Stand: 01.10.1996).

Mit dem Übereinkommen über die biologische Vielfalt wird eine Trendwende im internationalen Naturschutz eingeleitet: Das Übereinkommen zielt auf eine globale und umfassende Politik zur Erhaltung der biologischen Vielfalt und nachhaltigen Nutzung ihrer Bestandteile. Dementsprechend sind der Schutz und die nachhaltige Nutzung der biologischen Vielfalt auch Gegenstand des anläßlich der UNCED verabschiedeten AGENDA 21, einem Aktionsplan zur nachhaltigen Entwicklung für das 21. Jahrhundert.

4. Ziele und Inhalte des Übereinkommens über die biologische Vielfalt

Das Übereinkommen besteht aus 43 Artikeln, die sich in einen Grundsatzteil (Art. 1 bis 5), einen Maßnahmenteil (Art. 6 bis 21) und einen organisatorischen Teil (Art. 22 bis 43) gliedern lassen. Zwei Anhänge (I: Bestimmung und Überwachung, II: Streitbeilegungsverfahren) runden das Vertragswerk ab.

4.1 Grundsatzteil

Im Anschluß an eine umfangreiche Präambel, in der vor allem auch der intrinsische Wert der biologischen Vielfalt hervorgehoben wird, beschreibt Art. 1 die Erhaltung der biologischen Vielfalt, die nachhaltige Nutzung ihrer Bestandteile und die ausgewogene und gerechte Aufteilung der sich aus der Nutzung der genetischen Ressourcen ergebenden Vorteile als Ziele des Übereinkommens. Die gerechte Aufteilung der Vorteile soll sich durch angemessenen Zugang zu genetischen Ressourcen, durch die Weitergabe von Technologien und durch angemessene Finanzierung vollziehen. Nach verschiedenen Begriffsbestimmungen in Art. 2 wird in Art. 3 der Grundsatz festgeschrieben, daß die Staaten einerseits zwar das souveräne Recht auf die Nutzung ihrer eigenen Ressourcen besitzen, jedoch andererseits verpflichtet sind, dafür zu sorgen, daß der Umwelt in anderen Staaten oder in Gebieten außerhalb nationaler Hoheitsbereiche kein Schaden zugefügt wird. Art. 4 legt den räumlichen Geltungsbereich des Übereinkommens fest; Art. 5 verpflichtet jede Vertragspartei sowohl zur unmittelbaren Zusammenarbeit mit anderen Vertragsparteien als auch mit internationalen Organisationen.

4.2 Maßnahmenteil

Während Art. 6 die allgemeinen Maßnahmen - beispielsweise die Entwicklung nationaler Strategien, Pläne und Programme zur Erhaltung und nachhaltigen Nutzung oder deren Einbeziehung in sektorale oder sektionsübergreifende Pläne, Programme oder Politiken - vorschreibt, beginnt mit Art. 7 der spezifische Maßnahmenteil.

Sowohl die gefährdeten Arten und Biotope als auch ihre Gefährdungsursachen sollen identifiziert und überwacht werden. Dazu sollen Daten- und sonstige Informationssysteme eingerichtet werden (Art. 7).

Zum Schutz der natürlichen Lebensräume sind unter anderem folgende Maßnahmen vorgesehen: Ausweisung von ausreichend großen Schutzgebieten, Entwicklung von Kriterien für die Ausweisung derartiger Schutzgebiete, Förderung des Schutzes von Ökosystemen und Erhaltung von lebensfähigen Populationen in ihren natürlichen Lebensräumen sowie Förderung einer umweltverträglichen und nachhaltigen Entwicklung in den die Schutzgebiete umgebenden Flächen (Art. 8).

Ergänzende Maßnahmen zur Erhaltung der Artenvielfalt sowie zu deren Erforschung sollen durch die Einrichtung von Genbanken sowie die Konservierung von Genmaterial in botanischen und zoologischen Gärten - nach Möglichkeit im Ursprungsland - erfolgen. Gewährleistet muß allerdings sein, daß von der Entnahme biologischen Materials keine Gefährdung der Ökosysteme oder Arten in ihren jeweiligen Lebensräumen ausgeht (Art. 9).

Die Nutzung wildlebender Arten soll nachhaltig und umweltverträglich sein. Diese Vorgabe muß auch in die nationalen Entscheidungsprozesse einfließen (Art. 10).

Als Anreiz für die Erhaltung und nachhaltige Nutzung sollen wirtschaftlich und sozial verträgliche Maßnahmen beschlossen werden (Art. 11).

Die Vertragsstaaten sollen dafür sorgen, daß durch Forschung, Information, Bildung und Ausbildung der Schutz der Natur verbessert wird (Art. 12 und 13).

Für geplante Projekte mit erheblich nachteiligen Auswirkungen auf die biologische Vielfalt soll eine Umweltverträglichkeitsprüfung durchgeführt werden (Art. 14).

Zur Erleichterung des Zugangs zu genetischen Ressourcen für an deren Nutzung interessierte Vertragsparteien werden Regelungen getroffen, die die auf der Kenntnis der Sachlage begründete Zustimmung des Herkunftsstaates beinhalten. Die Bedingungen unterliegen der gegenseitigen Vereinbarung. Ergebnisse der Forschung und Entwicklung und die Vorteile, die sich aus der kommerziellen und sonstigen Entwicklung und Nutzung der genetischen Ressourcen ergeben, sollen gerecht und ausgewogen geteilt werden (Art. 15).

Der Transfer umweltrelevanter Technologien in die Entwicklungsstaaten soll auf der Basis gegenseitig vereinbarter Bedingungen verbessert werden. Dies gilt auch für die Biotechnologie. Die Vertragsparteien können den Technologietransfer durch Nutzung der im Übereinkommen in den Artikeln 20 und 21 vorgesehenen Finanzierungsmöglichkeiten oder im Rahmen der Entwicklungszusammenarbeit ausgestalten. Auch sollen die Ursprungsstaaten der genetischen Ressourcen nach Möglichkeit von deren Nutzung profitieren (Art. 16).

Der Austausch von Informationen aus allen öffentlich zugänglichen Quellen über die Erhaltung und nachhaltige Nutzung biologischer Vielfalt, von Forschungsergebnissen sowie von Informationen über beispielsweise traditionelle Kenntnisse und Technologien sind von den Vertragsparteien zu erleichtern. Zu diesem Zweck mußte ein Vermittlungsmechanismus zur Förderung und Erleichterung der Zusammenarbeit eingerichtet werden (Clearing-House Mechanismus; CHM). Gefördert werden soll unter anderem auch die gemeinsame Entwicklung von für das Übereinkommen relevanten Technologien (Art. 17 und 18).

Die Biotechnologie wird als Bestandteil der für den Schutz der biologischen Vielfalt relevanten Technologien angesehen. Es soll, so weit es geht, sichergestellt werden, daß die Biotechnologie keine Gefahr für die biologische Vielfalt darstellt. Dazu sollen die Vertragsparteien auch die Notwendigkeit und Einzelheiten eines Protokolls im Bereich der sicheren Weitergabe, Handhabe und Verwendung von biotechnologisch hergestellten, lebenden modifizierten Organismen prüfen (Art. 19).

Art. 20 verpflichtet die Industriestaaten, neue und zusätzliche Finanzmittel zur Verfügung zu stellen, um die Entwicklungsstaaten zu unterstützen. Die finanziellen Leistungen der Industriestaaten sollen es den Entwicklungsstaaten ermöglichen, die vollen Mehrkosten, die ihnen aus der Durchführung von Maßnahmen zur Erfüllung der Verpflichtungen aus dem Übereinkommen entstehen, zu tragen. Diese Mehrkosten werden im Einklang mit Programmprioritäten, Zuteilungskriterien und einer Liste von Mehrkosten mit dem in Art. 21 näher beschriebenen Finanzierungsmechanismus vereinbart. Absatz 4 dieses Artikels bringt sehr deutlich zum Ausdruck, daß die Entwicklungsstaaten den Umfang der Erfüllung ihrer Vertragspflichten von der Erfüllung der Finanzierungs- und Technologietransferpflichten durch die Industriestaaten abhängig machen. Abschließend wird auch auf die besonderen Bedingungen der kleinen Inselstaaten unter den Entwicklungsstaaten aufmerksam gemacht.

Eine der umstrittensten Regelungen war und ist die des Finanzierungsmechanismus des Übereinkommens (Art. 21). Die Industriestaaten setzten und setzen sich mit Nachdruck dafür ein, der Globalen Umweltfazilität[1] (Global Environmental Facility; GEF) die Funktion des permanenten Finanzierungsmechanismus zu übertragen. Die Struktur und die Entscheidungsabläufe der GEF sollten jedoch an die Bedürfnisse der Vertragsstaaten des Übereinkommens angepaßt werden. Darüber hinaus wurde festgelegt, daß der Finanzierungsmechanismus unter der Aufsicht und Leitung der Vertragsstaatenkonferenz (VSK) steht und dieser verantwortlich sei. Man einigte sich schließlich auf folgenden Kompromiß: Mit Art. 39 wurde für die Interimszeit bis zur ersten VSK der GEF die Funktion des Finanzierungsmechanismus übertragen; dies aber nur unter der Voraussetzung ihrer völligen Umstrukturierung gemäß den Erfordernissen des Art. 21. Die GEF wurde bislang - trotz ihrer inzwischen vollzogenen Umstrukturierung - nicht die Funktion des permanenten Finanzierungsmechanismus übertragen. Die in 1997 durchzuführende Bewertung ihrer Effektivität und die anstehende Wiederauffüllung der GEF durch die Geberstaaten lassen eine diesbezügliche Entscheidung der 4. VSK erhoffen. Trotz der bislang noch unklaren Zukunft ist die GEF nach wie vor die bedeutendste Finanzierungseinrichtung zur Förderung der Umsetzung von Maßnahmen nach dem Übereinkommen.

4.3 Organisatorischer Teil

Nachdem in Art. 22 das Rechtsverhältnis zu anderen völkerrechtlichen Übereinkommen festgestellt worden ist, schreiben die nachfolgenden Artikel die Einrichtungen und Aufgaben von Organen des Übereinkommens fest. Oberstes Organ ist die Konferenz der Vertragsparteien (Art. 23), deren Tagungsintervalle die 1. VSK festzulegen hatte. Ihre Aufgabe ist vor allem die Überwachung der Umsetzung des Übereinkommens. Zu diesem Zweck hat sie unter anderem die von den Vertragsstaaten und die von dem wissenschaftlichen Ausschuß vorgelegten Berichte zu erörtern, Anlagen und Protokolle zum Übereinkommen zu verhandeln und zu beschließen, Änderungen des Übereinkommens, seiner Anlagen und Protokolle zu prüfen und zu beschließen sowie eventuell für notwendig erachtete Nebenorgane einzusetzen.

---

1 Die GEF wurde auf Betreiben der G-7-Staaten, insbesondere von Deutschland und Frankreich, als Mechanismus zur Finanzierung weltweiter Umweltaufgaben im Oktober 1991 beschlossen und eingerichtet. Sie soll vor allem für Maßnahmen in Entwicklungsstaaten in den vier Bereichen biologische Vielfalt, Klimaänderungen, internationale Gewässer und Ozon zur Verfügung gestellt werden. Seit 1994 sind zudem - wenn ein Bezug zu den vier genannten Bereichen besteht - gewisse Maßnahmen zur Verhinderung der Wüstenausbreitung förderbar.

Die VSKen werden gemäß Art. 24 von einem Sekretariat vorbereitet, welches im übrigen alle Aufgaben wahrnimmt, die ihm von den VSKen zugewiesen werden. In der Interimsphase bis zur ersten Konferenz in Nassau nahm UNEP durch die Gestellung des Interimssekretariates, das in Genf angesiedelt war, diese Funktion wahr. Die 1. VSK bestimmte sowohl das Sekretariat aus der Reihe derjenigen internationalen Organisationen, die ihre Bereitschaft bekundet hatten, die Sekretariatsaufgaben, als auch den Sitz und die Ausgestaltung des Sekretariates zu übernehmen.

Das Übereinkommen sieht die Einrichtung eines Nebenorgans vor, das die Konferenz der Vertragsstaaten zu beraten hat: der "Ausschuß für wissenschaftliche, technische und technologische Beratung" (Subsidiary Body for Scientific, Technical and Technological Advice; SBSTTA) gemäß Art. 25, der Regierungsvertreter umfaßt, die in ihrem jeweiligen Zuständigkeitsgebiet fachlich befähigt sind. Der Ausschuß hat in wissenschaftlicher und technischer Hinsicht zu beraten und Gutachten vorzulegen. Auf Interimsbasis bis zur Konferenz in Nassau war die Einsetzung dieses Ausschusses nicht durchsetzbar. Es tagte statt dessen ein sogenanntes Zwischenstaatliches Expertentreffen, das die Beratungsfunktionen des wissenschaftlichen Ausschusses wahrnahm. Entgegen den Wünschen der Industriestaaten, allen voran der EU-Mitgliedsstaaten, die sich für eine arbeitsfähige, regional ausgewogene und begrenzte Teilnehmerzahl ausgesprochen hatten, konnten sich die G-77 mit dem Konzept der Öffnung des Treffens für alle Staaten durchsetzen.

Art. 26 legt die Berichtspflichten fest. Alle Vertragsparteien haben der VSK Berichte über die zur Umsetzung des Übereinkommens ergriffenen Maßnahmen und deren Effektivität vorzulegen. Der Berichtsturnus wird von der VSK festgelegt.

Verfahren zu Streitbeilegung werden in Art. 27 geregelt, der zwei Möglichkeiten für die Streitbeilegung vorsieht. Wenn im Verhandlungswege keine Einigung erzielt werden kann, kommt entweder ein Schiedsverfahren oder die Vorlage der Streitigkeit an den Internationalen Gerichtshof in Frage. Haben die Streitparteien jedoch nicht demselben oder einem der beiden Verfahren bei Hinterlegung der Ratifikationsurkunde zugestimmt, so wird die Streitigkeit einem Vergleich unterworfen. Die von der VSK eingesetzte Vergleichskommission soll dann einen Vorschlag für die Beilegung der Streitigkeit vorlegen, den die Parteien nach Treu und Glauben prüfen.

Die Vertragsstaaten arbeiten bei der Formulierung und Annahme von möglichen Protokollen und Anlagen zusammen. Protokolle und Anlagen werden anläßlich von Tagungen der VSKen durch diese angenommen. Vertragspartei eines Protokolls kann nur diejenige sein, die auch Vertragspartei des Übereinkommens selbst ist.

Änderungen des Übereinkommens oder eines Protokolls können gemäß Art. 29 auf jeder Konferenz der Vertragsstaaten des Übereinkommens beziehungsweise des betreffenden Protokolls beschlossen werden. Eine völkerrechtliche Bindung tritt jedoch nur für solche Vertragsparteien ein, die diese Änderung auch ratifizieren, annehmen oder genehmigen. Änderungen können von jeder Vertragspartei vorgeschlagen werden. Diese werden nach Möglichkeit im Konsens beschlossen (und wenn dies nicht möglich ist, mit Zweidrittelmehrheit).

Vorbehalte gegen das Übereinkommen sind gemäß Art. 37 nicht zulässig. Zur Unterzeichnung lag es bis zum 4. Juni 1993 am Sitz der Vereinten Nationen in New York aus. Die Ratifikations-, Annahme-, Beitritts- oder Genehmigungsurkunden werden beim Verwahrer - dem Generalsekretär der Vereinten Nationen - hinterlegt. Entsprechend Art. 36 ist es am 29.12.1993, 90 Tage nach Hinterlegung der 30. Ratifikationsurkunde (Mongolei), in Kraft getreten.

5. Die Entwicklung des Übereinkommens über die biologische Entwicklung nach UNCED

Für die Zeit zwischen der letzten Sitzung des INC und der ersten Sitzung des Zwischenstaatlichen Ausschusses setzte UNEP vier Experten-Panels ein, die in drei Sitzungen (09. bis 12.12.1992 und 01. bis 04.02.1993 in Nairobi sowie 15. bis 18.03.1993 in Montreal) eine inhaltliche Ausgestaltung der Themen: fachliche Maßnahmen zur Umsetzung des Übereinkommens, Forschung, finanzielle und wirtschaftliche Implikationen der biologischen Vielfalt, Finanz- und Technologietransfer und Sicherheit in der Biotechnologie vorbereiten sollten und zur Unterstützung des weiteren Konventionsprozesses Diskussionspapiere zu diesen Themen erstellten.

Der UNEP-Verwaltungsrat setzte in seiner 17. Sitzung im Mai 1993 durch Beschluß 17/30 einen Zwischenstaatlichen Ausschuß (Intergovernmental Committee of the Convention on Biological Diversity, ICCBD) zur Vorbereitung der 1. VSK des Übereinkommens ein. Den Vorsitz während der zwei Sitzungen des ICCBD führte - wie auch während der vorangegangenen Sitzungen des INC - der chilenische Botschafter V. Sanchez, das Bureau setzte sich aus den drei Vizevorsitzenden V. Koester (Dänemark), S.K. Ongeri (Kenia), G. Zavarzin (Russische Föderation) und dem Berichterstatter S. Ahmad (Pakistan) zusammen.

Während der ersten Sitzung (11. bis 15.10.1993 in Genf) erörterte der ICCBD fachliche Kriterien und prioritäre Maßnahmen des Schutzes und der nachhaltigen Nutzung, Fragen der Forschung und der Biotechnologie, Finanzfragen, Fragen der technologischen Zusammenarbeit und die Geschäftsordnung für die VSK.

Zur weiteren wissenschaftlichen Vorbereitung der ersten VSK berief der ICCBD ein zwischenstaatliches Treffen wissenschaftlicher Experten, das vom 11. bis 15.04.1994 in Mexiko-Stadt tagte. Dieses Treffen diente der Behandlung fachlicher Fragestellungen bezüglich wissenschaftlicher Programme und internationaler Forschungszusammenarbeit, Erarbeitung einer Forschungsagenda und die Behandlung relevanter Technologien und Know-how mit Bezug zur biologischen Vielfalt. Die Ergebnisse des Expertentreffens wurden von den Mitgliedern des 2. ICCBD zur Kenntnis genommen und seinem Bericht an die erste VSK beigefügt.

Die 2. Sitzung des ICCBD (20.06. bis 01.07.1994 in Nairobi) befaßte sich sehr intensiv mit der Vorbereitung der anläßlich der ersten VSK anstehenden Entscheidungen. Schwerpunkte bildeten insbesondere die Geschäftsordnung (hier u.a. die Sitzungsintervalle der VSKen, die Größe des Bureaus und Abstimmung bei Finanzfragen), die Bestimmung des permanenten Finanzmechanismus, die Prioritätensetzung bei der Finanzierung von Umsetzungsmaßnahmen durch den Finanzmechanismus, die Aufstellung der Finanzregeln für das Sekretariat, die Einrichtung des Wissenschaftlichen Beratungsausschusses, die Kriterien zur Auswahl der internationalen Einrichtung zur Ausführung der Sekretariatsfunktion, die Erarbeitung eines Protokolls über Sicherheit in der Biotechnologie, eines Vermittlungsmechanismus zur Förderung und Erleichterung der Zusammenarbeit, den Zugang zu genetischen Ressourcen und schließlich die Rechte der indigenen Bevölkerung.

Die 1. VSK des Übereinkommens über die biologische Vielfalt fand vom 28.11. bis 09.12.1994 in Nassau/Bahamas statt. Sie diente im wesentlichen dazu, die Funktionsfähigkeit des Übereinkommens zu gewährleisten. Als eines der wichtigsten Ergebnisse wurde als vorläufiges Finanzierungsinstrument zur Umsetzung des Übereinkommens die Globale Umweltfazilität (GEF) - eine gemeinsame Einrichtung von Weltbank, UNDP und UNEP - bestimmt. Einigkeit erzielte die 1. VSK auch über Finanzierungsprioritäten und -kriterien, die als Vorgabe für die Vergabe von GEF-Finanzmitteln dienen. Als Sekretariat für die Umsetzung des Übereinkommens wurde UNEP bestimmt. Seit Februar 1996 hat das Sekretariat seinen Sitz in Montreal. Die VSK einigte sich auf ein dreijähriges Arbeitsprogramm für den Zeitraum 1995 bis 1997. Für die 2. VSK (1995) wurde die Behandlung der Themen "Meeres- und Küstenschutz" sowie der Erfahrungsaustausch über die Erarbeitung nationaler Strategien zur Erhaltung und nachhaltigen Nutzung der biologischen Vielfalt prioritär festgelegt, für die 3. VSK (1996) die Themen Erhaltung der biologischen Vielfalt von Agrarökosystemen und der Zugang zu genetischen Ressourcen.

Mit der 2. VSK des Übereinkommens vom 06. bis 17.11.1995 in Jakarta/Indonesien begann die Phase der Umsetzung der Konvention. Ein Schwerpunkt bestand darin, die Vertragsstaaten dafür zu sensibilisieren, Anforderungen an die Umweltqualität, die sich aus Schutz und nachhaltiger Nutzung der Biodiversität ergeben, in sektoralen und medienübergreifenden Plänen, Programmen und Politiken zu berücksichtigen, um dauerhaft und effektiv den anthropogen bedingten Rückgang der Biodiversität zu stoppen.

Es wurde dort auch festgelegt, daß die Vertragsparteien bis 1997 einen ersten nationalen Bericht zu erstellen haben, der prioritär die Maßnahmen aufführt, die zur Umsetzung von Artikel 6 "Allgemeine Maßnahmen zur Erhaltung und nachhaltigen Nutzung der biologischen Vielfalt" und Artikel 8 "In-situ-Schutz der biologischen Vielfalt" ergriffen wurden. Die Artikel fordern die Erstellung von speziell auf das Schutzgut biologische Vielfalt ausgerichteten Strategien sowie die Einbeziehung des Schutzgutes Biodiversität in die sektoralen und sektorübergreifenden Pläne, Programme und Politiken. Die 2. VSK hat sich auch auf einen Bericht an das Zwischenstaatliche Waldpanel (IPF) der Kommission für nachhaltige Entwicklung (CSD) verständigt.

Nachdem durch die Beschlüsse der ersten beiden VSKen die notwendigen formellen Voraussetzungen für ein Funktionieren des Übereinkommens geschaffen wurden, werden nun anläßlich der weiteren, alljährlich stattfindenden VSKen die fachlichen Verpflichtungen des Übereinkommens durch entsprechende Umsetzungsbeschlüsse ausgefüllt und in der Folge sowohl international als auch von den Vertragsstaaten innerstaatlich umgesetzt werden müssen.

6. Pflichten von Industriestaaten und Entwicklungsstaaten

Mit dem anläßlich der UNCED zur Unterzeichnung aufgelegten Übereinkommen wurde erstmals eine breite internationale Grundlage sowohl für die Erhaltung als auch für die nachhaltige Nutzung der biologischen Vielfalt und ihrer Bestandteile geschaffen. Mit diesem Übereinkommen ist ein nahezu weltweiter Schutz aller Tier- und Pflanzenarten und ihrer Lebensräume durch Ergänzung der bereits bestehenden internationalen Arten- und Habitatschutzregelungen möglich geworden.

Von großer Bedeutung ist, daß unter den Vertragsparteien des Übereinkommens mehr als 100 Entwicklungsstaaten sind. Der größte Teil der zu schützenden biologischen Vielfalt kommt gerade in diesen Staaten, beispielsweise im tropischen Regenwald, vor und ist dort auch noch in großflächigen Ökosystemen vorhanden. Im Gegensatz zu den Arten der gemäßigten Breiten haben die meisten tropischen Arten ein sehr kleines Verbreitungsgebiet. Aus diesem Grund hat in den Tropen bereits die Beeinträchtigung und Zerstörung relativ eng umgrenzter Gebiete die Existenzgefährdung von Arten zur Folge (vgl. Auer 1994, S.168).

Viele der Entwicklungsstaaten sind jedoch aus eigener Kraft nicht in der Lage, diese Ökosysteme zu schützen, zumal der Schutz dieser Gebiete sehr oft konkurriert mit dem Anspruch auf Nutzung, um die Lebensgrundlagen der eigenen Bevölkerung zu sichern oder zu verbessern. Deshalb ist die im Übereinkommen vorgesehene technische und vor allem finanzielle Unterstützung der Entwicklungsstaaten durch die Industriestaaten eine entscheidende Voraussetzung für den Erfolg des Übereinkommens.

Auch im europäischen Kontext hat das Übereinkommen eine wichtige Bedeutung. Wirksamer Artenschutz ist in erster Linie und vor allem Biotopschutz. Das Übereinkommen über die biologische Vielfalt fordert daher ausdrücklich den Schutz von natürlichen und naturnahen Lebensräumen und die Ausweisung von Schutzgebieten. Das Übereinkommen erlangt mit Abschluß der Ratifizierung durch alle Mitgliedsstaaten Rechtsgültigkeit für die gesamte Europäische Union (EU). Die bestehenden Rechtsinstrumente der EU zum Arten- und Biotopschutz sowie zum Umweltschutz und die umweltrelevanten Maßnahmen und Rechtsvorschriften sind für eine Umsetzung des Übereinkommens in der EU geeignet. Das Übereinkommen wird in der EU wie auch in den einzelnen Mitgliedsstaaten weitere Impulse geben, um einen wirksameren, vorsorgenden Schutz von Pflanzen und Tieren sowie ihrer Lebensräume zu erreichen. Schon auf dem KSZE-Folgetreffen in Helsinki im März 1992 wurde der Beschluß gefaßt, daß die großflächigen natürlichen und naturnahen Ökosysteme in Mittel-und Osteuropa gesichert und - in Anknüpfung an das in der EU vereinbarte Biotopverbundsystem NATURA 2000 - in die Entwicklung von gesamteuropäischen Biotopverbundsystemen einbezogen werden sollen. Wenn Europa den Verpflichtungen des Übereinkommens nachkommt, wird damit auch ein positives Signal mit Anreizwirkung in Richtung Entwicklungsstaaten gesetzt. Förder- und Subventionsmittel müssen in der EU und in den Mitgliedsstaaten verstärkt bereitgestellt werden, um zur Finanzierung der erforderlichen Maßnahmen sowohl in der EU als auch weltweit beizutragen. Dabei ist zu berücksichtigen, daß vor allem die Entwicklungsstaaten in erheblichem Umfang finanzielle Unterstützung benötigen, um die Verpflichtungen aus dem Übereinkommen erfüllen zu können.

Zur Stützung der internationalen Bemühungen sind ergänzend nationale Maßnahmen erforderlich. Die Maßnahmen des Übereinkommens sind zwar in Deutschland bereits Bestandteile der Naturschutzpolitik des Bundes und der Länder, die Nutzung des vorhandenen Instrumentariums muß jedoch deutlich intensiviert werden, um die Zielsetzung des Vertragswerkes zu erreichen. Beispielsweise wird eine im Übereinkommen geforderte nationale Strategie zur Umsetzung der Verpflichtungen zum Schutz und zur nachhaltigen Nutzung der biologischen Vielfalt in Deutschland zur Zeit auf der Basis bestehender Positionen erarbeitet. Darüber hinaus ist neben der Verstärkung der Naturschutzaktivitäten im Rahmen der Entwicklungszusammenarbeit insbesondere auch die Förderung der Technologiekooperation und eine ausreichende Finanzierung von Naturschutzmaßnahmen der Entwicklungsstaaten dringend erforderlich. Für die globale Umsetzung des Übereinkommens ist es von herausragender Bedeutung, inwieweit Deutschland und die anderen Industriestaaten in der Lage sein werden, die Entwicklungsstaaten dabei zu unterstützen.

7. Clearing-House Mechanismus

Zur Unterstützung der technischen und wissenschaftlichen Zusammenarbeit sieht das Übereinkommen u.a. die Einrichtung eines Vermittlungsmechanismus zur Förderung und Erleichterung der Zusammenarbeit der Vertragsparteien vor. Dieser sog. Clearing-House Mechanismus (CHM), eine Drehscheibe zur Bereitstellung und Vermittlung von Daten und Informationen zur Umsetzung des Übereinkommens, wird auf Beschluß der 2. VSK in einer zweijährigen Pilotphase (1996 bis 1997) aufgebaut und erprobt. Der CHM soll eine neutrale, dezentrale, effektive, transparente und zugängliche Struktur aufweisen, auf bereits vorhandenen Informationsquellen basieren und sowohl elektronische als auch andere Medien nutzen. Die nationalen Kontaktstellen[2] und bereits vorhandene überregionale Informationsanbieter im Bereich der biologischen Vielfalt sind nun gefordert, diese anspruchsvolle Aufgabe in gemeinsamer Verantwortung effektiven Lösungen zuzuführen. Dem CBD-Sekretariat kommt hier eine unterstützende Rolle zu, die hauptsächlich den Kapazitätsaufbau zum Betrieb des CHM und seiner nationalen Kontaktstellen in Entwicklungsstaaten zum Inhalt hat.

8. Regelungen zu genetischen Ressourcen

Das Übereinkommen bezeichnet genetische Ressourcen als genetisches Material von tatsächlichem oder potentiellem Wert, wobei "genetisches Material" jedes Material bedeutet, das pflanzlichen, tierischen, mikrobiellen oder sonstigen Ursprungs ist und funktionale Erbeinheiten enthält (vgl. UNEP 1992).

Ob pflanzen- und tiergenetische Ressourcen in traditionellen Landwirtschaftssystemen, im konventionellen Landbau, in der modernen Züchtung oder in der Gentechnik genutzt werden, grundsätzlich sind sie von unschätzbarem Wert für die Menschheit. Genetische Ressourcen halten die Schlüsselposition für die Ernährungssicherung und Verbesserung der Lebensqualität (vgl. u.a. Bommer/Beese 1990; FAO 1993). Gleichzeitig mit dem immer schneller anwachsenden Verlust an genetischer Vielfalt schwindet die Produktivität von Wald, Getreide und Nutztieren durch die mangelnde Fähigkeit zur Adaption an sich ändernde und verschlechternde Umweltverhältnisse.

Derzeit stellen neun Getreidearten über 75 % der Leistungen der Pflanzenwelt für die Welternährung sicher. Auch wenn keine dieser neun Pflanzenarten vom Aussterben bedroht ist, so muß doch von einem innerartlichen Verlust an Vielfalt ausgegangen werden. Die FAO schätzt, daß seit dem Beginn dieses Jahrhunderts ca. 75 % der genetischen Vielfalt der Getreidearten verloren gegangen ist. Damit ist die Menschheit von immer weniger Getreidesorten und -varietäten und damit von einem immer kleiner werdenden Gen-Pool abhängig. Hauptgrund für diese Entwicklung war und ist der Ersatz traditioneller durch kommerzielle und uniforme Sorten. Landwirte geben die Bewirtschaftung alter und lokal angepaßter Sorten und Landrassen auf und nutzen neue Varietäten mit der Folge, daß alte Sorten und Landrassen aussterben. Damit wird es unmöglich, wertvolles genetisches Material dieser alten Rassen und Sorten in die genutzten Hochertragssorten einzukreuzen. Die grüne Revolution hat zwar weltweit zu der gewünschten Produktionssteigerung geführt, gleichzeitig aber auch einen rapiden Verlust an innerartlicher Vielfalt bewirkt und somit letztlich die langfristige Sicherung ausreichender Ernten in Frage gestellt.

---

2 Deutschland hat seinen nationalen Clearing-House Mechanismus im Juni 1996 offiziell eröffnet (u.a. zugänglich über die Internet-Leitseite: http://www.dainet.de/bmu-cbd/homepage.htm).

Um den notwendigen Schutz der genetischen Ressourcen sicherzustellen, sehen die Regelungen des Übereinkommens vor, den genetischen Ressourcen einen Marktwert zuzuordnen. Erstmals wurde damit eine völkerrechtlich verbindliche Grundlage geschaffen, die jedem Staat ein souveränes Recht über seine genetischen Ressourcen zugesteht, gleichzeitig aber auch die Staaten verpflichtet, den Zugang zu ihren genetischen Ressourcen zu erleichtern. Der Zugang soll allerdings nur nach der auf Kenntnis der Sachlage gründenden vorherigen Zustimmung des Ursprungsstaates sowie nach zuvor ausgehandelten Bedingungen erfolgen. Das Übereinkommen sieht die ausgewogene und gerechte Teilung der Ergebnisse aus Forschung und Entwicklung und der sich aus der kommerziellen und sonstigen Nutzung der genetischen Ressourcen ergebenden Vorteile vor. Darüber hinaus soll die wissenschaftliche Forschung unter voller Beteiligung des Ursprungsstaates und nach Möglichkeit in dessen Hoheitsgebiet durchgeführt werden. Letztlich soll der Zugang zu und die Weitergabe von Technologien an den Ursprungsstaat der genetischen Ressourcen ermöglicht werden. Des weiteren soll jeder Vertragsstaat Maßnahmen ergreifen, mit denen sichergestellt wird, daß die Vorteile, die sich aus der Nutzung der genetischen Ressourcen ergeben, ausgewogen und gerecht geteilt werden.

8.1 Nutzung von Naturstoffen durch den pharmazeutischen Sektor

Für eine Vielzahl moderner Medikamente stand die Natur Pate, einige von diesen sind: Antibiotika, Atropin, Mutterkorn-Alkaloide - sie alle basieren auf der Natur entnommenen Substanzen. Beispiele aus der Krebstherapie sind die Alkaloide Vincristin und Vinblastin des tropischen Immergrüns, einer auf Madagaskar und in Südasien vorkommenden Pflanze. Der therapeutischen Wirkung vieler Inhaltsstoffe von Pflanzen und Tieren liegen pharmakologisch aktive Stoffe und Wirkprinzipien zugrunde, die als wichtige Leitstrukturen für potentielle Medikamente dienen können. Am ergiebigsten hierfür ist das riesige Reservoir von Millionen Pilz-, Insekten- und anderer Arten, die es noch zu entdecken gilt. Bisher allerdings werden nur etwa 90 der mindestens 320.000 vermuteten Gefäßpflanzen der Erde in größerem Umfang pharmazeutisch-kommerziell genutzt. Von wenigstens 1.400 Regenwaldpflanzen wird eine Wirkung gegen Krebs erwartet. Dabei ist zu bedenken, daß nur eine von zehn Arten bis heute oberflächlich, nur eine von hundert genau untersucht wurde.

Mit einer eingeführten Menge von ca. 40.000 t pro Jahr an pflanzlichen Drogen (mit einem Gesamtwert von ca. DM 160 Mio.) ist die Bundesrepublik Deutschland nach Hong-Kong weltweit der am zweitmeisten pflanzliches Material importierende Staat.

Nahezu ein Drittel aller in Deutschland rezeptfrei verkauften Medikamente basieren auf pflanzlichen Produkten. Den wenigsten Verbrauchern ist bekannt, daß mindestens jedes vierte Medikament, das in Industriestaaten gekauft wird, seine Entdeckung, Entstehung und Entwicklung einer Pflanze oder in selteneren Fällen einer Tierart aus dem tropischen Regenwald verdankt und diese Produkte weltweit jährlich für 20 Mrd. US-Dollar gehandelt werden.

8.2 Das Beispiel INBio

Heutzutage durchstreifen Pflanzensammler und Insektenjäger den artenreichen Regenwald für die pharmazeutische Industrie. Sie suchen nach Heilpflanzen, giftigen Schlangen und Fröschen, deren Inhaltsstoffe in der Arzneimittelentwicklung Verwendung finden können. Beispielsweise beschäftigt sich das Instituto National de Biodiversidad (INBio) in Costa Rica mit der Inventarisierung der Arten Costa Ricas, das über eine besonders hohe Biodiversität auf engem Raum verfügt.

INBio wurde 1989 als eine private, autonome und gemeinnützige Institution gegründet, um die biologische Vielfalt Costa Ricas zu untersuchen, zu ihrer Erhaltung beizutragen und für eine nachhaltige Nutzung zu sorgen. INBios primäre Aufgabe ist die Erstellung eines Inventars der Artenvielfalt von Fauna und Flora des Staates. INBio hat inzwischen eine Sammlung von ca. 1,8 Mio. verschiedenen Pflanzen- und Tierexemplaren mit dazugehöriger Datenbank angelegt. Zusätzlich zu den Inventur- und Aufklärungsmaßnahmen arbeitet INBio mit pharmazeutischen und agroindustriellen Konzernen zusammen, um die Sammlung von Genen, Mikro- und Makroorganismen und anderen wertvollen Naturprodukten zur potentiellen Nutzung durch die landwirtschaftliche und pharmazeutische Industrie sowie Kosmetik- und Biotechnologieindustrie voranzutreiben, das sog. "Bio-Prospecting" (vgl. Reid 1993).

International bekannt wurde INBio durch einen 1992 geschlossenen Vertrag mit dem US-Pharmakonzern Merck & Co., in dem sich INBio zur Lieferung einer begrenzten Anzahl von pflanzlichen und tierischen Extrakten für die pharmazeutische Forschung verpflichtet hat. Diese Extrakte werden auf ihren Gehalt an medizinischen Wirksubstanzen untersucht. Falls diese dann zur Herstellung von Medikamenten Verwendung finden, steht INBio ein Anteil an Lizenzverträgen zu, der wiederum zur Hälfte in Naturschutzprojekte reinvestiert wird. Typische Verträge mit INBio sehen auch den wissenschaftlichen Austausch und Kooperation (einschl. der Ausbildung von Wissenschaftlern und die Einrichtung von Labors in Costa Rica) und Vorauszahlung der Industrie, von denen INBio 10 % an die nationale Naturschutzbehörde abführt, vor. Darüber hinaus profitieren die Pharmaunternehmen von lokalen Wissen über Heilwirkungen bestimmter Arten und von einem verbesserten Zugang zu den lateinamerikanischen Märkten. Ähnliche Verträge wurden inzwischen mit der Firma Bristol-Myers Sqibb und der British Technology Group abgeschlossen. Zukünftige Verträge sollen stärker ausbildungsorientiert sein und auch den Transfer von relevanter Technologie beinhalten.

8.3 Internationale Entwicklungen

Während noch in den 50er Jahren dem Export biologischen Materials aus den Entwicklungsstaaten keine große Bedeutung beigemessen wurde, hat sich das Bild heute sehr deutlich gewandelt. Die Nachfrage aus den Industriestaaten, vor allem durch den pharmazeutischen Sektor, aber auch durch die Agro- und die

Kosmetikindustrie nach genetischen Ressourcen ist stark gestiegen. Seit einigen Jahrzehnten wird - im Spannungsfeld der Nord-Süd-Beziehungen - der Zugang zu genetischen Ressourcen zunehmend problematisiert. Konzepte wie "Entwicklungsgerechtigkeit", "Schutz der biologischen Vielfalt", die "nachhaltige Nutzung", die "gerechte Beteiligung am Nutzen", die "Rechte der indigenen Bevölkerung und der Bauern" haben mittlerweile den Zugang zu genetischen Ressourcen zu einem aktuellen internationalen Thema werden lassen. Allianzen zwischen biologisch vielfältigen Anbieterstaaten und privaten Unternehmen sollen zunehmend zu einem ausgewogeneren Nord-Süd-Verhältnis in bezug auf biologische Ressourcen durch Herbeiführung sog. "Win-Win"-Situationen führen.

9. Umsetzung des Übereinkommens über die biologische Vielfalt in Deutschland

Durch das Vertragsgesetz zur Umsetzung des Übereinkommens über die biologische Vielfalt vom 30.08.1993 ist die Übertragung des Abkommens in nationales Recht formal vollzogen worden. Mit der Hinterlegung der Ratifikationsurkunde am 21.12.1993 ist die Bundesrepublik Deutschland Vertragsstaat des Übereinkommens geworden. Am 29.12.1993 ist das Übereinkommen in Deutschland in Kraft getreten.

Die Bundesregierung mißt dem Übereinkommen über die biologische Vielfalt weltweit, aber auch national eine sehr große Bedeutung bei (vgl. BMU 1995; Himmighofen 1996). Mit der Umsetzung dieses Übereinkommens soll in Deutschland den in den letzten 50 Jahren beschleunigt eingetretenen Beeinträchtigungen wildlebender Tier- und Pflanzenarten und ihrer Lebensräume sowie dem Verlust pflanzen- und tiergenetischer Ressourcen entgegengewirkt werden. Dazu ist ein breiter gesellschaftlicher Konsens notwendig.

Artikel 6 des Übereinkommens über die biologische Vielfalt verpflichtet die Vertragsstaaten, Strategien, Pläne oder Programme zur nationalen Umsetzung der Verpflichtungen des Übereinkommens zu erarbeiten oder fortzuführen. Artikel 26 verpflichtet die Vertragsparteien, über die Maßnahmen zur Umsetzung des Übereinkommens zu berichten. Entsprechend dem integrativen und übergreifenden Charakter des Übereinkommens über die biologische Vielfalt müssen dazu die in Deutschland bereits vorhandenen Naturschutzprogramme, -leitlinien und -grundsätze, in denen Ziele, Aufgaben und Maßnahmen des Naturschutzes und der Landschaftspflege dargestellt werden, zusammengeführt und zukunftsorientiert weiterentwickelt werden.

Trotz des umfangreichen Instrumentariums und erkennbar positiver Auswirkung auf die Situation von Teilen der biologischen Vielfalt besteht in Deutschland hinsichtlich der Durchsetzung der Konzeption weiterer Handlungsbedarf.

Zur Umsetzung des Übereinkommens über die biologische Vielfalt wurde der Naturschutz in Deutschland in seiner ganzen Breite von der Bundesregierung politisch neu thematisiert. Konzeptionelle Grundlage aller naturschutzpolitischen

Maßnahmen ist die Vorstellung, daß die Ziele des Naturschutzes schwerpunktmäßig in folgenden vier Handlungsbereichen verwirklicht werden sollen:

- Schaffung von Biotopverbundsystemen,

- Etablierung einer nachhaltigen, umweltgerechten Nutzung,

- Schutz des Naturhaushalts vor stofflichen Belastungen und

- Maßnahmen des direkten Artenschutzes.

Von besonderer Bedeutung sind die durch das Übereinkommen und durch die in Agenda 21 gegebenen Verpflichtungen, die von den Industriestaaten eine Unterstützung der Entwicklungsstaaten bei den Anstrengungen zum Erhalt der biologischen Vielfalt fordern. Die Entwicklungszusammenarbeit berücksichtigt bereits in vielfältiger Weise diese neue Anforderung und wird die diesbezüglichen Bemühungen zukünftig noch weiter verstärken.

Das Leitbild der gemeinsamen Verantwortung verpflichtet zu einer weltweiten Solidarität der Staaten untereinander. Zur Lösung der globalen Umweltprobleme ist nur ein gemeinsames Handeln im Sinne einer Umweltpartnerschaft langfristig erfolgreich. Die Bundesregierung hat deshalb folgende Konsequenzen für die deutsche Entwicklungszusammenarbeit gezogen:

- Konzentration der Entwicklungszusammenarbeit auf Armutsbekämpfung, Umwelt- und Ressourcenschutz sowie Bildung, die für den Aufbau einheimischer personeller und institutioneller Kapazitäten von zentraler Bedeutung ist;

- Orientierung von Art und Umfang der Zusammenarbeit an den Rahmenbedingungen in Entwicklungsstaaten, die für die Nachhaltigkeit einer wirtschaftlich, effizienten, sozialverträglichen und umweltverträglichen Entwicklungsstrategie grundlegend sind;

- Integration des Schutzes der biologischen Vielfalt in alle relevanten Bereiche der Entwicklungszusammenarbeit.

10. Ausblick

Schutz und Nutzung der biologischen Vielfalt stehen in einem engen Zusammenhang. Die Erhaltung genetischer Ressourcen ist in mehrfacher Hinsicht eine Aufgabe von globaler Dimension. Die Erhaltung der für die derzeitige und zukünftige Ernährungssicherung und Landnutzung notwendigen biologischen Vielfalt ist ausschließlich auf nationaler Ebene nicht befriedigend zu lösen. Vielmehr bedarf es der internationalen Abstimmung von Konzepten und Maßnahmen. Dabei muß gesehen werden, daß angesichts der weltweit sehr unterschiedlichen Verteilung und der unterschiedlichen Nutzungsformen der biologischen Ressourcen sehr verschiedene Interessenslagen in Einklang zu bringen sind (vgl. u.a. Johnson 1995).

Das anläßlich der UNCED verabschiedete Übereinkommen über die biologische Vielfalt geht von einem gesamtökologischen Ansatz aus; es kann für die gesamte Umweltpolitik sowie andere Politikbereiche Leitbilder setzen. In der Wissenschaft wird derzeit noch diskutiert, ob und inwieweit das Konzept der Biodiversität um das Konzept der Geodiversität zu einem vereinenden Konzept der Landschaftsdiversität erweitert werden sollte (vgl. Leser 1997).

Das für das Übereinkommen federführende Bundesministerium für Umwelt, Naturschutz und Reaktorsicherheit (BMU) ist zusammen mit den anderen Ressorts und den Ländern - der Bund besitzt im Naturschutz lediglich die Rahmenkompetenz - aufgefordert, unter Beteiligung aller Betroffenen sowohl sachgerechte als auch zukunftsweisende Lösungen für die Fragen des Schutzes und der nachhaltigen Nutzung der biologischen Vielfalt zu finden. Bei der Ausgestaltung nationaler Programme sind die Entwicklungen des internationalen Bereiches zu berücksichtigen. Zukünftige Aufgaben werden die Gewichtung der unterschiedlichen Schutzmaßnahmen im Lebensraum und außerhalb von diesem, die Schaffung eindeutiger Regelungen über Zugangsbestimmungen und Nutzungsrechte und die Gewährleistung der Nachhaltigkeit bei jeglicher Nutzung sein.

11. Literatur

Auer, M. (1992a): UN-Konventionsentwurf zum Schutz der biologischen Vielfalt. In: Natur und Landschaft 67, S.67-68

Auer, M. (1992b): Konvention "Biologische Vielfalt" unterzeichnet. In: Natur und Landschaft 67, S.505

Auer, M. (1994): Für die Erhaltung der Arten und ihrer Lebensräume. Das Übereinkommen der Vereinten Nationen über die biologische Vielfalt. In: Vereinte Nationen 42, S.168-172

BMU [Bundesministerium für Umwelt, Naturschutz und Reaktorsicherheit] (1995): Schutz und nachhaltige Nutzung der Natur in Deutschland. - Bonn

Bommer, D.F.R. und Beese, K. (1990): Pflanzengenetische Ressourcen. - Angewandte Wissenschaft. Schriftenreihe des Bundesministers für Ernährung, Landwirtschaft und Forsten 388

FAO [Food and Agricultural Organisation of the United Nations] (1993): Harvesting nature's diversity. - Rom (DOC.I/V 1430/E/1/7.93/25.000)

Groombridge, B. (Hrsg.) (1992): Global biodiversity: status of the earth's living resources. - London

Hawksworth, D.L. und M.T. Kalin-Arroyo (1995): Magnitude and distribution of biodiversity. In: Heywood, V.H. (Hrsg.): Global biodiversity Assessment. Published for the United Nations Environment Programme (UNEP). - Cambridge

Himmighofen, W. (1996): Strategien der Bundesrepublik Deutschland zur Erhaltung und Nutzung der pflanzengenetischen Ressourcen. In: Erdmann, K.-H. und Nauber, J. (Hrsg.): Beiträge zur Ökosystemforschung und Umwelterziehung III. - MAB-Mitteilungen 38, S.13-22

IUCN (1993): The convention on biological diversity - an explanatory guide. - Bonn

Johnson, N.C. (1995): Biodiversity in the balance: approaches to setting geographic conservation priorities. - Washington

Leser, H. (1997): Von der Biodiversität zur Landschaftsdiversität. Das Ende des disziplinären Ansatzes der Diversitätsproblematik. In: Erdmann, K.-H. (Hrsg.): Internationaler Naturschutz. - Berlin, Heidelberg u.a., S.145-175

Reid, V.W. (1993): Biodiversity prospecting: using genetic resources for sustainable development. - Washington

Solbrig, O.T. (1994): Biodiversität. Wissenschaftliche Fragen und Vorschläge für die internationale Forschung. - Bonn

Steininger, F.F. (Hrsg.) (1996): Agenda Systematik 2000. Erschließung der Biosphäre. Eine weltumspannende Initiative zur Entdeckung, Beschreibung und Klassifizierung aller Arten der Erde. - Kleine Senckenberg-Reihe 22

UNEP (1992): Convention on Biological Diversity, June 1992. - DOC. Na 92-8314, Nairobi

WRI, IUCN und UNEP [World Resources Institute, The World Conservation Union und United Nations Environment Programme] (1992): Global Biodiversity Strategy: Guidelines for action to save, study, and use earth's biotic wealth sustainably and equitably. - Washington

12. Liste der verwendeten Acronyme

CBD	Convention on Biological Diversity Übereinkommen über die biologische Vielfalt
CSD	Commission on Sustainable Development Kommission für nachhaltige Entwicklung
FAO	Food and Agricultural Organisation of the United Nations Ernährungs- und Landwirtschaftsorganisation der Vereinten Nationen
GEF	Global Environmental Facility Globale Umweltfazilität
ICCBD	Intergovernmental Committee of the Convention on Biological Diversity Zwischenstaatlicher Ausschuß für das Übereinkommen über die biologische Vielfalt
INC	Intergovernmental Negotiating Committee Zwischenstaatlicher Verhandlungsausschuß
IPF	Intergovernmental Panel on Forests Zwischenstaatliches Waldpanel

UNCED	United Nations Conference on Environment and Development Konferenz der Vereinten Nationen für Umwelt und Entwicklung
UNDP	United Nations Development Programme Entwicklungsprogramm der Vereinten Nationen
UNEP	United Nations Environmental Programme Umweltprogramm der Vereinten Nationen
VSK	Vertragsstaatenkonferenz

Psychologische und gesellschaftliche Dimensionen globaler Klimaänderungen

Volker Linneweber (Potsdam/Magdeburg)

1. Einleitung

Ausgehend von psychologischen Prozessen[1] in engerem Sinne (vgl. Fischhoff/Furby 1983; Kruse 1995; Sjöberg 1989; Stern 1978a, 1978b und 1992; Stern et al. 1992) soll in diesem Beitrag der Blick auf gesellschaftliche Aspekte erweitert werden. Genauer gesagt, dieser Beitrag beschäftigt sich mit der Frage: Was hat die Psychologie zur Erklärung des gesellschaftlichen Umgangs mit globalen Umweltproblemen zu sagen?

Mit Blick auf Klimaänderungen als wesentlichem Syndrom globaler Umweltveränderungen sind unsere Überlegungen damit Teil der Klima**folgen**forschung, jenem neuen Forschungszweig, zu dem - trotz oder gerade wegen der dort vorherrschenden "Konjunktur des Konjunktivs" (Wolfgang Blum in "Die Zeit" vom 02.11.95) - die Sozialwissenschaften vermehrt beitragen (müssen).

Hier soll es nicht darum gehen, **die** psychologischen Dimensionen globaler Umweltveränderungen zu identifizieren und damit etwa den Anspruch zu verbinden, einen umfassenden und erschöpfenden Katalog vorzulegen. Erfolgversprechender erscheint es vielmehr, diejenigen Aspekte herauszustellen, die bislang erarbeitet wurden, und zugleich zu fragen, *warum* diese interessieren.

Versucht man, Motive für die Beschäftigung mit der Problematik globaler Umweltveränderungen zu systematisieren, so ist zunächst zwischen (1) außer- und (2) innerwissenschaftlicher Relevanz zu differenzieren.

ad 1 Die *außerwissenschaftliche Relevanz* der Beschäftigung mit der Thematik

1.1 zeigt sich an **Phänomenen** wie

- Verlust an Biodiversität,
- Klimaänderungen (globale Erwärmung, Anstieg der Meeresspiegel),
- Ausdünnung des Stratosphärenozons,
- Verschmutzung von Wasser, Böden und Luft;

1.2 *in Kombination mit* ihren **Ursachen**, welche sind:

- Extensive Nutzung von Ressourcen (Land, Wasser, Wald, fossile Brennstoffe),
- irreversible Eingriffe in Regenerationszyklen durch Populations- und ökonomisches Wachstum sowie technologische Entwicklung;

---

1 Wesentliche Überlegungen zum Umgang mit globalen Umweltproblemen aus psychologischer Sicht hat Dörner (1995) bei gleicher Gelegenheit vorgetragen.

1.3 *in Kombination mit* ihren **Effekten** auf

- aktuell betroffene Nutzer(gruppen), insbesondere
  - nachhaltige Nutzbarkeit von Ressourcen,
  - Gesundheit,
  - Wohlstand,
  - Entstehung von Konflikten,
- zukünftige Nutzer ("sustainability", "intergenerative Gerechtigkeit").

Die Betonung der zwei *"in Kombination mit"* intendiert zu verdeutlichen, wodurch die Thematik sozialwissenschaftlich interessant wird: Der Mensch ist Verursacher und Betroffener globaler Umweltveränderungen (Wissenschaftlicher Beirat der Bundesregierung Globale Umweltveränderungen 1993). Eine Erforschung der **Folgen** der - teils beobachtbaren, teils meßbaren, teils antizipierbaren - Veränderungen ist daher ebenso ein genuin *sozialwissenschaftliches* Anliegen, wie es die Erforschung der **Ursachen** und deren Bewertung durch involvierte Akteure ist.

Die Bereitschaft einer Disziplin - hier der Psychologie -, sich mit einer Thematik zu beschäftigen, ist selbstverständlich auch aus ihr selbst heraus zu erklären. Damit wird zugleich deutlich, *wie* sie eine Herausforderung dieser Art annimmt, welche Konzepte, Modelle, Paradigmen sie anzubieten hat (vgl. dazu die von Herrmann [1976] vorgenommene Differenzierung in "Domain-" und "paradigmatische" Forschung), und - dies wird meines Erachtens leicht übersehen - welche intradisziplinären Entwicklungsmöglichkeiten sich aus der Beschäftigung mit außerwissenschaftlichen Problemen ergeben können.

ad 2 Die *innerwissenschaftliche Relevanz* ist zu differenzieren in intradisziplinäre Arbeiten, wobei zu nennen sind:

2.1 kognitionspsychologische Untersuchungen zum

- Umgang mit Komplexität,
- Entscheidungsverhalten;

2.2 umweltpsychologische Arbeiten zu

- energiebezogenem Verhalten,
- Umweltbewußtsein,
- Umweltplanung, -gestaltung, -nutzung und -erleben;

2.3 sozialpsychologische Arbeiten zu

- Interdependenzphänomenen,
- "Commons-Dilemmata",
- sozialen Einflußprozessen,
- Intergruppenrelationen.

Schließlich ist eine *interdisziplinäre Relevanz* erwähnenswert, die ich mit "globale Modellierung" mit dem Ziel des "Erdsystemmanagements" beschreiben möchte; und sicherlich müssen auch forschungspolitische Gründe wie (inter)nationale Programme (z.B. als Folge der Rio-Konferenz) bedacht werden, wenn das "in welchem Umfang" und "wie" einer Beschäftigung mit der "global (environ-mental) change"-Thematik zu erklären ist.

2. Die außerwissenschaftliche Relevanz der Beschäftigung mit globalem Wandel, globalen Umwelt- und Klimaveränderungen

Seit geraumer Zeit ist unumstritten, daß in den letzten Jahren und Jahrzehnten ein drastischer Anstieg der atmosphärischen Spurengase zu verzeichnen ist (vgl. Abb. 1 und Abb. 2).

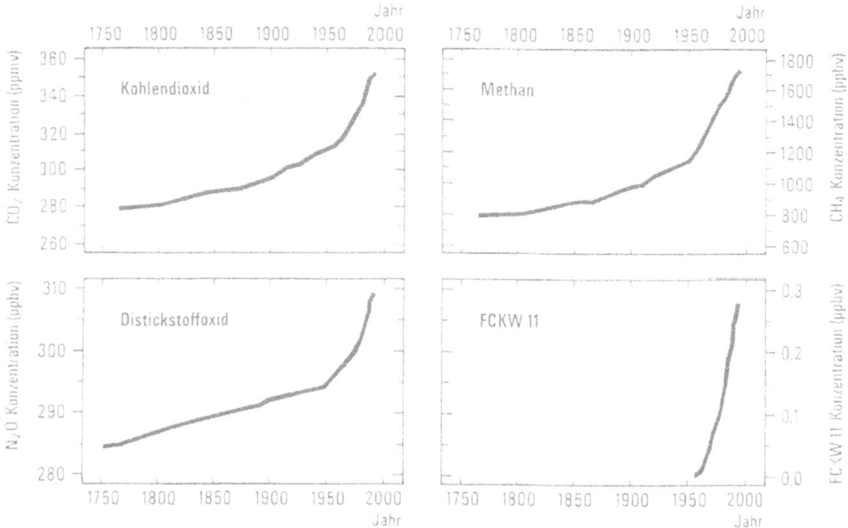

Abb. 1: Zeitlicher Verlauf der atmosphärischen Spurengase
CO_2, CH_4, N_2O und FCKW 11 (Enquête Kommission "Vorsorge zum
Schutz der Erdatmosphäre" 1990, zit. nach BMU 1994, S. 31)

Die Zahl derer, die bestreiten, daß diese Veränderung *anthropogen* ist, hat kontinuierlich abgenommen. Umstritten sind allerdings die *Effekte* dieser Ent-wicklung und *Strategien* zu ihrer Bewältigung. In diesem Zusammenhang stellen sich Fragen nach

- der Tragfähigkeit ("carrying capacity") natürlicher Ökosysteme (also z.B. ihrer Fähigkeit, Beeinflussungen durch den Menschen "auszuhalten"),

- der "Vulnerabilität" humaner Systeme einschließlich der Frage, welche Akteure bzw. Gruppen von Akteuren besonders exponiert sind (z.B. Bewoh-ner der "kleinen Inselstaaten" als erste vom Anstieg der Meeresspiegel Betroffene),

ferner werden

- die Frage nach der *anteiligen Verursachung* durch involvierte Akteure sowie

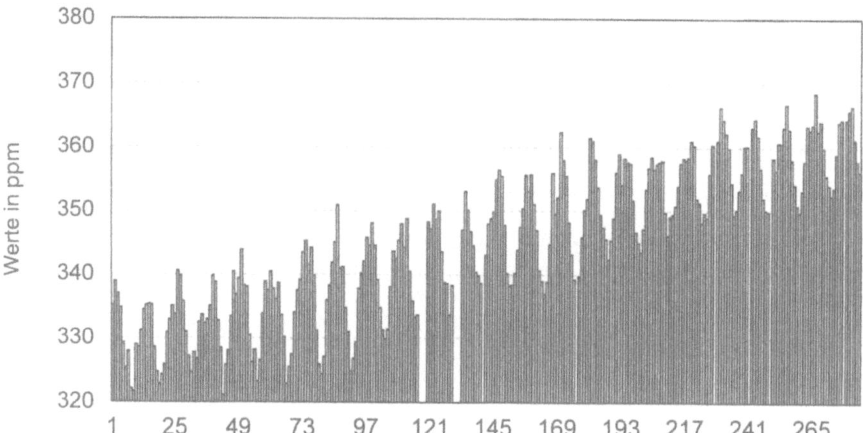

Abb. 2: CO$_2$–Konzentration (Monatsmittelwerte) 1972–1995 für die Meßstelle Schauinsland. Keine Angabe, wenn weniger als 2/3 der Werte vorhanden (Quelle: Umweltbundesamt)

- die Frage nach angemessenen *Strategien* im Umgang mit der Problematik und schließlich

- die Verteilung der *Lasten*, welche aus den gewählten Strategien resultieren,

in hohem Maße kontrovers diskutiert. Wir werden weiter unten sehen, daß die - z.B. auf Konferenzen und in internationalen Verhandlungen - zu beobachtenden Kontroversen nicht *zufällig*, sondern *systematisch* sind. Zu zeigen, daß (sozial-) psychologische Erklärungsmodelle in der Lage sind, diese Systematik zu erläutern, ist eines der wesentlichen Anliegen dieses Beitrags.

Zur Illustration einige Beispiele. Mittlerweile sind diejenigen Aktivitäten menschlicher Akteure, die zum sogenannten "Treibhauseffekt" beitragen, in ihren Anteilen quantitativ bestimmt worden (Stern et al. 1992) (vgl. Abb. 3).

Es ist bekannt, daß die Nutzung fossiler Energieträger durch den Menschen wesentlich zur globalen Erwärmung mit den oben genannten Effekten (Anstieg der Meeresspiegel, Verlust an Biodiversität, Änderung von Landnutzungsmöglichkeiten durch Versteppung etc.) beiträgt. Nun scheint es - wie die psychologische Attributionsforschung zeigt - eine Eigenschaft humaner Akteure (sowohl einzelner Individuen als auch Gruppen von Individuen) zu sein, sich nicht mit der Konstatierung von Fakten zufriedenzugeben, sondern

- nach Ursachen zu suchen und - damit zusammenhängend -

- Verantwortliche identifizieren zu wollen.

Während inzwischen kaum noch daran gezweifelt wird, daß die durch menschliche Aktivitäten - insbesondere durch die Nutzung fossiler Energieträger - verursachten CO$_2$-Emissionen zum Treibhauseffekt beitragen, entzünden sich

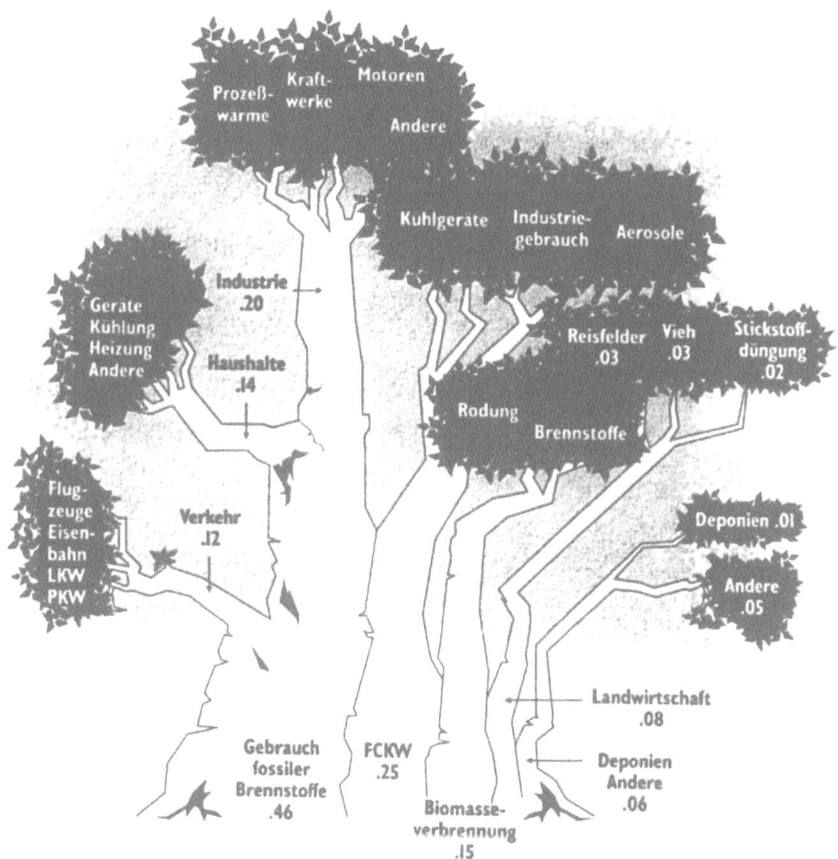

*Abb. 3: Anteilige Verursachung des Treibhauseffektes durch menschliche
Aktivitäten (nach: Stern et al. 1992)*

an der Frage der *anteiligen* Verantwortlichkeit heftige Debatten. Differenziert
man die jeweiligen Anteile an Energienutzung (als grober Schätzung für CO_2-
Emissionen) nach Nationen, so ergibt sich zunächst die in Abb. 4 dargestellte
Rangreihe.

Danach war 1990 der pro-Kopf-Verbrauch an Energie in Luxemburg (393 GJ)
um das mehr als 30-fache höher als in Indien (12 GJ); ein Schwede (232 GJ)
verbrauchte durchschnittlich mehr als das 3-fache als ein Portugiese (70 GJ).
Bilanzen dieser Art werden allerdings - insbesondere von denjenigen, die sich
dem Vorwurf der "Übernutzung" der "Global commons" ausgesetzt sehen, zu-
rückgewiesen. Sie fordern eine Berücksichtigung der *Effektivität* der Energienutzung und favorisieren Rangreihen wie die in Abb. 5 dargestellte.

Danach mußte 1990 in Polen (89 GJ/Einheit Bruttosozialprodukt) zur Herstellung einer Bruttosozialprodukt-Einheit etwa die 20-fache Energie aufgewen-

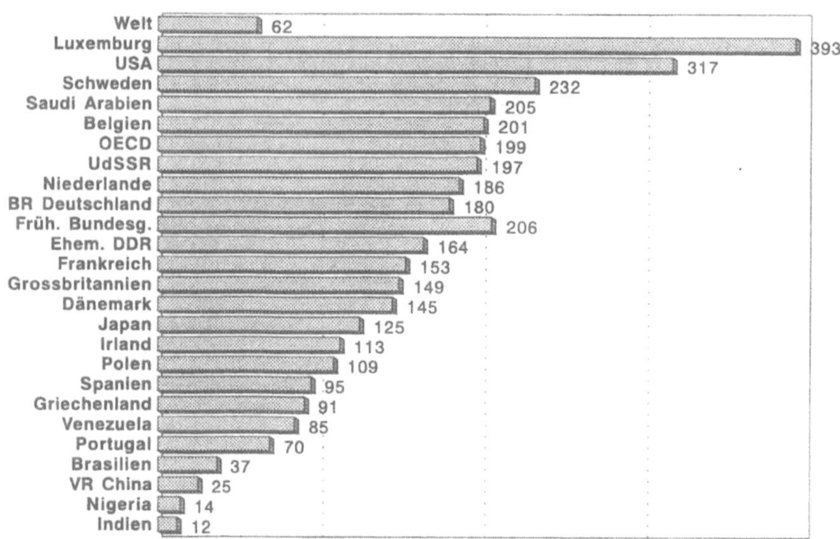

Abb. 4: Internationaler Vergleich des Pro–Kopf–Energieverbrauchs (GJ) im Jahr 1990 (BMU 1994)

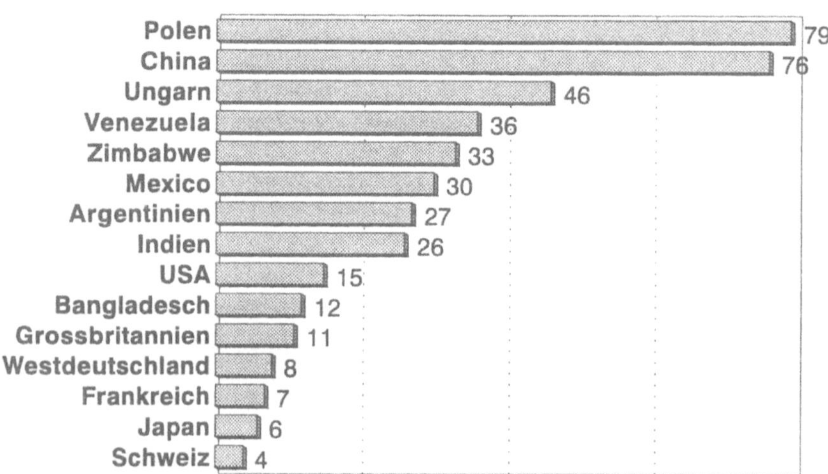

Abb. 5: Internationaler Vergleich des Energieverbrauchs (MJ) pro Bruttosozialprodukt–Einheit (BMU 1994)

det werden als in der Schweiz (4 GJ/Einheit BSP), in Mexiko (30 GJ/Einheit BSP) die 5-fache Menge als in Japan (6GJ/Einheit BSP).

Ein Nord-Süd-Kontrast wird besonders deutlich, wenn man bedenkt, daß 20 % der Weltbevölkerung 90 % der Umweltbelastung verursachen (vgl. Abb. 6). In diesem Zusammenhang verweisen allerdings die Vertreter der Industrielän-

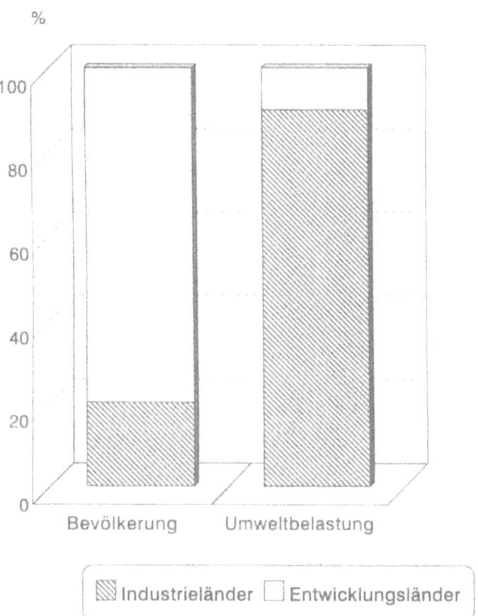

Abb. 6: Anteilige Umweltbelastung der Entwicklungsländer vs. Industrienationen (Bossel 1990)

der darauf, daß nicht der Energieverbrauch, sondern das Bevölkerungswachstum das globale Problem der Zukunft sei. So sei der relative Anteil der Länder der sogenannten Dritten Welt hier deutlich höher (vgl. Abb. 7).

Bei einem Bevölkerungswachstum von gegenwärtig 1,8 %/a versechsfacht sich die Weltbevölkerung in etwa 100 Jahren. Anteilig "übernutzen" Länder mit höherem Wachstum (z.B. Kenia mit einem Wachstum von 4,2 %/a im Jahr 1990 [Bossel 1990], was einem Wachstum um das 67-fache in 100 Jahren entspricht) damit die globalen Ressourcen, denn Bevölkerungswachstum bei gleichzeitig steigendem Energieverbrauch bedeutet eine drastische Zunahme der Umweltbelastung (vgl. Abb. 8).

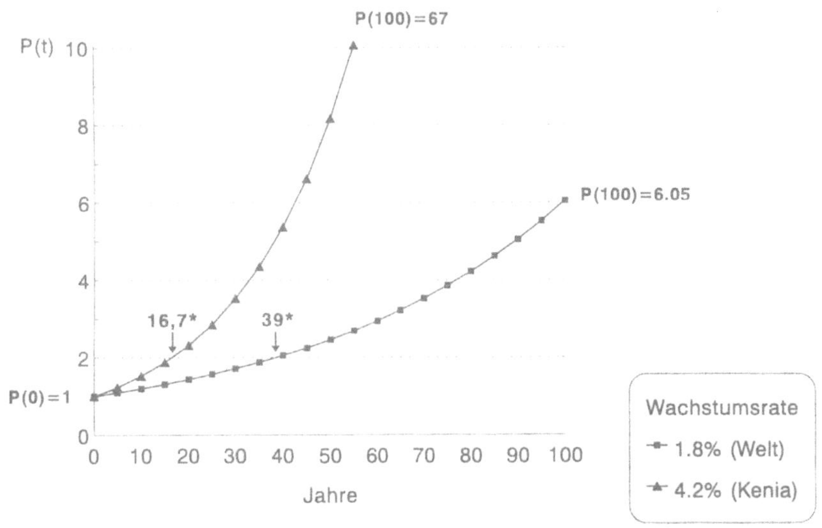

*Abb. 7: Bevölkerungsentwicklung bei Wachstumsraten von 1,8%/Jahr und 4,2%/Jahr. P(t) = Bevölkerung zum Zeitpunkt t, * Verdoppelungszeit (Bossel 1990)*

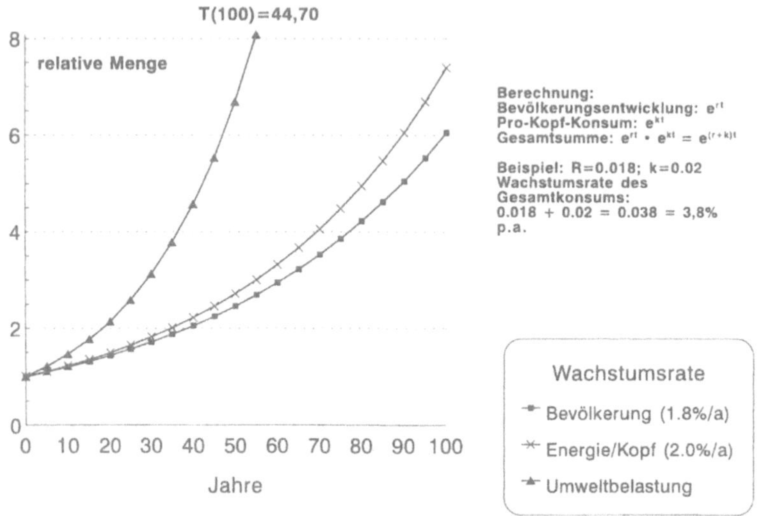

Abb. 8: Umweltbelastung bei Bevölkerungswachstum von 1,8%/Jahr
(Bossel 1990)

Die "globale Nutzergemeinschaft" - so kann ein kurzes Zwischenresümee lauten, konstatiert - zumeist in der Form naturwissenschaftlicher Analysen - eine Zunahme der Umweltbelastungen durch ihre eigenen Aktivitäten. Mit großer Wahrscheinlichkeit ist z.B. die globale Erwärmung um 1°C innerhalb der letzten 100 Jahre (dpa 0374 vom 13.11.95) zumindest anteilig anthropogen (Hasselmann 1995). Die Nutzergemeinschaft hat ferner Grund anzunehmèn, daß ihre gegenwärtigen Aktivitäten - insbesondere, wenn sie ohne grundlegende Änderung fortdauern ("business as usual") - diesen Trend verstärken. Neben den unmittelbaren Effekten der globalen Erwärmung erscheinen insbesondere *zukünftige Auswirkungen* im Hinblick auf die dauerhafte Nutzbarkeit des Planeten Erde bedrohlich. Die involvierten Akteure (als Verursacher oder Betroffene) setzen sich in der Weise mit der Thematik auseinander, wie es soziale Akteure auch in anderen Interdependenzkontexten (Linneweber 1994 und 1995) tun: Sie bilanzieren anteilige Verursachungs- und Betroffenheitsaspekte. *Wie* sie dies tun, wird im folgenden dargelegt.

3. Psychologische Überlegungen zum Funktionieren sozialer Systeme im Umgang mit globalem Wandel, globalen Umwelt- und Klimaveränderungen

Mit dem Ziel, den Umgang mit globalen Ressourcen durch humane Akteure erklären zu wollen (und damit "das Funktionieren" sozialer Systeme zu modellieren), erscheint es angebracht, (auch) psychologische Konzepte zu sichten und in Modelle einzubeziehen, welche diese Prozesse systematisch untersucht haben. Um dies zu tun, müssen Merkmale der involvierten natürlichen Systeme - genauer gesagt, Kenntnisse über ihr Funktionieren - in eine Beziehung mit Merkmalen involvierter sozialer Systeme - genauer gesagt, Kenntnisse über deren Funktionieren - gebracht werden.

Die involvierten natürlichen Prozesse sind in hohem Maße komplex, multidimensional und zeitlich ausgedehnt. Unsere Kenntnis über ihr Funktionieren ist dynamisch, es wird kontinuierlich weiterentwickelt (z.B. durch Rechnerleistung, welche die Detaillierung von "Globalen Zirkulations-Modellen" ermöglichen). Dennoch scheint *die für Entscheidungen* (z.B. Nutzungsreglements) *geforderte* Sicherheit der erreichten "davonzulaufen", wie der in Abb. 9 dargestellte hypothetische Zusammenhang indizieren soll und sich an zahlreichen Debatten sowohl über Umweltprobleme selbst als auch über die Effektivität von Maßnahmen zu ihrer Bewältigung zeigt (vgl. Luhmann 1986).

Die psychologisch bedeutsamen Aspekte, welche nach der hier vertretenen Auffassung auch zur Erklärung des gesellschaftlichen Umgangs mit der Thematik herangezogen werden können, hat Pawlik (1991) folgendermaßen zusammengefaßt:

- naturwissenschaftliche und soziale Unschärfe,

- wahrnehmungsmäßige, zeitliche und räumliche Indirektheit und Mittelbarkeit,

- Seltenheit eindeutig indikativer Ereignisse,

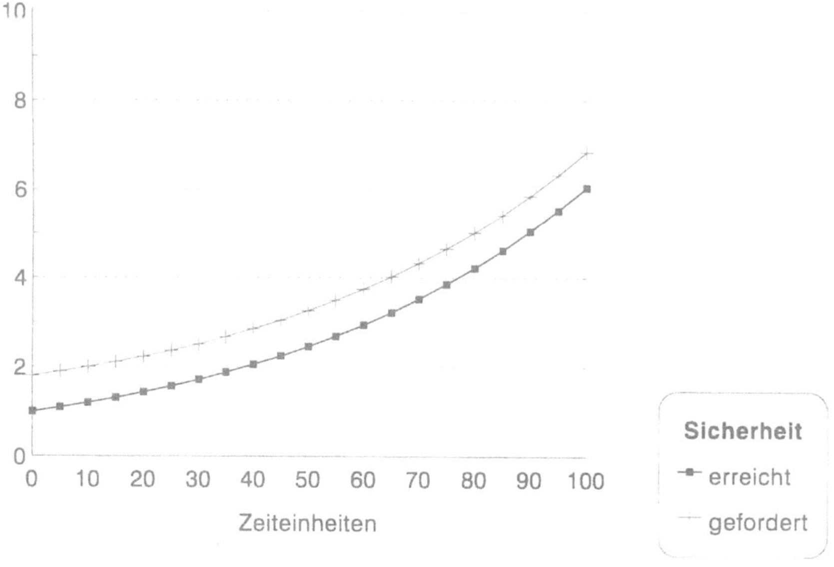

Abb. 9: Hypothetischer Zusammenhang zwischen erreichter und für Entscheidungen geforderter Sicherheit

- Distanz von Akteuren und Betroffenen,

- geringer Anreiz nicht unmittelbar egozentrischen Verhaltens.

Wenn wir danach fragen, welche Bedeutung diese Merkmale dafür haben, wie die involvierten Akteure mit "dem System Erde" umgehen (in welchem Umgang sie z.B. Ressourcen nutzen bzw. "schonen"), setzen wir damit dort an, wo Dörner (1995) abschloß: bei Fehlern und Irrtümern im Umgang mit komplexen Systemen. Dörner sieht eine wesentliche Ursache für ein "fehlerhaftes" Umgehen mit Komplexität in den "Ökonomietendenzen", welche allerdings erforderlich sind, um Komplexität zu reduzieren. Er nennt *kognitive* und *motivationale* Ursachen. Seine Überlegungen aufgreifend, soll im folgenden erörtert werden, welche Bedeutung diese Fehler für solche Interdependenzbeziehungen haben, in denen sich die Nutzer des Planeten Erde befinden.

3.1 Umweltnutzung als (Inter-)Dependenzphänomen

Eine grundlegende und nahezu selbstverständliche Position der "global change-", "environmental change-" und Klimafolgenforschung ist, daß Menschen als Verursacher und zugleich Betroffene regionaler sowie globaler Umweltveränderungen aufgefaßt werden müssen. Sie sind damit "objektiv" via Umweltnutzung wechselseitig voneinander abhängig (interdependent). Die "Commons-dilemma-Forschung" (Edney 1980; Grzelak 1994; Hardin 1968; Harvey et al. 1993; McCay/Acheson 1987; Tsai 1993) untersucht Entscheidungen und Verhalten von Akteuren in derartigen Interdependenzrelationen. In der Regel wird in diesem Forschungsbereich die Tatsache, *daß* eine Ressource endlich ist und *daß* die Nutzer sich wechselseitig beeinflussen, den Versuchspersonen, deren Umgang mit einer "virtuellen" Ressource (z.B. computersimulierter Fischbestand; Ernst et al. 1992) studiert wird, im Forschungslabor vorgegeben.

Im vorliegenden Zusammenhang fragt sich jedoch zunächst, was die *Bedingungen, Merkmale* und *Folgen* der Wahrnehmung umweltnutzungsbezogener Interdependenz, also *subjektiv wahrgenommener* wechselseitiger Abhängigkeit sind.

3.2 Bedingung der Wahrnehmung umweltnutzungsbezogener Interdependenz: Selbstreflektionsfähigkeit humaner Umweltnutzer

Als Merkmal ihrer "Sonderstellung" in der Natur (Scheler 1926 und 1928) zeichnen sich humane Nutzer des Systems Erde durch die prinzipielle Fähigkeit aus, sowohl ihre Beeinflußtheit und Beeinflußbarkeit von der Umwelt als auch ihre Einflußmöglichkeiten auf die Umwelt zu erkennen. Es liegt nahe, diese Kompetenz als "kognitiv" zu klassifizieren, und es mag der Eindruck entstehen, als seien damit Fähigkeiten vorwiegend individueller Akteure gemeint. Diese Einschränkung ist nicht beabsichtigt. Wenn hier von "Umweltnutzung", "Einflüssen" sowie weiter unten von "Kognitionen", "Beurteilungen", "Bewertungen", "Rechtfertigungen" etc. die Rede ist, so bezieht sich dies stets sowohl auf individuelle Nutzer als auch Aggregate dieser (in Form von Gruppen, Nationen, Kulturen, Generationen). Die Ergebnisse von (Selbst-)Reflektionsprozessen humaner Umweltnutzer äußern sich zwar unter anderem in individuellen Wertungen, Zuschreibungen etc. Diese sind aber wesentlich sozial, gesellschaftlich, kulturell und ökonomisch bedingt. Zudem sind "überindividuelle" Merkmale (z.B. sozial geteilte Bewertungen) im gegebenen Rahmen insofern wesentlich, als ihnen kumulative Effekte und damit globale Bedeutung zugeschrieben werden müssen. Uns interessieren somit somit eher Entstehung, Merkmale und Wirkung "sozialer Repräsentationen" als individuelle Merkmale.

Die grundlegende Fähigkeit zur Selbstreflektion ist allerdings keinesfalls gleichzusetzen mit der Kompetenz, dies "korrekt" (z.B. orientiert am Stand wissenschaftlicher Forschung) zu tun oder gar die Grenzen der Selbstreflektionsfähigkeit erkennen zu können (Luhmann 1986; Scheler 1926). Vielmehr sind Reflektions"voreingenommenheiten" zu erwarten. Um das "Funktionieren" sozialer Systeme zu erklären, ist es wichtig herauszufinden, wo systematische "Fehler und Irrtümer" anzutreffen sind und welche funktionale Bedeutung - z.B. für umweltnutzungsbezogene Konflikte - diese jeweils haben. Zur Illustration sprechen wir von einem "aktiven Filter", welcher umweltnutzungsbezogene Informationen "produziert".

Um Annahmen über das Funktionieren dieses aktiven Filters formulieren zu können, muß nach *Perspektiven* differenziert werden, welche Menschen gegenüber der Umwelt einnehmen: Sie sind - auch aus ihrer eigenen Sicht - Agenten, Beobachter und/oder Betroffene des Zustandes und der Entwicklungen des Systems Erde. Ebenso sind sie Agenten, Beobachter und/oder Betroffene von Maßnahmen, mit denen soziale Systeme versuchen, sich diesen Entwicklungen anzupassen bzw. als nachteilig erkannte Einflüsse zu verringern bzw. zu verhindern. In den Kognitionswissenschaften wurden Modelle entwickelt, die geeignet sind, Prozesse der *perspektivenspezifischen* Wahrnehmung und Beurteilung ("Strategien") zu erklären. Im vorliegenden Falle beziehen sie sich auf:

- die Repräsentation von aktuellen Zuständen des Systems Erde, wobei motivationale und kognitive Strategien erwartet werden, die zur Ignorierung unerwünschter funktionaler Beziehungen (Ursache-Wirkung) oder einer Unterbewertung ihrer Bedeutung führen,

- die Repräsentation der wahrscheinlichen Entwicklung des Systems - wobei motivationale und kognitive Strategien erwartet werden, welche die Unterschätzung der Eintretenswahrscheinlichkeit unerwünschter Szenarien sowie zur Überschätzung der Reversibilität bedrohlicher Entwicklungen oder kritischer Zustände ermöglichen.

Wir werden später die Implikationen positionsspezifisch (Nutzer vs. Betroffener) divergenter Perspektiven erörtern; zunächst jedoch soll erarbeitet werden, auf welchen "Pfaden" perspektivenspezifische Wahrnehmungen und Beurteilungen erfolgen.

3.3 Merkmal I der Wahrnehmung umweltnutzungsbezogener Interdependenz: Positive Illusionen als motivierte Verzerrung

Der aktive Filter "Wahrnehmung und Beurteilung der Nutzung globaler Ressourcen" hat eine bedeutende Funktion im Umgang mit bedrohlichen Informationen, etwa Hinweisen auf irreversible Schäden, zu erwartenden Verknappungen oder die Revision von Einschätzungen bislang als ungefährlich erachteter Einflüsse. Taylor (1989) führt aus, daß selbsttäuschende "positive Illusionen" den Umgang mit unerwünschten Informationen ermöglichen. Es kann angenommen werden, daß sich diese nicht nur auf aktuelle Zustände beziehen, sondern ebenso auf vergangene ("hindsight-bias"; Fischhoff 1975; Hawkins/Hastie 1990; Mazurski/Ofir 1990) sowie zukünftige Entwicklungen (Brown et al. 1993). Insbesondere im Hinblick auf unscharfe Gegenstände (wie im Zusammenhang mit der Nutzung globaler Ressourcen gegeben) ist dies zu erwarten (Tversky/Kahneman 1974 und 1978), ferner dann, wenn es sich um für die Beteiligten bedeutungsvolle Sachverhalte handelt (Mark/Mellor 1991), was ebenfalls den hier diskutierten Gegenstand kennzeichnet.

Es ist anzunehmen, daß insbesondere unter Bedingungen unsicherer Informationen oder Unklarheiten bezüglich deren Bewertung (als bedrohlich oder harmlos) diese Tendenzen resultieren und "erfolgreich" angewendet werden (Tversky/Kahneman 1974 und 1978). Weiter unten werden wir sehen, daß hinsichtlich der Konsequenzen, die mit der Nutzung globaler Ressourcen verbunden sind, derartige Bedingungen gegeben sind und innerhalb von Konflikten als Interpretationsspielräume systematisch genutzt werden, um die Berechtigung der jeweils eigenen Position im Kanon der "Nutzergemeinschaft" zu unterstreichen.

Der hier ausgeführten These einer positiv verzerrten Wahrnehmung und Bewertung liegt eine motivationale Annahme zugrunde. Sie geht vorwiegend von der Betroffenen-Perspektive (s.o.) aus: In Übereinstimmung mit Taylor/Brown (1988), die das Streben nach psychischer Gesundheit in einen Zusammenhang mit positiven Illusionen stellen, nehmen wir an, daß etwa die Einsicht extrem bedrohlich ist, die Menschheit - und damit jeder einzelne - bewege sich auf eine ökologische oder Klimakatastrophe zu oder sie werde zukünftig durch die Ausdünnung des Stratosphärenozons in Form von Krankheiten betroffen oder sie erwarte eine nicht kompensierbare Verknappung lebenswichtiger Ressourcen. Aus der Bedrohlichkeit derartiger Szenarios resultiert eine Veranlassung, kritische Entwicklungen zu ignorieren. Erreicht werden kann eine weniger bedrohliche Perspektive dadurch, daß

- geleugnet wird, daß derartige bedrohliche Entwicklungen tatsächlich eingetreten sind bzw. eintreten werden,

- ihr tatsächliche Bedrohlichkeit abgesprochen wird, etwa indem angenommen wird, daß

- Ökosysteme des Planeten (oder künftige Nutzer) in der Lage sind, anscheinend bedrohlichen Entwicklungen entgegenzuwirken (Regenerations- oder Kompensationsfähigkeit),
- die humanen Nutzer Kompetenzen haben bzw. entwickeln werden, mit bedrohlichen Entwicklungen umzugehen.

Zusatzannahmen, die weitere Differenzierungen zulassen, werden später angeführt.

3.4 Merkmal II der Wahrnehmung umweltnutzungsbezogener Interdependenz: Begrenzte Informationsverarbeitungskapazität als Ursache kognitiver Verzerrungen

Ein weiterer Mangel der menschlichen Selbstreflektionsfähigkeit ist in der begrenzten Informationsverarbeitungskapazität (Dörner 1985; Dörner et al. 1983) zu sehen. Im Unterschied zum oben ausgeführten motivationalen Anlaß, Bedrohlichkeit zu ignorieren, handelt es sich also um einen kognitiven Aspekt, welcher besonders bedeutend im Umgang mit *Komplexität, Multidimensionalität* und *unsicheren Bedingungen* ist. Studien zur Laienepistemologie zeigen, daß

- monokausale Erklärungen bevorzugt werden,

- mit Vorliebe bereits verfügbare Erklärungsmodelle verwendet und nicht neue entwickelt werden ("Verfügbarkeitsheuristik"),

- Aspekte überschätzt werden, die als repräsentativ für ein Phänomen erachtet werden ("Repräsentativitätsheuristik").

Kognitive Tendenzen zur Vereinfachung wurden bereits in relativ einfachen Ursache-Wirkungs-Beziehungen ausgemacht. So werden schon einfache Interaktionseffekte zweier unabhängiger Variablen auf eine abhängige nicht selten in zwei Haupteffekte überführt. Es ist daher kaum verwunderlich, daß komplexe Zusammenhänge oder nichtlineare Entwicklungen wie jene, welche im Zusammenhang mit der Nutzung globaler Ressourcen gegeben werden, "anfällig" für Vereinfachungen sind. Wir müssen annehmen, daß derartige kognitive Vereinfachungsstrategien in Nutzungskonflikten (z.B. in Gerechtigkeitsbeurteilungen und Wirkungsabschätzungen) bedeutsam sind. Auch hier ist anzunehmen, daß Vereinfachungen (z.B. Über- oder Unterbewertungen von Effekten, Extrapolationen vergangener auf zukünftige Entwicklungen) nicht zufällig sind, sondern einer identifizierbaren Systematik folgen.

3.5 Merkmal III der Wahrnehmung umweltnutzungsbezogener Interdependenz: Ambiguität in der "Konstruktion von (Inter-)Dependenz"

Während extreme Ereignisse, etwa der Tschernobyl-Unfall oder der "saure Regen", Interdependenzstrukturen deutlich werden lassen, ist dies in globalen und damit unscharfen Entwicklungen wie dem Rückgang des Stratosphärenozons, globaler Erwärmung oder Verlust von Biodiversität nicht der Fall. Hier sind (Inter-)Dependenzbeziehungen vielmehr Resultat von Konstruktionen der involvierten Akteure, welche - übereinstimmend mit der bisherigen Argumentationslinie - als systematisch verzerrt anzunehmen sind.

Die Interdependenzrelation zwischen Verursachern und Betroffenen kritischer Entwicklungen des Systems Erde bildet die Grundlage für nutzungsbezogene Gerechtigkeitsbeurteilungen, z.B. Formulierungen von Anrechten, Erwartungen kompensatorischer Maßnahmen. Zur Erklärung von Positionen, die in Konflikten eingenommen werden und wesentlich auf derartige Gerechtigkeitskonzepte und Bilanzierungen zurückgreifen, ist es erforderlich, "Konstruktionen von Interdependenz" zu analysieren.

Mit der Differenzierung in Akteure oder Betroffene ist nicht die Zuweisung einer permanenten Position gemeint, sondern eine, die gegenstandsbezogen variabel ist. So werden - wie eingangs erwähnt - im Hinblick auf den weltweiten Energieverbrauch "die Industrienationen" als die Akteure betrachtet und Schwellen- und Entwicklungsländer eher in der Position der Betroffenen gesehen (Bossel 1990). Hinsichtlich des Bevölkerungswachstums und der damit verbundenen Probleme finden sich umgekehrte Positionszuweisungen - zumindest dann, wenn in Zukunftsszenarien weltweite Migrationsbewegungen und damit verbundene Probleme, z.B. regionaler Ressourcenverknappung, antizipiert werden. Während in intergenerativen Beziehungen Bestimmung der Positionen von Akteuren (Angehörige älterer Generationen) und Betroffenen (Angehörige jüngerer Generationen) logischerweise noch eindeutig ist, fallen bei umweltnutzungsbezogenen Problemen, von welchen die Verursacher selbst betroffen sind, die Positionen sogar zusammen. Im Zusammenhang mit regionalen Auswirkungen der Ressourcennutzung ist dies unmittelbar evident. Sowohl in globalen als auch langfristigem Maßstab der Ressourcennutzung ist dies hingegen weniger eindeutig.

Mit Blick auf das Funktionieren sozialer Systeme ist es sinnvoll, zunächst sowohl Spezifika der Positionen selbst zu differenzieren als deren *Relation zueinander* zu reflektieren, also z.B. danach zu fragen, was aus der Konfrontation systematisch unterschiedlicher Perspektiven folgt. Dies ist erforderlich, da - wie später gezeigt wird - mit zunehmender *Dimensionalität* von Interrelationen, zunehmender *Unschärfe* von Ursache-Wirkungsbeziehungen und zunehmender *Unsicherheit* bezüglich zu erwartender Trends die Möglichkeiten der *Akzentuierung* von Positionen (Akteur oder Betroffener) steigen.

Für eine Erklärung der Dynamik von Konflikten zwischen Personen oder sozialen Einheiten ist die Annahme einer *Perspektivendivergenz* zwischen Akteuren und Betroffenen von zentraler Bedeutung (Mikula 1994; Mummendey et al. 1984; Mummendey/Otten 1989). *Perspektivendivergenz* bedeutet, daß im Blick auf einen fraglichen Sachverhalt (z.B. Ressourcennutzung und deren Implikationen) Akteure (A) und Betroffene (B) unterschiedlich wahrnehmen und bewerten. Insbesondere hinsichtlich der von A auf B ausgeübten Effekte sind systematische Beurteilungsunterschiede zu erwarten. In Beziehungen zwischen

Personen und zwischen Gruppen (z.B. Konflikten) wurden diese eindrucksvoll nachgewiesen. Hier soll versucht werden, die erarbeiteten grundlagenwissenschaftlichen Erkenntnisse auf den Gegenstand "Ressourcennutzung" anzuwenden.

Wir gehen davon aus, daß Perspektivendivergenz nicht lediglich unvereinbare Wahrnehmungen und Beurteilungen involvierter Akteure kennzeichnet, sondern Entscheidungs- und Handlungskonsequenzen hat. Zur Erklärung und Vorhersage des Verhaltens einzelner sozialer Einheiten, insbesondere aber auch Aggregate dieser - und damit der Dynamik sozialer Systeme - kann die energetisierende Wirkung divergenter Perspektiven kaum hoch genug eingeschätzt werden (Linneweber 1988a und 1988b). Denkt man etwa daran, wie in interpersonalen bis internationalen Konflikten jeweils "eigene" Aktionen unter Bezugnahme auf die Reziprozitätsnorm (Gouldner 1960; Marsh et al. 1976; Rule/Nesdale 1976) als angemessen gerechtfertigt (Defensive, Retaliation oder sogar Prävention), hingegen fremde verurteilt werden (Aggression, Offensive), verdeutlicht sich die Bedeutung divergenter Perspektiven zur Erklärung der Dynamik sozialer Systeme.

Kennzeichen der Betroffenenperspektive

Betroffene sind bestrebt, sich als ungerecht behandelt, benachteiligt etc. zu (re-)präsentieren. Sie erreichen dies, indem sie

- den entstandenen (oder durch eigene Anstrengungen oder glückliche Umstände ausgebliebenen) Schaden dramatisieren,

- die Unangemessenheit des auf sie einwirkenden Einflusses betonen.

Ferner sind sie bestrebt,

- einen Verursacher oder Verantwortlichen zu identifizieren, um Ansprüche auf Schadenersatz, Kompensation, Wiedergutmachung zu begründen und durchzusetzen.

Kennzeichen der Verursacherperspektive

Akteure hingegen versuchen,

- fragliche Ereignisse oder Prozesse zu verharmlosen, indem sie den bei den Betroffenen entstandenen Schaden ignorieren,

- Verursachung zu leugnen oder, falls dies nicht möglich ist,

- Verantwortlichkeit zurückzuweisen.

Perspektivenpräferenz

Sowohl in der Selbst- als auch Außendarstellung wird die Betroffenenperspektive favorisiert. Es konnte gezeigt werden, daß die bevorzugte Positionsbe-

stimmung durch "Segmentierung" und "Akzentuierung" von Interaktionssequen-
zen (Mummendey/Otten 1989; Newtson 1973 und 1976) erreicht wird: In "ein-
kanaligen" Interdependenzrelationen (Beziehungen, in denen soziale Vergleich
auf nur einer Dimension stattfinden) wird dies dadurch erreicht, daß herausgestellt wird, die jeweils eigene Handlung (Ressourcenverbrauch, Intoxikation oder
Beeinflussung anderer Nutzer) habe lediglich die Funktion, zuvor bestehende
Ungerechtigkeit zu eigenen Ungunsten zu beseitigen (Bierhoff et al. 1986;
Caddick 1982; Kabanoff 1991; van Knippenberg/van Oers 1984; Walster 1976).
Durch eine entsprechende Repräsentation der Entwicklung einer Beziehung
wechselseitiger Abhängigkeit wird angestrebt, einen Ungerechtigkeitszustand zu
eigenen Ungunsten zu "rekonstruieren" oder - falls die eigene Person/Gruppe/so-
ziale Einheit mit dem Vorwurf ungerechtfertigter Nutzung konfrontiert ist -
zumindest keine Ungerechtigkeit zu eigenen Gunsten zuzulassen.

In "mehrkanaligen" Interdependenzrelationen bieten sich weitere Optionen.
Hier besteht zusätzlich die Möglichkeit eines Vergleichs von Einflüssen unterschiedlicher *Qualität*. Es wird nicht nur eine quantitative Akzentuierung zur
"selbstdienlichen" Darstellung der eigenen Position genutzt, sondern auch betont,
daß die Qualität desjenigen "Kanals", auf dem die eigene soziale Einheit
inadäquaten Einflüssen ausgesetzt ist (sich also in der Betroffenenposition befindet), negativer (schlimmer, schädigender, gefährlicher, bedrohlicher aber auch
ungewisser, langfristiger, folgenreicher) einzuschätzen ist, als die desjenigen
"Kanals", auf welchem die eigene soziale Einheit ihrerseits kritische Einflüsse
ausübt. Die bevorzugte Perspektive (im gegebenen Zusammenhang die des Betroffenen) kann also in derartigen multidimensionalen Interdependenzrelationen
durch eine entsprechende *Gewichtung von Beurteilungsdimensionen* herbeigeführt werden. Wir werden nun die Implikationen anthropogener Umweltveränderungen als notwendigem aber unscharfem Beurteilungskriterium kennenlernen, indem wir abschließend die Implikationen perspektivenspezifisch divergent
wahrgenommener Interdependenz diskutieren. *Konflikte* sind - die bisherige
Argumentationslinie fortsetzend - auch hier das wesentliche Merkmal des gesellschaftlichen Umgangs mit Umweltressourcen.

3.6 Folgen der Wahrnehmung umweltnutzungsbezogener
Interdependenz (I): Konflikte um regionale Ressourcen

Schränkt man - wie im gegebenen Rahmen angebracht - die Sicht auf Inkom-
patibilitäten ein, welche mit der Nutzung von Umweltressourcen zusammenhängen, finden sich selbstverständlich Beispiele für Auseinandersetzungen, deren Ursachen in Konkurrenz um lokal oder regional verfügbare Ressourcen
(Nahrungsmittel, Bodenschätze, Energieträger, Wasser) zu sehen sind (Homer-
Dixon 1991 und 1994; Mitchell 1976). Wir werden zunächst konfliktrelevante
Implikationen dieser besprechen, bevor wir uns in 3.7 darüber hinausgehenden
oder davon abweichenden Spezifika globaler Ressourcen zuwenden. Mit der
Differenzierung "regional" vs. "global" ist *nicht* gemeint, daß es sich um klar

getrennte Kategorien handelt; es sind eher Betrachtungsschwerpunkte (sowohl wissenschaftliche als auch "naive") auf regionale vs. globale Ursachen und Effekte.

Zunächst hat es den Anschein, als gewährleisten "übergeordnete" Rechte (z.B. territoriale) daraus resultierende "nachgeordnete" (z.B. Abbau von Bodenschätzen). Für Auseinandersetzungen um Gebietsansprüche aufgrund jeweils verfügbarer Ressourcen müßte dies - zumindest idealerweise - bedeuten, daß mit verbindlichen Regelungen auch Konflikte beigelegt sind. Allerdings sind z.B. durch Festlegung eindeutiger Abbaurechte regional verfügbarer Bodenschätze nur scheinbar Konfliktursachen beseitigt. In mindestens zweifacher Hinsicht sind hier von den jeweiligen "Akteuren" Einflüsse möglich, die anfällig für Perspektivendivergenzen sind und damit Konfliktpotential enthalten.

3.6.1 Interregionale Implikationen regionaler Ressourcennutzung

Die Nutzung regional verfügbarer Ressourcen kann Auswirkungen in benachbarten Regionen haben. Aus dem Abbau von Bodenschätzen etwa können grenzüberschreitende geomorphologische Konsequenzen resultieren - selbstverständlich werden Nutzer bemüht sein, diese zu leugnen bzw. herunterzuspielen. Erreicht werden kann dies durch Strategien, die oben ausgeführt wurden.

Besonders einleuchtend ist das nutzungsbezogene Konfliktpotential nicht-stationärer Ressourcen, z.B. Erdöl- und Erdgasvorräte sowie insbesondere Wasser. Mit zunehmender Verknappung werden Konflikte um die Ressource Wasser erwartet (Postel 1993; Homer-Dixon 1991 und 1994; Northoff 1994; Oodit/Simonis 1993; Pearce 1992). Im Nahen Osten (Jordan-Anrainer Staaten) ist schon gegenwärtig die Bedeutung des "Kampfes um das Wasser" (Postel 1993) deutlich (z.B. territoriale Ansprüche auf das Westjordanland als bedeutendes Wassereinzugsgebiet). Auf der Iberischen Halbinsel und in anderen semi-ariden Gebieten wird eine Verschärfung bereits evidenter Konflikte um Frischwasser erwartet, die nicht nur internationale Dimensionen annehmen, sondern auch intranationales Konfliktpotential enthalten. So wird die Zurückhaltung regional verfügbarer oder bevorrateter Ressourcen mit der Möglichkeit einer lokalen ("eigenen") Mangelsituation begründet, welche angesichts der erfolgten Investitionen (oder der mit der Bevorratung verbundener Nachteile) eine vorrangige Befriedigung antizipierten eigenen Bedarfs rechtfertige.

Neben Herausstellung eigener Nutzungsrechte und ihrer Rechtfertigung durch eigene Investitionen oder der Leugnung bzw. Herabwürdigung entstandenen Schadens bieten sich noch weitere Möglichkeiten zur Begründung exklusiver Nutzungsrechte: etwa durch Herausstellung der *negativen Implikationen* eines Nutzungsverzichtes oder "objektiver" Nachteile einer Erweiterung von Nutzerpopulationen (z.B. unausweichliche Leitungsverluste oder Risiken bei Transport von Ressourcen über große Distanzen) sowie eines unangemessen geringen Vorteils durch konkurrierende Nutzer - oder gar Nachteil für diese dadurch, daß angesichts von Partizipationsmöglichkeiten Investitionen nicht erforderlich erscheinen. Möglich ist auch eine Rechtfertigung eigenes Vorteils auf einer Dimension sozialen Vergleichs ("Kanals") mit Hinweis auf Nachteile auf anderen Dimensionen. So könnte etwa der leichte Zugang zu Ressourcen und ein Bestehen auf dessen exklusiver oder überproportionaler Nutzung (z.B. mariner Ökosysteme) begründet werden mit (Wettbewerbs-)Nachteilen auf anderen Gebieten (etwa durch Randlage auf internationalen Handelswegen, klimabedingte Aufwendungen, Exponiertheit gegenüber Naturkatastrophen).

Aus Perspektive "Benachteiligter" hingegen werden Argumente angeführt, welche die Ungerechtigkeit der Relation belegen (z.B. zusätzliche Vergleichsdimensionen mit ebenfalls "schlechtem" Abschneiden; Häufung benachteiligender Ereignisse). Auch können die Vorteile, welche der "Gebergruppe" zuteil werden, akzentuiert werden; eine Position, welche sich z.B. in der Diskussion darüber findet, ob Entwicklungshilfe "tatsächlich" altruistisch ist.

Die *zeitliche Dimensionierung* der Beurteilungsperiode schließlich ermöglicht ebenfalls perspektivenspezifische Bilanzierungen. So kann ein aktueller Zustand (z.B. anscheinender Benachteiligung) mit dem Hinweis auf vergangene Perioden (anscheinenden Vorteils) als gerecht, angemessen etc. bewertet werden (aus Sicht aktuell Bevorteilter); *absolut* hingegen - also nicht im Rekurs auf vergangene Zustände - stellt er sich aus Perspektive Betroffener als ungerecht, unangemessen etc. dar.

3.6.2 Externalitäten

Mit der Nutzung zahlreicher Ressourcen sind Belastungen für die Umwelt verbunden. Regional sind insbesondere die Sektoren industrielle Produktion (Bartelsman et al. 1994), Urbanisierung (Chao/Yu 1994), Land- und Forstwirtschaft, Tourismus sowie Verkehr als Externalitäten-Verursacher bedeutend. Positive Werte werden vernichtet oder negative Werte geschaffen, indem Bodenschätze abgebaut, Energieträger genutzt und damit - auch regional - die Umwelt belastet wird. Für betroffene Nutzer(gruppen) treten Beeinträchtigungen der Umweltqualität in Form von Minderungen des "Erholungswertes" oder der "Lebensqualität" in Erscheinung. In ökonomische Bilanzen werden Externalitäten - zumindest gegenwärtig - in der Regel nicht einbezogen (Schellnhuber/Sprinz 1994). In umwelt-ökonomischen Rechnungen stellt sich das Problem ihrer Gewichtung im Verhältnis zu den produzierten Gütern (Waren und Dienstleistungen): Trotz mittlerweile erarbeiteten Möglichkeiten der Quantifizierung von Umweltbelastungen stellen sich Fragen

- der Bestimmung kritischer Werte (z.B. Smog-Grenzwerte, bei deren Überschreitung die Gruppe der Autofahrer auf dem Komfort, in Innenstädte fahren zu können, verzichten müssen (Einbuße an "Lebensqualität"), wovon (auch) die Gruppe nicht-automobiler Innenstadtnutzer "profitiert" (Gewinn bzw. Nicht-Einbuße an Lebensqualität),

- der Monetarisierung von Umweltbelastungen ("ökologische Steuerreform", CO_2-Steuer; vgl. u.a. Broome 1992; Cline 1992; Lund 1994; Manne/Richels 1992; Rayner 1993),

- gruppenspezifisch ungleicher Verteilung von Nutzen und Kosten (Anderton 1994a und 1994b; Gali 1994; Kasperson/Dow 1991; Verhoef 1994; Zimmerman 1993) bzw. gruppenspezifisch unterschiedliche Möglichkeiten, Belastungen zu entgehen (Ortswechsel, Wechsel von Urlaubsgebieten).

Die umweltnutzungsbezogene Interdependenz impliziert, daß - insbesondere bei Vorliegen multipler Wechselwirkungskanäle und damit Beurteilungsdimensionen - die oben genannten Mechanismen zur "Konstruktion" von Gerechtigkeitsprinzipien wie "equity" oder "equality" genutzt werden können. Kalkulationen unter Einbeziehung von Externalitäten enthalten bereits in regionalem Maßstab erhebliches Konfliktpotential. Äußern wird sich dieses insbesondere in Form von Konfrontation daraus resultierender positionsspezifisch unterschiedlicher Bilanzierungen, welche etwa mit der Formulierung und Bemühungen um Durchsetzung bzw. Zurückweisung von Nutzungsrechten, Festlegungen von Nutzungsaufwendungen und -entschädigungen verbunden sind.

3.7 Folgen der Wahrnehmung umweltnutzungsbezogener Interdependenz (II): Konflikte um globale Ressourcen

Wir werden uns im folgenden denjenigen Merkmalen anthropogener Umweltveränderungen durch Ressourcennutzung zuwenden, die globale Aspekte kennzeichnen. Sie wurden bereits wiederholt angesprochen; hier soll abschließend ihre Konfliktrelevanz reflektiert werden.

3.7.1 Konfliktpotential "freie Verfügbarkeit"

Frei verfügbare Ressourcen ("free-access-resources") sind strenggenommen nicht "commons", da ihre Nutzung nicht auf eine definierte Gruppe beschränkt ist. Von der Nutzung der "Commons" oder der "Allmende" waren Nichtmitglieder der dörflichen Gemeinschaft ausgeschlossen; im Falle globaler, frei verfügbarer Ressourcen hingegen gibt es keine generell ausgeschlossene Gruppe humaner Nutzer. Daß beispielsweise Meyer (1995) oder Rayner (1991) dennoch von "global commons" sprechen, ist plausibel, wenn ausschließlich die Perspektive Nutzungsbefugter eingenommen wird, was auch hier geschehen soll.

Schon die Kategorisierung globaler, frei verfügbarer "commons" birgt Konfliktpotential. "Freie Verfügbarkeit" ist nämlich keinesfalls gleichzusetzen mit "gleichem Verfügungsumfang". So können unterschiedliche Zugangsvoraussetzungen (geografische Nähe; ökonomisches Potential zur Nutzung) sowie deren Folgen (Wirtschaftswachstum) als ungerecht beurteilt werden. Aus Perspektive derjenigen, welche die "global commons" wenig nutzen, könnte sich eine Begründung ergeben, die "Übernutzer" zur Zurückhaltung anzuhalten. Insbesondere bei nicht oder nur sehr langsam regenerativen Ressourcen könnte ein Grund für entstehende Ungerechtigkeit darin gesehen werden, daß die eigene Gruppe noch nicht in der Lage ist, in "adäquatem" (d.h. "gerechtem") Umfang zu nutzen. Zu einem zukünftigen Zeitpunkt, zu dem die Voraussetzungen zur Wiederherstellung einer Verteilungsgerechtigkeit erfüllt sind (z.B. durch technologische Entwicklung) - so die weitere Argumentation - könnte entweder die Ressource verbraucht oder der Zugang zu ihr erheblich erschwert sein.

3.7.2 Konfliktpotential "Externalitäten"

Auch Kalkulationen der Verursachung und Auswirkung von Externalitäten können zur Konstatierung von Ungerechtigkeit beitragen. Die Organisation der kleinen Inselstaaten (OSI) beispielsweise argumentiert, ein Anstieg des Meeresspiegels treffe sie am deutlichsten. Dieser werde durch Klimaveränderungen bewirkt, welche überwiegend von den Industrienationen zu verantworten seien und nur zu geringem Anteil selbst herbeigeführt werden (Meyer 1995). Sie leitet daraus Ansprüche auf materiellen Ausgleich für präventive oder kompensatorische Maßnahmen ab (Saha 1995; vgl. 3.4).

Für internationale Verhandlungen, z.B. des "Intergovernmental Negotiating Committees" (INC) über die Umsetzung der Agenda 21 über "joint implementation" sind Effekte zu erwarten, die aus den Überlegungen zur positionsspezifischen Perspektivendivergenz zwischen Akteuren und Opfern abgeleitet werden können. So ist umstritten, inwieweit die im Rahmen von joint implementation in anderen Ländern vorgenommenen Emissionsreduktionen auf inländische Emissionsziele "angerechnet" werden können (Zimmermann 1994). Es ist zu erwarten, daß seitens derer, die zu externen Investitionen in der Lage sind und Interesse daran haben, systematisch anders argumentiert wird als seitens Desinteressierter.

3.7.3 Konfliktpotential "dauerhafte Nutzung"

Überlegungen zur intergenerativen Gerechtigkeit (Lind 1995; Lyon 1995; Schelling 1995; Tóth 1994) im Zusammenhang mit dem Abbau nicht-regenerativer Ressourcen und Umweltbelastungen durch Treibhausgase, radioaktiven Abfällen etc. focussieren die zeitliche Mittelbarkeit kritischer Umwelteinflüsse. In globalen Zusammenhängen liegen Ursache und Effekt zeitlich weit auseinander und sind damit ebenfalls unscharf und konstruktionsbedürftig. Obwohl zukünftige Generationen noch keine Lobby haben, die in Verhandlungen über Emissionsbeschränkungen, Ökosteuern, handelbare Emissionsrechte etc. Ansprüche stellen und Einflüsse ausüben würde, gibt es Bemühungen, auch die Interessen zukünftiger Generationen zu antizipieren. In umwelt-ökonomischen Bilanzen wird versucht, den positiven Effekt gegenwärtiger Umweltschutz-Bemühungen (Belastungen/Investitionen) für zukünftige Generationen in eine Relation zum antizipierten zukünftigen negativen Effekt heutiger Ressourcennutzung (Abbau und Externalitäten) zu bringen.

Unsicherheiten bei diesen Kalkulationen ("intergenerational discounting") implizieren insofern Konfliktpotential, als Gerechtigkeit gegenüber noch nicht präsenten Nutzern *instrumentalisiert* werden kann. Maßnahmen, die aus anderen Gründen opportun erscheinen, können mit dem Ziel der Erreichung intergenerativer Gerechtigkeit gerechtfertigt werden, was positionsabhängig durchaus konträr beurteilt werden kann.

So könnte etwa eine Umweltschutz-Investition als Beitrag zur Vermeidung von - nach diesem Kritierium - unangemessener Belastung/Nutzung globaler Ressourcen präsentiert werden; zugleich aber auch unmittelbare ökonomische Ziele (Technologieentwicklung und -export; Festigung von Marktpositionen) implizieren. Je nach Perspektive könnte die eine oder andere Funktion betont werden, wo mit eine Auf- oder Abwertung als Beitrag zur Vermeidung von Ungerechtigkeit verbunden wäre.

3.7.4 Konfliktpotential "Relation global - regional"

Im mittelbaren und ebenfalls im akkumulativen Sinne haben wir bereits in 3.6 Implikationen globaler Art behandelt: Es dürfte deutlich geworden sein, daß schon die Nutzung regionaler Ressourcen (Wasser, Böden, Luft) neben lokalen auch globale Dimensionen enthält. Für cine Bestimmung ihres Konfliktpotentials ist zunächst die Tatsache bedeutend, daß die Interrelation zwischen regionalen und globalen Ursachen, aber auch Effekten unscharf ist. Ausdruck dieser Unschärfe sind wissenschaftliche Ergebnisse selbst (hohes Risiko sowohl für α-Fehler als auch β-Fehler), ihre Widersprüchlichkeiten, ihre (selektive) Darstellung, z.B. in Massenmedien, als Voraussetzung für Risikokommunikation und -kognition, sowie ihre selektive Verwendung für Argumentationen in Ökonomie und Politik (intergruppal bis international).

Aus der Unschärfe der Kausalrelationen "regional - global" ist anzunehmen, daß Nutzergruppen, deren Verhalten als bedrohlich für eine dauerhafte Nutzung kritisiert wird, bestrebt sind, insbesondere die Verantwortlichkeit für - seitens der "Beschwerdeführer" - angeführte mittelbare Effekte abzulehnen. Sie erreichen dies, indem sie z.B. auf Studien verweisen, welche

- betonen, daß Zusammenhänge noch nicht nachgewiesen wurden,

- nur geringe Effekte belegen,

- die Fähigkeit zu Regeneration bedrohter Ökosysteme betonen,

- die Kompetenzen (zukünftiger) humaner Nutzer im Umgang mit akkumulierten Problemen antizipieren,

- widersprüchliche Erkenntnisse konstatieren sowie

- die Unabwendbarkeit von Folgen und damit Angemessenheit eigener Einflüsse belegen.

Die Argumentation ist sequentiell in dieser Reihenfolge zu erwarten. Aus Position Betroffener hingegen kann es dienlich sein, durch entsprechende Selektion und Gewichtung genau entgegengesetzte Zusammenhänge aufzuzeigen (Linneweber 1995). Bedenkt man, daß in Verhandlungen nicht darum konkurriert wird, wer "richtiger" diagnostiziert oder prognostiziert, sondern wem es gelingt, seine Perspektive zum Entscheidungs- und Handlungskriterium zu machen, wird deutlich, welches Konfliktpotential Konstellationen mit perspektivenspezifisch divergenten Positionen enthalten.

4. Resümee

Ausgehend von den - vorwiegend naturwissenschaftlich bestimmbaren - Merkmalen anthropogener Umweltveränderungen und Überlegungen zu ihren Wirkungen auf soziale Systeme haben wir vorwiegend psychologische Überlegungen angestellt, die beleuchten, wie die involvierten Akteure mit der Problematik umgehen. Es sollte gezeigt werden, daß Spezifika der Merkmale selbst (Komplexität, Multidimensionalität und Unschärfe) dazu beitragen, daß positionsspezifische (Akteur vs. Betroffener) Perzeptionen, Akzentuierungen etc. von Interdependenz durch die involvierten Akteure vorgenommen werden. Ein - notwendigerweise konflikthafter - Umgang mit der Problematik ergibt sich damit nahezu zwangsläufig.

Wenn wir nun danach fragen, welche anwendungsbezogenen Implikationen unsere Überlegungen haben, so müssen wir uns vergegenwärtigen, daß - mit dem mehr oder weniger expliziten Ziel eines "Erdsystemmanagements" - die involvierten Akteure versuchen, verbindliche Regeln für den Umgang mit der Problematik zu finden ("joint implementation", "handelbare Emissionszertifikate", "intergenerational discounting"). Diese Bemühungen um die Definition "gerechter" Nutzungsvorschriften sind - wie sowohl die Verhandlungen selbst als auch ihre Vorbereitung (z.B. durch das "Intergovernmental Panel on Climate Change", IPCC) zeigen - wesentlich konflikthaft. Nur dann, wenn die involvierten Akteure die *Relativität ihrer eigenen Perspektive* und systematische Unterschiede zur Perspektive anderer involvierter Akteure - einschließlich der Voraussetzungen und Implikationen - als ein dem Gegenstand "globaler Wandel" inhärentes Merkmal anerkennen, ist eine der wesentlichen Voraussetzungen für ein erfolgreiches "Erdsystemmanagement" gegeben. Unsere Überlegungen verstehen sich als Mosaikstein, diese Voraussetzung zu schaffen.

5. Literatur

Anderton, D.L.; A.B. Anderson; J.M. Oakes und M.R. Fraser (1994a): Environmental equity: the demographics of dumping. In: Demography 31, S.229-248

Anderton, D.L.; A.B. Anderson; P.H. Rossi; J.M. Oakes; M.R. Fraser; E.W. Weber und E.J. Calabrese (1994b): Hazardous waste facilities - environment equity issues in metropolitan areas. In: Evaluation Review 18, S.123-140

Bartelsman, E.J.; R.J. Caballero und R.K. Lyons (1994): Customer-driven and supplier-driven externalities. In: American Economic Review 84, S.1075-1084

Bierhoff, H.-W.; R.L. Cohen und J. Greenberg (Hrsg.) (1986): Justice in social relations. - New York

BMU [Bundesministerium für Umwelt, Naturschutz und Reaktorsicherheit] (1994): Klimaschutz in Deutschland. Nationalbericht der Bundesregierung für die Bundesrepublik Deutschland im Vorgriff auf Artikel 12 des Rahmenübereinkommens der Vereinten Nationen über Klimaänderungen. - Bonn

Bossel, H. (1990): Umweltwissen: Daten, Fakten, Zusammenhänge. - Berlin, Heidelberg u.a.

Broome, J. (1992): Counting the cost of global warming. - Cambridge

Brown, R.S.; C.W. Williams und P.R. Lees-Haley (1993): The effect of hindsight bias on fear of future illness. In: Environment and Behavior 25, S.577-585

Caddick, B. (1982): Perceived illegitimacy and intergroup relations. In: Tajfel, H. (Hrsg.): Social identity and intergroup relations. - Cambridge, S.137-154

Chao, C.C. und W.S.H. Yu (1994): Urban growth, externality and welfare. In: Regional Science and Urban Economics 24, S.565-576

Cline, W.R. (1992): The economics of global warming. - Washington D.C.

Dörner, D. (1985): Verhalten, Denken und Emotionen. In: Eckensberger, L.H. und E.-D. Lantermann (Hrsg.): Emotion und Reflexivität. - München, S.157-181

Dörner, D. (1995): Logik des Mißlingens. In: Erdmann, K.-H. und H.G. Kastenholz (Hrsg.): Umwelt- und Naturschutz am Ende des 20. Jahrhunderts: Probleme, Aufgaben und Lösungen. - Berlin, Heidelberg u.a., S.59-81

Dörner, D.; H.W. Kreuzig; F. Reither und T. Stäudel (Hrsg.): (1983): Lohhausen. Vom Umgang mit Unbestimmbarkeit und Komplexität. - Bern

Edney, J.J. (1980): The commons problem: Alternative Perspectives. In: American Psychologist 35, S.131-150

Ernst, A.M.; H. Spada; C. Herderich; S. Goette und S. Heynen (1992): Eine computersimulierte Theorie des Handelns und der Interaktion in einem ökologisch-sozialen Dilemma - Arbeitsbericht 1990-1992 und Arbeitsprogramm 1992-1994. - Freiburg i.Br. [Forschungsberichte, Psychologisches Institut, Freiburg]

Fischhoff, B. (1975): Hindsight ≠ foresight: The effect of outcome knowledge on judgement under uncertainty. In: Journal of Experimental Psychology: Human Perception and Performance 1, S.288-299

Fischhoff, B. und L. Furby (1983): Psychological dimensions of climatic change. In: Chen, R.S.; E. Boulding und S.H. Schneider (Hsrg.): Social science research and climate change. - Dordrecht, S.180-207

Gali, J. (1994): Local externalities, convex adjustment costs, and sunspot equilibria. In: Journal of Economic Theory 64, S.242-252

Gouldner, A.W. (1960): The norm of reciprocity: A preliminary statement. In: American Sociological Review 25, S.161-178

Grzelak, J. (1994): An individual and the commons. - Paper presented at the E.A.E.S.P.-small group meeting on social interaction and interdependence; Amsterdam, The Netherlands, April 28 - May 1

Hardin, G.J. (1968): The tragedy of the commons. In: Science 162, S.1243-1248

Harvey, M.L.; P.A. Bell und A.A. Birjulin (1993). Punishment and type of feedback in a simulated commons dilemma. In: Psychological Reports 73, S.447-450

Hasselmann, K. (1995): Pressemitteilung des MPI Hamburg vom 15.02.1995

Hawkins, S.A. und R. Hastie (1990): Hindsight: Biased judgements of past events after outcomes are known. In: Psychological Bulletin 107, S.311-327

Herrmann, T. (1976): Die Psychologie und ihre Forschungsprogramme. - Göttingen

Homer-Dixon, T.F. (1991): On the threshold: environmental changes as cause of acute conflict. In: International Security 16, S.76-116

Homer-Dixon, T.F. (1994): Environmental scarcities and violent conflict: Evidence from cases. In: International Security 19, S.5-40

Kabanoff, B. (1991): Equity, equality, power, and conflict. In: Academy of Mangement Review 16, S.416-441

Kasperson, R.E. und K. Dow (1991): Developmental and geographical equity in global environmental change. In: Evaluation Review 15, S.149-171

van Knippenberg, A. und H. van Oers (1984): Social identity and equity concerns in intergroup perceptions. In: British Journal of Social Psychology 23, S.351-362

Kruse, L. (1995). Globale Umweltveränderungen: eine Herausforderung für die Psychologie. In: Psychologische Rundschau 46, S.81-92

Lind, R.C. (1995): Intergenerational equity, discounting, and the role of cost-benefit analysis in evaluating global climate policy. In: Energy Policy 23, S. 379-390

Linneweber, V. (1988a): Jeopardizing patterns of settings: deviations and deviation-counterings. In: van Hoogdalem, H.; N.L. Prak; T.J.M. van der Voordt und H.B.R. van Wegen (Hrsg.): Looking back to the future. - Proceedings of the 10th bienal conference of the International Association for the Study of People and their Physical Surroundings, Delft, S.114-119

Linneweber, V. (1988b): Norm violations in person × place transactions. In: Canter, D.; J.C. Jesuino; L. Soczka und G.M. Stephenson (Hrsg.): Environmental Social Psychology. - Dordrecht, S.116-127

Linneweber, V. (1994): Interdependence via use of global commons. - Paper presented at the E.A.E.S.P.-small group meeting on social interaction and interdependence; Amsterdam, The Netherlands, April 28 - May 1

Linneweber, V. (1995): Evaluating the use of global commons: lessons from research on social judgment. In: Katama, A. (Hrsg.): Equity and Social Considerations Related to Climate Change. Proceedings of the IPCC WG III Workshop in Nairobi (Kenya) July 18-28, 1994. - Nairobi, S.75-83

Luhmann, N. (1986): Ökologische Kommunikation. - Wiesbaden

Lund, D. (1994): Can a small nation gain from a domestic carbon tax - the case with R & D externalities. In: Scandinavian Journal of Economics 96, S.365-379

Lyon, R.M. (1995): Intergenerational equity and discount rates for climate change analysis. In: Katama, A. (Hrsg.): Equity and Social Considerations Related to Climate Change. Proceedings of the IPCC WG III Workshop in Nairobi (Kenya) July 18-28, 1994. - Nairobi, S.337-345

Manne, A.S. und R. Richels (1992): Buying greenhouse insurance: The economic costs of carbon dioxyde emission limits. - Cambridge, London

Mark, M.M. und S. Mellor (1991): Effect of self-relevance of an event on hindsight bias: The forseeability of a layoff. In: Journal of Applied Psychology 76, S.569-577

Marsh, P.; E. Rosser und R. Harré (1978): The rules of disorder. - London

Mazursky, D. und C. Ofir (1990): "I could never have expected it to happen": The reversal of the hindsight bias. In: Organizational Behavior & Human Decision Processes 46, S.20-33

McCay, B.J. und J.M. Acheson (1987): The question of the commons: the culture and ecology of communal resources. - Tuscon

Meyer, A. (1995): The Unequal use of global commons: consumption patterns as causal factors in global change. In: Katama, A. (Hrsg.): Equity and Social Considerations Related to Climate Change. Proceedings of the IPCC WG III Workshop in Nairobi (Kenya) July 18-28, 1994. - Nairobi, S.183-197

Mikula, G. (1994): Perspective-related differences in interpretations of injustice by victims and victimizers: A test with close relationships. In: Lerner, M.J. und G. Mikula (Hrsg.): Entitlement and the affectional bond. - New York, S. 175-203

Mitchell, B. (1976): Politics, fish, and international resource manegement: the British-Icelandic cod war. In: The Geographical Review 66, S.127-138

Mummendey, A.; V. Linneweber und G. Löschper (1984): Actor or victim of aggression: Divergent perspectives - divergent evaluations. In: European Journal of Social Psychology 14, S.297-311

Mummendey, A. und S. Otten (1989): Perspective-specific differences in the segmentation and evaluation of aggressive interaction sequences. In: European Journal of Social Psychology 19, S.23-40

Newtson, D. (1973): Attribution and the unit of perception of ongoing behavior. In: Journal of Personality and Social Psychology 28, S.28-38

Newtson, D. (1976): Foundations of attribution: The perception of ongoing behavior. In: Harvey, J.H.; W.I. Ickes und R.F. Kidd (Hrsg.): New directions in attribution research, Vol.1. - Hillsdale, S.223-247

Northoff, E. (1994): Das Süßwasserreservoir ist in Gefahr: Die Versorgung der Erde kann ein Schlüsselproblem des 21. Jahrhunderts werden. In: Frankfurter Rundschau 235 vom 10.10.1994, S.7

Oodit, D. und U.E. Simonis (1993): Water and development: Water scarcity and water pollution and the resulting economic, social and technological interactions. - [Forschungsprofessur Umweltpolitik, Wissenschaftszentrum Berlin für Sozialforschung], Berlin

Pawlik, K. (1991): The psychology of global environmental change: Some basic data and an agenda for cooperative international research. In: International Journal of Psychology 26, S.547-563

Pearce, F. (1992): The dammed: rivers, dams, and the coming world water crisis. - London

Postel, S. (1993): Die letzte Oase: der Kampf um das Wasser. - Frankfurt/Main

Rayner, S. (1991): Managing the global commons. In: Evaluation Review 15, S.1-170

Rayner, S. (1993): Prospects for CO_2 emissions reduction policy in the USA. In: Global Environmental Change 3, S.12-31 [Special issue: national case studies of institutional capabilites to implement greenhouse gas reductions]

Rule, B.G. und A.R. Nesdale (1976): Moral judgement of aggressive behavior. In: Green, R.C. und E.O. O'Neal (Hrsg.): Perspectives on aggression. - New York

Saha, R. (1995): The dilemma of small island states and other coastal areas in the developing world. In: Katama, A. (Hrsg.): Equity and Social Considerations Related to Climate Change. Proceedings of the IPCC WG III Workshop in Nairobi (Kenya) July 18-28, 1994. - Nairobi, S.281-288

Scheler, M. (1926): Die Wissensformen und die Gesellschaft. Probleme einer Soziologie des Wissens. Erkenntnis und Arbeit. Eine Studie über Wert und Grenzen des pragmatischen Princips in der Erkenntnis der Welt. Universität und Volkshochschule. - Leipzig

Scheler, M. (1928): Die Stellung des Menschen im Kosmos. - Darmstadt

Schelling, T.C. (1995): Intergenerational discounting. In: Energy Policy 23, S. 395-402

Schellnhuber, H.J. und D. Sprinz (1994): Umweltkrisen und internationale Sicherheit. In: Kaiser, K. und H.W. Maull (Hrsg.): Herausforderungen Bd. 2 - Deutschlands neue Außenpolitik. - Internationale Politik und Wirtschaft

[Schriften des Forschungsinstituts der Deutschen Gesellschaft für Auswärtige Politik e.V., Bonn] 61, S.239-260

Sjöberg, L. (1989): Global change and human action: psychological perspectives. In: International Social Science Journal 41, S.413-432

Stern, P.C. (1978a): The limits to growth and the limits of psychology. In: American Psychologist 33, S.701-703

Stern, P.C. (1978b): When do people act to maintain common resources? In: International Journal of Psychology 13, S.149-157

Stern, P.C. (1992): Psychological dimensions of global environmental change. In: Annual Review of Psychology 43, S.269-302

Stern, P.C.; O.R. Young und D. Druckman (1992): Global environmental change: Understanding the human dimensions. - Washington, D.C.

Taylor, S.E. (1989): Positive illusions: creative self-deception and the healthy mind. - New York

Taylor, S.E. und J.D. Brown (1988): Illusion and well-being: A social psychological perspective on mental health. In: Psychological Bulletin 103, S.193-210

Tóth, F. (1994): Discounting in integrated assessments of climate change. In: Nacicenovic, N.; W.D. Nordhaus; R. Richels und F. Tóth (Hrsg.): Integrative assessment of mitigation, impacts, and adaptation to climate change (CP-94-9). - Laxenburg, S.485-498

Tsai, Y.M. (1993): Social conflict and social cooperation - simulating "the tragedy of the commons". In: Simulation & Gaming 24, S.356-362

Tversky, A. und D. Kahneman (1974): Judgement under uncertainty: Heuristics and biases. In: Science 185, S.1124-1131

Tversky, A. und D. Kahneman (1978): Causal schemata in judgement under uncertainty. In: Fishbein, M. (Hrsg.): Progress in social psychology. - Hillsdale

Verhoef, E.T. (1994): Efficiency and equity in externalities - a partial equilibrium analysis. In: Environment & Planning 26, S.361-382

Walster, E. (1976): New directions in equity research. In: Advances in Experimental Social Psychology 9, S.1-43

Wissenschaftlicher Beirat der Bundesregierung Globale Umweltveränderungen (Hrsg.) (1993): Welt im Wandel: Grundstruktur globaler Mensch-Umwelt-Beziehungen (Jahresgutachten 1993). - Bonn

Zimmermann, H. (1994): Joint implementation als Instrument der Klimapolitik. In: Global Change Prisma 5, S.17-20

Von der Biodiversität zur Landschaftsdiversität. Das Ende des disziplinären Ansatzes der Diversitätsproblematik

Hartmut Leser (Basel)

Exposé

Der Artikel soll den Naturschutz an seine fachökologischen Grundlagen erinnern. Diese beziehen sich jedoch nicht nur auf das Bios und auf Bioökologisches, sondern auch auf die abiotische landschaftliche Substanz. Dieses "Geos" stellt für das Bios das unbelebte Naturraumpotential bereit. Es geht also um geowissenschaftliche und theoretische Defizite, die der Naturschutz allmählich durch seine "Ökologisierung" zu beseitigen beginnt. Diese Defizite werden von den Begriffen und der ökologischen Metatheorie her betrachtet. Die Begriffsklärungen können auch der Anlaß für einen theoretisch und methodisch wohlbegründeten Paradigmenwandel im Naturschutz sein.

Daß "Theorie" und "Grundlagenforschung" so eine Art Feindbild von "der" Praxis darstellen, ist nicht neu. Die Naturschutzpraxis wäre aber weiter, d.h. auch in der Akzeptanz durch die allgemeine Öffentlichkeit, wenn sie sich theoretisch und damit begrifflich besser fundiert hätte. Der Artikel plädiert für inter- und transdisziplinäre Zusammenarbeit und für die Anwendung einer integrativen landschaftsökologischen Methodik auch im Naturschutz, um dessen wichtige Aufgabe nicht nur besser definieren zu können, sondern um der Naturschutzarbeit auch zu größeren Erfolgen zu verhelfen.

1. Was hat Diversität mit "Internationalem Naturschutz" zu tun?

"Internationaler Naturschutz" heißt die Aufsatzsammlung, zu der dieser Beitrag geliefert wurde, und dieser Begriff wird auch als Ausgangspunkt von Überlegungen genommen, die an dieser Stelle über den Diversitätsbegriff angestellt werden. "Internationaler Naturschutz" heißt ja nicht einfach "Naturschutz international", sondern Landschaftsökologen entdecken in diesem Begriff Notwendigkeiten, Möglichkeiten, aber auch wissenschaftliche Fallgruben.

Letztere sind im Handwerkszeug des Naturschutzes und der Ökologie, aber auch im Denken der Naturschützer, Ökologen und Politiker versteckt. Obwohl die Darstellung von Fallgruben wahrscheinlich interessanter ist als jene von Notwendigkeiten oder Möglichkeiten, stehen sie gleichwohl nicht am Anfang dieses Beitrages. Sie nicht gleich an den Anfang zu stellen geschieht auch, um nicht mit Negativem zu beginnen, denn die Notwendigkeit internationalen Naturschutzes ist unbestritten.

Doch wie sieht es mit den Möglichkeiten eines internationalen Naturschutzes aus? Notwendigkeiten sind bekanntlich die eine und Möglichkeiten eine andere Sache. Der Zusammenhang zwischen Notwendigkeit und Möglichkeit ist meist negativ geprägt. Denkt man an praktische Naturschutz- und Umweltprobleme, ist festzuhalten: Die Notwendigkeiten sind groß und die Möglichkeiten, handelnd und gestaltend tätig zu werden, sind in der Regel sehr beschränkt. Die beschränkten Möglichkeiten des Natur- und Umweltschutzes gehen ja auch weniger auf die Natur- und Umweltschützer selber zurück als auf die politischen Entscheider, welcher Couleur und auf welcher administrativen Ebene auch immer. *Diese* Probleme werden hier nur angetippt, weil sie der Politik, der Wirtschaft, der Gesellschaft und der Wissenschaftssoziologie zuzuordnen sind, wofür dem Autor die Kompetenz fehlt.

Eine Prämisse vorweg:

- Theorie und Praxis der Landschaftsökologie sind essentielle Bestandteile des Natur- und Umweltschutzes.

- "Notwendigkeiten" des internationalen Naturschutzes müssen daher vom *landschaftsökologischen Denken* bestimmt sein. Vor dem Hintergrund des internationalen Naturschutzes läßt es sich wie folgt umschreiben:
  Der internationale Naturschutz muß, um ökologisch wirksam und ethisch überzeugend zu sein, aus landschaftsökologischer Sicht folgende Merkmale aufweisen. Er muß

  - holistisch, also gesamthaft und integrativ, ansetzen, um dem holistischen Charakter der Ökosysteme gerecht zu werden.

  - großräumig ansetzen, um globale bis zonale Wirkungen zu entfalten, weil erst großräumige Naturschutzbereiche ökologisch stabilisierende oder regenerierende Wirkungen zeitigen können.

  - koordiniert gehandelt, d.h. es müssen international verbindliche landschaftsökologische Konzepte angewendet werden.

Diese Postulate werden in den folgenden Abschnitten aufgegriffen und erläutert. Auch wenn sie "theoretisch" erscheinen, ändert das nichts an deren grundlegender Bedeutung für Natur- und Umweltschutz.

Zu den Möglichkeiten des internationalen Naturschutzes aus landschaftsökologischer Sicht könnte man knapp feststellen: Sie bestehen allenfalls beschränkt. Gründe dafür sind

- fehlende Konzepte für Ansatz, Raum und Struktur eines großräumigen, landschaftsökologisch begründeten Naturschutzes,

- fehlendes politisches Gewicht des Natur- und Umweltschutzgedankens sowie

- fehlende Mittel, um Konzepte wissenschaftlich und praktisch zu realisieren - und zwar in einer Weise, die den naturgesetzlich begründeten Theorien der Landschaftsökologie gerecht wird.

Um die Fallgruben-Problematik wenigstens an dieser Stelle bereits anzudeuten, noch dies: Die Fallgruben sind in erster Linie eine Sache der Ökologie sowie des Natur- und Umweltschutzes selber, also eine Sache der Wissenschaft. Oder - um es überspitzt zu formulieren - wohlmeinende Wissenschaft, mehr zerstritten als einig, steht dem Entwickeln von wirksamen Konzepten des internationalen Naturschutzes selber im Weg. Auch wenn von Teilen der Ökologie-Fachwelt Gegenteiliges behauptet wird, ist dies die Realität. Zu ihr gehören

- Begriffsunstimmigkeiten,

- Ansatzverschiedenheiten,

- Modellzielverschiedenheiten,

- Blindheit für den Geos-Bios-Unterschied bzw. real existierenden, unauflösbaren Zusammenhang,

- wissenschaftssoziale Probleme zwischen Geo- und Biowissenschaften oder zwischen Ultrabiologie und Organismischer Biologie,

- Unterschiede in den ethischen Vorstellungen darüber, welche Rechte Natur und Mensch an/in der Umwelt haben.

Von diesem Problemkomplex, der direkt oder indirekt mit dem Fachgebiet Naturschutz verbunden ist, soll in diesem Beitrag nur ein Aspekt herausgegriffen werden - die Begriffsthematik. Als *Beispiel* dient der *Diversitätsbegriff*. Etwas, die "Psychologie" des internationalen Naturschutzes betreffend, soll kurz und polemisch vorweggenommen werden: Die Wissenschaften machen es politischen Entscheidern leicht, aus den vielzitierten ökonomischen oder auch aus sogenannten "politischen" Gründen einen Naturschutzgedanken zu realisieren, der nicht mehr zeitgemäß ist. Fachminimalismus kommt politischem Minimalismus entgegen. Die Fachwissenschaftler machen es den Politikern dadurch leicht, weil sie zwar "Interdisziplinarität" sagen, aber seit Jahren ungerührt an den facheigenen Konzepten kleben, ohne daß wirklich trans- und interdisziplinär gedacht, geforscht oder gehandelt würde. Sehr deutlich wird das zwischen Geo- und Biowissenschaften, die ja über disziplineigene Ökologien verfügen - die Geoökologie und die Bioökologie.

Um gleich Denk- und Argumentationsrichtung unter Bezug auf den Begriff *Biodiversität* vorzugeben: Die vielzitierte Biodiversität wird in der Wissenschaft als interdisziplinäre Sichtweise bezeichnet. Tatsächlich repräsentiert sie eine bioökologische Einseitigkeit, der geowissenschaftliches Gedankengut überwiegend fremd ist. Wenn oben "Holistik" geschrieben wurde, heißt das in einem wirklich ökologischen Sinne: Lebewesen und *Gesamt*umwelt, und "Gesamtumwelt" wiederum bedeutet nicht nur der Standort des Individuums, sondern der *Gesamtlebensraum* Erde mit seiner Gesamtfüllung an natürlichen oder vom Menschen geschaffenen Dingen, Kräften und Prozessen.

Es sei daran erinnert, daß die großen Ökologen, die Altmeister Ernst Haeckel oder Kurt Moebius, oder später Heinrich Walter, Josef Schmithüsen oder Carl Troll, auch innerhalb der eigenen Fachgebiete von einem wirklich holistischen Ansatz ausgingen (Abb. 1). Dabei wurden auch "Randbedingungen" in einer

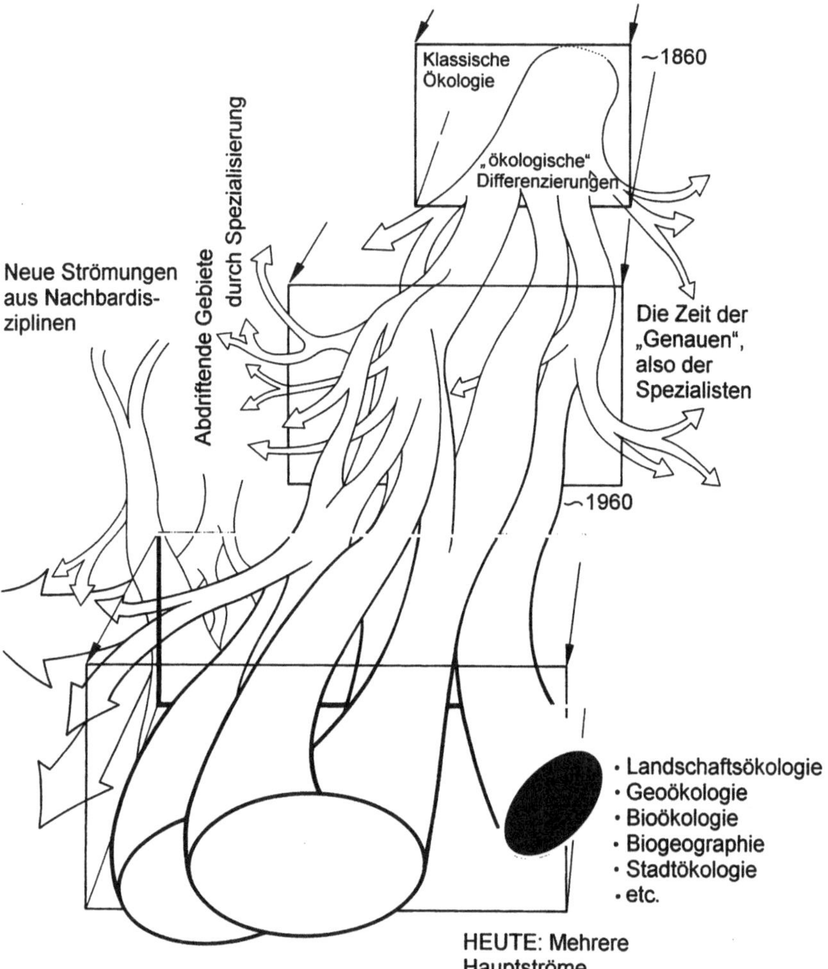

Abb. 1: *Die Entwicklung ökologischer Ansätze von 1860 bis heute (aus Leser 1995a). Auf die zunächst noch "einheitliche" Klassische Ökologie folgte nach der Jahrhundertwende ein Aufteilen in verschiedene ökologische Teilbereiche, aus denen sich weitere Spezialgebiete entwickelten. Sie verließen die Ökologie in Richtung anderer Wissenschaften. Auch der Naturschutz war lange Zeit Fachwissenschaft und nicht von vornherein Ökologie. Ab etwa 1960 beherrschten zunehmend die am Ökosystem arbeitenden Spezialisten das Feld. Zum Teil verlassen sie später "die" Ökologie. Gegen 1980 erlangten holistische Ansätze neuerlich an Bedeutung. Sie wurden jedoch bio- oder geowissenschaftlich gewichtet. Es konsolidierten sich Landschaftsökologie, Biogeographie, Geoökologie, Stadtökologie, Bioökologie und Humanökologie sowie der Naturschutz, der sich dabei zunehmend "ökologisierte".*

Weise mitbedacht und mitbearbeitet, die man heute als inter- bzw. transdisziplinär kennzeichnen würde.

Da sich dieser Beitrag nicht nur an Fachleute richtet, wäre an dieser Stelle der eben schon mehrfach gebrauchte Begriff "Diversität" zu erläutern. Er stellt zugleich den Leitfaden für alle weiteren Überlegungen dar.

2. Die Diversität der Diversität: Wieviele Diversitäten gibt es eigentlich?

Man ist versucht, gegen das Begriffswirrwarr in Ökologie, Natur- und Umweltschutz zu polemisieren. Dazu nur soviel: In den vergangenen zehn Jahren haben in den geo- und biowissenschaftlichen Öko-Fachbereichen Begriffskonsolidierungen stattgefunden - auch wenn manche Fachleute dies noch nicht wahrgenommen haben oder auch nicht wahrnehmen wollen.

Es wird in Fachkreisen, auch der Geo- und Biowissenschaften, immer so getan, als sei die unreflektierte Begriffsverwendung nur eine Sache der Medien oder der Öffentlichkeit. Die Fachwelt verdrängt, daß diese Externen ihr Vokabular aus den Fachwissenschaften beziehen. Selbst die neuere Lehrbuchliteratur dokumentiert, daß Begriffsunschärfen und -schiefheiten leider auch und immer noch eine Sache der Fachwissenschaften selber sind. Sie sehen nur die facheigene Füllung des Begriffs, nehmen jedoch nicht zur Kenntnis, daß es noch andere Füllungen des gleichen Begriffes gibt und daß sich auch für diese gute Gründe finden lassen. Nebenbei: Die facheigenen Begriffe sind durch solch eine Vielfalt nicht entwertet; auch nicht dadurch, daß man andere Begriffsfüllungen zur Kenntnis nimmt - schließlich könnte man dadurch sogar theoretische und methodische Anregungen erfahren.

Nachfolgende Begriffsklärungen verstehen sich nicht als simple Abgrenzung von solchen anderer Disziplinen oder gar als ein Urteil über den Sinn oder Unsinn dieser "fremden" Begriffe, sondern als Verständigungshilfe zwischen den oft eng benachbarten Fachgebieten, wie sie z.B. Natur- und Umweltschutz, Landschaftsökologie und Landschaftspflege oder Geoökologie und Bioökologie repräsentieren.

2.1 Diversität an sich

Diversität heißt nichts anderes als "Vielfalt": Ein Wald ist vielfältiger als ein Forst, eine steilhängige Hochgebirgswiese ist vielfältiger als eine ungegliederte Sandfläche am Strand. "Man" weiß also, was Vielfalt, was Diversität ist.

Ein so unscharf eingesetzter und damit auch unscharf definierter Begriff "Vielfalt" kann logischerweise auf alles angewandt werden. Das ist seine Chance, aber zugleich auch sein Verhängnis. Ähnlich dem Landschafts- und Ökologiebegriff erfolgen sein Einsatz und seine Anwendung oft unüberlegt. Es geht hier nicht darum, den Begriff zu verbieten oder auf eine Anwendung einzuschränken, sondern es geht um eine Bitte an die Fachwelt: Man sollte - bei der Verwendung des jeweiligen "Fach"-Begriffes - sagen, was sich jeweils dahinter verbirgt, was "man" also "meint". Das heißt, es wäre unbedingt die eigene bzw. disziplinäre Definition von "Diversität" anzugeben.

Begriffe und Begriffsverwendungen sind oft Glückssache. Daher reicht es gerade im Falle des Diversitätsbegriffes nicht aus, dessen facheigene Füllung anzugeben. Man weiß nämlich, daß an den Begriff "Diversität" noch ein weiterer gebunden ist, der in der Landschaftspflege, der Ökologie, dem Naturschutz, aber auch in der Landwirtschaft eine ganz große Rolle spielt: Es ist der Begriff "Stabilität". Die Beziehung "Stabilität/Diversität" basiert auf der Annahme, daß vielfältig ausgestattete Ökosysteme und Landschaften "stabiler" als weniger vielfältige, also niedrigdiverse, sind. - Die umfangreiche Diskussion um die Bedeutung des Stabilitätsbegriffes wird an dieser Stelle nicht wiederholt. Angedeutet soll jedoch sein, daß Stabilität auch mit Regenerationsvermögen der Ökosysteme oder auch Leistungsvermögen des Landschaftshaushaltes bzw. der Ökosysteme umschrieben werden könnte. Dies wäre präziser und auch eindeutiger im Hinblick auf die Nachhaltigkeit der Natur in bezug auf die Nutzung des Globalsystems Erde oder auch die Nachhaltigkeit des Leistungsvermögens der Ökosysteme.

Trotzdem ist der Hinweis auf den Zusammenhang Stabilität/Regenerationsvermögen/Diversität erforderlich, weil er beim Naturschutz für die Frage der Erhaltung von Landschaften allgemein, aber auch deren Revitalisierung, Renaturierung, Regenerierung und ggf. "Rekultivierung", ganz große Bedeutung besitzt.

An dieser Stelle wird dem Gedanken so gefolgt:

- Landschaften bzw. Landschaftsökosysteme *können* - verfügen sie über eine höhere Diversität - "stabiler" gegenüber natürlichen oder künstlichen Veränderungen sein als niedrigdiverse Systeme.

- "Stabilität" von Landschaften und Ökosystemen ist jedoch vor allem eine Frage der Betrachtung bzw. des Ziels, was man mit den Landschaftsökosystemen anstellen möchte oder was man von ihnen erwartet. Diese Relativität des Begriffes kann dadurch aufgehoben werden, wenn man unter "Stabilität" das Regenerationsvermögen von Landschaftsökosystemen versteht. Dies bedeutet: Der ursprüngliche Zustand der Landschaftsökosysteme stellt sich nach natürlichen oder künstlichen Störungen wieder ein.

- "Ursprünglicher Zustand" bedeutet jener Landschaftsökosystemzustand, von dem die Betrachtung ausgegangen war, d.h. es kann ein vorzeitlicher oder ein aktueller Zustand der Landschaft sein. In der Natur- und Umweltschutzpraxis bildet der aktuelle Zustand in der Regel den Ausgangspunkt der Betrachtung. Er liefert die "Norm", mit welcher Natur- und Umweltschutz auf gewisse Ziele hinarbeiten.

- Damit sind gewöhnlich die erdgeschichtliche und die langzeitlich-historische Perspektive ausgeschlossen. Naturschutz beschäftigt sich mit Aktualitäten und deren Entwicklungspotential auf künftige Landschafts- und Ökosystemzustände hin.

2.2 Ökologische Diversitäten - Notwendigkeit oder Übel?

Jeder Blick in unsere reale Lebensumwelt zeigt uns "Vielfalt". Es hängt von der eigenen Perspektive als Fachkraft oder als Bürger ab, welche Diversität wir in der Realität wahrnehmen. Der Blick kann auf die gesamte Umwelt gerichtet sein. Dann unterscheidet sich die "Umwelt Stadt in Mitteleuropa" von der "Umwelt Stadt in Tunesien" oder die "Umwelt Tal in den Alpen" von der "Umwelt Grand Canyon". Der Blick kann jedoch auch auf einzelne "Schichten" der Umwelt gerichtet sein, z.B. auf das Bios als Flora und Fauna, oder auch auf das Geos, auf Relief, Gestein, Boden, Wasser oder Witterung und Wetter. Auf solchen Gegenstandsebenen lassen sich ebenfalls Vergleiche zwischen einem Tafelberg vor der Schwäbischen Alb und einem Tafelberg vor der Weißrand-Schichtstufe in Namibia anstellen, oder auch zwischen der Vegetation um einen Bach am Schwarzwaldrand und jener eines periodischen Wadis am Rand des Hohen Atlas.

Diese Hinweise auf das Erkennen von Vielfalt bzw. "verschiedenartiger Vielfalt" in der Umwelt und in verschiedenen Räumen der Erde sind die Antwort auf die Frage nach der Notwendigkeit, den Begriff Diversität zu differenzieren. Es handelt sich offenbar um ganz verschiedene Diversitäten.

Ein "Übel" können Begriffsklärungen nicht sein, speziell nicht in oder zwischen Fachgebieten, die thematisch nahe beeinander liegen und die von gemeinsamen Grundsätzen ausgehen. Gedacht ist hier vor allem an die ökologisch arbeitenden Geo- und Biowissenschaften, speziell an Bio- und Geoökologie sowie Landschaftsökologie. Sie verfügen über gemeinsame Grundsätze, die auf die Klassische Ökologie nach Mitte des letzten Jahrhunderts und auf die Neo-Klassiker der zwanziger und dreißiger Jahre dieses Jahrhunderts zurückgehen. Diese Grundsätze werden heute von der allgemeinen Ökosystemlehre repräsentiert, die in den Bio- und Geowissenschaften seit Jahren und Jahrzehnten akzeptiert ist. Zu den Grundsätzen gehören unter anderem folgende Setzungen:

- Ökologische Systeme werden holistisch betrachtet.

- Ökologische Systeme weisen eine dreidimensionale Struktur auf.

- Ökologische Systeme sind gegenüber natürlichen und künstlichen Eingriffen sowie plötzlichen Ereignissen "labil".

- Ökologische Systeme durchlaufen Entwicklungen, die sowohl kontinuierlich verlaufen als auch sprunghaft erfolgen können, wenn beispielsweise Naturgefahren als "Plötzliches Ereignis" - im Sinne einer Naturkatastrophe - wirksam werden.

- Ökologische Systeme verändern sich durch natürliche und anthropogene Prozesse, wozu letztere nicht nur katastrophenartige Einzelereignisse umfassen können, sondern vor allem durch ganz reguläre Beanspruchungen und Nutzungen der Umwelt - etwa als Landwirtschafts- oder Industriegebiet - ausgemacht werden.

- Ökologische Systeme können auf verschiedenen Zeitskalen betrachtet werden, woraus ganz unterschiedliche Eindrücke von "Stabilität" oder "Labilität" resultieren.

Diese Grundsätze wirken vielleicht sehr "wissenschaftlich", also auch und vor allem theoretisch gewichtet. Wenn man jedoch von dem engen Bezug zwischen Wissenschaft und Praxis ausgeht, der gerade in der Ökologie auf der Ebene der Fachgrundlagen ("Theorie") und des Handwerkszeuges ("Methodik") herrscht, dann sind die Grundsätze demzufolge auch für Anwendergebiete gültig. Eines der wichtigsten ökologischen Anwendergebiete ist bekanntlich der Naturschutz.

Das bedeutet: Begriffe wie z.B. "Diversität", die in Wissenschaft *und* Praxis verwandt werden, sind daher - in diesem Fall auch vom Naturschutz - vor dem Hintergrund obiger Grundsätze zu betrachten. Damit werden Begriffsdifferenzierungen zwangsläufig, denn die verschiedenen "Ökologien" gewichten die genannten Grundsätze aus der jeweiligen geo- oder biowissenschaftlichen Fachtradition heraus anders. Daraus ergeben sich wiederum unterschiedliche Sichtweisen für die Ökosysteme und Landschaften und somit auch unterschiedliche "Behandlungsweisen" dieser "Gegenstände", beispielsweise in der naturschützerischen Praxis.

Die eingangs dieses Abschnitts geschilderten Landschaftsbeispiele haben zudem deutlich gemacht, daß aus den realen Landschaften der Erde verschiedene Diversitäten herausgelesen werden können. Das bedeutet vom Ansatz und der Methodik her: Diversität kann und muß sich aus Sicht der im Raume, in der Realität der Landschafts- und Lebensräume arbeitenden Wissenschaften jeweils anders darstellen (Abb. 2). Zu recht definieren die Wissenschaften verschiedene Diversitäten, ohne im Grundgedanken dabei voneinander abzuweichen. (Es wird auf jene Aspekte der Diversität, z.B. auch der Biodiversität, nicht eingegangen, die unterhalb der Raumkategorien liegen, welche die "Theorie der geographischen Dimensionen" vorgibt. Das wären die Bereiche der "subtopischen" Dimension - die also unterhalb der Größenordnung eines "sichtbaren" Ökotops liegen.)

Der Diversitätsbegriff kam zunächst in der Landes- bzw. Landschaftspflege auf und war z.T. mit dem Gedanken des Natur- und Landschaftsschutzes verbunden. Dann, fast zeitgleich, "wanderte" er in die Agrarökologie, wiederum mit der Schutz- und Regenerationsidee gekoppelt, wobei noch der Nachhaltigkeitsgedanke hinzukam. Teilweise wurden dabei durch die Agrarökologie und die Agrarlandschaftsplanung klassische landschaftspflegerische, teilweise traditionelle naturschützerische Aspekte aufgegriffen. Damit einher gingen Betrachtungen des Stoff- und Energiehaushaltes der Agroökosysteme, mit Schwergewicht des Umwelt- und Gesamtökosystemschutzes. Die Frage der Belastung der Agroökosysteme durch Stoffe stand zwar im Vordergrund, doch ging es auch um das Definieren und die Anwendungen von Nutzungsarten und Nutzungsweisen, welche die Nachhaltigkeit nicht nur in der Nutzung selber, sondern auch im Regenerationsvermögen des Landschaftshaushaltes sahen. Dies leitete über zum Konzept des gesamthaft betriebenen Natur- und Umweltschutzes, der sich nicht nur auf Teilinhalte der Umwelt beschränken wollte, sondern der den Raum *und* seinen Inhalt - sei er nun natürlich oder anthropogen gestaltet oder geregelt - zum Gegenstand haben sollte.

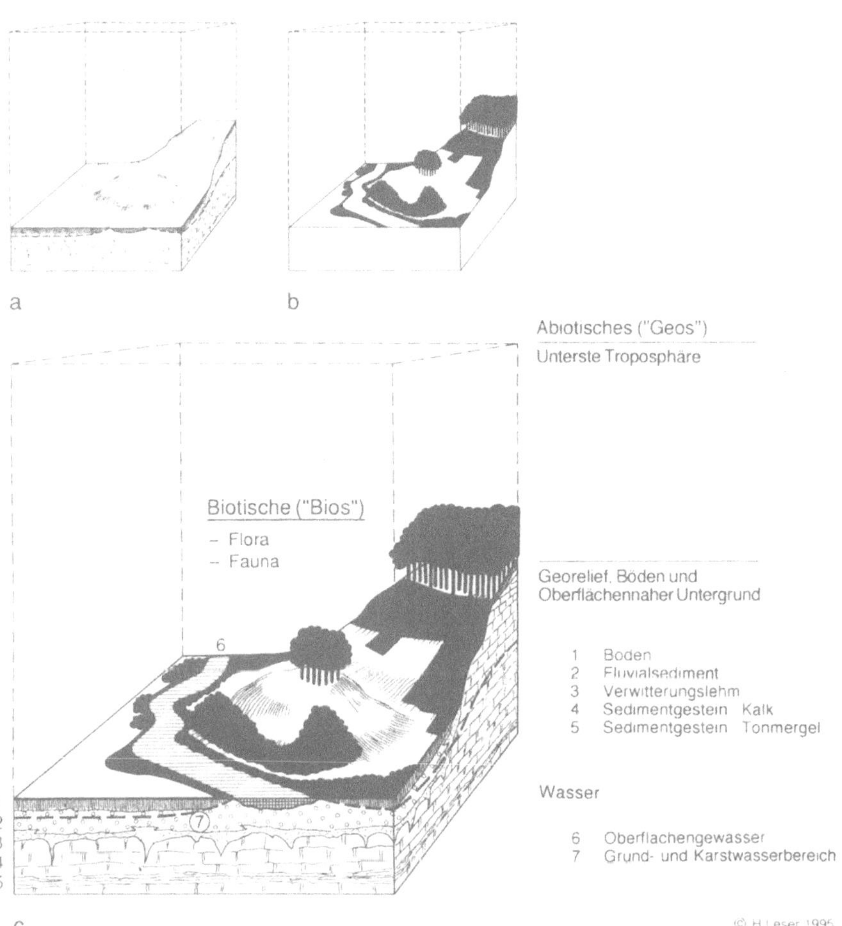

*Abb. 2: Geos und Bios als Bestandteile der Umweltsysteme (aus Leser/Schaub
1995). Umwelt ist in der Realität ein ökologisches, gesamthaft
wirkendes Funktionsgefüge, das nicht nur in der Forschungspraxis,
sondern auch bei den Anwendern oft "aufgelöst" wird. Die Abbildung
zeigt, daß Abiotisches ("Geos"; a) die substantielle Grundlage der Ökosysteme bildet (das "abiotische Naturraumpotential"). Darin richtet
sich das Bios (b) ein: Das Geos setzt die Rahmenbedingungen für die
Existenz der Organismen. Ohne Einbezug der abiotischen Grundlagen
erfaßt die biologische Betrachtung nur einen Teilaspekt der als
"Einheit" funktionierenden Ökosysteme. Der Naturschutz muß demnach über eine holistische ("gesamthafte") Betrachtungsweise (c) verfügen, will er nicht große Teile der landschaftlichen Substanz, die
eben abiotischen Charakters ist, ausblenden.*

Dieser knappe historische Abriß des Begriffswandels belegt die Notwendigkeit, fachspezifische "Diversitäten" zu unterscheiden. Als entscheidende methodische Fallgrube erweist sich dabei der "Verlust des Ganzen", also der Sicht auf

die Gesamtlandschaft oder das Gesamtökosystem. Es war der *Verlust des ökologischen Ansatzes* - ungeachtet des immerwährenden Geredes in allen ökologischen Wissenschaften, nur auf die Gesamtheit Bezug zu nehmen (oder nehmen zu wollen). Daß es "äußerliche" Gründe (finanzielle, personelle, zeitliche, administrative, wissenschaftspsychologische etc.) gab und gibt, welche die Wissenschaften dann doch zu einem eher separativen Vorgehen veranlaßten oder veranlassen, ist zwar praktisch gesehen plausibel, aber theoretisch und methodologisch nicht akzeptabel. Die Grundsätze der Klassischen Ökologie, vor allem aber jener zentrale Satz von der *Notwendigkeit einer holistischen Betrachtung* der Lebensraumrealität, wurden damit mehr oder weniger über Bord geworfen.

Zwischenfazit: Man kann also festhalten, daß es nicht nur um "Diversität" schlechthin gehen kann, also irgendeine Diversität, sondern es gibt offensichtlich

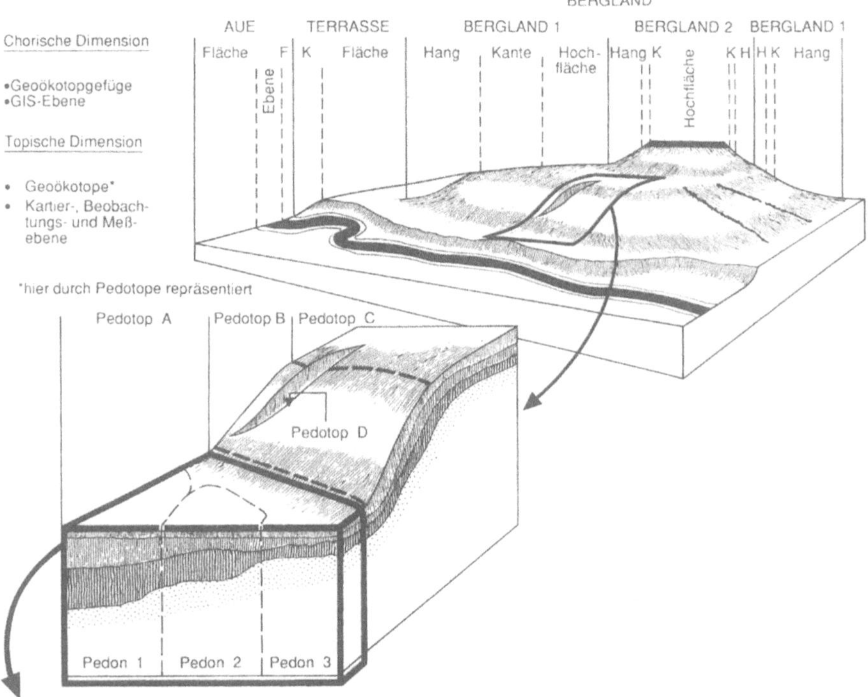

Abb. 3a: *Der räumliche Ansatz topischer Forschung in Geo- und Bioökologie und die damit verbundenen methodischen Barrieren (aus Leser 1994). Die Geodiversität ist methodisch bis und mit der topischen Dimension relevant. Die geoökologische Forschungspraxis nähert sich dabei den Fachwissenschaften für die Einzelfaktoren, hier der Pedologie mit dem Boden. Die Pedologie arbeitet mit den gleichen Begriffen und Raumdimensionen wie die Geoökologie. Der raumbezogen arbeitende Naturschutz hätte jedoch für seine biotischen Sachverhalte das Geos der topischen und chorischen Dimension zur Grundlage zu machen, will er tatsächlich holistisch ansetzen und wirken.*

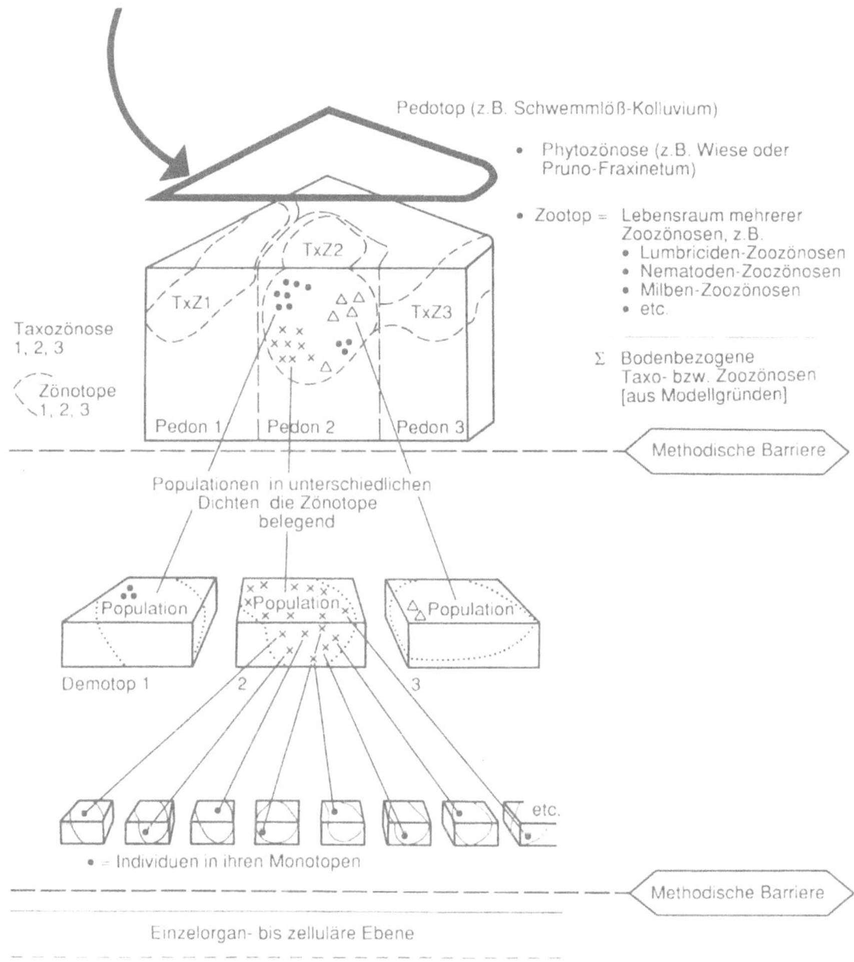

Abb. 3b: *Der räumliche Ansatz topischer Forschung in Geo- und Bioökologie und die damit verbundenen methodischen Barrieren (aus Leser 1994). Auf der topischen Dimensionsebene bestehen wichtige methodische Möglichkeiten, biotisches und abiotisches Geschehen in den Öko-systemen relativ exakt und integrativ zu betrachten. Wird die Größen-ordnungsebene der Taxozönosen unterschritten, ist die bioökologische, eher kleinsträumig-punkthafte Betrachtungsebene erreicht. Hier können jedoch auch für den Naturschutz wichtige Grundlagenerkennt-nisse über die Biodiversität gewonnen werden.*

verschiedene "Diversitäten" (Abb. 3). Das bedeutet aber auch: Nicht alles ist Biodiversität - und: *"die"* Diversität gibt es nicht. - Diese Hypothese wird im folgenden Abschnitt begrifflich untermauert. Es wird sich dabei auf die traditio-nelle Unterscheidung raumwissenschaftlich-ökologischer Ansätze bezogen. Da-her werden Bio-, Geo- und Landschaftsdiversität zu unterscheiden sein.

2.2.1 Biodiversität

Die Biodiversität scheint unter den Diversitäten die wichtigste zu sein - von ihr wird nämlich am meisten geredet. Traditionell war sie Bestandteil der etwas unscharf umschriebenen "Diversität" (ohne Zusatzkennzeichnung), wie sie in Landschaftspflege und Naturschutz behandelt wurde. Sie avancierte schließlich zu "der" Diversität, der man dann das Präfix "Bio" zugesellte.

Hinter dem Begriff "Biodiversität" verbargen sich - und verbergen sich immer noch - zahlreiche biowissenschaftliche Ansätze. Zu dieser *biologischen Diversität* gehört die allgemeine biologische Vielfalt der Lebewesen ebenso wie die genetische Vielfalt oder die Vielfalt der Organismen in den verschiedensten Lebensräumen (Abb. 4). (Diese biologisch-räumliche Vielfalt war oft nur eine quantitative Beschreibung des "Was ist wo?" im Sinne der klassischen Tier- und Pflanzengeographie). Auch die in den Biowissenschaften lange zu kurz gekommenen biogeographischen Raumgliederungen (Höhenstufen; Zonen; sonstige Raumdifferenzierungen des Bios) gehören eigentlich zur Biodiversität. Gerade sie dokumentieren den Zusammenhang Geos-Bios, wie er in allen Erdräumen relevant ist.

Dies "Eigentlich" weist zudem darauf hin, daß im ("biologischen") Biodiversitätsgedanken Defizite enthalten sind. Sie erweisen sich für die Fachbiologie als

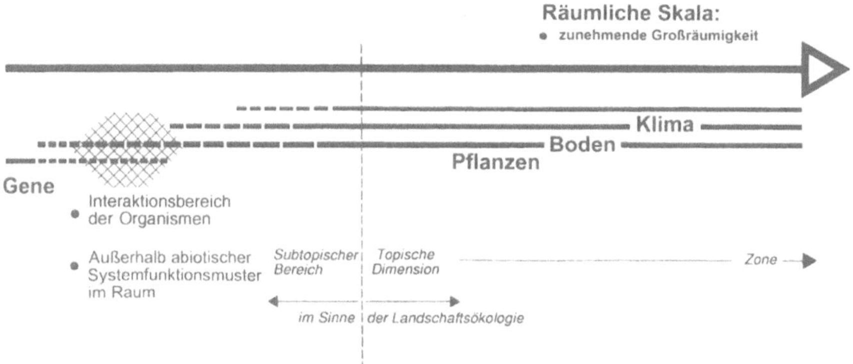

Abb. 4: *Geo- und bioökologische Skalenproblematik aus geoökologischer Sicht: Die Wirkungsbereiche abiotischer Faktoren (aus Leser/Schaub 1995). Das Zusammenspiel von Geos und Bios stellt sich auf den verschiedenen Dimensionsebenen der Betrachtung jeweils anders dar. Bei zu kleinräumiger ("subtopischer") Betrachtung sind - aus Dimensionsgründen - verschiedene Differenzierungen des Bios in der geoökologischen Forschung nicht mehr relevant. In immer größeren räumlichen Kategorien zeigt sich jedoch eine relative Kongruenz zwischen Geos und Bios. Diese setzt in der topischen Dimension, also in der Größenordnung der Ökotope, ein. Naturschutz muß daher bereits in der topischen Dimension auf den Zusammenhang Geos - Bios achten.*

Fallgrube, weil das Aussparen räumlicher Betrachtungsperspektiven die Biowissenschaften z.T. von manchen Fachbereichen der Praxis, z.B. Landespflege, Kulturtechnik, Flurbereinigung etc., abkoppelte. Die landschaftsökologisch gewichtete Biogeographie füllt z.T. diese Lücken aus.

Es fällt auf, daß im biologischen Biodiversitätskonzept die mikrobiologische Betrachtung eine zunehmend größere Rolle spielt - berechtigt zwar, jedoch überwiegend zu Lasten der raumbezogenen ökologischen Betrachtung und z.T. sogar zu Lasten der "Makrobiologie", die z.T. und mißverständlich auch als "Organismische Biologie" bezeichnet wird.[1] Der mikrobiologisch gewichteten Biodiversitätsbetrachtung ging und geht es um genetische Vielfalt, die - aus Sicht der raumbezogenen Ökologien - als ein ausschließlich biologischer Regler der Biosysteme wirkt. Direkte Raumrelevanz, im Sinne der topischen Dimension von Ökosystemen (Ökotopen), kommt dieser mikrobiologischen Diversität nicht zu. Das schmälert nicht deren Bedeutung an sich, im Kontext dieser Ausführungen kann sie aber unberücksichtigt bleiben.

Die nachstehende Definition von "Biodiversität" schließt obige Überlegungen zum Begriff Diversität bzw. Biodiversität mit ein:

> **Biodiversität** ist die Diversität lebender Systeme oder die "Diversität des Bios". Sie drückt sich in der Struktur und der Funktion von Lebensgemeinschaften aus, aber auch in deren Eingehen in Umweltbeziehungen, d.h. in Beziehungen zur Geodiversität, welche die abiotischen Bestandteile der Umweltsysteme repräsentiert, die Lebensfunktionen der Organismen selber sowie genetische Differenzierungen durch evolutionäre Vorgänge. Die Biodiversität erfordert die Berücksichtigung der Skalenproblematik geo- und biowissenschaftlicher Methodiken. Die Biodiversität ist - wie auch die Geodiversität - lediglich ein Teilmodell der Landschaftsdiversität.

Die Skalen-, d.h. Maßstabsprobleme werden an dieser Stelle nur angedeutet, um auf die Problematik hinzuweisen, die sich dahinter verbirgt. Es ist eine der Fallgruben, von denen anfangs die Rede war. Sie muß jedoch mindestens erwähnt werden, weil sich daraus praktische Konsequenzen - auch und gerade im Hinblick auf den Natur- und Umweltschutz - ergeben.

"Maßstabsbetrachtungen" werden vor allem seit Anfang der neunziger Jahre in verschiedene Wissenschaften einbezogen - entweder neu oder "wieder", d.h. wenn der Skalenaspekt im Laufe der Forschungsspezialisierung und der Miniaturisierung verloren ging. Dabei kann es sich um Raum- *und* um Zeitskalen handeln. Hier steht die Raumskala in Rede. Bei unterschreiten gewisser Gegenstands- und Raumgrößenordnungen im Rahmen der Grundlagenforschung geraten die Ergebnisse in Dimensionen hinein, die unterhalb der Arbeits- und Maßnahmendimensionen der Praxis liegen. Natur-, Landschafts- und Umweltschutzarbeiten erfolgen vorzugsweise in der topischen und chorischen Dimension, also in Größenordnungen des Zehnermeter- bis Kilometerbereiches. Inzwi-

---

1 Das begriffliche und methodische Problem Mikro-/Makrobiologie ist hier - zugegeben - etwas stark vereinfacht dargestellt.

schen erkennt man in der Bioökologie die Folgen der "Miniaturisierung" der Grundlagenforschung und versucht, wieder in andere Größenordnungsbereiche vorzustoßen. Aus Sicht der Theorie der Ökologie bedeutet das:

- Hinwendung zur holistischen Betrachtung.
- Raumbezug der "Gegenstände" wird beachtet.

Damit finden die in Kap. 2.2 genannten Grundsätze der Ökologie wieder Beachtung. Bezeichnenderweise wird ja seit Ende der achtziger Jahre im englischen Sprachraum von einer "Ecosystem Ecology" gesprochen, die deutlich machen will, daß man sich wieder den Grundsätzen der klassischen ökologischen Theorie verpflichtet sieht (auch wenn offensichtlich der Bezug zu dieser gar nicht hergestellt, sondern die Idee der holistischen Betrachtung als total neue Erkenntnis dargestellt wird).

2.2.2 Geodiversität

Die Geodiversität (Abb. 5) ist für den Geowissenschaftler solch eine Selbstverständlichkeit, daß darüber kaum geredet wird. Der Gedanke der Diversität geotischer Phänomene ist nicht nur traditionell in allen methodischen und methodologischen Konzepten der Geowissenschaften enthalten, sondern er wird auch

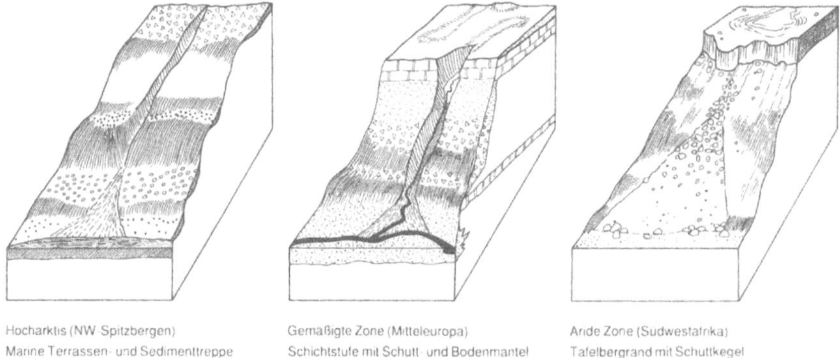

Abb. 5: Geodiversität - Beispiele aus verschiedenen Landschaftszonen der Erde (aus Leser/Schaub 1995). Komplementaritäten von Georeliefformen in verschiedenen Klima- und damit Landschaftszonen der Erde dokumentieren "Geodiversität". Die abgebildeten Georeliefformen sind ähnlich, aber nicht gleich: Ihre Entwicklung vollzog sich unter Vor- und Jetztzeitklimabedingungen jeweils anders. Daraus resultieren unterschiedliche Material- und Bodentypen, die für das Bios ganz unterschiedliche Standort- und Geotopbedingungen bieten. Das Bios stellt sich durch Verbreitungsmuster, Habitus, ökophysiologische Prozesse und "Verhaltensweisen" darauf ein, so daß unterschiedliche Ökosysteme bzw. Landschaftsökosysteme resultieren, die in jedem Beispiel anders funktionieren und eine andere Physiognomie aufweisen.

in den Methodiken, als den Handwerkszeugen der einzelnen Geowissenschaften, ganz konkret berücksichtigt.

Die Fallgrube hier ist anderer Art als die in 2.2.1 erwähnte: Es ist eine wissenschaftsoziale bzw. "politische" Fallgrube, die sich die Geowissenschaften durch kommunikative Versäumnisse selbst geschaffen haben. Die *Bedeutung der Geodiversität* wurde nämlich weder den Nachbardisziplinen noch den Praktikern deutlich gemacht. Dieses Nichtweitergeben von methodisch wesentlichen Erkenntnissen verursachte zahlreiche methodische Fehler in Umwelt-, aber auch Naturschutzkonzepten, die vermeidbar gewesen wären. Hinzu kommt, daß es leider in Politik sowie in manchen Wissenschafts- und Praxisbereichen immer noch als chic gilt, über kein *geowissenschaftliches Minimumwissen* zu verfügen.

Das zeigt sich in der allgemeinen Unkenntnis auch klassischer geowissenschaftlicher Sachverhalte, die nichts anderes als *Beispiele für Geodiversität* sind. Solche stellen die Bodencatena, also die regelhafte Abfolge der Bodentypen am Hang, oder auch der horizontierte Boden selber dar. Auch Georeliefformensequenzen am Hang, zwischen Bergland und Vorland, im Gletschervorfeld oder die korrelaten Formen gehören dazu. Selbst meso- und mikroklimatische Gradienten oder vertikale bzw. horizontale Bodenfeuchte- oder Grundwasserstufen sind Geodiversität. Am augenfälligsten wird die Geodiversität in *Raummustern*, die offene oder "versteckte" geoökologische bzw. naturräumliche Gliederungen sichtbar machen. Man kann sie sehr gut in Luftbildern und auf Satellitenszenen, aber auch schon auf guten topographischen Karten erkennen.

Geologische, geomorphologische, bodenkundliche, geländeklimatische und hydrologische Kartierungstechniken, also die Fachkartierungskonzepte der Geowissenschaften, basieren größtenteils auf der Erfassung von Geodiversität oder Teilen dieser. Die "Theorie der geographischen Dimensionen", mit den Raumkategorien von Top über Chore ("Region") und Zone zur Gesamterde, differenziert den Geodiversitätsgedanken durch den Maßstabsaspekt. Die klassische geowissenschaftliche Kartenarbeit machte den Raumansatz nicht nur den Geowissenschaften selber zur Selbstverständlichkeit, sondern trug ihn auch in deren Fachökologien (Geoökologie, Bodenökologie, Klimaökologie, Hydroökologie) hinein.

Nach dieser methodologischen Diskussion kann der Sachverhalt "Geodiversität" wie folgt definiert werden:

> **Geodiversität** ist die Diversität abiotischer Systeme oder die "Diversität des Geos". Sie drückt sich aus in den Stoff- und Energiefunktionsmustern der Geodermis, d.h. der Erdoberfläche und dem geoökologisch relevanten Bereich des oberflächennahen Untergrundes, in/an dem sich das funktionale Zusammenwirken der Geo-, Klimo- und Hydrosysteme abspielt. Dies ist der abiotische Funktionsbereich der Umweltsysteme. Letzterer stellt eine Basisvoraussetzung für die Existenz des Bios dar, so daß zwischen geotischen und biotischen Raum- und Funktionsmustern und damit

zwischen Geo- und Biodiversität in räumlich relevanten Dimensionen Kongruenz bestehen kann. Die Geodiversität ist - wie auch die Biodiversität - lediglich ein Teilmodell der Landschaftsdiversität.

Auch bei der Geodiversität sollen die *Maßstabsprobleme* nur angedeutet werden. Sie ordnen sich der "Theorie der geographischen Dimensionen" unter. Sie stellen für die Geofachwissenschaften - wie bereits gesagt - methodisch kein Problem dar. Allerdings lenken die Skalenbetrachtungen des geowissenschaftlichen Ansatzes der Umweltforschung das Augenmerk auf die in 2.2.1 angedeuteten methodischen Probleme der Biodiversität. Bewegt sich die Biodiversität methodisch nämlich aus den Mikroskalen heraus und in die topische Dimension (zu ihr gehört der an sich wohldefinierte Öko*top*!) hinein, dann gelangt sie in die Raumgrößenordnungen geowissenschaftlicher Forschung.

Aus Sicht einer wirklich holistisch betriebenen Ökologie müßte dies begrüßt werden, weil damit nicht nur ein gemeinsamer Arbeits*raum*, sondern auch sich berührende geo- und biowissenschaftliche "Gegenstände" gefunden wären. Dann hätte man sich auch dem Ideal einer geo-biowissenschaftlichen Zusammenarbeit genähert, die als Grundidee in den Grundsätzen der Klassischen Ökologie (Kap. 2.2) enthalten ist und die in dieser Form ja auch zu den Grundgedanken eines integrativ betriebenen Naturschutzes gehören sollte.

Betrachtungen der ökologischen Realität unserer Umwelt zeigen, daß zwischen Geo- und Biodiversität Zusammenhänge bestehen können, die methodisch aufzuarbeiten wären. Es reicht jedoch nicht aus, daß im gleichen Raum Geos und Bios erforscht werden. Das würde eine Zusammenarbeit sein, die nicht von vornherein zu einer holistischen Ökosystemaussage führen muß. Vielmehr wären die Funktionsbeziehungen von Geos und Bios *untereinander und miteinander* der Forschungsgegenstand (Abb. 6 und Abb. 7). Allerdings wäre dafür noch "Handwerkszeug" zu entwickeln, weil die biologischen und die geowissenschaftlichen Techniken oft zu spezialisiert sind und damit zu nicht kompatiblen Ergebnissen führen können.

Zugleich wird mit obigen Betrachtungen deutlich, daß Bio- und Geowissenschaften jeweils allein dem Anspruch der Ökosystemtheorie nicht genügen, Landschafts- und Umweltsysteme bzw. Ökosysteme holistisch, also gesamthaft und integrativ, zu erfassen. Diese offenkundige Fallgrube wird von beiden Fachbereichen geflissentlich übersehen. Daraus resultieren Nichtanwendbarkeit von Fachkonzepten und Widerstand der politischen Entscheider gegen unbequeme Notwendigkeiten der Umweltforschung.

2.2.3 Landschaftsdiversität

"Landschaft ist die Totalität eines Erdraumes" - so ungefähr wurde "Landschaft" von den Klassikern der Naturwissenschaften und der Geographie definiert. Auch moderne Definitionen des Landschaftsökosystems sagen im Grunde nichts anderes:

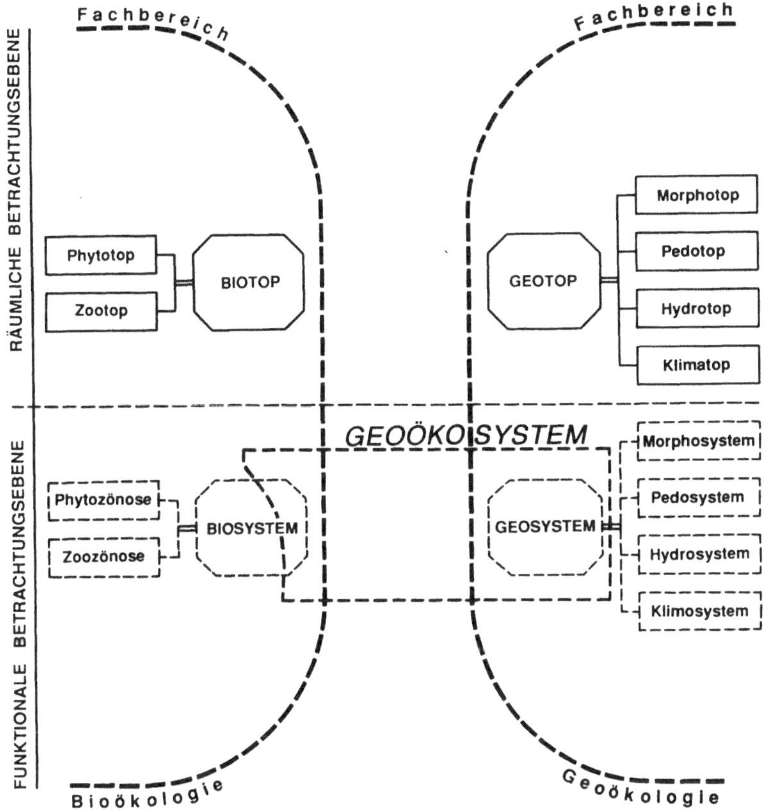

Abb. 6: Das Geoökosystem - ein Teilmodell aus dem Modell des Landschafts-ökosystems (aus Leser/Schaub 1995). Das Geoökosystem ist ein Modell der Geoökologie, das vorrangig abiotische Sachverhalte aus der komplexen ökologischen Realität der Umwelt, der "Landschaft", darstellt. Teilweise bezieht es biotische Sachverhalte mit ein. Im Idealfall werden Georelief, Boden, Wasser und Klima im Geoökosystem zusammen betrachtet. Dies erfolgt in der Geoökologie, während die Einzelfaktoren in den Fachwissenschaften (Geomorphologie, Pedologie, Hydrologie, Klimatologie) modelliert werden. Beim Geoökosystem handelt es sich um ein Teilmodell des Landschaftsökosystems, das im Rahmen von Diversitätsbetrachtungen dann die Geodiversität zum Thema hat.

Landschaftsökosystem ist ein in der Umwelt- und Mitweltrealität beliebig abgrenzbares Wirkungsgefüge aus physiogenen, biogenen und anthropogenen Landschaftshaushaltsfaktoren (d.h. Speichern, Reglern, Prozessen und Kräften), die mit direkten und indirekten Beziehungen untereinander in einem übergeordneten Funktionszusammenhang stehen. Dessen räumlicher Repräsentant ist die real existierende Landschaft.

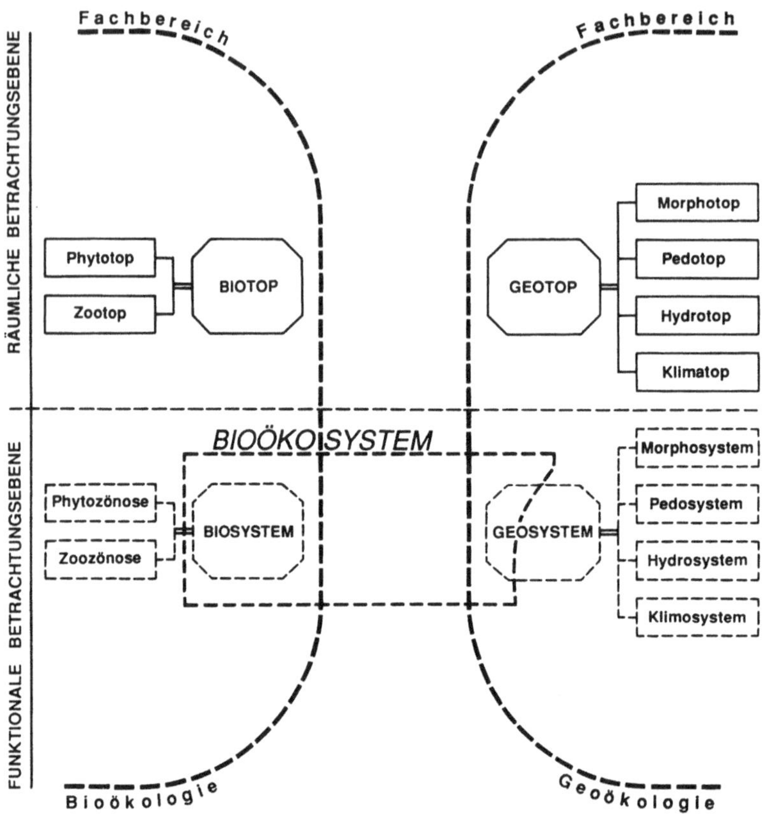

*Abb. 7: Das Bioökosystem - ein Teilmodell aus dem Modell des Landschafts-
ökosystems (aus Leser/Schaub 1995). Das Bioökosystem ist ein Modell
der Bioökologie, das vorrangig biotische Sachverhalte aus der
komplexen ökologischen Realität der Umwelt, der "Landschaft", darstellt. Teilweise bezieht es abiotische Sachverhalte mit ein. Im Idealfall
werden pflanzliche und tierische Lebewesen im Biosystem zusammen
betrachtet. Die Forschungs- und Praxisrealität stellt jedoch oft Pflanzen oder Tiere allein in den Mittelpunkt ihrer Betrachtungen, die dann
separative pflanzen- oder tierökologische Betrachtungen repräsentieren. Beim Bioökosystem handelt es sich um ein Teilmodell des Landschaftsökosystems, das im Rahmen von Diversitätsbetrachtungen dann
die Biodiversität zum Schwerpunkt hat.*

Eine solch allumfassende Definition kann methodisch nur bedingt realisiert
werden (Abb. 8). Es handelt sich bei dieser Definition - immer noch - um ein
Denkmodell, dem man von verschiedenen Geo-, Bio- und Humanwissenschaften
her zuarbeitet. *"Landschaftsforschungen"* der einzelnen Fachgebiete lassen Di-
vergenzen sichtbar werden, die eindeutig disziplinär bestimmt sind. Jede
Fachwissenschaft sieht die ökologische und landschaftliche Realität - ähnlich
wie bei der Diversität - etwas anders. Und hinzu kommt die Vielfalt, die Ver-

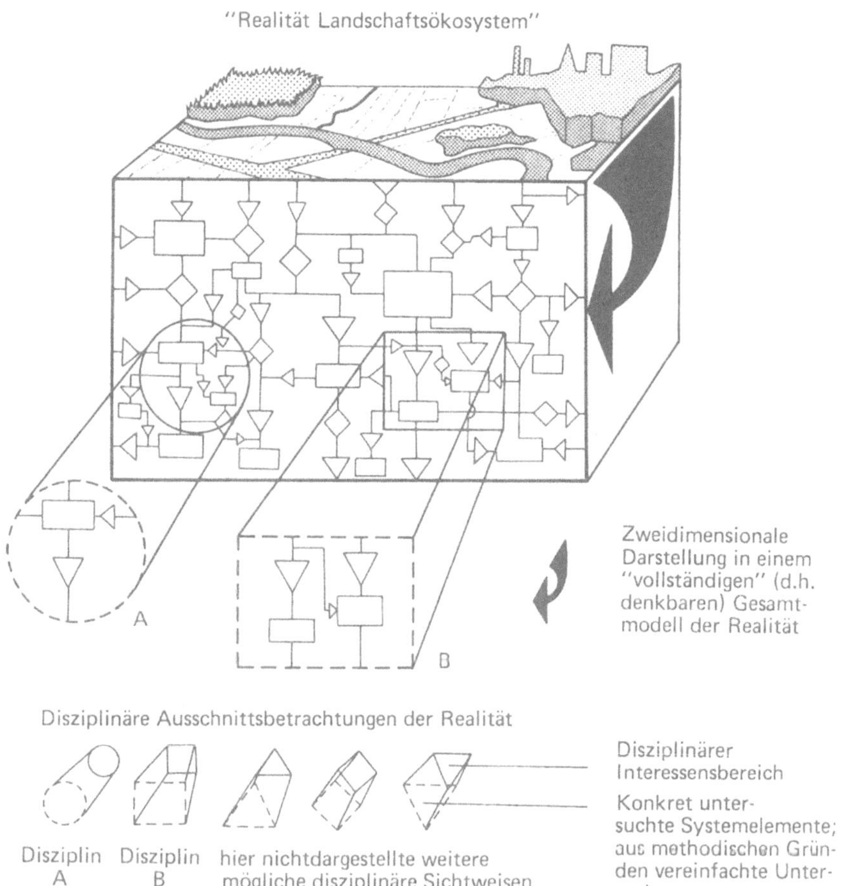

Abb. 8: Das Landschaftsökosystem - Modell und Realität: Das "wirkliche" Landschaftsökosystem und die verschiedendisziplinären Ansätze (aus Leser 1996). Die als Blockbild (oben) wiedergegebene Lebensraum-Realität wird als Regelkreis (großer Kasten) "komplett" modelliert. Die einzelnen ökologischen Fachgebiete (die verschiedenen Fach-"Ökologien", z.B. "A", "B" etc.) bestimmen dann den Ausschnitt (entspricht dem markierten Bereich im Regelkreismodell), der ihrem facheigenen Verständnis von Ökologie entspricht. Aus technischen, methodischen, pekuniären oder anderen Gründen wird davon jedoch real wiederum nur ein Teil (entspricht dem hervorgehobenen Teil des Regelkreismodells ["A", "B"]) erforscht. Fazit: Ökologische Aussagen betreffen oft nur einen kleinen Teil des Gesamt-Landschaftsökosystems.

schiedenheit der Landschaften selber: Eine vom Menschen stark geprägte Landschaft wird anders modelliert als eine anthropogen wenig beeinflußte. Die Biowissenschaft modelliert diese beiden Landschaftstypen anders als eine Geowissenschaft.

Deswegen gibt es auch nicht "das *Landschaftsmodell*" bzw. "das Landschaftsökosystemmodell", sondern mehrere (eigentlich: viele!). Aus naturwissenschaftlicher Sicht, z.B. auch im Hinblick auf den Naturschutz, wäre die Basisforderung an solch ein Landschaftsmodell, daß mindestens Geos und Bios mitzuberücksichtigen wären. Anthroposachverhalte wären insoweit einzubeziehen, als dies die Thematik erfordert. Beim Naturschutz würde das bedeuten, Landschaftsnutzung (Wirtschaft), Landschaftspflege und Gesellschaft bzw. Politik (Gesetze, Verordnungen, raumordnerische Leitbilder, staatspolitische Ziele etc.) mitzuberücksichtigen.

Zu recht wiesen bekannte Landschaftsökologen wie Carl Troll, Josef Schmithüsen, Ernst Neef, Wolfgang Haber, Zev Naveh oder Arthur S. Lieberman auf die Notwendigkeit integrativer Landschaftsbetrachtungen hin. Wegen der starken anthropogenen Prägung der Landschaftsökosysteme über die ganze Welt hinweg nannten z.B. Naveh/Lieberman ihr Modell "Total Human Ecosystem". Das schließt an Klassiker wie Troll, Schmithüsen oder Neef an, die bereits in den vierziger und fünfziger Jahren diese Gedanken vertraten und deren Einführung auch für Anwendungsgebiete forderten, nicht zuletzt für Entwicklungsländer, Raumplanung und Naturschutz (später auch Umweltschutz, wie bei Neef).

Naveh war es, der ausdrücklich von "Landschaftsdiversität" sprach und damit die Vielfalt in der Totalität landschaftlicher Erscheinungen umschrieb. Unter Bezug auf die Begriffe Biodiversität und Geodiversität würde dies deren integrative Behandlung erfordern. Es müßten aber auch weitere Aspekte, im Sinne des Anthroposystems, miteinbezogen werden (Abb. 9).

Wenn man also die vielfältige Realität des Lebens- und Wirtschaftsraumes des Menschen als unauflösbares Funktionsgefüge von Geos und Bios (mit Mensch) ansieht, dann muß auch von "Landschaftsdiversität" gesprochen werden. Sie ist, ähnlich dem Modell des Landschaftsökosystems, ein *integratives Konzept*, das Geos, Bios und Mensch umfaßt. (Für den Naturschutz zieht dies übrigens nicht nur einfach "Konsequenzen" nach sich, sondern das hat ganz weitgehende ökologische, ökonomische, soziale und politische Folgen; dazu auch Kap. 3.)

Auch der Sachverhalt "Landschaftsdiversität" wäre noch zu definieren:

> **Landschaftsdiversität** ist die Diversität der Räume mit den Umweltsystemen oder die "Raum-Umwelt-Diversität". Sie drückt sich aus in den Funktionsmustern der Landschaftsökosysteme in der Geobiosphäre, in der das Wirkungsgefüge des real unauflösbaren Zusammenhanges von Natur (Geos, Bios), Gesellschaft und Technik (= technologischer Standard der jeweilig herrschenden bzw. agierenden Gesellschaft) spielt. Die Landschaftsdiversität drückt dieses Wirkungsgefüge aus bzw. sie verändert sich, wenn sich das Wirkungsgefüge aus natürlichen, technischen oder politischen Gründen ändert. Demzufolge sind Biodiversität und Geodiversität lediglich Teilmodelle des übergeordneten Modells der Landschaftsdiversität.

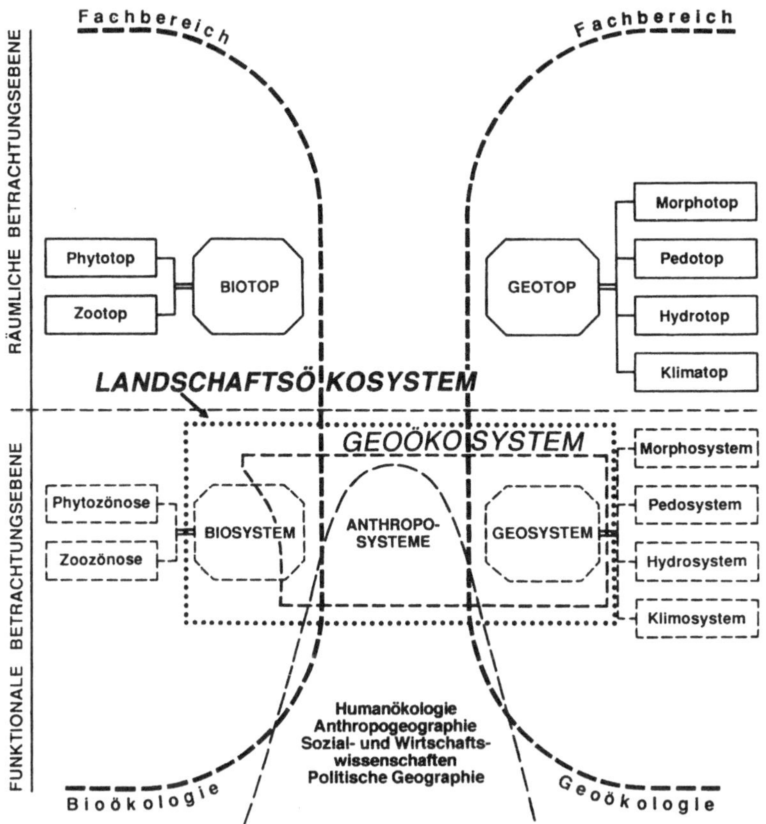

Abb. 9: Die Stellung des Landschaftsökosystems innerhalb der Modellebenen von Geo- und Bioökologie (aus Leser/Schaub 1995). Die ökologische Realität ist komplex. Das Landschaftsökosystem ist ein Modell, d.h. ein Ausschnitt aus der Realität. Es umfaßt Bio-, Geo- und Anthroposysteme, die in der ökologischen Wirklichkeit miteinander in einem unauflösbaren Wirkungszusammenhang stehen. Neben den Naturwissenschaften sind auch Geistes-, Wirtschafts- und Sozialwissenschaften an der Erforschung des Landschaftsökosystems beteiligt. Für den Naturschutz resultiert daraus, seine Probleme in einem größeren (eigentlich "allumfassenden") Zusammenhang zu sehen und zu bearbeiten. Nur auf diese Weise können Maßnahmen des Naturschutzes in der Umweltwirklichkeit "greifen".

3. Ein interdisziplinäres Konzept wird zum transdisziplinären Konzept

Schon wieder zwei Begriffe, die häufig verwandt, jedoch selten korrekt eingesetzt werden (Abb. 10). Viele Wissenschaftler ersetzen den Ausdruck "interdisziplinär" einfach durch "transdisziplinär" und meinen damit, den Erfordernissen der modernen Wissenschaft Rechnung getragen zu haben. Dabei wird -

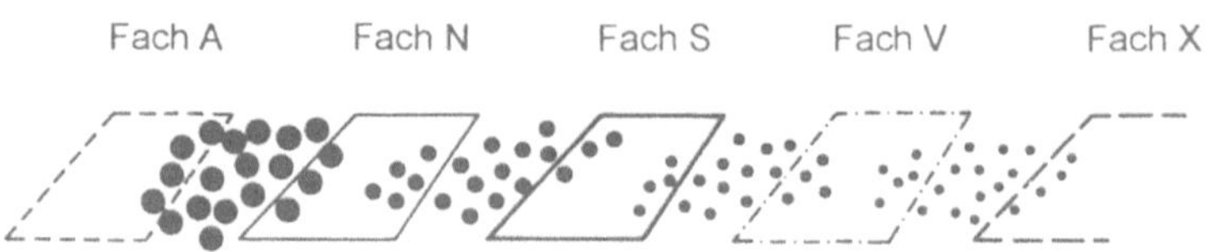

(1) Prinzip der Interdisziplinarität

(2) Prinzip der Transdisziplinarität

Abb. 10: Interdisziplinarität und Transdisziplinarität - Möglichkeiten wissen-schaftlichen Zusammenarbeitens (Orig. Leser 1996). Für landschafts-ökologische Fragestellungen sind gerade im Natur- und Umwelt-schutzbereich fachübergreifende Zusammenarbeiten erforderlich. (1) stellt die Interdisziplinarität dar, die zu neuen - zwischenfach-lichen - Fragestellungen und Problemlösungen führt, aber auch zu neuen Fachgebieten, die jedoch ihre Zwischenposition und Herkunft noch gut erkennen lassen. (2) Anspruchsvoller ist das transdiszipli-näre Vorgehen. Es erfaßt mehrere Fächer bzw. Teile dieser und führt zu sehr vielseitigen neuen Fachbereichen, die u.U. weit von den dis-ziplinären Ursprungsideen entfernt sein können.

immer noch - eher interdisziplinär denn transdisziplinär gearbeitet. Die vermeint-lich nur feinen, tatsächlich jedoch fundamentalen Unterschiede zwischen diesen beiden Vorgehensweisen sind ganz einfach zu erklären: Interdisziplinär ist das Arbeiten *zwischen* den Fragestellungen von zwei, drei oder mehr Disziplinen. Interdisziplinär kann demzufolge auch *eine* Disziplin arbeiten, wenn sie über die notwendige Kompetenz verfügt, methodisch einwandfrei außerhalb ihres eigenen Fachgebietes tätig zu sein. Transdisziplinär wäre die fachübergreifende Verknüp-fung von Ansätzen und Methodiken vieler verschiedener Disziplinen in *gemein-samer Zusammenarbeit*, so daß auch völlig neue, außerhalb der Fächer liegende Probleme erkannt und angegangen würden.

Zwischenfazit: Alle Welt redet von Biodiversität und meint, damit der Vielfalt "in der Natur" methodisch und methodologisch Genüge getan zu haben. Vorstehend wurden die Möglichkeiten, aber auch die Grenzen des Begriffes

Biodiversität aufgearbeitet und auf Geo- und Landschaftsdiversität hingewiesen. Entscheidend daran war, daß Geo- und Biodiversität lediglich *Teilmodelle* der methodologisch umfassenderen *Landschaftsdiversität* darstellen.

Es wäre nun der Weg zu weisen, wie in der ökologischen Forschung und Anwendung vorzugehen ist, wenn es eine Bio-, Geo- und Landschaftsdiversität gibt, auf die auch der Naturschutz Bezug zu nehmen hätte. Das Ziel wurde bereits herausgestellt: Es kann und muß um die Landschaftsdiversität gehen.

Biodiversität - als Idee, Konzept und Methode - wurde interdisziplinär praktiziert. Viele Fachbereiche griffen den Gedanken "Biodiversität" auf und arbeiteten damit an den Rändern ihrer disziplinären Interessensfelder. So entstanden neue Möglichkeiten zu fruchtbarer interdisziplinärer Zusammenarbeit. Gerade der Naturschutz, speziell auch der Internationale Naturschutz, wie er sich im Programm "Der Mensch und die Biosphäre" (MAB) repräsentiert, ging darauf ein. Nicht zuletzt dokumentiert sich das in dem Wandel des Naturschutzes vom Objekt- über den Ensemble- zum Ökosystemschutz. Dieser Wandel stellt einen beträchtlichen theoretischen, aber auch praktischen Fortschritt der Naturschutzidee dar, obwohl er noch jung ist und obwohl er noch nicht genügend konzeptionelle und flächendeckende Wirkungen zeitigte.

Daß dies so ist, liegt u.a. daran, daß bisher (und zwar nicht allein nur beim Naturschutz) dem transdisziplinären Vorgehen noch nicht genügend Augenmerk geschenkt wurde. Bei Transdisziplinarität geht es ja um die inhaltliche Durchdringung *mehrerer* Disziplinen, nicht nur um nachbarliche Zusammenarbeit. "Inhaltliche Durchdringung" bedeutet auch das Aufnehmen von Theorien und Methodiken der Nachbarwissenschaften. Dies geschah in den ökologischen Wissenschaften überwiegend *nicht*. Wenn man nun nicht nach Schuldigen sucht, sondern statt dessen nach den bestehenden Defiziten fragt, um zu Problemlösungen zu gelangen, sind es jene Sachverhalte, die schon eingangs als "Notwendigkeiten" und "Möglichkeiten" des Internationalen Naturschutzes herausgestellt wurden (Kap. 1). Und darin ging es um "Raum", "Landschaftsökosysteme", "Großräumigkeit" und "Holistik". Dies wäre unter "Notwendigkeit eines Paradigmenwechsels" zu diskutieren.

3.1 Notwendigkeit des Paradigmenwechsels

Es sei, trotz aller Fortschritte des Naturschutzes (auch des Internationalen Naturschutzes), hier behauptet, daß seine Wirkungen sowohl regional als auch zonal wie auch global nicht sehr bedeutsam sind. Diese Feststellung soll keinen der Naturschutzpraktiker beleidigen, sondern lediglich einen real existierenden Tatbestand umschreiben. Lasse man sich von wohltönenden Begriffen wie "Naturschutzgebiet", "Landschaftsschutzgebiet", "Naturpark" oder "Nationalpark" nicht täuschen. Es handelt sich dabei um

- ganz unterschiedliche Schutzkategorien,

- geschützte Gebiete ganz verschiedener räumlicher Ausdehnung,

- Gebiete unterschiedlicher Ökosystemqualitäten,

- Bereiche ganz unterschiedlich intensiver Nutzungen (und Nichtnutzungen - auch dies!) und um

- Begriffselemente, die vorwiegend nur europäische (z.T. ausschließlich mitteleuropäische) Akzeptanz aufweisen, und solche,

- die keiner wirklich transdisziplinären Betrachtung unterliegen, so daß vor allem die geo- und raumwissenschaftlichen Aspekte als Defizitbereiche aufscheinen.

Dieser, auch weltweit gesehen, desolate *Zustand des Naturschutzes* ist, wie bereits angedeutet, vor allem auf zwei Ursachen zurückzuführen:

- Ursache 1: Die fachliche Heterogenität der ökologischen Wissenschaften. Sie unterziehen sich nicht der Mühe, wirklich interdisziplinär zu arbeiten und auch transdisziplinär anzusetzen.

- Ursache 2: Die politischen Entscheider haben anderes als Naturschutz im Sinn. Sie zielen auf Wirtschaftswachstum - in welcher Form und von welcher Auswirkung auch immer. Und: Ihnen sind dabei die Ideen und Konzepte des Natur- und Umweltschutzes oft im Wege.

Dabei wird es den politischen Entscheidern besonders durch die Ökologen selber leicht gemacht: Entweder stellen die Ökologen sich als zerstrittener Haufen dar oder sie verfolgen, wenn sie als Forschungsgruppe administrativ oder politisch akzeptiert sind (z.B. in Gestalt von GTZ-Projekten, des Sachverständigenbeirates für Umweltfragen, von Enquete-Kommissionen etc.), ungerührt ihre ureigenen, wissenschaftlichen Ansätze und Methoden. Das geschieht oft ohne Rücksicht auf die Grundsätze und Theorien der Ökologie und ohne Beachtung nachbardisziplinärer Fortschritte, z.B. in der Landschaftsökologie der Geographie, in der Bio- und Geoökologie, in der Biogeographie oder in manchen Geowissenschaften überhaupt.

Beim raschen Fortschritt ökologischer Erkenntnisse, der Vielzahl immer mehr sich verästelnder Spezialisierungen und damit auch dem "Verlust der Sichtweise auf das Ganze" ist dies alles zwar kein Wunder. Trotzdem wird dem Fachbereich Ökologie, dem Naturschutz, aber auch der Umwelt insgesamt, also unserem "Raumschiff Erde", ein Bärendienst erwiesen. Die Einsicht, daß dies kein guter Zustand ist, müßte aber aus der Wissenschaft und aus deren Anwenderbereichen selber heraus kommen. Zu den Anwenderbereichen wären, neben dem Natur- und Umweltschutz (mit Boden-, Klima-, Wasser- und Geotopschutz), auch Landespflege und verwandte Gebiete, Angewandte Ökologie oder Landschafts-, Siedlungs- und Wasserbau zu rechnen. (Neben vielen anderen Fachgebieten, die z.T. lediglich andere Bezeichnungen für gleiche oder inhaltlich sich überlappende Themen- und Gegenstandsbereiche tragen.)

Möchte man also diesen desolaten Zustand beenden, d.h. sollen die Notwendigkeiten des Natur- und Umweltschutzes angegangen und die Möglichkeiten dazu ergriffen werden (siehe Kap. 1), dann kann der Weg dorthin nur in den ökologischen Wissenschaften selber beginnen. Aber er muß dann auch weiterführen in die Bereiche der Anwendung und der Politik, also zu all dem, was man summarisch als *Praxis* bezeichnet.

Die nächste Frage wäre, wie all dies zu erreichen ist, denn der *Paradigmenwechsel* allein genügt nicht - Konzepte müssen her und Taten sichtbar werden. Eine Lösung des Problems scheint beim Konzept von der Landschaftsdiversität zu liegen.

3.2 Effekte des Konzeptes von der Landschaftsdiversität

Damit das Konzept von der Landschaftsdiversität Effekte zeitigen kann, wird das - hier nicht (mehr) zu diskutierende - Umdenken in Richtung Transdisziplinarität der ökologischen Wissenschaften vorausgesetzt. Motiviert sollten sich die Wissenschaften vor allem dadurch sehen, daß - im Gegensatz zu einem einseitigen Geo- oder Biodiversitätskonzept - ein *integrativer Naturschutz auf der Basis des Konzeptes der Landschaftsdiversität* folgende Vorteile aufweisen würde:

- Es wird mit Bezug auf die "Theorie der geographischen Dimensionen" angesetzt. Das bedeutet: Raumkategorien, und damit Raumgrößenordnungen, werden mitberücksichtigt, woraus ökologische Wirkungen ("Stabilität", Regenerationsvermögen des Landschaftshaushaltes) resultieren.

- Es wird holistisch, also gesamthaft und integrativ, angesetzt. Das bedeutet: Alle Funktionselemente der Umweltsysteme werden berücksichtigt und als *ein* Wirkungsgefüge gesehen, dessen Einzel- und Gesamtwirkungen beachtet und in Maßnahmen der Praxis einbezogen werden müssen.

Daraus resultieren eine ökofunktionale und räumliche ("regionale") Lückenlosigkeit, die ein wesentliches *Argumentationsinstrument* gegen konzeptlose oder einseitig von Interessen diktierte politische Entscheidungen darstellt. Mit einem einheitlichen, methodisch korrekten und akzeptierten Konzept erscheinen die Ökologen sowie die Umwelt- und Naturschützer dann gegenüber der Politik als geschlossene Phalanx, die weder "hausgemachten", also ökologieinternen Separierungstendenzen unterliegen darf, noch durch politische oder administrative Dividierungstendenzen sich beirren lassen sollte.

3.3 Das Skalenproblem als methodischer und praktischer
Schlüssel des Natur- und Umweltschutzes

In verschiedenen Abschnitten dieses Beitrages wurde herausgestellt: Die *Anwendung ökologischer Erkenntnisse* ist eine Sache der Größenordnung der Daten und der untersuchten Gegenstände (und zugleich der Räume; Abb. 11). Damit verbunden ist natürlich die leidige Problematik der Spezialisierung, die vor den ökologischen Wissenschaften nicht halt gemacht hat. Das führte zu der fatalen Konsequenz, daß man von immer weniger (und immer kleinerem) immer

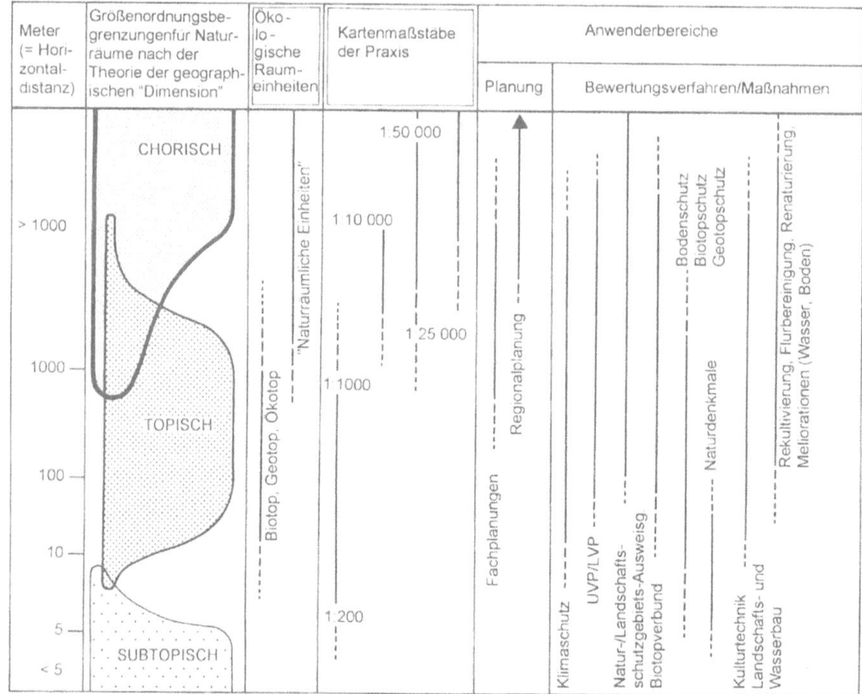

Abb. 11:   *Landschaftsökologische Praxis und geographische Dimensionen: Gegenstandsgrößenordnungen der Forschungs- und Anwenderbereiche (Orig. Leser 1996). Die landschaftsökologische Praxis muß bei Bestandsaufnahmen, Maßnahmen und Planungen die Größenordnungen der "Gegenstände" im Raum oder die Reichweite ökologischer Prozesse berücksichtigen. Dazu gehört in der Bioökologie auch das Raumverhalten von Tieren. Es zeigt sich ein enger Zusammenhang zwischen der "Theorie der geographischen Dimensionen", naturräumlichen Einheiten, Kartenmaßstäben und Maßnahmenwirkungen. Gewisse Probleme sind wirksam nur in bestimmten Dimensionen zu behandeln. Auch die Maßnahmen des Naturschutzes, die auf die Raumrealität abzielen, haben sich daran zu orientieren.*

mehr weiß. Es ging und geht nur noch um Details von Ökosysteminhalten und -funktionen. Daraus resultierte der

- "Verlust des Ganzen" (also des Gesamtökosystems als Idee und Realität) und der

- "Verlust des Raumes" (denn Ökosysteme sind dreidimensionale Wirkungsgefüge, die namentlich in den der Spezialisierung geopferten "groben" = großräumigen Gegenstandsbereichen [Top, Chore, Zone] eigenständige Vertikal- und Lateralprozesse entwickeln).

Mit vielen Beispielen könnte die Maßstabsabhängigkeit praktisch anwendbarer Ergebnisse gezeigt werden. Das bedeutet: Je mehr ökologisch separativ und

in kleinen, vor allem *sub*topischen bzw. subsubtopischen Größenordnungen
gearbeitet wird, umso mehr entfernt man sich von einer Vielzahl Anwenderbereiche. Es sind jene Nutzer und Anwender, die in den realen Landschaftsräumen
arbeiten und Raumkategorien bevorzugen, die sich im unteren und mittleren
Bereich der Dimensionsskala geographischer Räume anordnen.

Darüber hinaus gibt es noch andere Anwenderthemen, die in den oberen
Skalenbereichen liegen, z.B. in größeren Regionen und Subzonen, aber auch
in den großen Landschaftszonen der Erde. Dafür werden hier keine Beispiele
angegeben.   In jedem Fall ist die Fokussierung der Biologischen Ökologie
auf Mikro-, Nano- und Picoebene, wie sie sich scheinbar zwangsläufig durch die
Spezialisierung der Biologie zu ergeben scheint, ein Verhängnis für all jene
Fachbereiche, die räumlich ansetzen, aber zugleich von den Ergebnissen der
Biologie *abhängig* sind. Dazu gehört ja bekanntlich auch der Naturschutz.

4. Was bedeutet dies alles für den "Internationalen Naturschutz"?

Wenn das Thema des Beitrages aufgegriffen wird ("Von der Biodiversität zur
Landschaftsdiversität"), müssen nun die ökologischen Perspektiven des Internationalen Naturschutzes dargelegt werden.

Für nachfolgende Überlegungen werden einige Prämissen vorangestellt, die
aus dem bisher Gesagten resultieren:

- Internationaler Naturschutz muß "ökologisch" sein, d.h. er hat den Grundsätzen einer wirklich umfassenden, d.h. holistisch ansetzenden Ökologie
  Genüge zu tun.

- Weil der Naturschutz vor allem raumwissenschaftlich-ökologische Defizite
  in Theorie, Methodik und Realisierung erkennen läßt, muß Internationaler
  Naturschutz auf landschaftsökologischen Grundsätzen beruhen.

- Internationaler Naturschutz hat auf das "Raumschiff Erde" abzuzielen, d.h.
  er muß auch großräumig und damit zugleich global betrieben werden.

Es sei unterstellt, daß Internationaler Naturschutz keinen Selbstzweck verfolgt. Damit stellt sich die Frage nach seinen Zielen und Wirkungen. Er muß vor
allem die *Gaia*, die Gesamterde, im Auge behalten, will er sich als Regulativ der
Zustände von Großökosystemen (Biome; Zonen) begreifen. Es kann dem Internationalen Naturschutz wohl kaum allein darum gehen, Methodiken international
lediglich abzustimmen und - mehr oder weniger koordiniert - Schutzgebiete
(welcher Kategorie auch immer) auszuweisen. Damit wäre, gemessen an den
realen ökologischen Zuständen vieler Landschafts- und damit Nutzungszonen der
Erde, wenig bewirkt und wohl auch kaum etwas - im Sinne eines landschaftsökologisch gewichteten Naturschutzes - erreicht. Also was dann?

Internationaler Naturschutz sollte *Bestandteil eines global betriebenen Umweltschutzes* sein, der sicherlich nicht Schutzgebietsausweisung allein zum Ziele
haben kann.

Die Großökosysteme der Erde, wie sie uns als Landschaftszonen ("Biome") entgegentreten, wurden durch jahrhunderte- bis jahrtausendelange Nutzungen stark geschädigt. Globaler Umweltschutz ist demzufolge globaler Klima-, Boden- und Wasserschutz, aber auch globaler Schutz der natürlichen oder quasinatürlichen Vegetation, um den Lebensraum des Menschen, die Geobiosphäre, "wirtlich" zu halten. Das kann allein mit Naturschutz herkömmlicher Art - und auch nicht mit einem punktuell betriebenen Umweltschutz - *nicht* erreicht werden. "Wirtlich" bedeutet: Die Natur- und Naturraumpotentiale der Erde *global* wären in einem Zustand zu halten, der sowohl eine nachhaltige Nutzung (zum Leben und Überleben) erlaubt als auch - in die Nutzungssysteme integriert - Klima, Wasser, Boden und Bios umfassend schützt und in einem *regenerationsfähigen Zustand* hält.

Dieser Schutz, um es noch einmal zu betonen, muß ein *integrativer Natur-, Landschafts- und Umweltschutz* sein, d.h. einer, der sich nicht nur auf einen Teilaspekt beschränkt. Mit "Internationalem Naturschutz" bisheriger Art kann zu diesem *Gesamtressourcenschutz der Erde* wenig oder nichts beigetragen werden. Daher muß der Naturschutz, auch und gerade als sogenannter "Internationaler Naturschutz"

- landschaftsökologisch, also eingebunden in ein allumfassendes Ressourcenschutzkonzept,

- großräumig, also mit zonalen bis globalen Wirkungen, und

- langfristig, weil Ökosysteme langsam arbeiten,

betrieben werden.

Da in diesem Beitrag mehrfach die *Zeitskala* angesprochen wurde: Es erfolgte bereits der Hinweis darauf, daß sich Naturschutz mit *Aktualitäten* beschäftige. Das heißt, die erdgeschichtliche Perspektive wird nicht speziell beachtet, aber sie repräsentiert unabdingbares Hintergrundgeschehen (Abb. 12). Globale anthropogene Umweltveränderungen, auf die der Naturschutz ja auch Bezug nimmt, spielen sich in "kürzeren" als erdgeschichtlichen Zeiträumen ab, also auf der Jahrzehnt- bis Jahrhundert-Skala. Aber man beachte: Auch sie gehören durchaus mit zu den "Aktualitäten"!

Das viel größere Problem im Zusammenhang mit dem Faktor Zeit sind die *politischen Entscheidungen* und Maßnahmen, die ja eher durch Kurzatmigkeit gekennzeichnet sind und deren Zeitskala wesentlich unter jenen Skalen liegen, auf denen sich natürliche ökologische Prozesse abspielen.

Fazit: Um wieder zum Anfang des Beitrages zurückzukehren: Irgendwann sah man im Biodiversitätsansatz so eine Art Allheilmittel der Biologischen Ökologie, mit dem man glaubte, wieder Anschluß an die Raumwissenschaften gewinnen zu können. Dabei wurde übersehen, daß dort - besonders in den raumbezogen arbeitenden Geowissenschaften (Geographie, Geoökologie, Landschaftsökologie, Biogeographie, Bodenkunde, Klimatologie, Hydrologie) - sich Modelle, Theorien, Ansätze und Methodiken weiterentwickelt hatten. Man kann nicht an dem Status der Landschaftsökologie von Carl Troll (1939) anknüpfen,

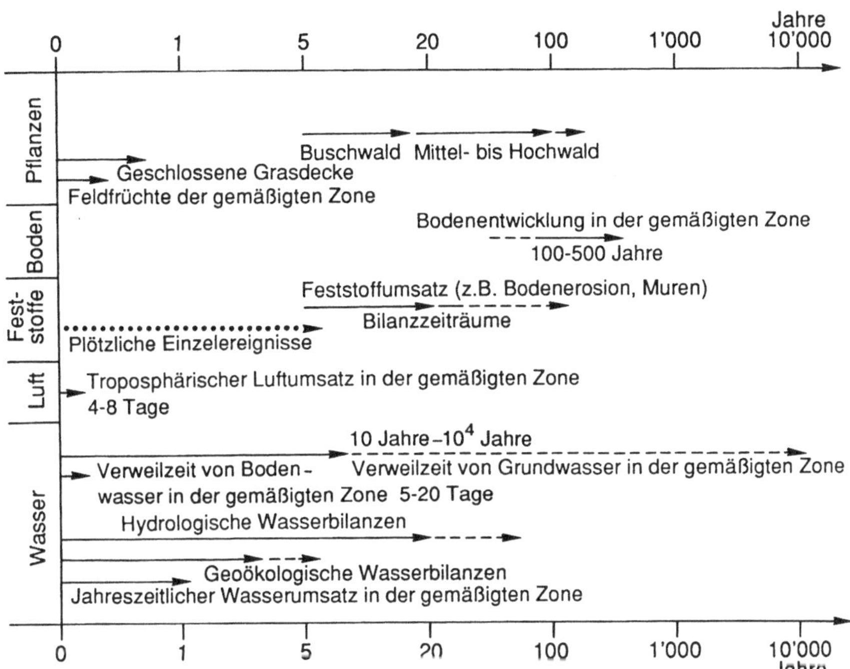

Abb. 12: Landschaftsökologisch relevante Zeitskalen für ausgewählte geo-ökologische Umweltsachverhalte (Orig. Leser 1996). "Ökosysteme arbeiten langsam" - wenn sie nicht durch Katastrophen oder Naturgefahren sowie "Seltene Ereignisse" spontan verändert werden. Es werden Andauer- bzw. Eintrittszeiten für ausgewählte Prozesse und Entwicklungen in den Umweltsystemen dargestellt. Darauf haben nicht nur die Forscher, sondern auch die Praktiker und Politiker Bezug zu nehmen. Maßnahmen des Naturschutzes können beispielsweise Jahre bis Jahrzehnte dauern, bis sie volle ökologische Wirkungen zeitigen. Auch das Abschätzen von Umsätzen und damit das Aufstellen von Bilanzen darf nur längere Zeiträume umfassen, sollen die Daten realitätsnah sein.

wie es heute in verschiedenen Disziplinen krampfhaft versucht wird, zumal sich bereits zu Lebzeiten Trolls, teilweise auf seine Anregungen hin, massive Weiterentwicklungen vollzogen hatten. Leider muß man auch manche "Nationalen Naturschutze" zu jenen Fachbereichen zählen, die den Anschluß an die Landschaftsökologie verpaßt hatten und die deswegen auch den Biodiversitätsbegriff mit Begeisterung aufgriffen.

Naturschutz, zumal Internationaler Naturschutz, hat sich auf das Landschaftsökosystem- und Landschaftsdiversitätskonzept abzustützen, weil nur dies den komplexen Zuständen der realen Umweltsysteme gerecht wird. Dieser Basisgedanke war von Anfang an im UNESCO-Programm "Der Mensch und die Biosphäre" (MAB) enthalten (vgl. Erdmann/Nauber 1995).

5. Weiterführende Literatur

Bunce, R.G.H. und R.H.G. Jongman (1993): An Introduction to Landscape Ecology. In: Bunce, R.G.H.; L. Ryszkowski und M.G. Paoletti (Hrsg.): Landscape Ecology and Agroecosystems. - Boca Raton, Ann Arbor, London, S.3-10

Erdmann, K.-H. und J. Nauber (1995): Der deutsche Beitrag zum UNESCO-Programm "Der Mensch und die Biosphäre" (MAB) im Zeitraum Juli 1992 bis Juni 1994. - Bonn

Finke, L. (1994): Landschaftsökologie. - Das Geographische Seminar. Braunschweig (2. Aufl.)

Fränzle, O. (1990): Ökosystemforschung und Umweltbeobachtung als Grundlage der Raumplanung. - MAB-Mitteilungen 33, S.26-39

Grimm, V.; E. Schmidt und C. Wissel (1992): On the application of stability concepts in ecology. In: Ecological Modelling 63, S.143-161

Jax, K. und G.-P. Zauke (1992): Maßstäbe in der Ökologie - ein vernachlässigter Konzeptbereich. - Verhandlungen der Gesellschaft für Ökologie 21, S.23-30

Jax, K.; G.-P. Zauke und E. Vareschi (1992): Remarks on terminology and the description of ecological systems. In: Ecological Modelling 63, S.133-141

Leser, H. (1991): Ökologie wozu? Der graue Regenbogen oder Ökologie ohne Natur. - Berlin-Heidelberg-u.a.

Leser, H. (1994): Räumliche Vielfalt als methodische Hürde der Geo- und Biowissenschaften. - Potsdamer Geographische Forschungen 9 (Festschrift für Heiner Barsch), S.7-22

Leser, H. (1995a): Ökologie : Woher - Wohin? Perspektiven raumbezogener Ökosystemforschung. In: Die Erde 126, S.323-338

Leser, H. (1995b): Die Modellierung von Landschaftsökosystemen als methodisches Problem der Geoökologie. - Physiogeographica, Basler Beiträge zur Physiogeographie 19, S.I-IX

Leser, H. (Hrsg.) (1994): Westermann Lexikon Ökologie & Umwelt. - Braunschweig

Leser, H. (1996): Landschaftsökologie. Ansatz, Modelle, Methodik, Anwendung. Mit einem Beitrag zum Prozeß-Korrelations-Systemmodell von Thomas Mosimann. - Stuttgart (4. Aufl.)

Leser, H. und D. Schaub (1995): Geoecosystems and Landscape Climate - The Approach to Biodiversity on Landscape Scale. In: Gaia 4, S.212-220

Müller, F. (1992): Hierarchical approaches to ecosystem theory. In: Ecological Modelling 63, S.215-242

Müller-Hohenstein, K. (1995): Umweltforschung ohne Geographie? In: Die Erde 126, S.271-285

Naveh, Z. (1996): Die Anforderungen der post-industriellen Gesellschaft an die Landschaftsökologie als eine transdisziplinäre, problemorientierte Wissenschaft. In: Die Erde 127 [im Druck]

Naveh, Z. und A.S. Lieberman (1994): Landscape Ecology - Theory and Application. - Springer Series on Environmental Management. New York-Berlin-Heidelberg-u.a. (2. Aufl.)

Neumeister, H. (in Zusammenarbeit mit einem Autorenkollektiv) (1988): Geoökologie. Geowissenschaftliche Aspekte der Ökologie. - Reihe "Umweltforschung". Jena

Pomeroy, L.R. und J.J. Alberts (Hrsg) (1988): Concepts of Ecosystem Ecology. A Comparative View. - Ecological Studies 67. New York-Berlin-Heidelberg-u.a.

Schröder, W.; L. Vetter und O. Fränzle (Hrsg.) (1994): Neuere statistische Verfahren und Modellbildung in der Geoökologie. - Braunschweig-Wiesbaden 1994

Schwarz, R. (1995): Modellierung der Klimavegetation der Erde auf der Grundlage des Wettbewerbs der Lebensformen. - Hamburger Geographische Studien 47, S.1-25

Solbrig, O.T. (1994): Biodiversität. Wissenschaftliche Fragen und Vorschläge für die internationale Forschung. - Bonn

Stugren, B. (1988): Ecology - Meanings and Aims. In: Studia Univ. Babes-Bolyai, Biologia, 33/2, S.3-6

Tricart, J. & C. Kiewietdejonge (1992): Ecogeography and Rural Management. A contribution to the International Geosphere-Biosphere Programme. - Essex-New York

Turner, M.G. und R.H. Gardner (Hrsg.) (1991): Quantitative Methods in Landscape Ecology. The Analysis and Interpretation of Landscape Heterogenity. - Ecological Studies 82. New York-Berlin-Heidelberg-u.a.

Weber, M. et al. (Eds.) (1995): Introducing the Gaia Special Issue: Diversity of Life in a Changing World. In: Gaia 4, S.185-260

Wenkel, K.-O.; A. Schultz und G. Lutze (Hrsg.) (1994): Landschaftsmodellierung. - ZALF-Bericht 13

Wüthrich, C. (1994): Die Bedeutung der Biomasse in der Landschaftsökologie. In: Geomethodica 19, S.21-53

Die deutsch-dänisch-niederländische Zusammenarbeit zum Schutz des Wattenmeeres.
Ein Beispiel für den internationalen Naturschutz

Jens A. Enemark (Wilhelmshaven)

1. Einleitung

Das deutsch-dänisch-niederländische Wattenmeer ist eine einmalige Naturlandschaft von internationaler Bedeutung. In den 60er und 70er Jahren wurde das Gebiet, insbesondere durch große Eindeichungsvorhaben, Industrie- und Hafenentwicklungen und zunehmende Verschmutzung, bedroht. Im Laufe der 80er Jahre wurde in den drei Staaten durch die Einrichtung flächendeckender Naturschutzgebiete in den Niederlanden und Dänemark und durch Nationalparks in Deutschland das Wattenmeer weitgehend unter Schutz gestellt. Parallel dazu entwickelte sich die Zusammenarbeit zwischen den drei Wattenmeerstaaten zum Schutz des Wattenmeeres. Diese basiert auf der politischen Erkenntnis, daß das Gebiet eine ökologische Einheit darstellt und die Notwendigkeit der Abstimmung der nationalen Schutzmaßnahmen offensichtlich wurde. Die nationalen Schutzmaßnahmen unterscheiden sich jedoch in ihrer rechtlichen und administrativen Struktur z.T. sehr stark voneinander. Die trilaterale Kooperation ist eine Zusammenarbeit, die trotz dieser Unterschiede in Anerkennung der Notwendigkeit, das Wattenmeer aus einem gemeinsamen, länderübergreifenden integrierten Ansatz heraus zu schützen, operiert.

2. Das Wattenmeer: Bedeutung und Gefährdung

Das trilaterale Wattenmeerkooperationsgebiet erstreckt sich über ca. 13.500 km^2. Davon liegen 7.000 km^2 Wattflächen zwischen den vorgelagerten Inseln und dem Festland, die Inseln bedecken 1.000 km^2 und die angrenzende Nordsee ca. 4.000 km^2. Der Rest umfaßt Salzwiesen, Sommerpolder, Flußmündungen und Teile des Festlands. Das Wattenmeer ist weltweit einmalig. Nirgendwo sonst auf der Erde existiert ein so großes zusammenhängendes tideabhängiges Gebiet. Das Wattenmeer umfaßt 60 % des gesamten Gezeitengebietes Europas und Nordafrikas. Die Bedeutung des Wattenmeeres liegt in der hohen Primärproduktion, die die Grundlage des außergewöhnlichen Individuenreichtums des Wattenmeeres darstellt. Die biologische Produktivität des Wattenmeeres ist mit jener tropischer Regenwälder vergleichbar. Für rund 50 Vogelarten ist das Wattenmeer von außergewöhnlicher Bedeutung. 10 - 12 Millionen Vögel rasten jährlich im Wattenmeer auf ihrem Zug aus den Brutgebieten in Sibirien, Island, Grönland und dem Nordwesten Kanadas zu den Überwinterungsgebieten in Europa und Afrika und umgekehrt. Auch für Brutvögel sind die Salzwiesen, Dünen und Strände von

Bedeutung. Nicht zu vergessen ist die Bedeutung des Wattenmeeres als Aufzucht-
gebiet für Seehunde. 1995 wurden bei Zählungen rund 10.000 Seehunde erfaßt,
eine Anzahl, die dem Stand vor der Virusepidemie 1988 entspricht, bei der die
Seehundpopulation um rund 60 % ihres Bestandes reduziert wurde.

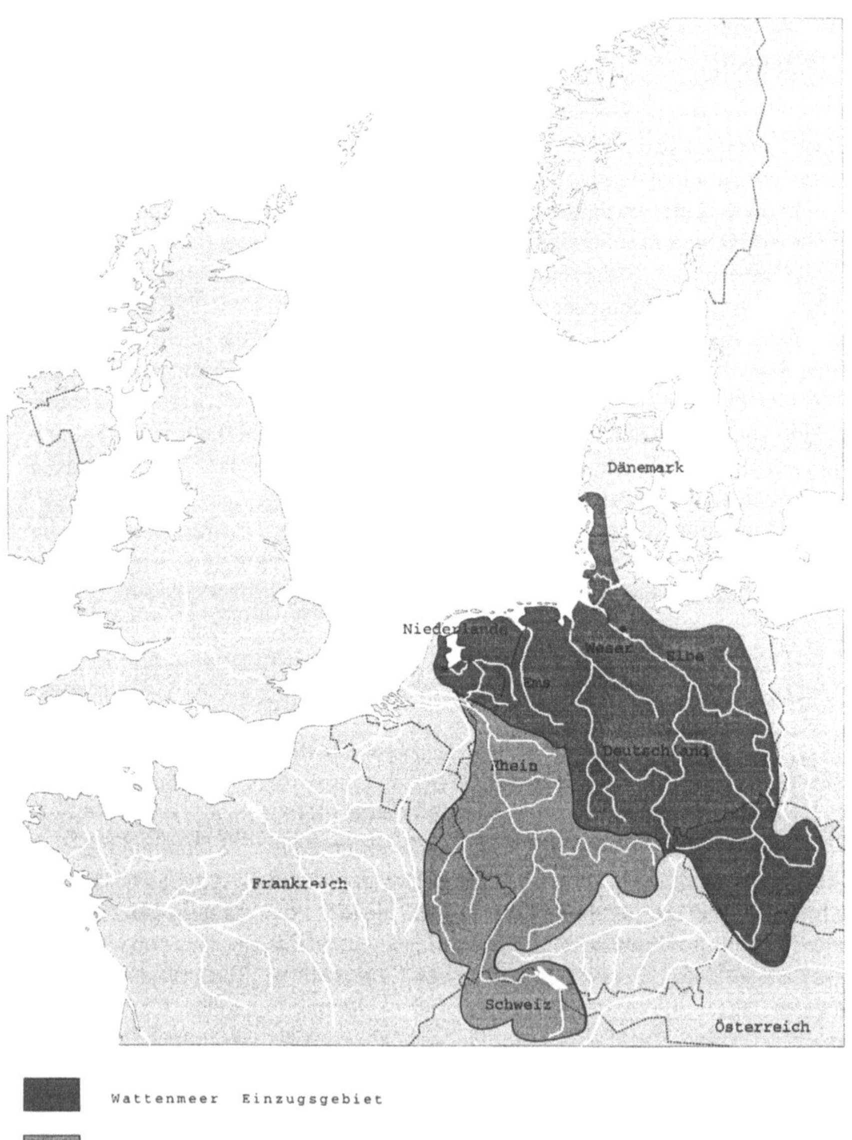

Abb. 1: Das Einzugsgebiet des Wattenmeeres

Die Gefährdung des Wattenmeeres durch menschliche Aktivitäten lassen sich in drei Hauptkategorien einteilen (CWSS 1993):

- Verschmutzung von Lebensräumen,

- Störungen in Lebensräumen und

- Vernichtung von Lebensräumen.

Die relativ hohe Verschmutzung des Wattenmeeres ist insbesondere durch Einleitungen aus den Flüssen Rhein, Elbe, Weser und Ems bedingt. Damit umfaßt das direkte Einzugsgebiet des Wattenmeeres rund 231.000 km^2 (vgl. Abb. 1). Die durch die Flüsse, über die Nordsee und die Atmosphäre eingeleiteten Schadstoffe (Schwermetalle und organische Substanzen) reichern sich in der Nahrungskette an und lagern sich im Sediment des Wattenmeeres ab. Die Konzentrationen von Schwermetallen im Sediment haben seit 1983 fast überall abgenommen. Die Konzentration von Phosphat im Wasser hat sich seit Mitte der 80er Jahre durch den Gebrauch von phosphatfreien Waschmitteln und der Einrichtung neuer oder modernisierter Kläranlagen verringert, dagegen ist die Einleitung von Nitraten bislang nicht zurückgegangen. Die Abnahme von Phosphat (P) und die gleichgebliebene Einleitung von Nitraten (N) führt zu einem veränderten Verhältnis zwischen beiden. Es gibt Anzeichen dafür, daß dies der Grund für vermehrtes Auftreten toxischer Algen in den letzten Jahren ist.

Eine Störung wird durch eine Aktivität hervorgerufen, die mechanischer, visueller oder akustischer Art sein kann und Einfluß auf die natürlichen Prozesse und Verhaltensweisen von Tieren, insbesondere Vögeln und Säugern hat. Den weitaus größten Anteil an Störfaktoren im Wattenmeergebiet haben bestimmte Tourismusaktivitäten, die Jagd und die kommerzielle Fischerei. Wobei anzumerken ist, daß die Tourismussaison, die hauptsächlich in den Sommermonaten liegt, in die für Vögel und Seehunde sensibelste Zeit fällt (vgl. Meltofte et al. 1994).

Die Vernichtung von Lebensräumen wird durch Küstenschutzmaßnahmen, Eindeichungen, bauliche Veränderungen zur Verbesserung der Infrastruktur und durch weitere Baumaßnahmen hervorgerufen. Durch Küstenschutzmaßnahmen sind in den letzten 50 Jahren 160 km^2 Salzwiesen eingedeicht worden und damit verloren gegangen, 43 km^2 allein zwischen 1963 und 1990 (NFNA/CWSS 1991; vgl. auch Abb. 2). Eine weitere Folge von Küstenschutzmaßnahmen im Wattenmeer und in angrenzenden Flüssen und Flußmündungen ist das Verschwinden von natürlichen Übergangszonen zwischen Salz- und Süßwasserzonen, den sog. Brackwasserzonen. Im gesamten Wattenmeergebiet ist die Varde Å im nördlichen Teil des dänischen Wattenmeeres das einzige Ästuar, das in seinem natürlichen Zustand erhalten geblieben ist. Die Küstenschutzmaßnahmen haben durch den Verlust von Überflutungsgebieten auch zu größeren Unterschieden zwischen Niedrig- und Hochwasser geführt.

Die Herz- und Miesmuschelfischerei kann ebenfalls Schaden im Ökosystem verursachen, der auch die Vernichtung von Lebensräumen einschließt. Alte

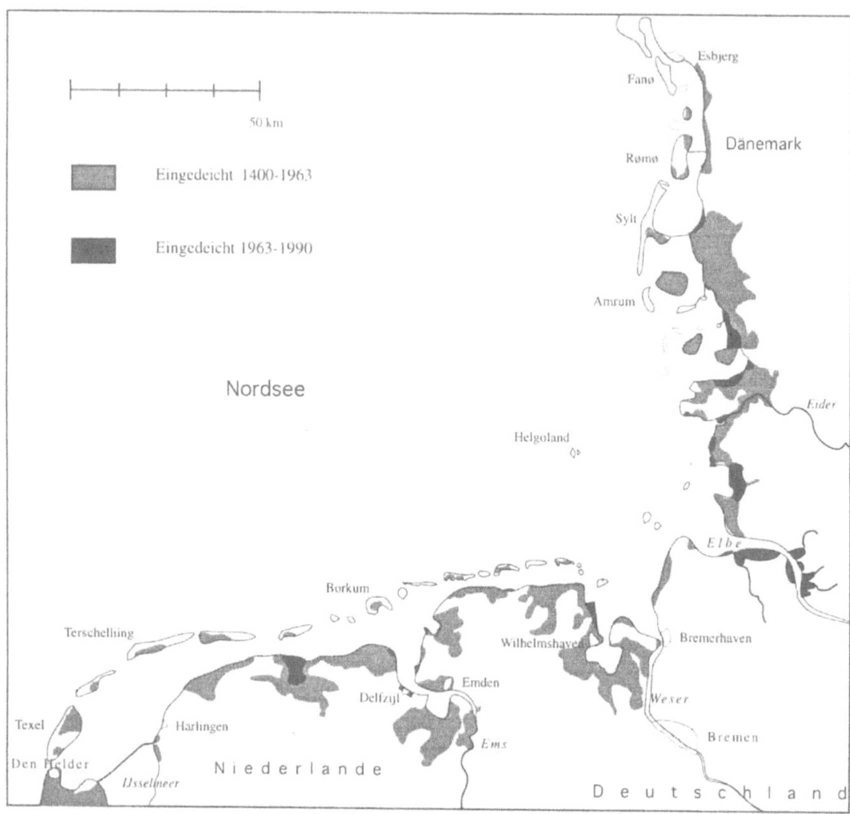

Abb. 2: Eindeichungen im Bereich des Wattenmeeres

natürliche Muschelbänke sind in einigen Teilen des Wattenmeeres weitgehend
verschwunden.

Bezüglich der Gefährdungskategorien ist zusammenfassend festzustellen, daß
zum Schutz des Systems national und international gleiche oder abgestimmte
Maßnahmen zu treffen sind, die auf der einen Seite das System selbst betreffen
und auf der anderen Seite die Gefährdungen des "offenen" Systems von außen so
weit wie möglich verringern.

3. Wattenmeerschutz: Ein historischer Ausblick

In den 70er Jahren, insbesondere durch die Zusammenarbeit von Wissenschaftlern der drei Anrainerstaaten und von Naturschutz- und Umweltschutzor-
ganisationen, ist die Notwendigkeit eines länderübergreifenden Schutzes des
Wattenmeeres politisch anerkannt worden. Die damals bestehenden kleinräumi-
gen Natur- und Vogelschutzgebiete, von denen die ersten bereits zu Beginn des
Jahrhunderts eingerichtet worden waren, erwiesen sich als nicht ausreichend, um

das gesamte Ökosystem Wattenmeer als international bedeutendes Gebiet zu erhalten.

In diesem Zeitraum wurden erste Vorschläge zu nationalen Schutzmaßnahmen, wie die Einrichtung von Nationalparken in Deutschland, in der Öffentlichkeit diskutiert. Gleichzeitig wurde 1974 von der IUCN (Weltnaturschutzunion), auf Initiative der damaligen niederländischen Regierung, eine Konvention für den gemeinsamen Schutz des Wattenmeeres der drei Anliegerstaaten vorgelegt. Jedoch war zu der damaligen Zeit eine völkerrechtlich verbindliche Übereinkunft politisch noch nicht durchsetzbar, insbesondere weil der nationale Schutz noch nicht geregelt war (Zwiep/Backes 1994; Enemark 1993).

In den 80er Jahren wurde das Wattenmeer in den drei Staaten unter rechtlichen Schutz gestellt, der niederländische Teil durch ein Raumordnungsprogramm und die Ausweisung großer Teile des Gebietes als Naturschutzgebiet (1980/81) sowie der dänische Teil durch die Ausweisung als Wild- und Naturschutzreservat (1979/82). Im deutschen Teil des Wattenmeeres errichteten die zuständigen Länder Schleswig-Holstein (1985), Niedersachsen (1986) und Hamburg (1990) Nationalparke. Damit ist heute der weitaus größte Teil des Wattenmeeres zwischen Den Helder in den Niederlanden und Esbjerg in Dänemark unter Schutz gestellt.

Die Zusammenarbeit zwischen den drei Staaten zum Schutz des Wattenmeeres entwickelte sich jedoch sehr zögernd. Hauptschwerpunkt der drei Regierungen auf der 1. Wattenmeer-Regierungskonferenz 1978 war der Informationsaustausch und die Koordination wissenschaftlicher Zusammenarbeit. 1982 wurde auf der 3. Regierungskonferenz in Kopenhagen die "Gemeinsame Erklärung zum Schutz des Wattenmeeres" von den drei Regierungen verabschiedet. Bei der "Gemeinsamen Erklärung" handelt es sich um eine Absichtserklärung die besagt, daß das Wattenmeer künftig als ökologische Einheit betrachtet und die Umsetzung der Verpflichtungen internationaler Umwelt- und Naturschutzkonventionen (z.B. der Ramsar Konvention und den Richtlinien der Europäischen Union) koordiniert werden soll, um einen umfassenden Schutz des Wattenmeeres zu gewährleisten. Weiterhin wurde vereinbart, regelmäßig Ministerkonferenzen mit dem Ziel abzuhalten, die Zusammenarbeit weiter zu intensivieren und zu vertiefen (CWSS 1992).

Die "Gemeinsame Erklärung" von 1982 ist keine völkerrechtlich verbindliche Vereinbarung, sondern eine politische Absichtserklärung, bei der die Regierungen davon ausgehen, daß das Vereinbarte im Rahmen der vorhandenen nationalen Gesetzgebungen und sonstiger Regelungen umgesetzt wird. Diese "Gemeinsame Erklärung" von Kopenhagen stellt einen Durchbruch in der trilateralen Zusammenarbeit dar. Mit der auf der 4. Regierungskonferenz in Den Haag 1985 getroffenen Entscheidung, ein gemeinsames Sekretariat einzurichten, welches derzeit seit 1987 in Wilhelmshaven angesiedelt ist, konnte die Zusammenarbeit der Staaten institutionalisiert, weiter intensiviert und ausgebaut werden.

4. Nationaler Wattenmeerschutz in internationaler Perspektive

Der trilaterale deutsch-dänisch-niederländische Wattenmeerschutz hat sich vor dem Hintergrund der jeweiligen nationalen Schutzaktivitäten entwickelt. Zwischen den nationalen Schutzmaßnahmen sind übereinstimmende Ziele und Strukturen, aber auch erhebliche Unterschiede zu konstatieren. Die Herausforderung besteht darin, trotz wesentlicher Unterschiede im System und in den Ansätzen eine effektive und zielgerichtete Zusammenarbeit zu gestalten mit dem Ziel, einen Gesamtschutz des Wattenmeeres zu gewährleisten (Zwiep/Backes 1994; Enemark/de Jong 1994, NFNA/CWSS 1991).

Die nationalen Schutzmaßnahmen sind in ihrer Zielsetzung überwiegend gleich formuliert. Es geht um den Erhalt des Wattenmeeres als national und international bedeutendes Naturgebiet mit seinen natürlichen Prozessen, seiner Flora, Fauna und Landschaft. In § 2 des schleswig-holsteinischen Nationalparkgesetzes vom Juli 1985 ist der Schutzzweck wie folgt definiert:

> "Die Errichtung des Nationalparks dient dem Schutz des schleswig-holsteinischen Wattenmeeres und der Bewahrung seiner besonderen Eigenart, Schönheit und Ursprünglichkeit. Seine artenreiche Pflanzen- und Tierwelt ist zu erhalten und der möglichst ungestörte Ablauf der Naturvorgänge zu sichern."

Gleichzeitig ist zu bemerken, daß die charakteristischen Wattenmeerbiotope wie Wattflächen, Salzwiesen und Dünen zusätzlich entweder gesetzlich durch das Naturschutzgesetz geschützt sind (Dänemark und Deutschland) oder nach nationalen Planungsdokumenten (Niederlande).

Beim Gesamtschutz des Gebietes bilden die nationalen gesetzlichen und administrativen Strukturen den Rahmen für die Umsetzung trilateraler Vereinbarungen. Dabei ist jedoch zu beachten, daß Wattenmeerschutz nicht nur aus den jeweiligen Naturschutzgesetzen sondern aus dem Gesamtpaket Natur- und Umweltschutz sowie Raumordnungsgesetzen und der sektoralen Gesetzgebung besteht. In Dänemark und den Niederlanden sind jeweils die nationalen Regierungen für den Wattenmeerschutz zuständig, wohingegen in Deutschland durch die föderale Struktur die Zuständigkeit in erster Linie bei den Ländern liegt. Da die Zusammenarbeit nicht nur Naturschutzfragen sondern ein sehr breites Aufgabenspektrum abdecken, spielt dieser formale Unterschied in der Zusammenarbeit im Wattenmeerschutz eine untergeordnete Rolle. Es müssen und werden in den drei Staaten alle Regierungs- und Verwaltungsebenen der Bundes- oder Zentralregierungen, Länder und Regionen beteiligt.

4.1 Nationale Abgrenzung

Erhebliche Unterschiede sind in der Abgrenzung der Wattenmeernaturschutzgebiete bzw. Nationalparke zu finden. Das ausgewiesene trilaterale Schutzgebiet setzt sich aus den jeweiligen geschützten nationalen Gebieten der drei beteiligten Staaten zusammen (vgl. Abb. 3). In einigen Bereichen (Dänemark, z.T. Nieder-

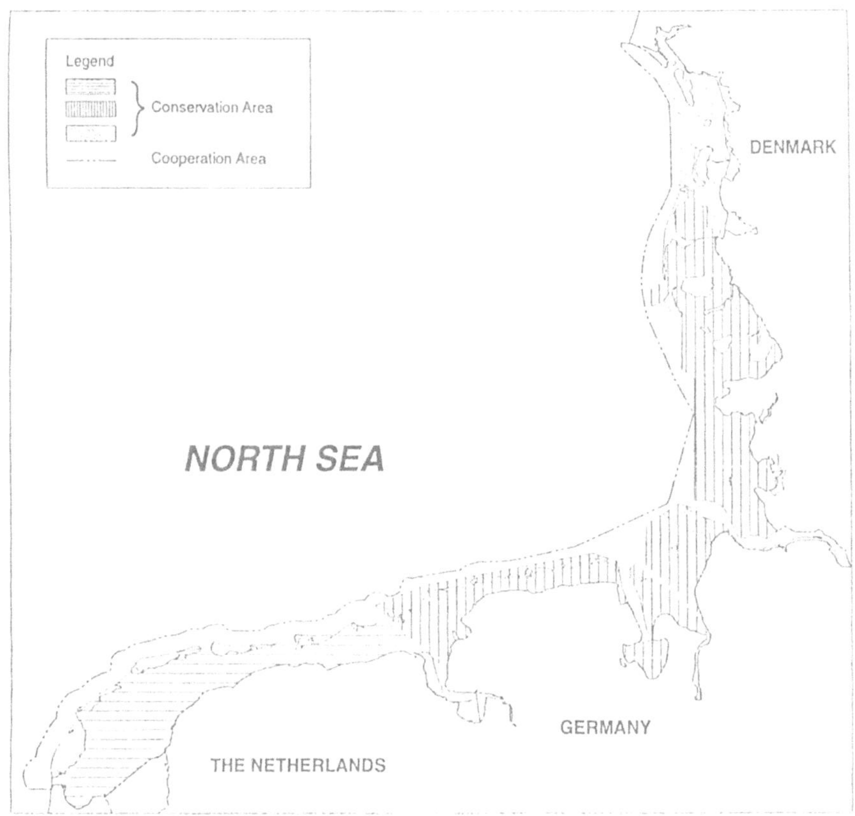

*Abb. 3: Das trilaterale Wattenmeerkooperationsgebiet sowie die geschützten
Teile des Wattenmmeeres*

sachsen und Schleswig-Holstein) ist auch das Meeresgebiet seewärts der vorgelagerten Inseln Teil des Schutzgebietes. In anderen Bereichen (Niedersachsen
und z.T. in den Niederlanden) werden auch die Inseln in die Schutzgebiete
einbezogen. Die Hauptschiffahrtswege in Niedersachsen sind nicht Teil des
Schutzgebietes. Die Unterschiede in der Abgrenzung sind Resultat einer Kombination von nationalen Gesetzesvorgaben sowie nationalen und regionalen Ab-
wägungen von Interessensgegensätzen und können bei der Umsetzung trilateraler
Vereinbarungen zu Unterschieden führen.

4.2 Nationale Schutzsysteme

Bei der Einrichtung der nationalen Schutzsysteme sind zwei unterschiedliche
Verwaltungsmodelle zur Anwendung gekommen: das Nationalparkmodell in
Deutschland und die Naturschutzgebietsausweisung in den Niederlanden und
Dänemark. In den deutschen Wattenmeernationalparken sind Nationalparkver-

waltungen eingerichtet worden, die entsprechend den Nationalparkgesetzen bzw. Verordnungen zuständig sind. Regionale Zuständigkeiten für das Gebiet der Nationalparke sind begrenzt oder außer Kraft gesetzt worden. Seit der Einrichtung der Nationalparke hat eine schrittweise Harmonisierung des Managements der einzelnen Nationalparke stattgefunden, dies betrifft z.B. das Vorland- und Salzwiesenmanagement. Die Einrichtung der Nationalparkämter hat jedoch zu keiner Änderung der Kompetenzen und Zuständigkeiten der Ministerien auf Bundes- oder Länderebene im Wattenmeer an sich geführt. Bei der Verabschiedung einer Verordnung über das Befahren der Bundeswasserstraßen in den Wattenmeernationalparken (sog. Befahrensregelung), für die das Bundesverkehrsministerium zuständig ist, konnten die Forderungen der Küstenländer, z.B. nach einer Angleichung der Befahrensregelung mit der zeitlichen und räumlichen Zonierung der Nationalparke und Schutzgebiete, nicht vollständig berücksichtigt werden.

Die Gefährdungen, wie z.B. Verschmutzung und Störungen durch den Fremdenverkehr, lassen sich nicht oder nur sehr begrenzt über die Nationalparkgesetzgebung lösen. Die Reduzierung der Verschmutzung muß im Gesamteinzugsgebiet, d.h. in erster Linie durch Maßnahmen bei den Verursachern, in Angriff genommen werden. Der Fremdenverkehr findet überwiegend auf dem angrenzenden Festland und auf den Inseln statt. Daraus resultierende Natur- und Umweltprobleme können nur in Zusammenarbeit mit den betroffenen Kommunen und Regionen in Angriff genommen werden.

In den Niederlanden und Dänemark sind grundlegend andere Modelle zur Anwendung gekommen. Der niederländische Teil des Wattenmeeres ist bewußt mit dem Ziel, die übergeordnete Planung in die Regionalplanung und die kommunalen Bebauungs- und Flächennutzungspläne zu integrieren, kommunal eingegliedert worden. Bei diesem Ansatz wurde ausdrücklich auf die Zusammenhänge zwischen Meer und angrenzendem Festland Wert gelegt. Es wurde in dem Planungsdokument ausdrücklich unterstrichen, daß die Entwicklungen in dem an das Wattenmeer angrenzenden Gebiet immer einen erheblichen Einfluß auf den Status des Wattenmeeres selbst haben können. In Dänemark wurden das Wattenmeer und die angrenzenden Inseln und das Festland als EG-Vogelschutz- und Ramsargebiet ausgewiesen. Die rechtlichen Folgen dieser Ausweisungen sind in der Regionalplanung berücksichtigt worden, d.h., daß z.B. bei Infrastrukturmaßnahmen, Windkraftanlagen und allgemeiner Bebauung auf die Landschaft und Natur im Rahmen der geltenden Gesetzgebung Rücksicht genommen werden muß.

Das Ziel der dänischen und niederländischen Maßnahmen ist, einen integrativen Schutz des Wattenmeeres und der angrenzenden Regionen zu verwirklichen. Mit diesem Ansatz sind allerdings nicht alle Probleme zu lösen. So kann z.B. die Verschmutzungsfrage nicht gelöst werden. Eine Einschränkung von Aktivitäten, die in den an das Wattenmeer angrenzenden Gebieten stattfinden, ist nur möglich, wenn ein eindeutig negativer Einfluß auf die Abläufe im Wattenmeer nachgewiesen werden kann. Lediglich dort, wo ein eindeutiger Zusammenhang zwischen Ursache und Wirkung belegt ist, kann eine Begrenzung oder ein Verbot einer Aktivität ausgesprochen werden.

Eine Beibehaltung der bestehenden Zuständigkeiten und eine teilweise Verlagerung auf den regionalen und kommunalen Bereich in den Niederlanden, ohne ein zusätzliches Ausführungsorgan zu bilden, erfordert, um das Wattenmeer einheitlich zu schützen und zu managen, eine komplizierte nicht immer effektive Koordination zwischen den verschiedenen Verwaltungsebenen.

4.3 Regelung von menschlichen Aktivitäten

Ein dritter Aspekt, die Unterschiede in den nationalen Schutzsystemen betreffend, ist die Regelung von menschlichen Aktivitäten im Wattenmeer selbst. In den deutschen Nationalparken ist das Schlüsselelement des Schutzes die Zonierung des Gebietes. Die Zone 1, obwohl in den drei deutschen Nationalparken in der Ausdehnung unterschiedlich, umfaßt die Gebiete, die besonders empfindlich und schützenswert sind und in denen durch möglichst geringe menschliche Aktivitäten der größte Schutz gegeben sein soll. Bei der Einrichtung der Nationalparke war es aber gemessen an der Ausgangssituation nur begrenzt möglich, Nutzungen und Aktivitäten in der Zone 1 zu reduzieren. Dies hat zur Folge, daß die nicht alle der oft sehr komplizierten Probleme des Wattenmeerschutzes ausschließlich durch ein Zonierungskonzept zu lösen sind..

Im niederländischen und dänischen Wattenmeerschutz ist die Zonierung ursprünglich auf den Schutz bestimmter Arten wie Seehunde und Vögel bezogen gewesen. Erst nach und nach ist eine Zonierung eingeführt worden, bei der im Gegensatz zum deutschen Ansatz einzelne menschliche Aktivitäten die bestimmende Basis sind, wobei angestrebt wird, bestimmte Gebiete nutzungsfrei zu halten bzw. nur sehr begrenzte Nutzung zu gestatten. Bei der Frage der Regelung von menschlichen Aktivitäten unter Anwendung einer Zonierung weisen somit die Schutzsysteme in den drei Staaten Ähnlichkeiten auf. Die tatsächlichen Schutzsysteme und Regelungen von menschlichen Aktivitäten unterscheiden sich daher weit weniger, als es die formalen Systeme zunächst vermuten lassen.

Dies sowie die Einsicht, daß das Wattenmeer einen integrierten Schutz auf sehr unterschiedlichen Ebenen unter Anwendung eines ganzen Paketes von Instrumenten erfordert, sind die Ausgangspunkte der trilateralen Wattenmeerzusammenarbeit. Nicht das einzige, aber ein sehr wichtiges Instrument hierbei ist die Natur- und Umweltschutzgesetzgebung.

5. Trilateraler Wattenmeerschutz

Die trilaterale Zusammenarbeit zum Schutz des Wattenmeeres gründet, wie bereits erwähnt, auf der 1982 in Kopenhagen/Dänemark durch die drei Regierungen unterzeichneten Absichtserklärung, der sog. "Gemeinsamen Erklärung zum Schutz des Wattenmeeres". Die Durchsetzung einer völkerrechtlich verbindlichen Vereinbarung war damals weder möglich noch hätte es das Problem des Gesamtschutzes wegen der oben ausgeführten Unterschiede der Schutzsysteme gelöst. Die trilaterale Wattenmeerpolitik baut vielmehr auf den bestehenden Strukturen auf und wird durch sie umgesetzt. Die gemeinsame Politik beinhaltet folgende Eckpunkte: gemeinsame Grundsätze, Ziele, ein gemeinsames Kooperationsgebiet und Regelungen für eine Reihe von menschlichen Aktivitäten. Dieses "Paket" gemeinsamer Politik wurde auf den letzten zwei Regierungskonferenzen 1991 in Esbjerg/Dänemark und 1994 in Leeuwarden/Niederlande vereinbart und ausgebaut.

5.1 Gemeinsame Grundsätze

Der leitende Grundsatz der trilateralen Wattenmeerpolitik ist, "so weit wie möglich ein natürliches und sich selbst erhaltendes Ökosystem, in dem natürliche Prozesse ungestört ablaufen können, zu erreichen". Im Zusammenhang damit sind gemeinsame Prinzipien formuliert worden, die die Grundlage bilden für jegliche zu treffende Entscheidung bezüglich des Schutzes und Managements des Wattenmeeres (CWSS 1992). Gemeinsame Prinzipien sind:

- das *Prinzip der sorgfältigen Entscheidungsfindung*: Entscheidungen sind auf Grundlage der besten zur Verfügung stehenden Informationen zu treffen;

- das *Vermeidungsprinzip*: Möglicherweise schädliche Aktivitäten für das Wattenmeergebiet sollten vermieden werden;

- das *Vorsorgeprinzip*: Es sind Maßnahmen zu ergreifen, um möglicherweise umweltschädliche Aktivitäten zu vermeiden, selbst wenn keine ausreichenden wissenschaftlichen Beweise für eine direkte Verbindung zwischen Aktivitäten und deren Wirkung vorliegen;

- das *Verlagerungsprinzip*: Für das Wattenmeer schädliche Aktivitäten sind in Bereiche zu verlagern, in denen sie sich weniger auf die Umwelt auswirken;

- das *Ausgleichsprinzip*: Für schädliche Auswirkungen einer Handlung, die nicht vermieden werden kann, müssen ökologische Ausgleichsmaßnahmen ergriffen werden; in den Teilen des Wattenmeeres, in denen dieser Grundsatz noch nicht umgesetzt worden ist, werden Ausgleichsmaßnahmen angestrebt;

- das *Wiederherstellungsprinzip*: Soweit möglich sollten Teile des Wattenmeeres wiederhergestellt werden, sofern durch vergleichende Untersuchungen nachgewiesen werden kann, daß die gegenwärtige Situation nicht optimal ist und daß der Originalzustand wahrscheinlich wiederhergestellt werden kann;

- die *Prinzipien des Standes der Technik sowie der besten Umweltpraxis,* entsprechend der von der Pariser Kommission vorgenommenen Definition.

5.2 Gemeinsame Zielem

Im Rahmen der gemeinsamen Grundsätze sind die drei Staaten übereingekommen, daß die gemeinsame trilaterale Naturschutzpolitik darauf ausgerichtet sein soll, die gesamte Vielfalt der Biotoptypen des Wattenmeeres, die zu einem natürlichen und dynamischen Wattenmeergebiet gehören (Salzwiesen, Tidebe-

---

Salzwiesen

- Vergrößerung der natürlichen Salzwiesenfläche,
- Verbesserung der natürlichen Morphologie und Dynamik, einschließlich natürlicher Entwässerungsbedingungen für künstlich geschaffene Salzwiesen, unter der Voraussetzung, daß die bestehende Fläche nicht verringert wird sowie
- Entwicklung eines naturnäheren Vegetationsgefüges bei künstlich geschaffenen Salzwiesen, auch in der Pionierzone.

Tidebereich

- Zulassung einer natürlichen Dynamik im Tidebereich,
- Vergrößerung von geomorphologisch und biologisch ungestörten Watten- und Sublitoralflächen,
- Vergrößerung der Fläche und natürlichere Verteilung und Entwicklung von natürlichen Muschelbänken, Sabellariariffen und Seegras (Zostera)-Wiesen,
- Entwicklung lebensfähiger Bestände und einer natürlichen Reproduktionskapazität, einschließlich des Überlebens der Jungtiere bei Seehund und Kegelrobbe sowie
- Schaffung günstiger Voraussetzungen für Zug- und Brutvögel, d.h. u.a. günstige Nahrungsverfügbarkeit, ungestörte Rast- und Mausergebiete von ausreichender Größe, natürliche Fluchtdistanz.

Ästuare

- Sicherstellung, daß weite Teile geschützt und die Flußufer in ihrem Zustand erhalten bzw. - soweit möglich - wieder in ihren natürlichen Zustand zurückgeführt wer- den.

Strände und Dünen

- Verbesserung der natürlichen Dynamik von Stränden, Primärdünen, Strandebenen und Primärdünentälern in Verbindung mit der Offshore-Zone,
- zunehmende Gewährleistung der natürlichen Vegetationsfolge (Sukzession) sowie
- Schaffung günstiger Bedingungen für Zug- und Brutvögel.

Offshore-Zone

- Förderung einer natürlichen Morphologie, auch in bezug auf die Außendeltas zwischen den Inseln,
- Schaffung einer guten Nahrungsverfügbarkeit für Vögel sowie
- Entwicklung lebensfähiger Bestände und natürliche Reproduktionskapazitäten für den Seehund, die Kegelrobbe und den Schweinswal.

Ländliches Gebiet

- Schaffung günstiger Bedingungen für Flora und Fauna, insbesondere Zug- und Brutvögel.

Tab. 1: Ziele für Lebensräume und Arten

Nährstoffe
• Entwicklung des Wattenmeeres zu einem Gebiet, das unter dem Gesichtspunkt der Euthrophierung als "non-problem-area" bezeichnet werden kann.
Natürliche Mikroverunreinigungen
• Erreichung von Hintergrundkonzentrationen in Wasser, Sediment und Indikatorarten.
Schadstoffe (man-made substances)
• Erreichung von Konzentrationen, die einer Null-Einleitung entsprechen.

Tab. 2: Ziele für die Wasser- und Sedimentbeschaffenheit

reich, Ästuare, Strände und Dünen, Offshorezone, ländliches Gebiet sowie Wasser und Sediment) zu erfassen, und daß jeder dieser Lebensräume auch eine bestimmte Qualität aufweisen muß, die durch geeigneten Schutz und Management erreicht werden kann. Die Qualität der Biotope sollte erhalten oder verbessert werden, indem darauf hingearbeitet wird, bestimmte Ziele so weit wie machbar zu erreichen (vgl. Tab. 1 und Tab. 2).

5.3 Wattenmeerkooperationsgebiet

Um das Problem der unterschiedlichen Abgrenzung der Nationalparke bzw. Naturschutzgebiete zu lösen und ein gemeinsames Gebiet zu definieren, in dem die gemeinsamen Grundsätze und Ziele Anwendung finden, wurde ein gemeinsames Wattenmeerkooperationsgebiet definiert (vgl. Abb. 3). Das Kooperationsgebiet umfaßt das Gebiet zwischen der 3-Seemeilenzone und dem Hauptdeich bzw. der Brackwassergrenze, oder, wo kein Hauptdeich vorhanden ist, das Gebiet seewärts der Springtiden-Hochwasserlinie inklusive der Inseln und Ästuare und der Binnenlandgebiete, die als Ramsar- und EG-Vogelschutzgebiete ausgewiesen sind. Die bestehenden Schutzgebiete und Nationalparke im Bereich des Kooperationsgebietes sind als trilaterales Schutzgebiet definiert. Die Vereinbarung sieht ausdrücklich vor, daß es in dem Kooperationsgebiet Bereiche gibt, in denen die Nutzung durch den Menschen Priorität hat (CWSS 1995).

Die Ausweisung eines trilateralen Wattenmeerkooperationsgebietes in Form eines gemeinsamen, ökologisch zusammenhängenden Gebietes war nur möglich, indem die Ausweisung nicht an nationale Schutzkategorien geknüpft wurde. Für nahezu alle menschlichen Aktivitäten sind gemeinsame - im folgenden nicht weiter ausgeführte - Regelungen vereinbart worden. Diese Vereinbarung betreffen ausdrücklich Aktivitäten, die innerhalb des Wattenmeeres stattfinden wie Fischerei und Wassersport sowie Aktivitäten die in den angrenzenden Gebieten stattfinden wie die in der Industrie, in den Häfen und der Schiffahrt. Ebenfalls sind gemeinsame Aktivitäten eingeschlossen, die der Verringerung der Verschmutzung aus dem Einzugsgebiet und über die Nordsee dienen, insbesondere durch die Vertretung einer gemeinsamen Position anläßlich der Nordseeschutzkonferenzen.

6. Ausblick

Im Rahmen eines gemeinsamen Managementplans wurde vereinbart, die trilaterale Zusammenarbeit auf der Basis der bisherigen Vereinbarungen weiter zu entwickeln. Es ist das Ziel, gemeinsam einen nachhaltigen Schutz, eine dauerhaft-umweltgerechte Entwicklung und Nutzung des Systems zu gewährleisten und weiter zu verfolgen. Das wiederum ist nur durch die Weiterentwicklung eines integrierten Ansatzes durch Maßnahmen unterschiedlicher Ebenen möglich. Dabei wird auch zu überlegen sein, ob eine zusammenhängende Zonierung, z.B. im Sinne von Wattenmeereinzugsgebieten als nutzungsfreie Kernbereiche, sinnvoll und politisch durchsetzbar ist (Reise 1995).

Die trilaterale Zusammenarbeit zum Schutz des Wattenmeeres ist im Gegensatz zu den meisten anderen Zusammenarbeitsformen im internationalen Naturschutz dadurch gekennzeichnet, daß sie auf einer Absichtserklärung der beteiligten Regierungen basiert und nicht auf einem internationalen Abkommen. Nur durch diese Form der Zusammenarbeit war es bisher möglich, die bestehenden formalen Unterschiede zu überbrücken und die ersten Schritte in Richtung eines integrierten Schutzes des gesamten Wattenmeeres zu unternehmen. Dabei stellt sich aber die Frage, ob die Realisation eines vollständig integrierten Schutzes und Managements bei den bestehenden rechtlichen Unterschieden möglich ist und ob die "Gemeinsame Erklärung" nicht ein zu wenig verpflichtendes Instrument ist, um die verschiedenen Ziele zu erreichen (Zwiep/Backes 1994).

Im Rahmen des trilateralen Wattenmeerschutzes werden Ziele verfolgt und Maßnahmen vereinbart, die notwendig sind, um das System im Verhältnis zu seiner Umgebung nachhaltig zu erhalten. Dieser Aspekt der Zusammenarbeit ist vielleicht das wichtigste Element in der trilateralen Zusammenarbeit, da dieser sich nur begrenzt durch isolierte nationale und regionale Aktivitäten realisieren läßt. Daher ist die internationale Natur- und Umweltschutzzusammenarbeit nicht ein überflüssiges und beschwerliches, sondern ein notwendiges und gegenseitig unterstützendes Element, um die wirklich nachhaltige Entwicklung des Wattenmeeres zu realisieren.

7. Literatur

CWSS [Common Wadden Sea Secretariat] (1992): Sixth Trilateral Governmental Conference, 1991. Ministerial Declaration, Seals Conservation and Management Plan/Memorandum of Intent/Assessment Report. - Wilhelmshaven

CWSS [Common Wadden Sea Secretariat] (1993): Quality Status Report of the North Sea. Subregion 10. The Wadden Sea. - Wilhelmshaven

CWSS [Common Wadden Sea Secretariat] (1995): 7th Trilateral Governmental Wadden Sea Conference. Ministerial Declaration. - Wilhelmshaven

Enemark, J.A. (1993): The Protection of the Wadden Sea in an International Perspective. In: Hillen, R. und H.J. Verhagen (Hrsg.): Coastlines of the Southern North Sea. - New York, S.202-213

Enemark, J.A. und F. de Jong (1994): Nationale und internationale Schutz-maßnahmen für das Wattenmeer. In: Lozan, J.L.; E. Rachor; K. Reise; H. Westernhagen und W. Lenz (Hrsg): Warnsignale aus dem Wattenmeer. Wissenschaftliche Fakten. - Berlin, S.326-330

Meltofte, H.; F. Blew; J. Frikke; H.-U. Rösner und C. Smit (1994): Numbers and distribution of waterbirds in the Wadden Sea. Results and evaluation of 36 simultaneous counts in the Dutch-German-Danish Wadden Sea 1980-1991. - Wilhelmshaven

NFNA [National Forest and Nature Agency] und CWSS [Common Wadden Sea Secretariat] (1991): The Wadden Sea. Status and developments in an international perspective. Report to the Sixth Governmental Conference on the Protection of the Wadden Sea. Esbjerg, November 13, 1991. - Kopenhagen-Wilhelmshaven

Reise, K. (1995): Natur im Wandel beim Übergang vom Land zum Meer. In: Erdmann, K.-H. und H.G. Kastenholz (Hrsg): Umwelt- und Naturschutz am Ende des 20. Jahrhunderts. Probleme, Aufgaben und Lösungen. - Berlin-Heidelberg u.a., S.27-41

Zwiep, K. v.d. und C. Backes (1994): Integrated System for Conservation of Marine Environments. - Baden-Baden

Zur Dynamik von Naturschutzgebieten in der Schweiz

Frank Klötzli (Zürich)

1. Einleitung: Die De-iure-Situation - Grundlagen und Rahmenbedingungen

Nach Einstellung, Erziehung und Tradition wurde die Bevölkerung in der Schweiz seit dem Hochmittelalter (11. und 12. Jahrhundert) in eher utilitaristischer Hinsicht über das Bannwaldprinzip auf einen punktuellen Naturschutz verpflichtet (Lawinengefahr). Dies bedeutet: Größere Flächen kamen nicht von vornherein unter Schutz. Es gab weder "Heilige Berge", besonders geschützte Seen noch ungenutzte Wälder in erreichbaren Lagen. Eine bedrohliche Situation für das Land entstand erst durch die weitgehende Verwüstung der Wälder durch Schlag und Weide. Deshalb waren in logischer Folge Naturschutzanliegen ab 1874/1902 in den Forstgesetzen integriert. Ein eigentliches umfassendes Naturschutzgesetz gibt es erst seit 1966. Im kantonalen Schul- und Erziehungswesen wurde indessen doch ab etwa Ende des 1. Weltkrieges auf den Schutz von außergewöhnlichen Objekten (Organismen, Lebensgemeinschaften, geologischen Besonderheiten) hingewirkt. Auch die Schaffung des Nationalparks in einem früher stark exploitierten (Tiroler Salzbergbau, Eisenhütten), recht dicht bewaldeten Gebiet der Bündner Alpen fiel in diese frühen Jahre (1914). Verschiedene ornamentale Alpenpflanzen (Edelweiß, Enzian), aber auch Lilien (Feuerlilie, Türkenbundlilie) und Orchideen (Frauenschuh) wurden örtlich schon früh unter Schutz gestellt. Dazu kamen einige seltenere oder wiedereingebrachte Tierarten (Steinbock, Wappentier Graubündens!), was vor allem jagdgesetzlich geregelt wurde. Weitergehende Bestimmungen und umfassende nationale Kataloge ergaben sich erst ab den 60er Jahren (vgl. z.B. Landolt 1971).

1.1 Staatliche Grundlagen

1.1.1 Gesetze

In der Schweiz existieren unterschiedliche gesetzliche Grundlagen von Interessenbereichen (Gewässerschutz, Wasserbau, Raumplanung, Fischerei, Jagd und Forstwesen), die mit neueren Naturschutzgesetzen recht intensiv vernetzt sind (Jenni 1990). Da es in zahlreichen Fällen jedoch um Interessenabwägungen im nationalen Rahmen geht (Landesverteidigung, Kraftwerkbau, Straßenbau, Landwirtschaft, Raumplanung usw.), werden die Naturschutzgesetze nicht im vollem Umfang durchgesetzt. Außerdem enthalten viele Gesetzesartikel "kann"-Abschnitte. Deshalb können wegen derartiger "Lücken" weitere Einbußen an Natur und Landschaft auch heute nicht immer verhindert werden. Indessen sind

---

Eidg. Gewässerschutzgesetz (EGSchG)
  (oberirdische Gewässer, Ufer etc. Restwassermengen, Verbau, Korrektion,
  Ersatz)

Eidg. Natur- und Heimatschutz-Gesetz (NHG)
  (Biotopschutz, Lebensraum, Walderhaltung, Uferbereich, Wiederherstellung etc.)

(Eidg.) Wasserbaugesetz (verhängt im EGSchG)

(Eidg.) Raumplanungsgesetz (Biotopschutzgesetz) (RPG)

Bundesverfassung (BV)
  (spez. Biotopschutz, z.B. Moorschutz)

*Tab. 1: Neuere gesetzliche Grundlagen zum Naturschutz in der Schweiz
(vgl. Jenni 1990).*

- Keine Trockenlegungen mehr,
- keine (rein technische) Korrektur von Bächen,
- keine Überbauung landwirtschaftlich günstiger Standorte,
- keine neuen Straßen durch unzerschnittene Grünräume,
- Zersiedlung vermeiden,
- keine Veränderung von Sozialbrache,
- Mangelbiotope schaffen,
- in offener Landschaft großräumig planen,
- in Siedlungen Grünnischen erhalten und
- Diversität ist kein absolutes Kriterium für den Schutz

Tab. 2: Ökologische Forderungen an die Raumplanung (nach Ellenberg 1980).

doch die Beschlüsse des höchsten Gerichts (Bundesgericht) in den letzten zehn Jahren zunehmend naturschutzwirksamer geworden (vgl. Tab. 1).

Für die Durchsetzung des Naturschutzgesetzes auf nationaler Basis sorgt das Bundesamt für Umwelt, Wald und Landschaft (BUWAL). Da Naturschutz aber Rechtssache der Gemeinden und Kantone ist, sind Kantone verpflichtet, für den Vollzug zu sorgen und entsprechende Ämter mit dem zuständigen Fachpersonal einzurichten (vgl. u.a. Antonietti 1990). Berechtigte Ansprüche an die Raumplanung wurden schon vor über zehn Jahren neu formuliert (Ellenberg 1980; vgl. Tab. 2).

1.1.2 Inventare, "Rote Listen", Konventionen

An Inventaren über schutzwürdige Gebiete lagen vor ca. 15 Jahren die in Tab. 3 zusammengestellten Unterlagen vor. Seither wurden die in Tab. 4 aufgeführten Inventare erarbeitet. Auch "Rote Listen" wurden in der Zwischenzeit erstellt.

> - Katalog der Landschafts- und Naturdenkmäler von nationaler Bedeutung (KLN) bzw. Bundesinventat der Landschafts- und Kulturdenkmäler (BLN, verbindlich ab 1968!)
>   - ca. 10 % der Landesfläche
>   - einzigartige Objekte
>   - typische Landschaften
>   - Erholungsgebiete
> - Schweizerischer Alpenclub (SAC) - Richtplan (1969)
> - Schweizerischer Heimatschutz (SHS) - schützenswerte Ortsbilder
> - Institut für Orts-, Regional- und Landesplanung (ORL) - Richtlinien (1971). Grundsätze/Kriterien/Möglichkeiten des Landschafts- und Naturschutzes im Rahmen der Orts- und Regionalplanung
> - Definition Ufervegetation (1972; Leuthold/Klötzli 1996)
> - Brachlandproblem, Eidgenössische Anstalt für das forstliche Versuchswesen (EAFV) (1973)
> - Seeuferbericht des Delegierten für Raumplanung (1975)
> - Inventar Naturschutzgebiete und Naturdenkmäler der Schweiz (Schweizerischer Bund für Naturschutz, SBN) (inkl. 2. Serie, BUWAL 1989) (vgl. Antonietti/Kessler 1984; Kessler 1986)
> - Bundesbeschluß über dringliche Maßnahmen in der Raumplanung
> - Karte der Gefahrengebiete
> - Inventar schützenswerter Ortsbilder (ISOS)
> - Pflanzensoziologisch-ökologische Kartierung zu Naturschutzzwecken (reale Vegetation) nach der Gitternetzmethode (erarbeitet aus Luftbildern, Kartenmaterial, Literatur, pers. Mitt.) daraus: Verbreitungs-Karten, Diversitäts-Karten, Naturschutzwert-Karten, Belastungs-Karten, Konflikt-Karten; Intensität der Nutzung und potentielle Gefährdung der NSG (vgl. Arbeiten von Beguin et al. 1977; Hegg et al. 1993)

Tab. 3: Grundlagen für die Ausscheidung von Schutzgebieten in der Schweiz (NSG, LSG) (nach Kessler 1976).

> - Hoch-/Übergangsmoore (Grünig et al. 1986),
> - Trocken-/Magerrasen (Klein et al. [nicht publiziert]),
> - Auen i.w.s. (Kuhn/Amiet 1989; Gallandat et al. 1993),
> - Niedermoore (Gallandat et al. [in Vorbereitung]),
> - Moorlandschaften (Hintermann 1991),
> - "Rote Listen" (vgl. u.a. Landolt 1990).

Tab. 4: Neuere Inventare.

Als wichtige internationale Konvention, der die Schweiz beigetreten ist, ist die Konvention von Ramsar zu erwähnen. An der Vertragsstaatenkonferenz in Montreux im Juli 1990 wurden sechs weitere große Feuchtgebiete von höherer ornithologischer Bedeutung aufgenommen.

1.1.3 Naturschutzpolitik im Kanton Zürich

Im Sinne von "Naturschutz auf 100 % der Fläche" wurde erstmals im Kanton Zürich ein Naturschutz-Gesamtkonzept (NSGK) ausgearbeitet (Kuhn et al. 1992). Dieses basiert zwar auf allen bisherigen Unterlagen, geht aber zusätzlich eigene Wege in Bezug auf die Vernetzung bestehender und erhoffter Schutzgebiete mittels extensiver und extensivierbarer Korridore. Außerdem sollen auch im Weinberg, im Acker, im Siedlungsraum gezielt Naturschutzflächen geschaffen werden. Dazu werden verschiedene Renaturierungsmaßnahmen vorgeschlagen. Außerdem sollen naturschutzrelevante Gesichtspunkte in Intensivräumen - wo möglich - berücksichtigt werden. Extensivere Nischen mit renaturierter schützenswerter Vegetation sollen Trittstein-Funktionen einnehmen. Eine Abstimmung im Grünlandraum sollte mit den Entschädigungen gemäß dem neuen Eidgenössischen Landwirtschaftsgesetz möglich sein. Von der Forstwirtschaft freilich wurden die Vorschläge teilweise als zu weitgehend kritisiert.

Insgesamt sollen 3,4 % der Fläche des Kantons Zürich, die 1.729 km^2 beträgt, geschützt werden, davon ist 0,88 % Naturschutz-Zone, 0,07 % Umgebungsschutz-Zone ("Pufferzone"), 0,72 % Landschaftsschutz-Zone B, 0,39 % Landschaftsschutz-Zone A. Naturschutzgebiete mit > 20 ha konzentrieren sich vor allem auf seenahe Bereiche und Moorkomplexe. BLN-Gebiete nehmen eine wesentliche Fläche ein. Diese BLN-Gebiete sind in größere Landschafts-Fördergebiete (gemäß kantonalem Richtplan) eingeschlossen. Ziel ist, in den nächsten 20 bis 30 Jahren 10 bis 17 % der Kantonsfläche zusätzlich zu extensivieren.

1.1.4 Beispiele aus den Inventaren

Ohne Zweifel war schon die Erstellung des "Kataloges der Landschaften von nationaler Bedeutung" (KLN-Inventar) durch Zusammenarbeit von Fachleuten aus dem Schweizerischen Bund für Naturschutz (SBN), dem Schweizerischen Alpenclub (SAC) und anderen nationalen Institutionen eine Pionierleistung. Nach 1966 kam das Eidgenössische Natur- und Heimatschutzgesetz zum Tragen, und die Erstellung des "Bundesinventares der Landschaften und Naturdenkmäler von nationaler Bedeutung" (BLN) auf der Basis von KLN und anderen Unterlagen wurde zur nationalen Aufgabe.

Mehr als 10 % der Landesfläche gelangt so unter eine Sonderregelung, die jeden weiteren Eingriff genau reglementiert. Ein BLN-Gebiet, eine besondere Landschaft, ein Moor, ein Trockenrasenhang, eine (halbwegs) intakte Aue, ein Delta oder auch ein spezielles Tobel oder eine Findlingsgruppe ist kein Nationalpark oder ein Naturschutzgebiet, sondern oft Teil einer bewirtschafteten Landschaft mit Typus-Charakter, das auch Naturschutzgebiete enthalten kann. Die Umsetzung des Inventars ist noch nicht abgeschlossen.

1.1.5 Der Atlas schutzwürdiger Vegetationstypen der Schweiz

Ebenfalls eine nationale Aufgabe war die Erstellung des "Atlas schutzwürdiger Vegetationstypen der Schweiz" (Hegg et al. 1993). Mit einem Heer von

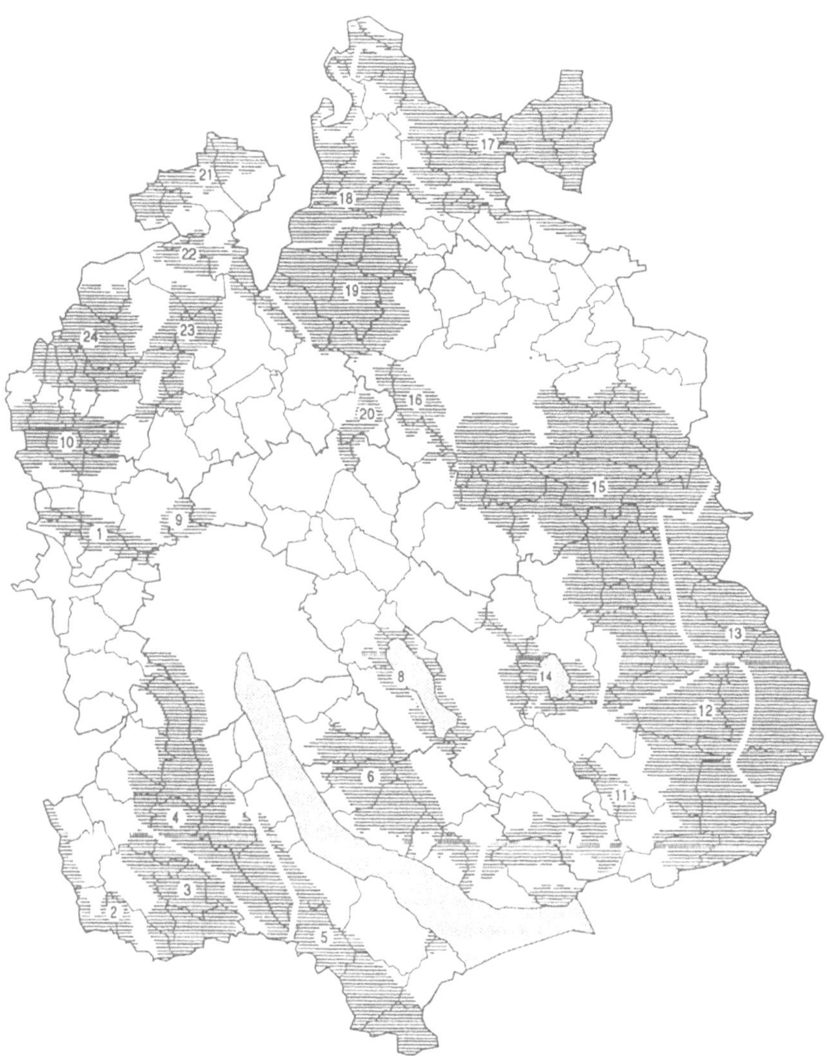

Abb. 1: Landschafts-Förderungsgebiete im Kanton Zürich (vgl. Kuhn et al. 1992). 1 Gubrist/Altberg; 2 Reuss- und Lorzetal; 3 Kappel - Jonental; 4 Albiskette - Reppischtal; 5 Hirzel mit Sihlschlucht und Höhronen; 6 Pfannenstil; 7 Lützelsee, Seeweidsee, Ütziker Riet, Egelsee; 8 Greifensee; 9 Katzensee; 10 Lägeren; 11 Drumlinlandschaft bei Wetzikon; 12 Bachtel - Allmen; 13 Tössbergland; 14 Pfäffikersee; 15 Tösstal - Nord; 16 Rumstal; 17 Andelfingen - Stammheim; 18 Thur/Hochrhein - Rheintal; 19 Hochrhein/Irchel; 20 Eigental; 21 Rafzer Hügelzug; 22 Hochrhein bei Eglisau; 23 Glaziallandschaft Neerach - Stadel; 24 Bachsertal.

Mitarbeiterinnen und Mitarbeitern wurden die Vegetationslandschaften und die wichtigsten Biotopkomplexe der Schweiz erfaßt. Dazu gehören zum Beispiel:

- Flußufer und Auenwälder,

- Hochmoore,

- Flachmoore,

- Verlandungszonen,

- Pfeifengraswiesen,

- Steppen- und Trockenrasen,

- Lindenmischwälder usw. sowie

- Übersicht über die Gebiete mit intensiver Landwirtschaft.

Für jeden Biotop-Komplex oder -Typ werden die Standortverhältnisse übersichtlich dargestellt (Höhenstufe, Exposition, Neigung, Bodenreaktion und Bodenwasser, Relief, Boden, geologische Unterlage). Eine Übersichtskarte veranschaulicht die Verbreitung und die Vielfalt an z.B. Auen-Pflanzengesellschaften. Dabei erkennt man unschwer die standörtlichen und geographischen Schwerpunkte der einzelnen Biotope. Außerdem wird ein Beschrieb geliefert, der die Abschnitte "Allgemeine Kennzeichnung", "Aufbau der Karte", "Physiognomie und Standort", "Verbreitung" sowie "Gefährdung" enthält.

Zur weiteren Information wurden detaillierte und spezifische Inventare geschaffen, die die Auswahl der wichtigsten, besterhaltenen und größeren Flächen erlauben. Übersichtskarten belegen die Verbreitung der wichtigeren Flächen allenfalls in Abhängigkeit von der geologischen Unterlage. Die Umsetzung der Erkenntnisse, die bei der Erfassung der Moorinventare erhalten wurden, sind noch nicht abgeschlossen (Sicherung und Einbindung der Moorgebiete in die Kulturlandschaft).

1.2 Erzieherisch-informative Grundlagen

Durch die gemeinsamen und oft stark intensivierten Bemühungen von SBN (Schweizerischer Bund für Naturschutz), WWF (Worldwide Fund for Nature) und der SANW (Schweizerische Akademie der Naturwissenschaften, auch wissenschaftliche Dachorganisation aller biologisch orientierten wissenschaftlichen Vereinigungen) konnte nach jahrelangen Vorbereitungen die erste halbstaatliche "Naturschutz-Schule" gegründet werden, die "Schweizerische Ausbildungsstätte für Natur- und Umweltschutz" (SANU) in Biel. Die Schule bietet Standardkurse, aber auch spezielle Kurse für alle Naturschutzfragen und Berufsrichtungen, die meisten allerdings ab einem Bildungsniveau, die das Abitur einschließen. Ein Modul-System von Ausbildungsblöcken bürgt für ein flexibles Angebot an Kursen (vgl. Tab. 5).

Information und Weiterbildung "für alle"; Themen für
Kurse sind u.a.:

- Natur- und Landschaftsschutz im Wald,

- Naturschutz im Gebirgswald,

- Waldökologie,

- Umsetzung von Biotopinventaren,

- naturnaher Wasserbau,

- Sport gegen/mit Naturschutz/Landschaftsschutz,

- Umweltverträglichkeitsprüfung (UVP-) Anleitung,

- maßgeschneiderte Kurse nach Bedarf u.a. für
  Praktiker, Verwaltungspersonal.

*Tab. 5: Information und Ausbildung in der
Schweizerischen Ausbildungsstätte für
Natur- und Umweltschutz (SANU).*

Zusätzlich und mit der SANU verbindbar führen SBN und WWF verschiedene Natur- und Umweltschutz-(Erziehungs-) Zentren, in denen sich Bürger aller Erziehungsstufen weiterbilden können (inkl. Naturschutzpraxis).

Naturschutzforschung wurde an einigen Hochschulen stark gefördert - zwar nicht durchwegs finanziell und organisatorisch, aber wenigstens dann doch durch die Haltung einiger Dozenten -, so daß viele Grundlagen zu Naturschutz-Wert, Naturschutzgebiets-Kartierung, Abpufferung und Eutrophierung von Naturschutzgebieten usw. behandelt werden konnten. Durch die "Arbeitsgruppe für Futterbau" (AGFF) an der Landwirtschaftlichen Forschungsanstalt für Agrarökologie und Landschaft (FAL im Reckenholz, Zürich) und andere landwirtschaftliche Institutionen (vor allem durch den Schweizerischen Bauernverband) konnten die Probleme der Erhaltung von landwirtschaftlich und nicht nur naturschützerisch akzeptablen Magerwiesen bearbeitet werden (Probleme von Direktzahlung, Bewirtschaftungsbeiträgen, Flächenentschädigungen, Flächen-Stillegung bzw. Extensivierung sowie schützenswerte Flächenanteile). Diese Untersuchungen wurden durch das Nationale Forschungsprogramm "Boden" (NFP 22) des Schweizerischen Nationalfonds für die wissenschaftliche Forschung (SNF) unterstützt (vgl. z.B. Broggi/Schlegel 1989; Dietl 1990; Gfeller/Schmid 1990; Thomet 1990; ähnliches vgl. auch Pfadenhauer 1988, 1990).

Neuerdings werden spezielle Hochschullehrgänge und Nachdiplomstudien für Naturschutz vorgeschlagen. Vorlesungen über Naturschutz gibt es freilich seit über 25 Jahren und als Konsequenz auch die Möglichkeit von Diplomarbeiten und Dissertationen in diesem Fachbereich (s.o.).

1.3 Äußere Einflüsse auf Naturschutzgebiete

Trotz fundierter Erhaltungsmaßnahmen schreitet die Veränderung wesentlicher Anteile auch in nationalen Schutzgebieten fort. Umwandelnde Einflüsse, ausgehend von vorrückenden Nährstoff-Fronten aus dem intensiv kultivierten Landwirtschafts-Gebiet, aus der Atmosphäre und durch eutrophiertes

Seewasser, führten innerhalb weniger Jahre zur Entwicklung eher hochstauden-
und hochgrasreicher Vegetation aus vielseitigen Kleinseggenrasen und dergleichen. Trotz allfälliger Klimaveränderungen werden die Feuchtgebiete und
andere azonale Vegetationsformen überdauern, sofern Landwirtschaft und
Naturschutz zusammenwirken und eine motivierte Bevölkerung für die Erhaltung ihres Naturerbes sorgt. Veränderungen in zonalen Ökosystemen sind
dagegen zu erwarten - aber im einzelnen schwer vorauszusagen (vgl.
Kap. 3.1).

1.3.1 Zunehmender anthropogener Ausstoß von Nährstoffen (N, P)

Intensivierung der Landwirtschaft und zunehmende Ansprüche der Bevölkerung in den Industrieländern Europas haben zu einer beschleunigten Dissipation
von Nährstoffen in unserer Umwelt geführt. Erst seit etwa 1993 stagniert der
Düngerverbrauch in der Schweiz.

1.3.2 Reaktionen der Vegetation gegenüber Eutrophierung

Es ist klar, daß die Vegetation nährstoffärmerer Standorte gegenüber
dieser allgemeinen Eutrophierung zu Lande, zu Wasser und in der Luft eine
Reaktion zeigen muß (Allgemeines über Ursachen und Wirkung in Dietrich
1973a, 1973b; Haslam 1995; Kohler/Labus 1983; Lachavanne 1980; Lund
1971; vgl. auch Pleisch 1970; Vollenweider 1976). Dabei wird die Vegetation
der oligo- bis mesotrophen Seen umstrukturiert, und überall breiten sich
Eutrophierungszeiger aus.

1.3.3 Veränderungen in der Vegetation der Feuchtgebiete

Somit hat in den letzten 20 bis 40 Jahren die Vegetation aller Zonen zwischen
offenem See, Ufer und anschließendem Streuland, submerse und emerse, vom
Infralitoral bis zum Supralitoral, eine Veränderung durchgemacht. In verstärktem
Maße zeigt sich dieses Geschehen im Bereich der intensivierten Anbaugebie-
te und Agglomerationen (Quantifizierung vgl. z.B. Schröder/Schröder 1978). Im
folgenden werden die durchschnittlichen Veränderungen für alle Litoralabschnit-
te beleuchtet (vgl. Abb. 2). So werden verschiedene lichtliebende Arten ganz
verdrängt, während sich andere besser angepaßte Arten explosionsartig vermeh-
ren.

1.3.3.1 Eulitoral

Im Eulitoral ist bei vielen Seen Mitteleuropas die typische Vegetation verschwunden (vgl. z.B. Pott 1983). Das sogenannte "Schilfsterben" ist an den

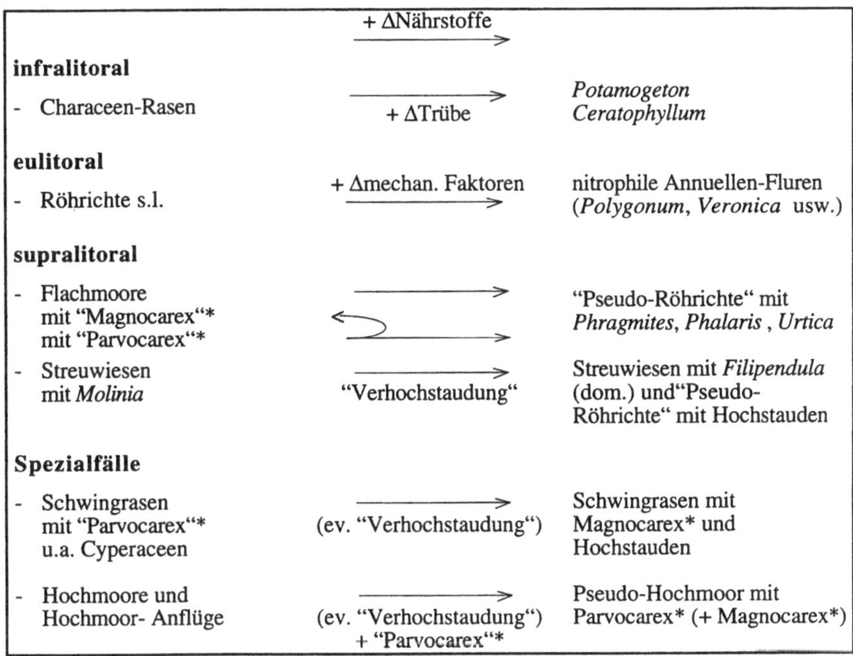

Abb. 2: Reaktion der Seeufer- und Moorvegetation.

meisten Seen festzustellen: Dabei werden durch die komplexe Wirkung der Eutrophierung die Halme geschwächt (durch Abnahme des Sklerenchymgehaltes) und gleichzeitig die Belastung durch mechanische Faktoren erhöht (mehr Fadenalgen und Seedetritus).

Dazu kommt die Vielzahl baulicher Eingriffe in die Uferbank (Kiesabbau, Ufermauern usw.), was die Wellencharakteristik verändert. Damit werden z.B. die Röhrichte vor eine neue Belastung gestellt, an die sie nicht angepaßt sind (siehe z.B. Binz/Klötzli 1978; Jeschke 1976; Klötzli 1973; Klötzli/Grünig 1976; Lachavanne/Wattenhofer 1975; Lachavanne 1977; Moret 1982; Raghi-Atri 1976,; Sukopp et al. 1975; Wattenhofer et al. 1977; vgl. auch Boorman/Fuller 1981; allgemeine Übersicht in Rodewald-Rudescu 1974).

Schließlich entwickeln sich auf den umgewandelten Standorten, auf Detritusmatten, Muschelbänken, frisch erodierten Ufer-Rohböden und dergleichen, anstelle der abgestorbenen Röhrichte Annuellenfluren mit z.B. vielen *Polygonum-, Veronica-* und *Chenopodium*-Arten im Verein mit zum Teil *Ranunculus sceleratus, Catabrosa aquatica*, aber auch mit "Monokulturen" von *Poa palustris* oder *Phalaris arundinacea*. Stellenweise hat sich der früher seltene *Acorus calamus* auf den alten Stoppeln des ehemaligen Röhrichts ausgebreitet (z.B. am Bodensee/Obersee, im Steinibachriet, im Moossee und vor allem auf weiten Flächen an den Ufern des Pfäffikersees).

1.3.3.2 Supralitoral

Stark verändert hat sich ebenso die Vegetation des Supralitorals, also der anschließenden Niedermoorzone mit landwärts folgendem trockeneren Streuland (vgl. u.a. Klötzli 1967). Scheinbar verlagert sich der ganze Röhrichtgürtel landeinwärts. Bei näherem Zusehen aber stellt man fest, daß dieses "Pseudo-Röhricht" Großseggen, Phalaris, Urtica u.a. Nährstoffanzeiger enthält, also höher liegt und somit ein durch Eutrophierung verändertes Großseggenried darstellt. Da *Phragmites* dort nicht oder kaum mehr permanent im anaeroben Milieu steht, zeigt sich auch kein Schilfsterben. Oft sind die echten Röhrichtstandorte nach dem Absterben des Schilfs erodiert worden, so daß der Wellenschlag sich an der Uferbank des Pseudoröhrichts bricht.

Hinter dem Großseggenried würden sich in der Naturlandschaft ein Bruchwald und andere Feucht-Wälder entwickeln. Durch Rodung und Extensivbewirtschaftung entstanden auf etwas trockeneren Standorten Streuwiesen verschiedenster Art, und zwar je nach Grundwasserspiegel bzw. der mittleren Höhe der Überflutung mit Seewasser, Kleinseggenrieder und Pfeifengraswiesen oder überall Hochstaudenrieder. Gerade diese Hochstaudenrieder bilden sich neuerdings aus eutrophierten oligotrophen Streuwiesen durch den Vorgang der sogenannten "Verhochstaudung" (Boller-Elmer 1977; Klötzli 1978b, 1979; über die hydrodynamische Entwicklung von "Pufferzonen" vgl. auch Grootjans 1985). Zum Verschwinden von Pfeifengraswiesen vgl. u.a. Abb. 3 und Abb. 4.

Dabei invahieren Hochstauden (über Produktionszuwachs; vgl. Reader in Good et al. 1978), wie z.B. *Filipendula ulmaria, Eupatorium cannabinum, Epilobium, Hypericum* und auch *Carex acutiformis*, die niederwüchsigen Streuwiesen,

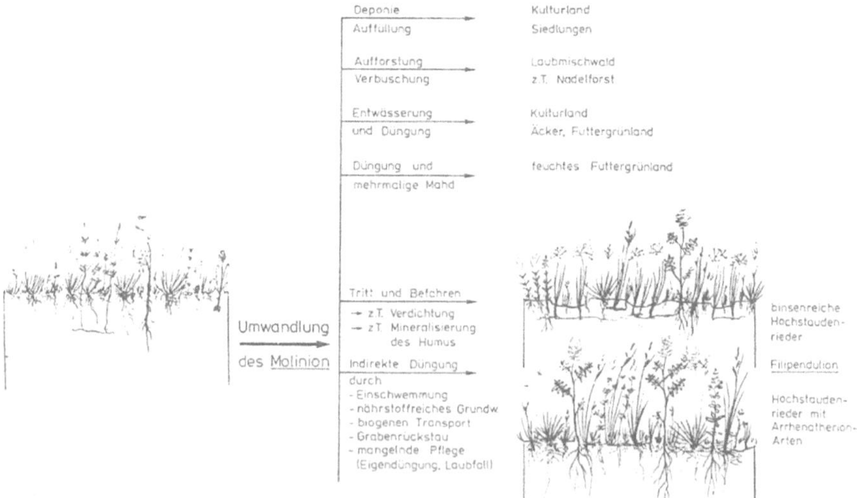

Abb. 3: Ursachen für das Verschwinden und die Umwandlung von Pfeifengras-Streuwiesen (aus Klötzli 1979).

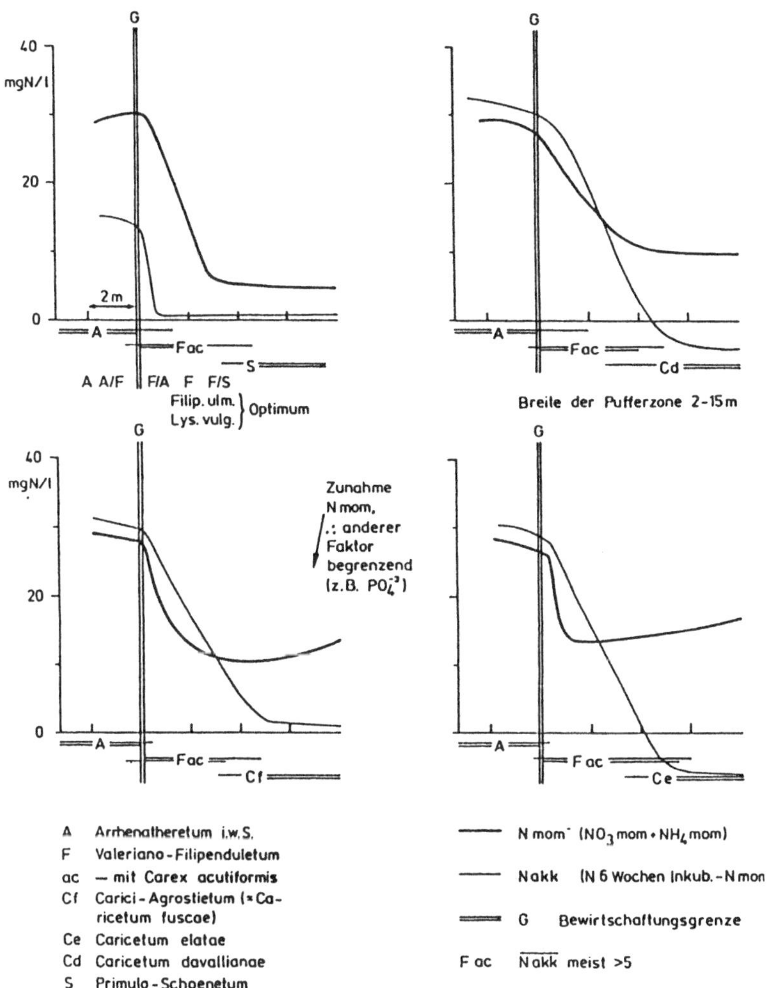

Abb. 4: Verlauf des mittleren Stickstoffgehaltes (in pflanzenverfügbarer Form) entlang einer Transsekte senkrecht zur Pufferzone (nach Boller-Elmer 1977; aus Klötzli 1979).

wobei durch stärkere Beschattung die N-Mineralisation angekurbelt wird, und anschließend kommt es zu einer stärkeren Nährstoffumschichtung unter Anreicherung von Nährstoffen im ehemals oligotrophen oberen Humushorizont. Damit wird der Boden wieder in einen ähnlichen Zustand wie in potentiell möglichen Feuchtwäldern versetzt.

1.3.3.3 Andere Feuchtstandorte

Heute ergeht es den exponierten Hochmoorteilen in durchkultivierter Landschaft schon recht ähnlich. Auch sie werden immer stärker mit "Mineralbodenwasserzeigern" (also eher minerotraphenten Arten) überwachsen, was den Charakter der Moore in Richtung Pseudo-Hochmoor und sogar noch mineralstoffreicheren Ausbildungen verschiebt. Die in Schweizer Hochmooren recht häufige *Carex fusca*, *Carex rostrata* und auch *Eriophorum angustifolium* sind vermutlich auch ein Ausdruck für zusätzliche Nährstoffimporte (über Düngeeffekte und Nährstoff-Output vgl. Richardson et al. in Good et al. 1978; ca 1/4 bis 1/2 bleibt im Moor hängen). Kurz: In anthropogener Landschaft ergibt sich eine generelle Verschiebung der Physiognomie entlang des Feuchtegradienten landeinwärts.

Ähnliche Zusammenhänge konnte bereits Gobat (1984) für jurassische Hochmoorkomplexe darstellen. Auch hier können die Singularitäten einiger Standortsfaktoren zur Charakterisierung des Zustandes oligotropher Moorteile beigezogen werden (gute hydrodynamische Darstellung in Grootjans 1985).

2. Zur Situation des Naturschutzes in der Schweiz: Die De-facto-Situation

2.1 Kontrolle dynamischer Vorgänge in Naturschutzgebieten - Methoden der Überwachung

Sobald ein Naturschutzgebiet etabliert ist, besteht ein Interesse an der weiteren Entwicklung, d.h., ob sie in eine gewünschte Richtung verläuft. Vielleicht bedeutet dieser Idealfall Stagnation oder Fluktuation um einen mittleren tolerablen Zustand mit wenig Störung von außen, angepaßter Diversität und wünschbarer Erhaltung des schützenswerten Biotops mit entsprechend verbundener Flora und Fauna (vgl. Tab. 6) oder er bedeutet Sukzession in wünschbarer Richtung.

Diese Kontrolle soll einigermaßen objektivierbar und wiederholbar sein. Unter dieser Voraussetzung ist die regelmäßige Analyse von Organismen (Pflanzen) auf einer Dauerfläche zu gewährleisten, und zur Erfassung innerer und äußerer vegetationskundlich definierbarer Grenzen dient die Vegetationskartierung. Was analysiert und kartiert werden soll, hängt von der Fragestellung ab.

Eine häufig erwünschte Kontrolle liegt in der regelmäßigen Aufnahme des Artenbestandes auf übersichtlichen, homogenen Dauerflächen. Damit kann über die Aussage von Zeigerpflanzen-Kombinationen die Qualität und Stabilität der Vegetation und des Standortes bestimmt werden. Aus der Vegetationskarte kann auf die Einhaltung und Beeinflussung der Vegetationsgrenzen geschlossen werden. Darauf aufbauend können allenfalls gezielte und korrigierende Maßnahmen eingeleitet werden. Damit soll ein Zustand gewährleistet werden,

---

Die sog. "Naturschutz-Kartierung" bei der Erfassung und Inventarisierung von
schutzwürdigen Flächen umfaßt folgende Teilschritte (vgl. Klötzli 1978a; vgl. auch
Berthoud et al. 1989; Bröring/Wiegleb 1990; Gfeller/Schmid 1990; Wildermuth 1978):

1. Inventarisierung
    -   Arteninventar (möglichst mit Teilen der Fauna),
    -   Pflanzensoziologische (Grob-)Kartierung,
    -   evtl. Auswertung von Vergleichs-Kartierungen aus früheren Jahren, Abschätzung
        veränderter Flächen.
2. Einbindung der Schutzflächen in die Kulturlandschaft
    -   Erfassung der Rahmenbedingungen für das zukünftige Naturschutzgebiet,
    -   Bewirtschaftung und Pflege,
    -   Bedrohung durch äußere Einflüsse (z.B. Nährstoff-Flüsse, Wasserstandsverände-
        rungen, mechanische Wirkungen der Besucher),
    -   Abpufferungsmöglichkeiten gegen oben erwähnte Bedrohungen,
    -   Regenerationsfähigkeit von Teilflächen (vgl. Klötzli 1989, 1991),
    -   Früherkennung irreversibler Veränderungen.
3. Sozio-politische Maßnahmen
    -   Naturschutz und Landwirtschaft, Ansprüche des Naturschutzes (vgl. Thomet
        1990),
    -   Entschädigungsansprüche,
    -   Information der Bevölkerung,
    -   Schaffung von Lehrpfaden usw.

Tab. 6: Vorgehen zur Sicherung von Natur- und Landschaftsschutzgebieten.

der einem zu definierenden Schutzziel (siehe unten) entspricht. Anhand der
folgenden Beispiele sollen diese Bestrebungen und Erhebungen illustriert werden
(Tab. 7).

2.2 Veränderungen in Naturschutzgebieten - Beispiele überwachter Naturschutzgebiete mit Zeitreihen

Über einige wichtige Naturschutzgebiete wurde seit 20 bis 30 Jahren genauer
Buch geführt, und zwar auf der Grundlage von jährlich aufgenommenen Dauerflächen und teilweise jährlich kartierten Vegetationskomplexen. Bei den einzelnen Beispielen wird erläutert, unter welchen Bedingungen Veränderungen eingetreten sind, oder aber, weshalb Grenzen und Pflanzenarten nur fluktuieren.

2.2.1 Lüneburger Heide

Unumstritten die bekannteste europäische Heidelandschaft, ca. 40 km südöstlich Hamburgs gelegen, ist stark durchsetzt mit Feuchtgebieten aller Art. Schon
in den 70er Jahren, aber vor allem seit der Grundwasserentnahme in der Nordheide durch die "Hamburger Wasserwerke", wurde die Entwicklung empfindli-
cher Moore, Quelltöpfe, Bruchwälder usw. besonders auf Dauerflächen kontrolliert. Dadurch konnte die Entwicklung dieser Flächen vor und nach der Aktivie-

Lokalität	Unter-suchungs-jahre	DFl. oder Vkx.	Vegetation	Literatur
Lüneburger Heide (DFl.)	1975 bzw. 1983-94	30 DFl.	Bruch, Moor, Quellensumpf, Wiesen und Weiden	Klötzli 1994
Bolle di Magadino (DFl. & Vkx.)	ab 1959 Kartierungen zw. 1962 und 1992	3 Vkx.	Auen-Komplex, Altläufe, Bruch, Niedermoor, Streuland	Klötzli 1964 Klötzli (im Druck)
Boppelser Weid (DFl. & Vkx.)	ab 1961 Kartierungen zw. 1964 und 1995	1 Vkx. ca. 20 DFl.	Hangried-Komplex, Quellensümpfe, Streu- und Mähwiesen	Klötzli 1969
Stilli Rüss/AG (DFl. & Vkx.)	ab ca. 1962 bzw. 1978-94	4 Vkx.	Pfeifengras-wiesen u.a., Flachmoore, Fettwiesen	Klötzli/Zielinska 1995
Wald-Transekt Schweiz N bis S (DFl.)	ab ca. 1950 bis 1994	180 DFl.	Buchen- und Edellaubwälder i.w.S.	Klötzli et al. 1996 vgl. Kap. 3.1.

Tab. 7: Ausgewertete langfristig überwachte Dauerflächen (DFl.) und Vegetationskomplexe (Vkx.).

rung der Pumpwerke (Entnahme 15 bis 60 m.u.F.) verfolgt werden. Es ergab sich die Möglichkeit, natürliche "chaotische" Fluktuationen von gerichteten Veränderungen zu unterscheiden. Diese gerichteten Veränderungen sind nur bei direkter Drainage oder anderen direkten Eingriffen ersichtlich. Neuere statistische Auswertungen erlauben die Analyse von Veränderungen des Artenspektrums nach einer Mindestbeobachtungszeit von 10 bis 12 Jahren (Autokorrelation mit dem zeitlichen Ablauf, Korrelationstest in Form der "Fuzzy Ordination" und Ähnlichkeitstest, allenfalls Hauptkoordinaten-Analyse). Tab. 8 vermittelt ein Maß für die natürlichen Fluktuationen einzelner Feuchtstandorte im Vergleich zu gerichteten Veränderungen.

Somit gibt es für verschiedene Feuchtgebiete eine wechselnde Menge von "persistenten" Arten, ferner ist eine wechselnde Menge an Arten ersichtlich, die in einer bestimmten Periode entweder auftauchen oder verschwinden.

Jeder Typus hat dennoch ein typisches Verhältnis von "persistenten" und "nicht-persistenten" Arten. Die Sukzessionen (z.B. Verlandung, Drainage, Überschwemmung) sind gekoppelt mit vermehrtem neuen Auftreten und Verschwinden von Arten. Aber in keinem Falle ist vorauszusehen, welche Arten tatsächlich persistent und welche mit Sicherheit nicht persistent sind. Für einige Arten ist die

	durchschnittliche Artenzahl (± immer vorhandene Arten)	Variabilität im Zeitraum 1975-1994	Schwankung von 1993 auf 1994	falls Unterschied sehr groß: gerichtete Veränderung
Bruch	20 z. Vgl. 1001*: 20	4 13	6 14	(abgesenkter Wasserspiegel)
Quell-Standort	13	8	4	
Moor	6	5	3	
Wiesen/Weiden	13	8	5	
vgl. 1017* 1018* 1019*	12 23 10	14 8 12	7 3 8	gestörte Fläche überstaut 1985 drainiert 1989

* Nr. von einzelnen Probeflächen

Tab. 8: Durchschnittliche Werte der Artenzahl(-Schwankungen) für die Vegetations-Einheiten. Erläuterungen auch zur genaueren statistischen Auswertung vgl. Langenauer (1996).

Wahrscheinlichkeit größer als für andere. Namengebende Arten von Pflanzengesellschaften sind häufig hoch-persistent. Es gibt keine Korrelation zwischen hoch-konstanten und häufigen Arten und ihrer Persistenz.

2.2.2 Bolle di Magadino

Das Delta des Ticino und der Verzasca, bekannt unter dem Namen "Bolle", ist das letzte intakte Delta in Insubrien (feucht-warmes, wintermildes Seengebiet am Alpensüdfuß) und von europäischer Bedeutung. Schon in den Anfangsjahren des Jahrhunderts war das Gebiet inventarisiert und bereits in den frühen 60er Jahren auch vegetationskundlich kartiert worden. Schon damals wurden stärkere Einbußen an seltenen, oligotrophen Arten festgestellt. Und in den folgenden Jahrzehnten hat diese Zahl weiterhin abgenommen unter Verlust flächiger und saumbildender Pflanzengesellschaften nährstoffärmerer Standorte.

Neuerdings sorgen eine angepaßte Pflege und Abschirmungsmaßnahmen für eine gewisse Stabilisierung beziehungsweise Zunahme der Diversität an bemerkenswerten Arten (Einzelheiten in Klötzli [im Druck]).

2.2.3 Boppelser Weid

Auch das Hangried "Boppelser Weid", ca. 14 km nordwestlich von Zürich, liegt in einer "Landschaft von Nationaler Bedeutung". Nach verschiedenen vegetationskundlichen Kartierungen in den 60er Jahren, wurde eine Teilfläche seit 1969 jedes Jahr kartiert. Natürliche witterungsbedingte Fluktuationen der Grenzen zwischen den einzelnen Pflanzengesellschaften lassen sich von Bewirtschaftungseinflüssen unterscheiden. Die 20jährige Meßreihe 1970 bis 1990 zeigt die Fluktuationen der Vegetationsgrenzen in einem relativ engen Bereich und die heutige Tendenz in Richtung Oligotrophierung (Abb. 5).

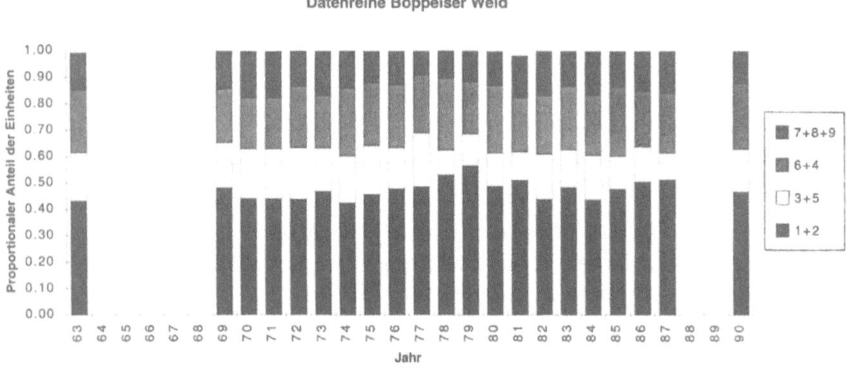

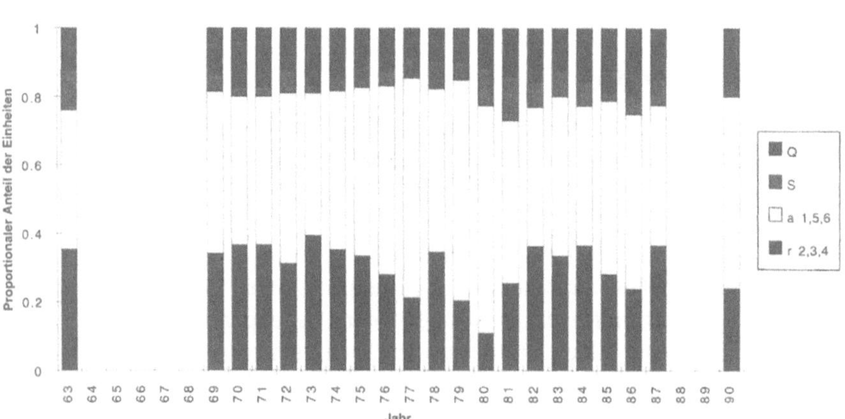

Abb. 5: *Fluktuationen in den Flächenanteilen von feuchten/trockenen bzw. nährstoffarmen/nährstoffreichen Flächen in der Boppelser Weid. 1 Trespen-Halbtrockenrasen; 2 trockene Fromentalwiese; 3 frische Fromentalwiese; 4 feuchte Fromentalwiese; 5 trockene Pfeifengraswiese; 6 feuchte Pfeifengraswiese; 7 Quellsümpfe mit Davallsegge; 8 Quellsümpfe mit Kopfbinse; 9 Terrassen-Quellsümpfe; a (Nährstoff-)arme Ausbildungen; r (Nährstoff-)reiche Ausbildungen; Q Quellsümpfe; S Sträucher & Baumgruppen.*

2.2.4 Pfäffikersee und Robenhauser Riet

Die Moorgebiete am oberen Pfäffikersee (ca. 17 km südöstlich von Zürich), "Objekt von Nationaler Bedeutung", sind eine altgeschützte Landschaft des Kantons Zürich. Bereits 1960 wurden die Feuchtgebiete vegetationskundlich kartiert und in den folgenden Jahren in unregelmäßigen Abständen. Ein Vergleich dieser Vegetationskarten zeigt sehr deutlich, wie stark die oligotrophen Standorte abgenommen haben, und zwar zu Gunsten von Flächen, in denen sich Schilf, Rohrglanzgras und Hochstauden ausgebreitet haben. Wie auch durch Bodenuntersuchungen zu belegen war, wirkt eutrophes Seewasser sowie Sickerwasser aus den umliegenden Landwirtschaftsgebieten auf die Flächen umwandelnd ein. Von 1975 bis 1985 wurden rund 20 % der Fläche durch Eutrophierung verändert (vgl. Tab. 9) (Einzelheiten vgl. Klötzli 1992).

Abnahme von	Niedermoor mit Moorsegge (mesotroph)	Steifsegge	Übergangsmoor mit Haarsegge	Schnabelbinse	Hochmoor (Anflug) mit Rot. Torfmoos bzw. Rasenbinse	Kleinseggenried mit Kopfbinse Davallsegge u.a.	Pfeifengraswiesen (versch. Ausbildungen bzw. Reitgrasbestände)	Total veränderte Teilflächen
Zunahme von: Pseudoröhricht mit Magnocarex bzw. *Phalaris*	2	9	2		1	4	2	31 [20,
arund.	3	4				1	3	11]
Steifseggenriet (eutroph)	1	3					6	10
Schneidbinsensumpf		5	1	3	6	4	1	20
Hochstaudenried		3			1	1	3	8
(alles Teilflächen)								Total 69 = Gesamttotal 11ha = 20%
Beispiel: Hochstaudenried hat zugenommen zu Ungunsten von mesotrophem Niedermoor mit Steifsegge, von Hochmooranflug, von Kleinseggenrasen und Pfeifengraswiesen.								

Tab. 9: Vegetationsveränderung durch Eutrophierung am Pfäffikersee (Anzahl Teilflächen) (nach Lanfranchi/Zimmerli 1984).

2.2.5 Dynamik eines Feuchtwiesenkomplexes am Beispiel der "Stillen Rüss" im Kanton Aargau

2.2.5.1 Einleitung

Rund 20 km westlich von Zürich liegt die Reussebene, ein ehemaliges Überschwemmungsgebiet. Bei einer erneuten Melioration gefährdeter Landwirtschaftsgebiete wurde ab Ende der 60er Jahre das Projekt eines Flachsees entwickelt und 1975 realisiert. Es ist die Frucht der Zusammenarbeit von Landwirtschaft, Naturschutz und Elektrizitätswirtschaft unter Einbezug touristischer Aspekte. In der Folge wurde die Region noch stärker besucht, und touristische Infrastrukturen wurden errichtet. Zwar dient der sog. Flachsee zwischen den Ortschaften Rottenschwil/Unterlunkhofen/Zufikon als Staubecken für die Stromgewinnung. Aber Pumpwerke sorgen gleichzeitig dafür, daß die oberwärtigen Grundwasserstände optimal eingehalten werden können. Zugunsten der Natur wurde das rechte Ufer des Stausees mit Flachufern und verschiedenen Mangelbiotopen (Klötzli 1981) konzipiert, heute eine touristisch vorsichtig erschlossene Region mit vielfältiger Vegetation und Avifauna (vgl. u.a. Kessler/Maurer 1979). In diesem Flachseegebiet mit einem reichhaltigen Altwasser-System und großflächigen Streuwiesen mit hohem Flachmoor-Anteil werden seit den 60er Jahren jeweils am Pfingst-Dienstag vegetationskundlich-landwirtschaftliche Übungen einschließlich einer kontrollierten Kartierungsübung durchgeführt. Seither hat sich ein reichhaltiges Datenmaterial angesammelt, das hier für die Jahre 1978, 1984, 1989, 1994 präsentiert wird. Ein Vergleich mit der etwas einfacher konzipierten Karte von 1973 zeigt deutlich die Wirkung des Staus (Abb. 6).

2.2.5.2 Das Untersuchungsgebiet

Der Bereich der Stillen Rüss (Fläche 4 ha) ist der besterhaltene Teil eines Altlaufkomplexes mit Streu und Futterwiesen sowie einigen Äckern (vgl. Klötzli 1969). Diese Fluß-Schlinge wurde um 1700 von der fließenden Reuss abgeschnitten, vermutlich mit menschlicher Hilfe. Während der Korrektionsarbeiten im 19. Jahrhundert wurde auf das einzigartige Gebiet Rücksicht genommen. Verschiedene Arten der Roten Liste der Schweiz (Landolt 1991) sind namentlich in den feuchteren Teilen recht häufig. Bei Abschürfungsarbeiten 1982/83 zugunsten der Schaffung von Kiesbiotopen für Limikolen erschienen einige längst verschollene Arten (z.B. *Fimbristylis annua*).

Seit dem Aufstau des benachbarten Reuss-Flachsees 1975 ist der Grundwasserspiegel durchschnittlich 1-2 Wasserstufen höher, frühere Steifseggenriede (Einheit 8) wurden z.T. in Röhrichte, Flutmulden (Einheit 3r) in Steifseggenriede überführt (vgl. u.a. Hundt 1964, 1969, 1975). Die Anteile der einzelnen Einheiten schwanken in Abhängigkeit von den Vorjahres-Niederschlägen (bzw. Vorjahres- und Januar- bis Mai-Niederschlägen) erheblich, vor allem in Grenzlagen (vgl. Kap. 2.2.5.4.). Die ehemaligen und noch bestehenden Streuwiesen im südlichen Teil des Untersuchungsgebietes wurden nicht in die Auswertung einbezogen. Außerdem werden westliche Teile nicht berücksichtigt, da sie regelmäßig abgeschürft werden. Und auch der Ostteil des Altlaufs fällt wegen meist schlechter Zugänglichkeit und Orientierungsmöglichkeit weg.

2.2.5.3 Methoden

In den Jahren 1961 bis 1965 wurden die Feuchtgebiete im Reusstal inventarisiert. Aus den nach dem üblichen Vorgehen erhaltenen Vegetationsaufnahmen

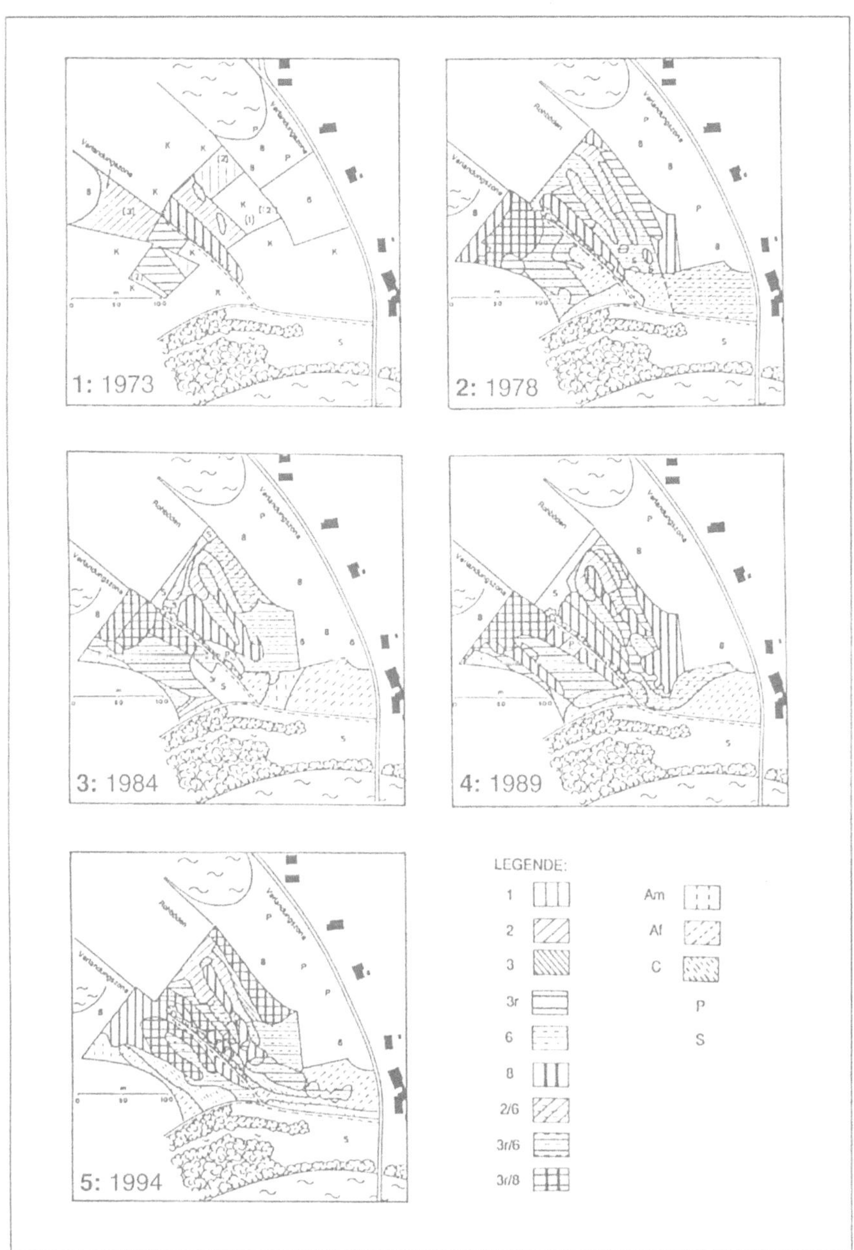

Abb. 6: Veränderungen der "Stillen Rüss" 1973-1994.
K = Kulturland, S = Abschürfungszonen bzw. Abgrabung
(aus Klötzli/Zielinska 1996).

und Tabellen (Müller-Dombois/Ellenberg 1974) wurde ein Kartierungsschlüssel erstellt, nach dem in den Jahren 1963 bis 1973 kartiert wurde. Auch wenn gewisse

Arten im Laufe der Jahre sich anders verhalten mögen (Arbeiten in Vorbereitung), so verhilft doch die Berücksichtigung der gesamten Artenkombination zur eindeutigen Ansprache der Vegetationseinheiten (vgl. Tab. 10).

Standort ungedüngt, indirekt schwach gedüngt*	gedüngt bzw. eutrophiert	Wasserstufe (nach HUNDT)	Nutzung Acker	Matte (Wiese)	Weide	Geländeform	Boden alle basisch und in ebener Lage (PEYER et al., 1973) Typ	Art	W.	Nr.
Pfeifengraswiese Rohr- 1l/6l*	Fromentalwiese Raygraswiese typisch Am	2-	X	x	X		BE g	l	(wn)	57
trockene 1/6a*	feuchte Af	2+	x	X	X		(Ps) G	L	sn/wn	57, 64, 84, 80
mittlere 2/6a*	typ.						Fs	lS	(gn)	13, 14
feuchte 3/6e*	Kohldistelw. C	3+		X	x		G	L		84, 80, 79
*Hochstaudenrieder										78
Kleinseggenried 3r (Flutmulde)	do. nass bzw. (C) Agrostis stolonifera- Ranunculus repens- Wiese	4+		x			G	L	gn/(sn)	73
				nur Streuland			NM	L	gn	73, 95
Grosseggenried 8	-	5+								

Legende:					
BE g	gleyige Braunerde	l	lehmig	W.	Wasserhaushalt
Ps G	Pseudogley	s	sandig	wn	wechselnass
G	Gley	t	tonig	sn	staunass
NM	Niedermoor ("Halbmoor")	L	Lehm	gn	grundnass
Fs	Fluvisol	S	Sand		

Tab. 10: Grünland-Pflanzengesellschaften und Standorte an der "Stillen Rüss".

Die Vegetationskarten der einzelnen Jahre umfassen unterschiedlich große Gebiete. Zum Vergleich wurden nur die Kerngebiete abgegrenzt. Die Einzelflächen wurden einheitsweise planimetriert, und auch die Mischflächen zwischen zwei Einheiten oder Zwischenstufen zweier Einheiten wurden separat erfaßt. Die Kartiereinheiten entsprechen im wesentlichen den Vegetationseinheiten in Klötzli (1969). Zusätzlich wurden alle Übergänge zu anderen Einheiten und Anklänge an andere Einheiten berücksichtigt (Tab. 10 und Tab. 11).

Im Kartiergebiet kommen nur die mäßig feuchten Pfeifengraswiesen (Einheiten 2, 3, vor dem Aufstau auch die trockenere Einheit 1), die Hochstaudenrieder verschiedener Prägung (6), die Flutmulde (3r), die Flach- und Halbmoore (8), vor allem mit *Carex elata* und *Carex gracilis*, seltener mit *Carex appropinquata* bzw. *vesicaria*, und stellenweise das Schilfröhricht (P) vor. An gedüngtem Grünland erscheinen mäßig feuchte und feuchte Fromentalwiesen (Am, Af; bzw. Wiesen mit Italienischem Raygras) und die Kohldistelwiese (C). Die Parallelisierung mit der Reusstal-Bodenkarte (Peyer et al. 1973) ergibt die in Tab. 10 dargestellten Beziehungen. Im Bereich des Altlaufs erscheinen Schwimmblattfluren mit landwärts bemerkenswerten Ausbildungen mit *Hydrocharis morsus-ranae* und *Cicuta virosa* (beides Arten der "Roten Liste"). Zur Auswertung wurden Streuwiesen-Einheiten (2, 3, 3r, 6, 8, P) bzw. gedüngte Einheiten (A, C) und die trockeneren (2, A, 6) und feuchteren Einheiten (3, 3r, C, 8, P) addiert und miteinander verglichen.

2.2.5.4 Ergebnisse: Fluktuationen der Vegetation

Aus der Abfolge von Vegetationskarten seit dem Aufstau wurden vier Beispiele ausgewählt: eine erste vollständige Vegetationskartierung von 1978, aus einer nassen Periode (vgl. Tab. 11); eine letzte Vegetationskarte von 1994, ebenfalls aus einer sehr nassen Periode, und zwei dazwischenliegende Zustände aus den Jahren 1984 (trocken) und 1988 (nass). Zur Veranschaulichung der vernässenden Wirkung des Aufstaus wurde die vereinfachte Vegetationskarte von 1973 beigezogen. Diese entstand im Rahmen der Gesamtaufnahme des

	Die Fläche der Einheiten (in ha) in den Jahren:			
Einheit	1978	1984	1989	1994
	Niederschlag in mm			
	1687 *	1357	1624	1921
	Fläche (ha)			
2	1,1	0,7	0,7	0,97
2/6		1,1	0,27	0,24
2 total	**1,1**	**1,8**	**0,97**	**1,21**
3 total				0,35
3r	1,11		0,13	
3r/6	1,7	1,7	2,64	1,61
3r/8	1,28	0,79	1,22	2,14
3r/6/8		1,08		0,33
3r/C	0,2			
3r total	**4,29**	**3,57**	**3,99**	**4,08**
6	2,43	2,39	1,35	0,43
6/8			0,65	0,13
6/C		0,31	0,24	0,13
6/Af	1,98		0,81	
6/8/Af	0,16			
6 total	**4,57**	**2,7**	**3,05**	**0,69**
8 total	2,18	1,9	4,01	4,14
C total		0,05	2,01	1,35
Af total	1,41	2,58	0,31	1,79
Am total	0,79	0,66		0,73
S		1,08		
Gedüngt	2,2	4,37	2,32	3,87
Ungedüngt	12,14	9,97	12,02	10,47
T	7,87	8,82	4,33	4,42
F	6,47	5,52	10,01	9,92

* Perioden-Niederschlag = Niederschlag im Vorjahr + Monate Januar bis Mai
  Einheiten vgl. Abb. 6, S = Störung

Tab. 11:   Veränderungen in den Pflanzengesellschaften der Stillen Reuss.

Streulandes im Meliorationsperimeter von 1971 bis 1973 (hier durch Dr. R. Maurer).

Es ist deutlich zu sehen, daß der Kulturlandanteil höher war, die Stauwirkung eine Verschiebung um 1-2 Wasserstufen (Tab. 10) zur Folge hatte (z.B. von 2 zu 3 oder gar 3r, von 3r zu 8) und sich Röhrichtbestände neu entwickelten. Die trockene Pfeifengraswiese (1, 11) verschwand hier zur Gänze. Eine Auswertung der Flächenanteile auf den Vegetationskarten von 1978 bis 1994 und die mögliche Ursächlichkeit für die von Jahr zu Jahr stärkeren oder schwächeren Fluktuationen in den Anteilen einzelner Einheiten wird im folgenden besprochen. Folgende Hauptaussagen sind möglich:

1. Trotz einheitlichem Kartiervorgehen sind die Grenzen zwischen den Einheiten (Tab. 10) nie starr, auch nicht von Jahr zu Jahr, und sie sind nicht auf gravierende Kartierfehler zurückzuführen (Kontrolle durch 2-3 Personen).

2. Relativ stabilere Flächen liegen in den trockeneren Teilen. Feuchtere Flächen fluktuieren stärker, und zwar bei ähnlichem Wasserspiegel infolge von Veränderungen in den Nährstoff-Flüssen, bei ähnlicher Nährstoffbelastung infolge der wechselnden Stauwirkung des Flusses und unterschiedlicher Witterungsverhältnisse.

3. Die stärksten Unterschiede ergeben sich zwischen 1984 und 1989. Sie sind nach Berücksichtigung der Witterungsverhältnisse staubedingt. Auch die Nährstoff-Stufen zwischen gedüngt und ungedüngt hatten sich in dieser Zeit merklich verschoben (z.B. von 2 zu 2/6 zu 6 zu 6/Af zu Af).

4. Indessen: Die Verhältnisse im Jahre 1978 (nasse Periode inkl. 1977) und damit verbunden das Kartierbild sind nicht grundlegend verschieden von demjenigen aus dem Jahre 1994 (sehr nasse Periode inkl. 1992 und 1993).

Dies bedeutet nach einer statistischen Betrachtung (vgl. Abb. 7), daß die Wirkung der Stauhaltung des Flachsees von Jahr zu Jahr zwar merklich, aber nicht ausschlaggebend ist. Denn nach dem Aufstau war die Umwandlung eine recht schnelle (Stau 1975, erste Unterschiede 1977). Indessen schwanken die Anteil-Prozente der einzelnen Einheiten um Mittelwerte. Damit wird klar, daß der allgemeine Zustand des Wasserhaushalts der "Stillen Rüss" um einen Mittelwert schwankt (vgl. in Abb. 6 die Karten von 1978 und 1994), der darauf hinweist, daß - langfristig gesehen - ein gewisses Fließgleichgewicht herrscht, das von Stau, Witterung und unterschiedlichen Nährstoff-Flüssen gesteuert wird. Die Stauhaltungs-Dauerlinien erlauben es nicht, eine direkte Beziehung zum Zustand der "Stillen Rüss" herzustellen (weitere Untersuchungen sind im Gange.). Im speziellen können zu Nässezeigern und einzelnen Vegetationseinheiten folgende Aussagen gemacht werden:

1. Von 1978 bis 1994 haben immer nässeertragende Pflanzenarten dominiert. Eine Ausnahme bildet das Jahr 1984, mitten in einer Trockenperiode, wo trockenheitsertragende Einheiten mehr Raum einnahmen. Außerdem wurde die Düngerwirkung stärker. Dies ist naheliegend, denn beim Abtrocknen ließ sich vorübergehend mehr Heu-Grasland gewinnen.

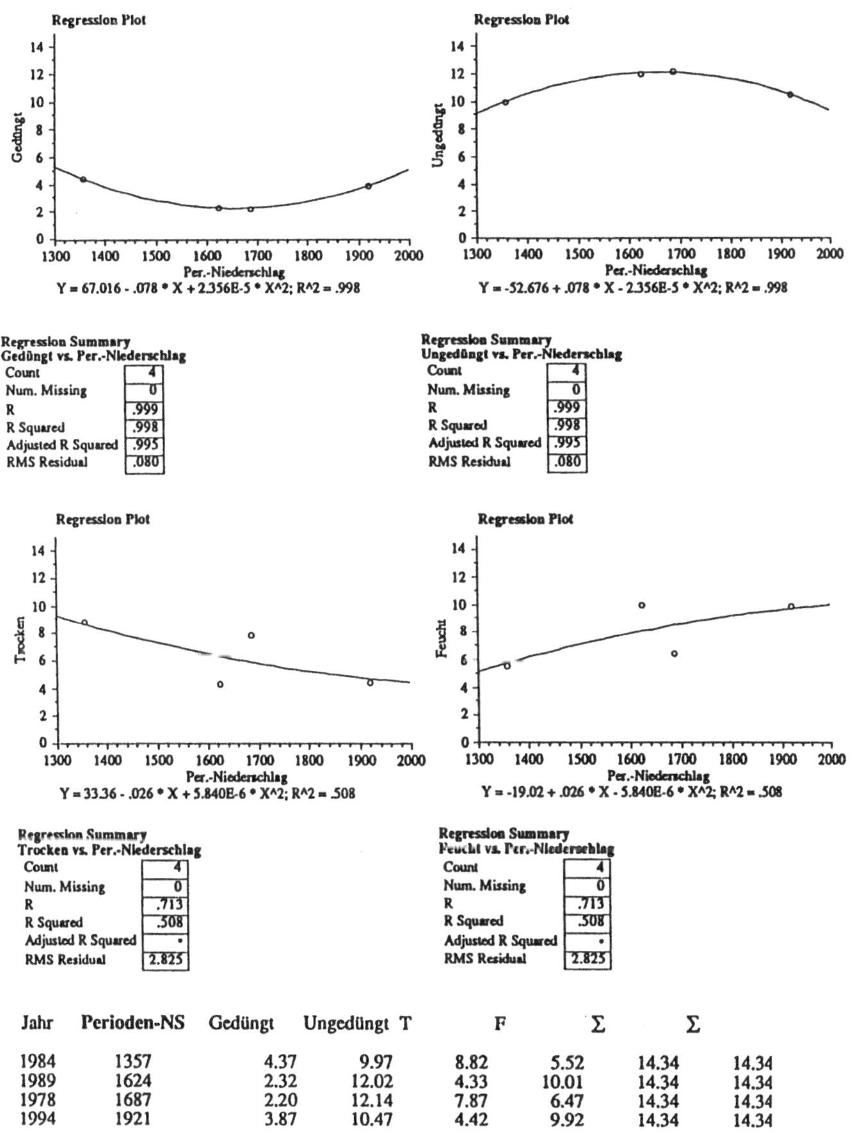

Jahr	Perioden-NS	Gedüngt	Ungedüngt T	F	Σ	Σ
1984	1357	4.37	9.97	8.82	5.52	14.34	14.34
1989	1624	2.32	12.02	4.33	10.01	14.34	14.34
1978	1687	2.20	12.14	7.87	6.47	14.34	14.34
1994	1921	3.87	10.47	4.42	9.92	14.34	14.34

Abb. 7: Korrelation von Vegetations- und Jahres- bzw. Perioden-Niederschlag; Kurve ± gleich. Keine eindeutige Beziehung bei Niederschlag und Anteil feuchterer Flächen (aus Klötzli/Zielinska 1996).

2. Als nasseste Einheit (außer Röhricht) zeigt das Niedermoor mit Carex elata bzw. Carex gracilis (Einheit 8) eine gewisse Wanderbewegung im Bereich der Einheiten 3r und 6 (nasseste Randbereiche von Einheit 6) und breite Ökotone zwischen Einheit 3r und 8.

3. Nässejahre finden sich auch 1981 und 1988. Eine deutliche Wirkung ist jedoch
   nicht ersichtlich. Wieder wirkt die Kombination von Stauraumbewirtschaftung
   und Witterung.

4. Eine stärkere Nährstoffzufuhr aus dem umliegenden Intensiv-Kulturland oder
   aber, in trockenen Jahren, aus mineralisiertem Stickstoff aus den obersten
   Torfbereichen führen zur Kräftigung und Ausbreitung der Hochstauden auf
   verschiedenen Standorten (Einheit 6, 3r, 8 in trockeneren Ausbildungen), vor
   allem in den randlichen Bereichen. Diese Wirkung ist hier teilweise reversibel.

2.2.5.5 Ausblick

Längerdauernde Serien mit Vergleichskartierungen zur Erfassung lokal sta-
bilerer Zustände oder von dauernden oder gelegentlichen Auslenkungen sind in
der Praxis der Beweissicherung selten anzutreffen. Nur auf diese Weise sind
Erklärungen zur wechselnden Durchdringung einzelner Flächen mit unterschiedlichen Wasser- und Nährstoff-Stufen möglich. Oft sind unklare Fälle Ausdruck
von vorüberziehenden "Art-Wolken", also stark fluktuierenden, sporadisch auf-
tretenden Arten, oder aber von chaotischen Reaktionen, also nicht voraussehba-
ren Schwankungen von Einzelarten in den einzelnen Vegetationseinheiten. Damit
sind gerichtete Tendenzen - wenn überhaupt - nur nach längeren Untersuchungs-
zeiträumen und nur bei einigermaßen konstanten Veränderungstrends bei den
einzelnen Standortfaktoren erkennbar. Ansonsten - um beim obigen Bild zu
bleiben - ziehen die "Art-Wolken", beeinflußt durch Witterungs- und Düngungs-
geschehen oder durch populationsinterne Schwankungen, über die Fläche. Fall-
weise überdecken sich die "Wolken", so daß auch die gesamte Vegetationseinheit
in schwer durchschaubarer Weise als einzelne Teilfläche wolken- oder bandartig
um einen zentralen Bereich pulsiert oder sich gerichtet verändert (vgl. auch van
der Valk 1981; Klötzli 1995). Damit ergeben sich dynamisch "mildere" Vorgänge
im Vergleich zur Invasionsfähigkeit eingeführter Arten (siehe z.B. Kowarik/Su-
kopp 1986).

Als Konsequenz für die Praxis - z.B. Naturschutz - muß deshalb festgehalten
werden, daß die vergleichende Vegetationskartierung die Ausdehnung der einzelnen Einheiten in einem und um einen Stammbereich ermitteln läßt, fremde
Arten oder ungewöhnliche Ausbildungsformen erkennen kann und bei eindeutigen, gerichteten Veränderungen des Standorts entsprechend Korrekturanweisun-
gen vermitteln soll.

Immer mehr wurde dann im Laufe der 70er Jahre die Vegetationskarte
eingesetzt, um objektivere Entscheide bei Eingriffen treffen zu können und um
klare Tendenzen auszunutzen. Seltener indessen liegen nach meinem Wissen
Serien von Vegetationskartierungen vor, namentlich solche über längere Zeiträume. Erst Unterlagen dieser Art haben es erlaubt zu erkennen, daß Sukzessionen
zwar in einem klaren Wechsel von Vegetationseinheiten ablaufen, aber die
einzelnen Arten ganz verschiedene Rollen im Sukzessionsschwarm des gesamten
Artenspektrums spielen. Grootjans (1985) vermittelt Dauerflächen-Untersuchun-

gen von 1967 bis 1979 und Kartierungen in der Periode 1976 bis 1980 aus den nördlichen Niederlanden mit ähnlichen Fluktuationen (vgl auch Grootjans et al. 1996).

3. Konsequenzen und Schlußfolgerungen

Angesichts der weitgehend natürlichen Schwankungen in der Artengarnitur und in den Anteilen einzelner Pflanzengesellschaften dürfte es schwierig sein, sich für einen bestimmten Zustand zu entscheiden. Soll der Ist-Zustand in einen dauerhaften Wunsch-Zustand überführt, bzw. soll ein wissenschaftlich-juristisch fundierter Soll-Zustand angepeilt werden, oder aber sind diese Zustände potentiell überhaupt erreichbar? Die Kenntnis der Fluktuationen und der möglichen Trends erlaubt einen sicheren Entscheid, auf welche Weise ein bestimmter Zustand erreicht werden kann.

3.1 Art-Fluktuationen in Pflanzengesellschaften (insbesondere in Wäldern)

3.1.1 Vorgehen und Methodisches

Zur Beurteilung von Art-Fluktuationen ist es wichtig zu wissen, wie stark die Art-Bewegungen in mehr oder weniger ungestörten Vegetationstypen auch auf mittleren (mesischen) Standorten sind, so z.B. in Wäldern. Für die Schweiz liegt reiches Datenmaterial an Waldvegetationsaufnahmen ab ca. 1935 vor. Auf dieses Material wurde zurückgegriffen, als es darum ging, eine vergleichende Analyse im Rahmen der "Global Change"-Forschung zwischen älteren (1935 bis ca. 1970) und neuen Daten (1994) durchzuführen. Zu diesem Zwecke konnten ca. 400 Aufnahmen auf denselben Waldstellen wieder erhoben werden, und zwar auf einem ca. 30 km breiten Korridor von Nord nach Süd durch die Tallagen der zentralen Schweiz von Schaffhausen bis Chiasso.

Der paarweise Vergleich solcher Aufnahmen zeigt starke Fluktuationstendenzen, die in Tab. 12 dargestellt sind. Dennoch ist in einer Zeitspanne von etwa 20 bis 25 Jahren bereits mit einer 50 %-igen Veränderung an Nicht-Holzpflanzen (aber inkl. Zwergsträuchern und Lianen) zu rechnen. Eine Hauptkoordinaten-Analyse mit den alten und neuen Daten zeigt eindeutige Tendenzen, die auf veränderte Lichtverhältnisse, Nährstoffzufuhr und leichte Erwärmung zurückzuführen sind. Nur in der Südschweiz kann durch die Ausbreitung von laurophyllen (exotischen) Arten (inkl. Palmen) bereits von einem angehenden Biomwandel gesprochen werden, der von starken Veränderungen in der Artengarnitur begleitet ist. Dagegen dürften azonale Vegetationseinheiten in Naturschutzgebieten mit Feucht- oder Trockenstandorten noch längere Zeit nur wenig von dieser Temperaturauslenkung betroffen werden (Einzelheiten in Klötzli et al. 1996, Klötzli/Walther [im Druck]).

	Zeitraum [Jahre]	Gemeinsame Arten	Verschwundene Arten	Hinzugekommene Arten
Nordschweiz	30 - 58			
Spanne		30 - 86	14 - 70	0 - 200
Durchschnitt		**50**	**50**	**35**
z.Vgl. Spezialfälle				
• ΔStandort; nur durch ΔBaumschicht und ΔLicht		≈ 30	70	20
• ΔStandort; durch Neupflanzung vor ca. 50 Jahre		40	60	100
• ΔStandort; nur ΔLicht (stärkere Auflichtung)		70 - 90	10-30	20 - 150
Südschweiz				
• montane Stufe (-ΔLicht)	32	50	50	15
• kolline Stufe (Δt in Vegetationsperiode 2-3°C) (S-Hang bis 600 m) (N-Hang bis 400 m)	34	**40**	**60**	**30**

Δ : = Veränderung, Unterschied   hl ausgewerteter Aufnahmen: je ≈ 100-150

Tab. 12: Durchschnittliche Veränderungen der Pflanzenarten der Krautschicht (in % der früheren Artenzahl der Vegetationsaufnahme; neuere Aufnahmen stammen aus der Vegetationsperiode 1994).

3.1.2 Auswertung und vorläufige Ergebnisse

Alte und neue Waldvegetations-Aufnahmen wurden auf ihre langfristigen (25 Jahre) Veränderungen hin untersucht. Insbesondere stand der mögliche Einfluß eines sich ändernden Klimas im Zentrum der Fragestellung. Die Aufnahmen stammen von vom Menschen möglichst unbeeinflußten Waldflächen mit Klimaxvegetation bzw. klimaxnaher Vegetation, aus Gebieten unterhalb 800 m ü. NN nördlich und 1.000 m ü. NN südlich der Alpen.

Erste vorläufige Resultate können wie folgt zusammengefaßt werden:

• Es gibt nicht sehr viel floristische Ähnlichkeit zwischen "Aufnahme-Paaren" aus den 40er bis 70er Jahren zu jenen von 1994.

• Im Durchschnitt sind rund 25 bis 50 % der früher aufgetretenen Arten auf der Alpen-Nordseite bzw. 50 bis 75 % auf der Südseite verschwunden. Davon wurden im Norden 30 bis 80 %, resp. 0 bis 30 % im Süden durch "neue" Arten ersetzt, welche häufig aus der unmittelbaren Umgebung stammen (in alten Vegetationsaufnahmen in Klammern festgehalten). Wenn sich die Standortsbedingungen infolge forstlicher Aktivitäten leicht verändert haben, schlug sich dies in massiven Vegetationsveränderungen nieder, welche 100 % betragen können (vgl. Tab. 11).

- Veränderungen sind in keiner Weise voraussehbar.

- Aufgrund von "persistenten" Arten kann die frühere Pflanzengesellschaft wiederbestimmt bzw. rekonstruiert werden, auch wenn diese im Begriff ist, von einer anderen abgelöst zu werden. Jedoch fand in der Regel kein Wechsel der Pflanzengesellschaften statt.

- Angesichts der aus diesen Aufnahmeflächen erhaltenen Bilder ergeben sich Populationen, welche wie Wolken über diese Flächen wandern. Auch für diese Wanderbewegungen der Populationswolken gilt wieder, daß keine Möglichkeit besteht vorauszusehen, ob sie eine Aufnahme-Fläche berühren oder daran vorbei- und wegziehen.

- Einige thermophile Arten haben in ihrer Häufigkeit zugenommen. Im Süden verwildern exotische (meistens aus Ost-Asien eingeführte) Arten und kündigen einen Biomwechsel an: Diese Verschiebungen weisen auf eine Ablösung des reinen sommergrünen Laubwaldes durch einen - wenigstens teilweise - immergrünen Laubwald hin (an nordexponierten Hängen bis auf eine Höhe von 400 m ü. NN, in Südexpositionen bis 600 m ü. NN).

3.2   Bedeutung und Weiterungen für die Praxis

Schon Gleason (1926) hatte auf die Tatsache hingewiesen, daß Arten sich individuell entwickeln, daß also ein "Arten-Regen" über die Fläche zieht (vgl. van der Valk 1981). Indessen zeigt es sich heute immer deutlicher, daß Arten erscheinen, verschwinden, konstant bleiben und fluktuieren. Sie verhalten sich als Einzelart in fast unvorhersehbarer Art und Weise: ähnlich Wolkenschatten, die ungleich groß über den Erdboden ziehen, treiben die einzelnen Art-Populationen über die Dauerfläche (über Örtlichkeit und Zeitraum vgl. Tab. 11; für verpflanzte Flächen siehe bei Klötzli 1987). In extremeren Fällen erfolgt sogar ein Wechsel im Verhalten der Art: Allgemein verbreitete Arten ("Generalisten") werden zu Differentialarten ("Spezialisten") und umgekehrt. Auch können plötzlich "neue" Arten auftreten und früher verbreitete Arten verschwinden. Viele dieser Art-Schwankungen könnten allenfalls auf ökosystem-interne (intrinsische) Vorgänge, z.B. solche pathogener Art, zurückgeführt werden. Der Sachlage kommt van der Valk (1981) vermutlich sehr nahe, wenn er annimmt, daß die jeweiligen Existenzperioden ("life history features") einer Pflanze für kausal schwer begründbare Fluktuationen maßgeblich sind. Lebensdauer, Verbreitungsmöglichkeiten und Keimbettansprüche ergeben individuelle Kombinationen für die Einzelpflanze, die dann schon auf geringe Umweltveränderungen spezifisch reagiert. Mit diesem Modell ist aus der Samenbank des betreffenden Standortes eine gewisse Prognose der Vegetationsveränderungen möglich. Diese treten dann in Form periodisch sichtbarer Art-Regen oder -Wolken auf.

Anders ausgedrückt, ist das Verhalten der meisten Einzelarten doch schlecht prognostizierbar: Die Art-Bewegungen der einzelnen Populationen sind oft ohne Regel und klare Tendenz. Sie sind chaotisch. Damit steht die Aussage im Einklang mit Prigogine, der Systeme im Gleichgewichtszustand nur als Ausnahme sieht, Systeme in Instabilität und Chaos dagegen als Regel (vgl. "Ereignis und Gesetz"; Prigogine 1973). Auf Zustandsänderungen des Gesamtsystems reagiert die Einzelpflanze ebenso. Somit dauert es auch mehrere Jahre bis zu einem neuen Quasi-Gleichgewichtszustand. Damit verbunden ist der Zustand an den Vegetationsgrenzen, die schon von Jahr zu Jahr kaum stabil sind. Dies bedeutet im Extremfall, daß die Qualität einer Vegetationskarte nach einigen Jahren nicht mehr beurteilt werden kann. Mit dieser flexiblen Interpretation der Dynamik in der Vegetation werden voreilige Schlüsse auf etwaige Standortänderungen vermieden. Gleichzeitig aber werden eindeutige und umfassende Änderungen in der Vegetation in Form stärker gerichteter und schnell laufender "Wolkenzüge" (fluktuierende Artengruppen) erkannt. Und eindeutig gerichtete Verschiebungen von "Wolkenbänken", also das Verschwinden und Auftauchen von mehreren Artengruppen mit ähnlicher Zeigeraussage, kann eher angesprochen werden. Somit können auch die Dynamik und der Zustand in einem Schutzgebiet, ob gestört oder nicht, erst nach längerer Beobachtungsperiode eindeutig beurteilt werden.

3.3   Weitere Veränderungen durch eine allfällige Klimaauslenkung

Von verschiedenster Seite wird immer wieder auf die mutmaßlichen klimatischen Änderungen hingewiesen und gleichzeitig die Frage gestellt, ob denn solche Feuchtgebiete überhaupt zu halten sind.

Nach Unterlagen verschiedener Art aus analogen Standorten in benachbarten wärmeren Klimazonen darf die Chance des Überdauerns durchaus bejaht werden. Feuchtgebiete (und andere Extrem-Standorte) sind azonale Vegetation und somit durch Klimaveränderungen weniger stark beeinflußbar als z.B. Waldvegetation. Es ist anzunehmen, daß sich z.B. die Bewaldungsfähigkeit von offenen Mooren ändern mag, aber im wesentlichen dürfte doch der Typus erhalten bleiben.

Somit geht es bei azonalen Vegetationstypen in erster Linie um Flächensicherung, und so ist jede Absicherung der Feuchtgebiete gegen Veränderung von Wasser- und Nährstoff-Haushalt notwendig und sinnvoll und verhilft zum Überdauern der Gebiete auch unter veränderten Klimabedingungen. Im zonalen Bereich ist dagegen mit schwer voraussagbaren und kaum verhinderbaren Veränderungen zu rechnen. Sollen Naturschutz-Bestrebungen von Erfolg gekrönt sein, dann muß die Zusammenarbeit von Naturschutz und Land- bzw. Forstwirtschaft auch politisch verstärkt werden, und unsere Bevölkerung ist über die notwendige Erhaltung von wesentlichen Teilen ihres Landes besser zu informieren. Nur eine motivierte Bevölkerung wird ihr naturschützerisches Erbe auch nachhaltig zu bewahren wissen.

3.4   Schlußfolgerungen für die Naturschutzpraxis

1. Zusammenfassende Schlußfolgerungen aus den Ergebnissen aller Versuchsgebiete:

   - Pflanzengesellschaften können, bezogen auf ihre beständigen Arten, als konstant angesehen werden, jedoch nicht unter Berücksichtigung aller darin enthaltenen Arten.

   - Veränderungen sind unvorhersehbar und (soweit bekannt) chaotisch, d.h. es gibt keine gerichteten Veränderungen, außer in Sukzessionen.

   - Grenzen zwischen Pflanzengesellschaften sind in jeder Beziehung variabel; verantwortlich für Kleinfluktuationen können Samenbanken und unterirdische Teile sein.

   - Arten-Dynamik kann im eigentlichen Sinne beständig sein, fluktuieren oder sich auf ein nicht sichtbares, z.B. unterirdisches Stadium hin oder davon weg bewegen. Dasselbe Verhalten kann sich aber auch von Situation zu Situation sehr unterschiedlich gestalten.

2. Arten können ihre Funktion ändern. So können beispielsweise "Generalisten" zu "Spezialisten" werden und vice-versa. Seltene Arten treten plötzlich häufig auf und umgekehrt.

3. Jedoch verbleiben auch weiterhin offene Fragen wie:

   - Gibt es wirklich dauerhafte beständige Arten in einem gegebenen System?

   - Werden die Fluktuationen in einer Population durch unbekannte Fluktuationen in den Standortsfaktoren inkl. Parasiten (z.B. Viren-Effekte) verursacht, oder aber treten sie als Folge veränderter Umweltbedingungen auf?

   Die Populationen mancher Arten verhalten sich wie der Schatten einer in allen Richtungen freiwandernden Wolke über einer gegebenen Fläche. Bei der eigentlichen Sukzession ergießt sich ein "Arten-Regen" über einem gegebenen Standort in einer vorgegebenen Abfolge.

4. Abschließende Fragen betreffen den Stellenwert gegebener Aufnahmen als Abbild einer Pflanzengesellschaft sowie die Stabilität von Ökosystemen:

   - Ist eine Aufnahme bloß als ein "Kalenderblatt" einer sich von Jahr zu Jahr öfters verändernden Pflanzenzusammensetzung zu sehen?

   - Ist eine Pflanzengesellschaft mit ihren Charakter-Arten bloß eine Momentaufnahme aus einer Vielzahl fluktuierender Ökosysteme?

   - Verhalten sich Fluktuationen in Ökosystemen chaotisch oder sind sie in ihrer Gesamtheit eine Folge stochastischer Gesetzmäßigkeiten (z.B. wie chaotische Bewegungen in der gesamten Natur, in Mikro- und Makrokosmos im Sinne von Prigogine)?

Zukünftige Untersuchungen im Bereich der Sukzessions-Forschung werden dazu beitragen, mehr Licht in das Verständnis der bisher unergründbaren Ordnung oder das Chaos ökosystemeigener Fluktuationen zu bringen (vgl. dazu auch Bakker et al. 1996; Grootjans et al. 1996).

4. Literatur

Antonietti, A. (1990): Gli strumenti federali della protezione della natura e del paessaggio e la loro messa in atto a nivello cantonale. In: Bolletino della Societa Ticinese per le Scienze Naturali (Lugano) 78, S.17-24

Antonietti, A.; E. Kessler u.a. (1984): Landschaften und Naturdenkmäler von nationaler Bedeutung. In: Natur und Mensch 26, S.285-295(-300)

Bakker, J.P.; H. Olff; J.H. Willems und M. Zobel (1996): Why do we need permanent plots in the study of long-term vegetation dynamics? In: Journal of Vegetation Science 7, S.147-156

Beguin, C.; O. Hegg und H. Zoller (1977): Utilisation d'écogrammes pour une étude écophysiologique de la Suisse? Cartographie de la distribution et de la valeur de protection des principaux éléments. In: Documents phytosociologiques 19/20, S.89-98

Berthoud, G.; P. Duelli; J.-D. Burnand; J.-P. Theurillat; R. Gogel; P. Wiedemeier und A. Hänggi (1989): Méthode d'evaluation du potentiel écologique des milieux. - Bericht 39 des Nationalen Forschungsprogramms "Boden", Liebefeld-Bern

Binz, H.-R. und F. Klötzli (1978): Mechanische Wirkungen auf Röhrichte im eutrophen Milieu - Versuch eines Modells. In: Beiträge zur chemischen Kommunikation in Bio- und Ökosystemen. (Festschrift für R. Kickuth). - Witzenhausen, S.193-215

Boller-Elmer, K. (1977): Stickstoff-Düngungseinflüsse von Intensiv-Grünland auf Streu- und Moorwiesen. - Veröffentlichungen des Geobotanischen Instituts der ETH Zürich 63 [Stiftung Rübel]

Boorman, L.A. und R.M. Fuller (1981): The changing status of reedswamp in the Norfolk Broads. In: Journal of applied Ecology 18, S.241-269

Bröring, U. und G. Wiegleb (1990): Wissenschaftlicher Naturschutz oder ökologische Grundlagenforschung? In: Natur und Landschaft 65, S.283-291

Broggi, M. und H. Schlegel (1989): Mindestbedarf an naturnahen Flächen in der Kulturlandschaft. - Bericht 31 des Nationalen Forschungsprogramms "Boden", Liebefeld-Bern

Dietl, W. (1990): Naturgemäßer Landbau durch abgestufte Nutzungsintensität. Eine flächendeckende Form der Landwirtschaftsentwicklung. In: Anthos 29/3, S.39-43

Dietrich, K.R. (1973a): Die Abwehr der Eutrophierung der Gewässer als Umweltschutzmaßnahme. 1. Bericht: Die Ursachen der Eutrophierung. In: Zeitschrift für Kulturtechnik und Flurbereinigung 14, S.1-20

Dietrich, K.R. (1973b): Die Abwehr der Eutrophierung der Gewässer als Umweltschutzmaßnahme. 2. Bericht: Wege zur endgültigen Sanierung von Oberflächengewässern. In: Zeitschrift für Kulturtechnik und Flurbereinigung 14, S.112-126

Ellenberg, H. (1980): Ökologische Forderungen als Bestimmungsgrössen der Raumplanung. In: DISP (ORL-ETH) 59/60, S.7-12

Gallandat, J.-D.; J.-M. Gobat und C. Roulier (1993): Kartierung der Auengebiete von Nationaler Bedeutung. - Schriftenreihe Umwelt 199

Gfeller, M. und W.A. Schmid (1990): Raumplanerische Umsetzung von Bewertungsmethoden für naturnahe Flächen. - Bericht 45 des Nationalen Forschungsprogramms "Boden", Liebefeld-Bern

Gleason, H.A. (1926): The individualistic concept of the plant association. In: Bulletin of the Torrey Botanical Club 53, S.7-26

Gobat, J.-M. (1984): Ecologie des contacts entre tourbière acides et marais alcalins dans le Haut-Jura suisse. - Thèse Univ. Neuchâtel

Good, R.E.; D.R. Whigham; R.L. Simpson und C.G. Jackson (Hrsg.) (1978): Freshwater wetlands. Ecological processes and management potential. - Proceedings of the Symposium of Freshwater Marshes: Present status, future needs. II/77, Rutgers University, New Brunswick/NJ

Grootjans, A.P. (1985): Changes of groundwater regime in wet meadows. - Diss. Univ. Groningen

Grootjans, A.P.; L.F.M. Fresco; C.C. de Leeuw und P.C. Schipper (1996): Degeneration of species-rich Calthion palustris hay meadows; some considerations on the community concept. In: Journal of Vegetation Science 7, S.185-194

Grünig, A.; L. Vetterli und O. Wildi (1986): Die Hoch- und Übergangsmoore der Schweiz. In: Berichte der Eidgenössischen Anstalt für das forstliche Versuchswesen (EAFV) 281, S.294-298

Haslam, S. (1995): A discussion of the strength (durability) of thatching reed (Phragmites australis) in relation to habitat. - Reed research report 10 [Univ. Cambridge]

Hegg, O.; C. Beguin und H. Zoller (1993): Atlas schutzwürdiger Vegetationstypen der Schweiz. - Bern

Hintermann, U. (1991): Inventar der Moorlandschaften von besonderer Schönheit und von nationaler Bedeutung. Schlussbericht. - Bern

Hundt, R. (1964): Vegetation, Feuchtigkeitsverhältnisse und Ertragsverhältnisse der Wiesenflächen im Luhne-Rückhaltebecken bei Lengefeld (Thüringen). In: Meusel, H. und R. Schubert (Hrsg.): Vegetationskundliche Untersuchungen als Beiträge zur Lösung von Aufgaben der Landeskultur und Wasserwirtschaft. - Sonderheft 5 der Wissenschaftlichen Zeitschrift der Universität Halle, Wittenberg, S.149-170

Hundt, R. (1969): Vegetation, Wasserstufen und Bodendurchfeuchtung der Wiesenflächen eines Grabenstauversuchs bei Edersleben. In: Mitteilungen des Instituts für Wasserwirtschaft 30, S.13-99

Hundt, R. (1975): Bestands- und Standortveränderungen des Grünlandes in einem Rückhaltebecken als Folge des periodischen Wasseranstaus. In: Archiv für Naturschutz und Landschaftsforschung 15, S.171-197

Jenni, H.-P. (1990): Rechtsfragen zum Schutzobjekt Biotope und insbesondere Ufervegetation gemäss NHG und angrenzenden Gesetzen. - Schriftenreihe Umwelt 126 [BUWAL, Bern]

Jeschke, L. (1976): Veränderung der Röhrichtgürtel unserer Seen und unserer Naturschutzgebiete. In: Naturschutzarbeit in Mecklenburg 19, S.49-52

Kessler, E. (1976): Grundlagen für die Ausscheidung von Naturschutzgebieten in der Schweiz. In: Natur und Landschaft 51, S.143-149

Kessler, E. (1986): Erfahrungen mit dem in der Schweiz im Aufbau begriffenen Bundesinventar der Landschaften von nationaler Bedeutung. - Schriftenreihe des Deutschen Rates für Landespflege 50, S.904-910

Kessler, E. und R. Maurer (1979): Reusstalsanierung. - Aargau

Klötzli, F. (1964): Paesaggio e vegetazione. In: Antonietti, A. (Hrsg.): Le Bolle di Magadino. In: Quaderni Ticenesi 7, S.18-28

Klötzli, F. (1967): Umwandlung von Moor- und Sumpfgesellschaften durch Abwässer im Gebiet des Neeracher Riets. - Berichte des Geobotanischen Instituts der ETH Zürich 37 [Stiftung Rübel], S.104-112

Klötzli, F. (1969): Die Grundwasserbeziehungen der Streu- und Moorwiesen im nördlichen Schweizer Mittelland. - Beiträge zur Geobotanischen Landesaufnahme 52

Klötzli, F. (1973): Über Belastbarkeit und Produktion in Schilfröhrichten. - Verhandlungen der Gesellschaft für Ökologie 2, S. 237-247

Klötzli, F. (1978a): Wertung, Sicherung, Erhaltung von Naturschutzgebieten. Einige rechtliche und technische Probleme. In: Bettschart, A. (Red.): Frauenwinkel-Altmatt-Lauerzersee. Geobotanische, ornithologische und entomologische Studien. - Berichte der Schwyzerischen Naturforschenden Gesellschaft 7, S.23-32

Klötzli, F. (1978b): Zur Bewaldungsfähigkeit von Mooren der Schweiz. In: Telma 8, S.183-192

Klötzli, F. (1979): Ursachen für Verschwinden und Umwandlung von Molinion-Gesellschaften in der Schweiz. In: Wilmanns, O. und R. Tüxen (Hrsg.), Werden und Vergehen der Pflanzengesellschaften. - Berichte der Internationalen Symposien der Internationalen Vereinigung für Vegetationskunde, Rinteln 1978, S.451-467

Klötzli, F. (1981): Zur Frage der Neuschaffung von Mangelbiotopen. - Berichte der Internationalen Symposien der Internationalen Vereinigung für Vegetationskunde, Rinteln 1971/1972, S.601-606

Klötzli, F. (1987): Disturbance in transplanted grasslands and wetlands. In: van Andel, I. et al. (Hrsg.): Disturbance in grasslands. - Dordrecht, S.79-96

Klötzli, F. (1989): Erhaltung von Feuchtgebieten mit Hilfe kulturtechnischer Massnahmen. In: Schmid, W. (Hrsg.): Wasser und Landschaft. Festschrift für H. Grubinger. - ORL-Schriftenreihe 40, S.157-169

Klötzli, F. (1991): Möglichkeiten und erste Ergebnisse mitteleuropäischer Renaturierungen. - Verhandlungen der Gesellschaft für Ökologie 20, S.229-242

Klötzli, F. (1992): Die Einstellung des Naturschutzes auf die Rahmenbedingungen in der Schweiz. - Norddeutsche Naturschutzakademie 5, S.62-65

Klötzli, F. (1994): Grundsätze ökologischen Handelns. - DVGW Schriftenreihe Wasser 78, S.9-24

Klötzli, F. (1995): Projected and chaotic changes in forest and grassland plant communities. Preliminary notes and theses. In: Annali di Botanica 53, S.225-231

Klötzli, F. (im Druck): Veränderungen von Flora und Vegetation in der Bolle di Magadino von 1964-94. Symposiums-Bericht Fondazione Bolle di Magadino

Klötzli, F. und A. Grünig (1976): Seeufervegetation als Bioindikator. - Daten und Dokumente zum Umweltschutz 19, S.109-131

Klötzli, F.; G.R. Walther; G. Carraro und A. Grundmann (1996): Anlaufender Biomwandel in Insubrien. - Verhandlungen der Gesellschaft für Ökologie (im Druck)

Klötzli, F. und G.-R. Walther (im Druck): First signs of a biome shift at the southern foot of the Alps

Klötzli, F. und J. Zielinska (1996): Zur inneren und äußeren Dynamik eines Feuchtwiesenkomplexes am Beispiel der "Stillen Rüss" im Kanton Aargau. - Schriftenreihe für Vegetationskunde 27, S. 267-278

Kohler, A. und B.L. Labus (1983): Eutrophication processes and pollution of freshwater ecosystems including waste heat. In: Lange, O.L. et al. (Hrsg.): Encyclopedia of Plant Physiology, New Series 12D, Physiology of Plant Ecology IV. - Berlin-Heidelberg u.a., S.413-464

Kowarik, I. und H. Sukopp (1986): Unerwartete Auswirkungen neu eingeführter Pflanzenarten. - Universitas 41/483, S.828-845

Kuhn, N. und R. Amiet (1988): Inventar der Auengebiete von nationaler Bedeutung. - Entwurf für die Vernehmlassung. Im Auftrag des Eidgenössischen Departementes des Innern, Bern

Kuhn, U.; C. Meier; B. Nievergelt und U. Pfändler (1992): Naturschutz-Gesamtkonzept für den Kanton Zürich (Entwurf) [1996 hrsg. vom Amt für Raumplanung]

Lachavanne, J.-B. (1977): Evolution de la flore et de la végétation aquatique du Léman. In: Candollea 32, S.121-132

Lachavanne, J.-B. (1980): Les manifestations de l'eutrophisation des eaux dans un grand lac profond: le Léman (Suisse). In: Schweizerische Zeitschrift für Hydrologie 42, S.127-154

Lachavanne, J.-B. und R. Wattenhofer (1975): Evolution du couvert végétal da la Rade de Genéve. In: Saussurea 6, S.217-230

Landolt, E. (1971): Bedeutung und Pflege von Biotopen. In: Leibundgut, H. (Hrsg.): "Schutz unseres Lebensraumes". Symposium an der ETH Zürich, November 1970. - Zürich, S.187-193

Landolt, E. (1991): Gefährdung der Farn- und Blütenpflanzen in der Schweiz mit gesamtschweizerischen und regionalen Roten Listen. - Bern

Lanfranchi, M. und S. Zimmerli (1984): Standortskundliche Untersuchungen (M.L.) und Vegetationskartierung (S.Z. u. M.L.) in den Schwingrasen-Komplexen des Robenhauserriedes am Pfäffikersee. - (Manuskript, unveröffentlicht)

Langenauer, R. (1996): Auswertung von Vegetationsaufnahmen aus 21 Dauerflächen in der Nordheide (1975-1995) mittels multivariater Analysen. - Zürich

Leuthold, B. und F. Klötzli (1996): Die Definition des Begriffes Ufer-Vegetation und Ufer-Bereich gemäss Eidg. Natur- und Heimatschutzgesetz. - Bern

Lund, J.W.G. (1971): Eutrophication. In: Duffey, E. und A.S. Watt (Hrsg.): The scientific management of animal and plant communities for conservation. 11th Symposium of the British Ecological Society. - Oxford-London u.a., S.225-240

Moret, J.-L. (1982): Evolution des roselières lacustres de la région des Grangettes entre 1976 et 1982. In: Bulletin de la Société Vaudoise des Sciénces Naturelles 362/76, S.185-195

Müller-Dombois, D. und H. Ellenberg (1974): Aims and methods in vegetation ecology. - New York-London u.a.

Peyer, K. et al. (1973): Bodenkarte der Gemeinden Rottenschwil und Aristau. - Zürich-Reckenholz

Pfadenhauer, J. (1988): Naturschutzstrategien und Naturschutzansprüche an die Landwirtschaft. - Berichte der ANL 12, S.51-57

Pfadenhauer, J. (1990): Renaturierung der Agrarlandschaft für den Naturschutz. In: Zeitschrift für Kulturtechnik und Landentwicklung 31, S.273-280

Pleisch, P. (1970): Die Herkunft eutrophierender Stoffe beim Pfäffiker- und Greifensee. - Vierteljahrsschrift der Naturforschenden Gesellschaft Zürich 115, S.127-229

Pott, R. (1983): Die Vegetationsabfolge unterschiedlicher Gewässertypen Nordwest-Deutschlands und ihre Abhängigkeit vom Nährstoffgehalt des Wassers. In: Phytocoenologia 11, S.407-430

Prigogine, I. (1973): Time, Irreversibility and Structure. In: Mehra, J. (Hrsg.): The Physicists Conception of nature. Lect. 70th anniv. Paul Dirac. - Dordrecht-Boston

Raghi-Atri, F. (1976): Ökologische Untersuchungen an *Phragmites communis* Trinius in Berlin unter Berücksichtigung des Eutrophierungseinflusses. - Diss. FB 14, TU Berlin

Rodewald-Rudescu, L. (1974): Das Schilfrohr, *Phragmites communis TRINIUS*. - *Die Binnengewässer. Einzeldarstellungen aus der Limnologie und ihren Nachbargebieten 27*

Schröder, R. und H. Schröder (1978): Ein Versuch der Quantifizierung des Trophiegrades von Seen. - Archiv Hydrobiologie 82, S.240-262

Sukopp, H.; S. Markstein und L. Trepl (1975): Röhrichte unter intensivem Großstadteinfluß. - Beiträge zur Naturkundlichen Forschung Südwest-Deutschlands 34, S.371-385

Thomet, P. (1990): Vorschläge zur ökologischen Gestaltung und Nutzung der Agrarlandschaft. Teilsynthese. - Nationales Forschungsprogramm "Boden", Liebefeld-Bern

van der Valk, A.G. (1981): Succession in wetlands: A Gleasonian approach. In: Ecology 62, S.688-696

Vollenweider, R.A. (1976): Advances in defining critical loading levels for phosphorus in lake eutrophication. In: Memorie del Istituto Italiano di Idrobiologia 33, S.53-83

Wattenhofer, R.; J. Gagnaire und Ph. Laurent (1977): Les roselières du Lac d'Annecy. In: Saussurea 8, S.151-158

Wildermuth, H.R. (1978): Natur als Aufgabe. Leitfaden für die Naturschutzpraxis. - Basel

Naturschutz in Westafrika.
Das Beispiel des Pendjari-Nationalparks (Benin)

Jörg Sauerborn (Bonn),
Sigrid Hess (Dresden) und
Jörg Grunert (Mainz)

Exposé

Die ursprüngliche, überwiegend waldbedeckte Naturlandschaft Westafrikas ist durch den Menschen stark verändert worden. Südlich der Sahara herrschen heute Savannen mit unterschiedlichen Gehölzanteilen vor. Insbesondere in den bevölkerungsarmen und wildreichen Trockensavannen wurden infolge internationaler Konventionen zahlreiche großflächige Schutzgebiete ausgewiesen. Hierzu zählt auch der Pendjari-Nationalpark in Benin, an dessen Beispiel die Situation des Naturschutzes in einem westafrikanischen Schutzgebiet dargestellt wird. Abschließend werden Perspektiven für eine an den Nationalparkzielen orientierten Entwicklung des Gebietes aufgezeigt.

1. Veränderung der Naturlandschaft Westafrikas

Seit vielen Jahrtausenden nutzt und verändert der Mensch die Natur auf dem afrikanischen Kontinent. Archäologische Funde und Ergebnisse von Pollenanalysen weisen darauf hin, daß in Westafrika bereits vor 8.000 Jahren Hirse, Reis, Sesam und Yams angebaut und einheimische Nutzbaumarten wie der Affenbrotbaum *(Adansonia digitata)*, die Delebpalme *(Borassus aethiopum)* und der Schibutterbaum *(Butyrospermum parkii)* kultiviert wurden.

Die Landnutzung ging einher mit der Zerstörung der ursprünglich südlich der Sahara fast flächendeckend ausgebildeten Feucht- und Trockenwälder. Zur Rodung der natürlichen Vegetation und Offenhaltung der Landschaft wurden von der einheimischen Bevölkerung regelmäßig Brände gelegt. Auf diese Weise waren in vielen Regionen Afrikas bereits ausgedehnte Kulturlandschaften entstanden, bevor der Mensch in West- und Mitteleuropa vor etwa 5.000 Jahren erst begann, die Natur durch Ackerbau und Weidewirtschaft allmählich zu verändern.

Mit der Kolonialisierung Afrikas durch die Europäer nahmen Umfang und Intensität der Landnutzung in den vergangenen 100 Jahren erheblich zu. Insbesondere nach dem Ersten Weltkrieg versuchten die Kolonialmächte, aus ihren Kolonien wirtschaftlichen Profit zu schlagen und legten im großen Stil Plantagen an. Die wichtigsten Exportprodukte Westafrikas sind bis zum heutigen Tage Baumwolle, Kakao, Erdnüsse, Ananas und Bananen, das Gummi des Gummi-arabicum-Baumes *(Acacia senegal)*, das Öl der Ölpalme *(Elaeis guineensis)* sowie Holz aus Urwäldern und Forstkulturen (v.a. Teakholz).

Nach dem Ende der Kolonialzeit Anfang der 60er Jahre hat sich der Nutzungsdruck in Verbindung mit einem rapiden Bevölkerungswachstum, insbesondere im Umland größerer Städte, noch einmal verstärkt und zur Zerstörung noch erhaltener Natur- aber auch artenreicher Kulturlandschaften geführt. Als wenig vom Menschen beeinflußte Lebensräume blieben in großem Umfang nur schlecht nutzbare Biotoptypen erhalten wie Mangrovenwälder, Gebirgs- und Inselberg-ökosysteme und Wüstengebiete.

2. Naturschutz in Westafrika

Trotz dieser massiven anthropogenen Eingriffe in den Naturhaushalt besitzt der Schutz der Natur auf dem afrikanischen Kontinent eine lange Tradition. Im Leben aller Ethnien Schwarzafrikas ist die Bewahrung sakralisierter Naturerscheinungen, etwa von Einzelbäumen und Wäldern oder bestimmter Tier- und Pflanzenarten, seit Jahrtausenden ein fester Bestandteil.

Im 20. Jahrhundert änderte sich die Dimension des Naturschutzes, als infolge internationaler, z.T. auf ganz Afrika bezogener Vereinbarungen großflächige Schutzgebiete ausgewiesen wurden. Die in diesem Zusammenhang wichtigsten Übereinkommen waren die Londoner Konvention von 1933 (Konvention zum Schutz der Flora und Fauna in ihrem natürlichen Zustand), die Erklärung von Arusha aus dem Jahre 1961 (Manifest zum Schutz der Natur und natürlicher Ressourcen in modernen afrikanischen Staaten) und die Konvention von Algier von 1968 (Afrikanische Konvention für die Erhaltung der Natur und natürlicher Ressourcen).

Im frankophonen Afrika, dem der überwiegende Teil Westafrikas zuzurechnen ist, hat sich die Zahl der Schutzgebiete (der IUCN-Kategorie I-V, vgl. IUCN 1970, 1994) seit den 20er Jahren von 13 auf 175 im Jahre 1992 erhöht. Die Gesamtfläche der Schutzgebiete ist im gleichen Zeitraum von ca. 25.000 km^2 auf rund 385.000 km^2 erweitert worden; in den vergangenen 30 Jahren (von 1962 bis 1992), d.h. seit dem Ende der Kolonialzeit, hat die Zahl der Schutzgebiete um rund 60 %, die unter Schutz gestellte Fläche um nahezu 100 % zugenommen (Mbaelele 1992; vgl. Abb. 1). Daraus wird ersichtlich, daß auch die unabhängigen afrikanischen Staaten dem Gebietsschutz eine wichtige Bedeutung beigemessen haben, wobei schwerpunktmäßig die bereits von den Kolonialmächten ausgewiesenen Schutzgebiete vergrößert worden sind, oftmals in Verbindung mit einer Änderung der Schutzgebietskategorie und einer Verschärfung der Schutzvorschriften, beipielsweise der Verhängung von Jagdverboten.

Zu erklären ist die gleichzeitige Intensivierung von Nutzung und Naturschutz in Westafrika mit deren räumlicher Entflechtung: Schutzgebiete wurden überwiegend in wenig bevölkerten Epidemiegebieten eingerichtet, vor allem in den Verbreitungszentren der von der Tsetse-Fliege übertragenen Schlafkrankheit (Trypanosomiasis) und der Flußblindheit (Onchozerkose), die gleichzeitig noch

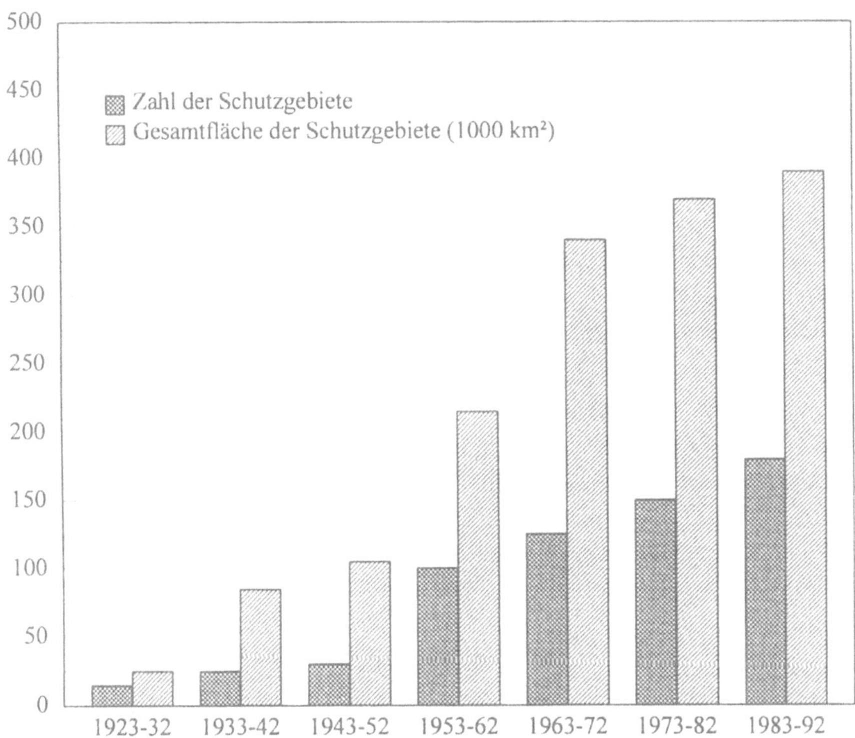

Abb. 1: Entwicklung der Schutzgebiete (IUCN-Kategorie I-V) im frankophonen Afrika (verändert nach Mbaelele 1992)

die größten Bestände an Großwild aufwiesen; die Vegetation dieser Gebiete war infolge häufiger anthropogener Feuer, die im Zusammenhang mit der jagdlichen Nutzung gelegt wurden, meist mehr oder weniger stark degradiert. Die neuen Schutzgebiete lagen fast ausschließlich im Bereich der Trockensavanne (Sudanzone), in der sich heute folglich fast 80 % der Schutzgebiete Westafrikas befinden, während nur 20 % im Bereich der Sahara, des Sahels, der Feuchtsavanne bzw. -wälder, der immergrünen Regenwälder und der Küstenregion liegen (IUCN 1987; Bousquet 1992; Mbaelele 1992).

Der mit nahezu 24.000 km^2 größte Naturschutzkomplex Westafrikas (Delvingt et al. 1989) befindet sich im Grenzbereich der Staaten Benin, Niger und Burkina Faso und setzt sich jeweils zur Hälfte aus Wildtier- bzw. Jagdreservaten einerseits und Nationalparks andererseits zusammen, darunter auch der Pendjari-Nationalpark (vgl. Abb. 2), an dessen Beispiel nachfolgend der Naturschutz in einem westafrikanischen Schutzgebiet dargestellt wird.

3. Der Pendjari-Nationalpark

Im Pendjari-Nationalpark wurden von 1992 bis 1995 vom Geographischen Institut der Universität Bonn in Zusammenarbeit mit dem Institut für Angewandte

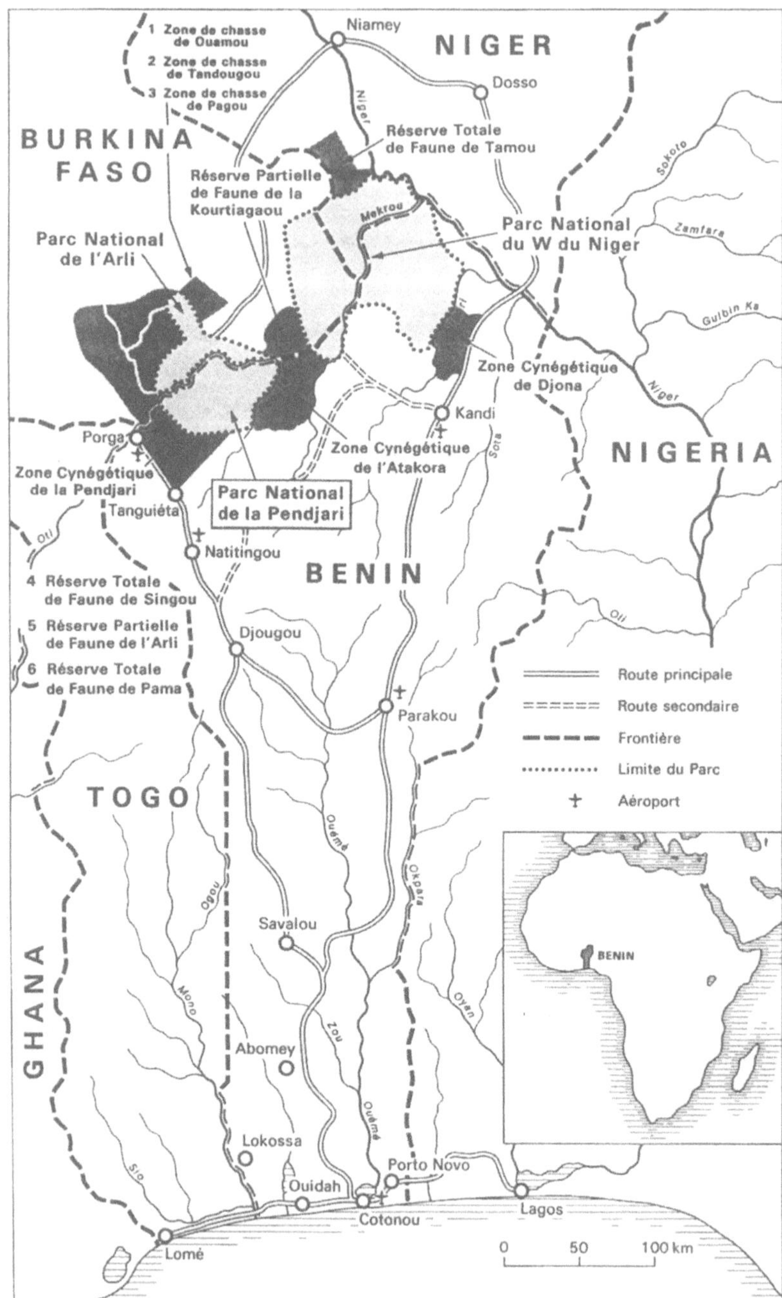

Abb. 2: *Lage des Pendjari-Nationalparks (Parc National de la Pendjari)*
(Entwurf: Hess)

Ökologie der Nationalen Universität von Benin Untersuchungen zur Effektivität des Naturschutzes durchgeführt (u.a. Hess 1993; Hess/Sauerborn-Schell 1993; Malzbender 1994; Sauerborn et al. 1995; Sauerborn-Schell et al. 1992; Schmitz 1995), deren Ergebnisse die Grundlage für die anschließenden Ausführungen darstellen.

Der Pendjari-Nationalpark liegt an der nordwestlichen Grenze Benins zum Nachbarstaat Burkina Faso und weist eine Ausdehnung in Nord-Süd-Richtung von rund 50 km, in Ost-West-Richtung von ca. 65 km sowie eine Gesamtgröße von etwa 2.750 km^2 auf (vgl. Abb. 2). Der Park wird im Osten, Norden und Westen durch den namengebenden Pendjari-Fluß, im Süden durch dessen Neben-fluß Yapiti und im Südosten durch die nach Tanguiéta führende "Piste de la Bondjagou" begrenzt.

Der eigentümlich bogenförmige Verlauf des Pendjari (vgl. Abb. 3) läßt sich mit dessen Lage auf der nur schwach gewölbten Wasserscheide zwischen dem Mittellauf des Niger und dem Volta-Fluß erklären. Es handelt sich dabei um die geologisch sehr alte Oberguinea-Schwelle, die ganz Westafrika vom Senegal bis Kamerun durchzieht und im Laufe der jüngeren Erdgeschichte durch intensive Verwitterung und Abspülung zu einer weitgespannten Abtragungslandschaft umgestaltet wurde. Von den ehemals hohen Gebirgen sind lediglich Restberge

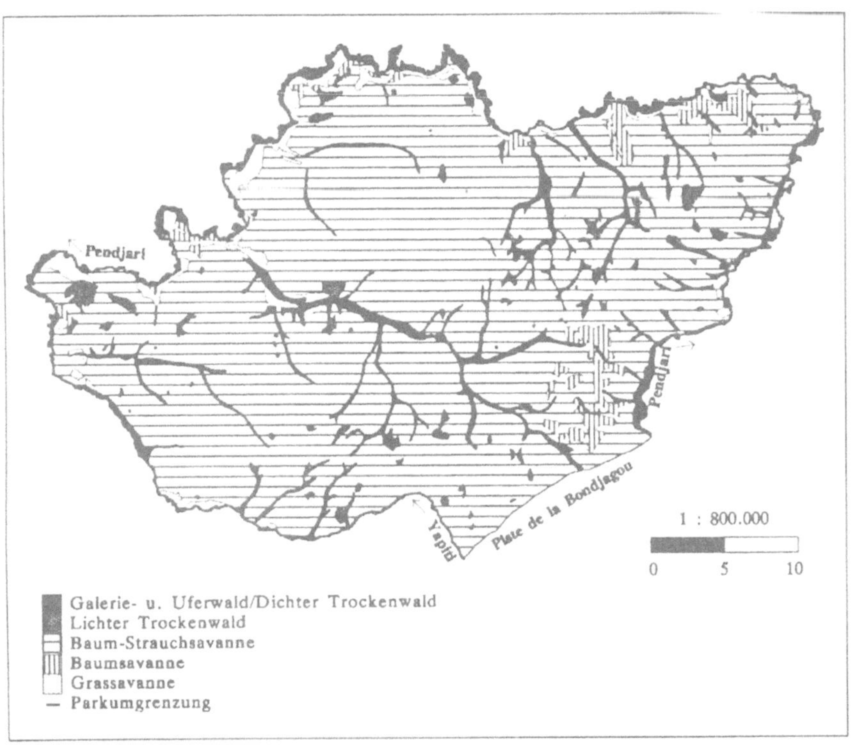

Abb. 3: Vegetationsformationen des Pendjari-Nationalparks
        (Entwurf: Sauerborn/Hess)

übriggeblieben, die auch als Inselberge bezeichnet werden und wegen ihrer steilen, meist felsigen Flanken einen scharfen Gegensatz zur umgebenden Flachlandschaft bilden. Im Parkgebiet wird das leicht gewellte Relief mit Höhenlagen zwischen 150 und 200 m ü. NN von einigen, bis zu 400 m ü. NN hohen Inselbergen überragt, die in der östlichen Hälfte in einer von Nordost nach Südwest streichenden Kette angeordnet sind.

Wegen des geringen Gefälles des Pendjari können in der Regenzeit die Wassermassen nur sehr langsam abfließen, so daß in den Sommermonaten bis zu 80 % des Parkgebietes überschwemmt sind. Begünstigt werden diese Vorgänge noch durch den meist undurchlässigen Untergrund: Verwitterungslehme und lateritische Eisenkrusten sowie das stellenweise an die Oberfläche tretende Gestein erschweren die Versickerung erheblich. In der Trockenzeit führen nur der Pendjari, teilweise unterirdisch, und einige flußnahe Tümpel Wasser. Hier konzentriert sich die Tierwelt während der niederschlagslosen Monate.

Der Gegensatz zwischen Regen- und Trockenzeit ist charakteristisch für das Klima der Sudanzone Westafrikas und somit auch für den Pendjari-Nationalpark. Das Klimadiagramm des Ortes Porga, unmittelbar westlich des Parks gelegen, zeigt dies deutlich (vgl. Abb. 4).

Zu Beginn des Jahres herrscht bei beständigem Harmattan-Wind, der - meist staubbeladen - aus der Sahara heranweht, absolute Trockenheit. Ab Februar nimmt die Luftfeuchtigkeit zu, doch erst ab März ist mit den ersten Regenfällen zu rechnen, deren Höhe gering bleibt und in der Monatssumme kaum 30 mm ergibt. Zugleich erreicht die Monatsmitteltemperatur mit 32 $^{\circ}$C ihren höchsten Wert, was zu einer extrem hohen Verdunstung führt. Da das Gebiet zu diesem Zeitpunkt mit Ausnahme weniger überdauernder Tümpel in den Flußniederungen völlig ausgedörrt ist, handelt es sich um die potentielle Verdunstung. Die täglichen Höchstwerte der Temperatur überschreiten in den Monaten März und April fast ausnahmslos 40 $^{\circ}$C, während die Nachttemperatur kaum unter 30 $^{\circ}$C absinkt.

Nachdem im März der Höhepunkt der Trockenzeit überschritten ist, setzt im April mit dem Vorstoß feuchter, monsunaler Luftmassen aus Südwesten die Regenzeit allmählich ein. Sie beginnt mit örtlichen Gewittern, die von teilweise schweren Sturmböen begleitet sind und den noch trockenen Boden zu mächtigen Staubwalzen aufwirbeln. Die eigentliche Regenzeit beginnt jedoch erst im Mai und findet ihren Höhepunkt im August. Häufige Gewitter mit heftigen Regenfällen sorgen für zunehmende Bodendurchfeuchtung und schnelles Wachstum der Savannengräser sowie das Austreiben der Gehölze. Im Diagramm werden die Monate Juni bis September als perhumide Zeit bezeichnet, das heißt als Periode des Wasserüberschusses und gegen die "nur" humide Zeit abgegrenzt, in der sich Niederschlag sowie Versickerung, Abfluß und Verdunstung etwa die Waage halten; die humide Zeit umfaßt die Monate April bis Mai sowie die zweite Hälfte des Septembers.

Der Übergang zur Trockenzeit erfolgt abrupt etwa Anfang Oktober. Bei zurückgehender Bewölkung und starker Sonneneinstrahlung trocknen die Böden

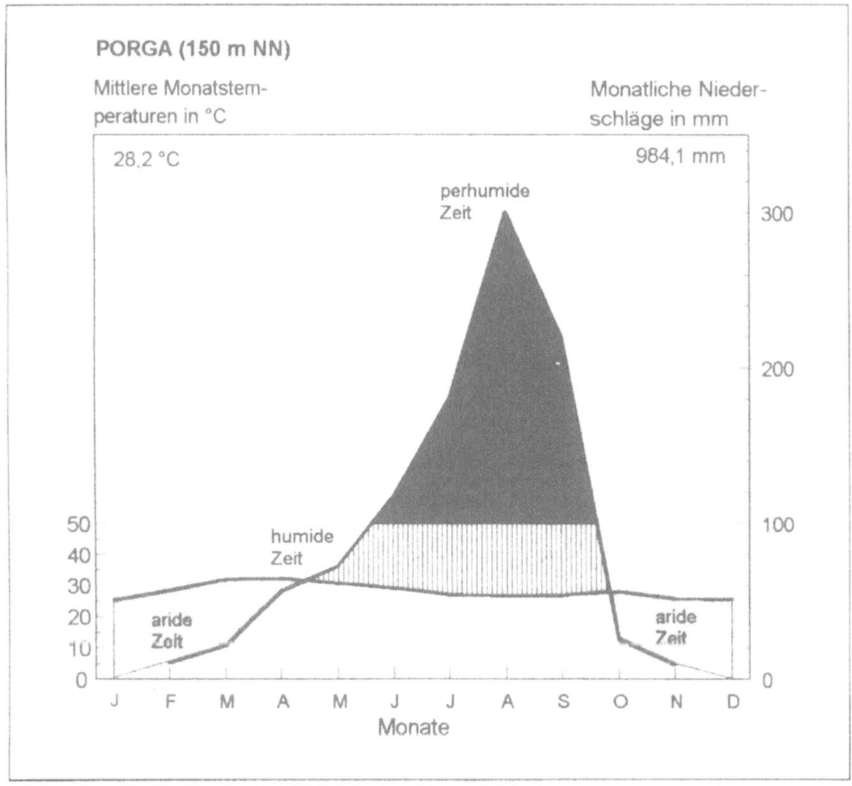

Abb. 4: Ombrothermisch-ökologisches Klimadiagramm von Porga westlich des Pendjari-Nationalparks (Entwurf: Hess)

rasch aus und die ökologischen Bedingungen für die Vegetation verschlechtern sich rapide. Dies kommt besonders im Absterben der hohen Savannengräser bald nach Ende der Regenzeit zum Ausdruck, während die tiefer wurzelnden Gehölze teilweise bis weit in die Trockenzeit hinein ihr frisches Grün bewahren und so für viele pflanzenfressende Tierarten eine lebenswichtige Nahrungsquelle darstellen.

Einen Eindruck der ökologischen Struktur des Parks vermitteln die skizzierten Landschaftsprofile durch den Park (vgl. Abb. 5). Da der Pendjari wegen seines gebogenen Verlaufs den Anfang- und Endpunkt des Profils bildet, entsteht der Eindruck zweier fast spiegelbildlicher Hälften. Lediglich die etwas größere Meereshöhe der Osthälfte zeigt einen gewissen Unterschied der beiden durch eine Inselbergkette getrennten Plateaus (das Voltaien-Plateau im Westen und das Buem-Plateau im Osten) auf, deren Untergrund Sandsteine und Schiefer wechselnden Verwitterungsgrades bilden. Darüber liegt eine Decke aus Verwitterungslehm auf, die durch vorzeitliche (quartäre) und aktuelle (rezente) Spülprozesse erodiert und in Form von Alluvionen (Lockersubstrat) an anderer Stelle, insbesondere am Fuß der Inselberge (sog. Glacis-Bereich) und auf den Über-

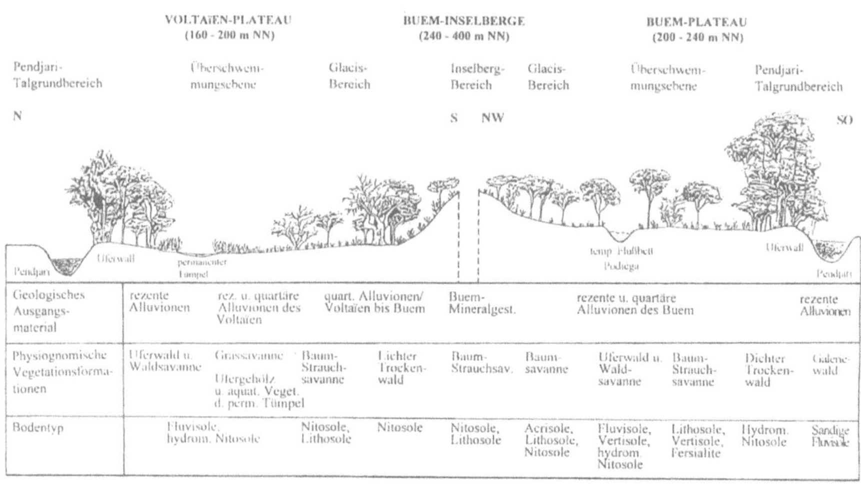

Geologisches Ausgangsmaterial	rezente Alluvionen	rez. u. quartäre Alluvionen des Voltaïen	quart. Alluvionen/ Voltaïen bis Buem	Buem-Mineralgest.		rezente u. quartäre Alluvionen des Buem			rezente Alluvionen
Physiognomische Vegetationsformationen	Uferwald u. Waldsavanne	Grassavanne / Ufergehölz u. aquat. Veget. d. perm. Tümpel	Baum-Strauch-savanne	Lichter Trockenwald	Baum-Strauchsav.	Baum-savanne	Uferwald u. Wald-savanne	Baum-Strauch-savanne	Dichter Trockenwald	Galeriewald
Bodentyp	Fluvisole, hydrom. Nitosole	Nitosole, Lithosole	Nitosole	Nitosole, Lithosole	Acrisole, Lithosole, Nitosole	Fluvisole, Vertisole, hydrom. Nitosole	Lithosole, Vertisole, Fersialite	Hydrom. Nitosole	Sandige Fluvisole

*Abb. 5: Landschaftsökologische Profile durch den Pendjari-Nationalpark
Entwurf: Hess/Grunert)*

schwemmungsebenen sedimentiert wurde. Teilweise fehlen die lockeren Deckschichten jedoch völlig, und anstehendes Gestein tritt an die Oberfläche. Dies sind die ungünstigsten Pflanzenstandorte, da auf den Rohböden (Lithosole) das Pflanzenwachstum in der Regel auf die wenigen feinmaterialhaltigen Gesteinsklüfte beschränkt ist. Auf den Lockersubstraten konnten sich dagegen flach- bis mittelgründige, mäßig bis stark saure Böden (Nitosole und Acrisole) entwickeln, die eine, wenn auch geringe natürliche Fruchtbarkeit besitzen. Der Gehalt an freiem und gebundenem Eisenoxid ist, wie üblich bei tropischen Böden, hoch; sie verfügen aber zusätzlich über genügend freie Kieselsäure, weshalb sie als Lehme vorliegen und als Fersialite bezeichnet werden. Lediglich an Stellen, die starker periodischer Austrocknung ausgesetzt sind, erfolgte eine Verhärtung zu Lateritkrusten. Deren Eignung als Pflanzenstandort ist, vergleichbar den Lithosolen, äußerst gering.

Die tiefgründigsten Böden, nämlich Fluvisole und hydromorphe Nitosole, kommen auf den sandigen Uferwällen des Pendjari und den angrenzenden breiten Überschwemmungsflächen vor. Bei jeder Regenzeit werden hier erneut Feinsande und Sinkstoffe abgelagert, wodurch sich das Gelände und das Bodenprofil geringfügig erhöhen und letzteres gleichzeitig mit Nährstoffen angereichert wird. Durch die fast ganzjährig gute Wasserversorgung infolge des hohen Grundwasserspiegels entlang des Flusses, stellen diese Böden die mit Abstand besten Pflanzenstandorte dar. Der üppige Galeriewald, der besonders am Ostrand des Parks (vgl. Abb. 3) gut erhalten ist, bringt dies am augenfälligsten zum Ausdruck.

Während die Uferwälle teilweise noch bei maximaler Überflutung des Parks aus dem Wasser ragen oder allenfalls wenige Wochen überflutet sind, bleiben die unmittelbar angrenzenden Senken oft monatelang überschwemmt, wodurch der

Aufwuchs von Gehölzen stark eingeschränkt, stellenweise ganz verhindert wird. Teilweise haben sich in den Überflutungsbereichen kleinräumig Tonböden (Vertisole) entwickelt, die aufgrund ihrer einerseits starken saisonalen Austrocknung mit Schrumpfrissen und Krustenbildung und andererseits starken Quellung nach Regenfällen die Vegetationsentwicklung stark behindern. Auf diese Weise hat sich ein fast durchgängiges, parallel zum Pendjari verlaufendes Band von Natur aus gehölzfreien bzw. -armen Grassavannen ausgebildet (vgl. Abb. 3).

Den weitaus größten Teil des Parks nehmen aber potentielle Waldstandorte ein (Delvingt et al. 1989; FAO 1979). Aktuelle Forschungsarbeiten im gleichen Klimabereich des benachbarten Burkina Faso (Müller-Haude/Neumann 1995) haben gezeigt, daß Reste von Trockenwäldern (vgl. Foto 1) selbst noch auf sehr unfruchtbaren Böden zu finden bzw. in der genutzten Kulturlandschaft gerade auf diesen Standorten erhalten geblieben sind, woraus zu folgern ist, daß nur wenige Bereiche der Sudanzone bzw. des Pendjari-Nationalparks natürlicherweise unbewaldet wären.

Die folglich als natürliche Klimaxvegetation des größten Teils des Parks anzusehenden lichten bis dichten Trockenwälder (Charakterarten: *Anogeissus leiocarpus, Isoberlinia doka*) und der entlang des Pendjari und seiner Nebenflüsse ausgebildete Galerie- und Uferwald (*Borassus aethiopum, Ficus spp.*; vgl. Foto 2) bedecken insgesamt rund 7 %, natürliche Grassavannen (*Andropogon spp., Panicum spp.*) auf den Überschwemmungsebenen ca. 3 % der Parkfläche (vgl. Abb. 3). Als naturnahe, nur wenig vom Menschen beeinflußte Vegetation können die Baum- und Waldsavannen (*Afzelia africana, Butyrospermum*

Foto 1: Dichter Trockenwald im Osten des Pendjari-Nationalparks
(Foto: Sauerborn, März 1993)

Foto 2: Ufer-/Galeriewald entlang des Pendjari (Foto: Hess, Februar 1993)

parkii) angesehen werden, die auf ca. 5 % des Parkgebietes, schwerpunktmäßig
im Ostteil, zu finden sind. Demnach lassen sich mit Sicherheit nur maximal
15 % der Vegetation des Pendjari-Nationalparks als natürlich oder naturnah
einstufen. Die restlichen 85 % der Parkfläche werden von einer Baum-Strauch-
Savanne (*Acacia spp., Combretum spp., Terminalia macroptera*; vgl. Foto 3) mit
unterschiedlicher Gehölzdichte und -höhe bedeckt, die vermutlich durch anthropogene Feuer entstanden ist (Sauerborn-Schell/Hess 1993) (vgl. Abb. 3 und
Abb. 5).

Vergleiche der Ergebnisse früherer Vegetationskartierungen (FAO 1979) mit
denen aktueller Bestandsaufnahmen (Sauerborn-Schell/Hess 1993) haben gezeigt, daß sich die Lage und Größe der Vegetationsformationen seit Mitte der
siebziger Jahre offensichtlich kaum verändert haben (was eine eventuelle floristische Veränderung nicht ausschließt).

Faunistisch gilt der Pendjari-Nationalpark, insbesondere im Hinblick auf
seine Großsäugerfauna, als tierartenreichster Nationalpark in Westafrika (Bousquet 1992; Delvingt et al. 1989). Bis auf Giraffen und Elenantilopen sind alle für
die Sudanzone typischen Großsäuger vorhanden, darunter auch international
gefährdete Arten wie Leopard und Gepard, Hyänenhund und Elefant (Bousquet
1992). Genaue Bestandszahlen liegen für den Pendjari-Nationalpark nicht vor,
lediglich einige Schätzwerte, die eine allgemeine Zunahme der Individuenzahlen
seit den 70er Jahren (in Klammern sind die aktuellen Bestandszahlen nach
Bousquet 1992 angegeben) bei Kuhantilopen (6.900), Grasantilopen (12.400),
Defasa-Wasserböcken (5.000), Roanantilopen (4.400) und Elefanten (550) an-
deuten.

*Foto 3: Baum-Strauch-Savanne mit Defasa-Wasserböcken im Norden des
Pendjari-Nationalparks (Foto: Sauerborn, Februar 1993)*

4. Naturschutz im Pendjari-Nationalpark

Der Pendjari-Nationalpark weist eine für westafrikanische Schutzgebiete
typische Naturschutzgeschichte auf: Das Gebiet wurde im Jahre 1954 von der
französischen Kolonialregierung als Jagdreservat unter Schutz gestellt, 1961
durch die gerade unabhängig gewordene Regierung von Dahomey als "Nationalpark" ausgewiesen und im Jahre 1986 auf Antrag der beninischen Regierung von
der UNESCO mit angrenzenden Schutzzonen als "Biosphärenreservat" anerkannt.

Aus der Naturschutzkategorie "Nationalpark" und dem Konzept "Biosphären-
reservat" lassen sich die Naturschutzziele und Leitbilder für die Entwicklung des
Gebietes ableiten. Nach der aktuellen Definition der IUCN (1994) sind in Natio-
nalparks vorrangig natürliche Prozesse zu schützen, konkret auf drei Viertel der
Fläche eine durch den Menschen unbeeinflußte Entwicklung zu gewährleisten.
Im Vordergrund steht ein ökosystemorientierter Prozeßschutz und nicht etwa der
Schutz bestimmter Arten oder die Erhaltung bzw. (Wieder-)Herstellung eines
bestimmten Landschaftszustandes. Diesem Ziel untergeordnet wird von der
IUCN Forschung und Erholung in Nationalparks zugelassen, sofern sie dem
Hauptziel "Schutz natürlicher Prozesse" nicht abträglich sind.

Die gleiche Zielsetzung verfolgt die UNESCO in den Kernzonen der Biosphärenreservate als Bestandteil des seit 1970 laufenden UNESCO-Programms "Der

Mensch und die Biosphäre" (MAB). Aufgabe dieses Programms ist es, ein weltweites Netz repräsentativer, großflächiger Landschaften aus allen biogeographischen Regionen der Erde zu sichern und zu entwickeln. Der Pendjari-Nationalpark ist komplett als Kernzone eines Biosphärenreservates ausgewiesen worden und soll damit entsprechend den MAB-Richtlinien, dem Schutz und der ungestörten Entwicklung naturnaher und natürlicher Ökosysteme dienen, in denen die menschliche Nutzung auszuschließen ist (vgl. AGBR 1995, S.12).

Vor diesem theoretischen Hintergrund muß die reale Naturschutzsituation im Pendjari-Nationalpark beurteilt werden.

Der Ausweisung des Gebietes als Jagdreservat und Nationalpark folgten unmittelbar keine konkreten Naturschutzaktivitäten, wie etwa die Aufstellung von Pflege- und Entwicklungsplänen oder aus ihnen abgeleitete Maßnahmen im Gelände. Das erste Projekt im Park ("Développement des Parcs Nationaux") wurde Mitte der 70er Jahre (1976-1979) mit finanzieller Unterstützung der Ernährungs- und Landwirtschaftsorganisation der Vereinten Nationen (FAO) durchgeführt, in dessen Rahmen eine Inventarisierung der Naturressourcen erfolgen sollte. Ziel war die optimale wirtschaftliche, vorrangig touristische Nutzung des Nationalparks (FAO 1982). Als Endergebnis des Projektes wurde der beninischen Regierung ein umfangreicher (dennoch wenig konkreter) Managementplan für den Park (FAO 1979) sowie ein Abschlußbericht mit allgemeinen Empfehlungen für dessen zukünftige Entwicklung (FAO 1982) zur Verfügung gestellt, jedoch keine weiteren Mittel für die Umsetzung der vorgeschlagenen Maßnahmen.

Erst sechs Jahre später entschloß sich die Europäische Gemeinschaft (EG) zur Förderung des Projektes "Aménagement des Parcs Nationaux et de Protection de l'Environment en République Populaire du Bénin", dem ersten Vorhaben der EG in einem afrikanischen Nationalpark überhaupt (Verschuren et al. 1989). Das Projekt wurde von 1985 bis 1989 mit insgesamt 10 Mio. DM EG-Mitteln gefördert und anschließend als nationales, vom beninischen Staat finanziertes Vorhaben mit deutlich geringerem Budget fortgeführt.

Die übergeordneten Ziele des EG-Projektes waren die Erhaltung des Naturerbes im Norden Benins und die Eindämmung der nach Süden fortschreitenden Desertifikation bzw. Wüstenbildung (CCE/SECA 1989; Verschuren et al. 1989). Ein weiteres wichtiges Ziel war die Verbesserung der Bedingungen für den Tourismus im Nationalpark, der zu einer wichtigen Devisenquelle werden und den Städten im Norden Benins, vornehmlich Natitingou und Kandi (vgl. Abb. 2), zu einem neuen ökonomischen Aufschwung verhelfen sollte (Verschuren et al. 1989).

Die Vereinten Nationen und die Europäische Gemeinschaft haben bei ihren Projekten vorrangig auf die Förderung der touristischen Erschließung und Nutzung des Nationalparks gesetzt und die mit dieser Schutzgebietskategorie verbundenen, international geltenden Bestimmungen und Entwicklungziele schlichtweg ignoriert. Weder im Managementplan (FAO 1979) oder im Abschlußbericht des FAO-Projektes (FAO 1982) noch in den im Rahmen des

EG-Projektes erstellten internen Berichten (u.a. CCE/SECA 1989) und Publikationen (u.a. Delvingt et al. 1989; Verschuren et al. 1989) wird eine ungestörte, eigendynamische Entwicklung auch nur für Teile des Parks als Ziel genannt.

Oberste Priorität bei der Planung und Durchführung aller bisherigen Maßnahmen im Park hatte der Ausbau der touristischen Infrastruktur. Vorrangige Aufgabe des staatlichen Parkmanagements ist die touristengerechte Inszenierung der Natur durch Unterstützung fotogener und - im Zusammenhang mit der südlich an den Park angrenzenden Jagdzone (Zone cynégétique de la Pendjari) - jagdbarer Großwildarten und ihrer Habitate sowie durch Schaffung einer möglichst freien Sicht entlang der von Touristen befahrenen Pisten. Hinzu kommt die Erschließung immer neuer Pisten - derzeit existieren ca. 380 km Pisten unterschiedlicher Qualität (Malzbender 1994) - und der Ausbau touristischer Einrichtungen, vor allem eines Hotelkomplexes im Norden des Nationalparks.

Von einer an den Nationalparkzielen orientierten, geschweige denn - wie von der IUCN gefordert - dem Naturschutz untergeordneten touristischen Nutzung des Parks kann keine Rede sein. Ein Naturschutzkonzept für den Pendjari-Nationalpark ist bisher weder von internationaler Seite als Grundlage der Projektförderungen noch von den zuständigen nationalen Behörden entwickelt worden.

Selbst der von der Nationalparkverwaltung und den am EG-Projekt beteiligten Wissenschaftlern (u.a. Delvingt et al. 1989) als Naturschutzziel für den Park genannte Schutz bedrohter Tierarten wird nur inkonsequent betrieben, da durch die laufenden, umfangreichen menschlichen Eingriffe störempfindliche Tierarten wie der Gepard und Arten der dichteren Savannen- und Waldformationen zurückgedrängt bzw. in ihrer Entwicklung behindert werden, darunter auch international gefährdete Arten wie der Leopard, die Tiger-Ginsterkatze oder das Riesen-Schuppentier.

Außerordentlich negativen Einfluß auf den Naturhaushalt des Parks haben die jährlich von der Nationalparkverwaltung überwiegend im November gelegten Feuer, die größere Brände im weiteren Verlauf der Trockenzeit - verursacht durch Touristen - verhindern sollen; ferner werden die Feuer von der Parkverwaltung eingesetzt, um die Sichtbarkeit der Wildtiere für die Touristen zu erhalten bzw. zu verbessern und die Biotopvielfalt durch die Schaffung eines Mosaiks abgebrannter und feuergeschützter Flächen zu erhöhen (CCE/SECA 1989; FAO 1979).

Darüber hinaus sind kontrollierte Gras- und Buschfeuer eine verbreitete Maßnahme des Wildlife Managements in Afrika, um das Wachstum der Futterpflanzen der im jeweiligen Schutzgebiet besonders erwünschten Tierarten zu begünstigen (Hagen 1992). Im Pendjari-Nationalpark sollen durch die jährlichen Feuer der Nationalparkverwaltung vorrangig die Bestände der für Touristen attraktiven, grasfressenden Antilopenarten (Roan-, Kuh-, Leier-, Schwarzfuß-, Moor- und Hirschantilope bzw. Defassa-Wasserbock) stabilisiert oder vergrößert werden (CCE/SECA 1989).

Die Ergebnisse der Auswertung von LANDSAT-Satellitenszenen, aufgenommen im Dezember 1990 und im April 1994 (Hess 1993; Schmitz 1995), verdeutlichen den Umfang der menschlichen Eingriffe im Nationalpark: In beiden Jahren wurden mehr als 50 % des Parkgebietes abgebrannt, wobei es sich nur zum Teil um die gleichen Bereiche handelte, so daß sich die aus beiden Szenen ergebende, insgesamt durch anthropogene Feuer in den Trockenzeiten 1990/91 und 1993/94 beeinträchtigte Fläche mindestens 80 % des Pendjari-Nationalparks abdeckt (vgl. Foto 4).

Foto 4:   Frisch abgebrannte Fläche im Pendjari-Nationalpark
           (Foto: Hess, Februar 1993)

Somit sind genau 35 Jahre nach der Ausweisung der Pendjari-Ebene als Nationalpark und 10 Jahre nach der Anerkennung als Biosphärenreservat die hieraus resultierenden Naturschutzziele noch lange nicht erreicht, aber auch die ökonomischen Sollwerte in weite Ferne gerückt.

Die Zahl der jährlich den Park zwischen Dezember und Mai besuchenden Touristen - in den übrigen Monaten sind die Pisten nach heftigen Niederschlägen nicht befahrbar und der Park geschlossen - beträgt vor und nach Durchführung der dargestellten Projekte in der Saison 1973/74 (FAO 1979) und 1989/90 (Malzbender 1994) rund 3.000, mit zwischenzeitlichen Abnahmen in Jahren politischer Instabilität. Trotz der Investitionen von weit mehr als 10 Mio. DM, überwiegend in die touristische Infrastruktur, konnte demnach die Zahl der Touristen nicht gesteigert und nicht einmal ein Zehntel der im Managementplan (FAO 1979) angestrebten 50.000 Besucher pro Jahr erreicht werden (im Vergleich dazu liegen die Besucherzahlen in anderen afrikanischen Nationalparks erheblich höher: Serengeti 90.000, Amboseli 148.000, Krüger 500.000). Während sich die Einnahmen aus dem Parktourismus durch die Erhöhung der Eintrittsgelder leicht auf rund 100.000 DM jährlich erhöhten (Malzbender 1994), stiegen die Kosten für den beninischen Staat erheblich, allein durch die notwendige Instandhaltung der neuen touristischen Infrastruktur, insbesondere die jährlichen Reparaturarbeiten an den Pisten nach der Regenzeit.

6. Die Zukunft des Pendjari-Nationalparkes

Hinsichtlich der dargestellten Defizite stellt sich die Frage nach dem weiteren Vorgehen. Einerseits besteht die Möglichkeit, die mit dem aktuellen Schutzgebietsstatus verbundenen Naturschutzziele als nicht erreichbar für das Gebiet zu akzeptieren und statt dessen ein Wildtierreservat auszuweisen (Schutzkategorie IV der IUCN, vgl. IUCN 1994), d.h. ein Schutzgebiet, in dem vorrangig Maßnahmen zum Schutz bestimmter Tierarten und deren Lebensräume durchgeführt werden, so auch Brandlegung zur Schaffung und Erhaltung offener Savannenbestände. Andererseits könnte an den bestehenden Zielen festgehalten und das Management an die internationalen Auflagen der IUCN für Nationalparks bzw. der UNESCO für Biosphärenreservate angepaßt werden. Das würde insbesondere bedeuten:

1. Einstellen der anthropogenen Eingriffe auf mindestens 75 % der Parkfläche, einschließlich der Feuerlegung, wobei die ungestörten Bereiche des Parks ausgehend von den noch vorhandenen naturnahen und natürlichen Vegetationsbeständen exakt festzulegen wären. Die Entwicklung bzw. Pflege des übrigen Gebietes darf nicht im Widerspruch zur primären Zielsetzung des Parks stehen (IUCN 1994).

2. Allmähliche Verlagerung der touristischen Nutzung in die Pufferzonen des Biosphärenreservates, vor allem in die verkehrsgünstig gelegene, südlich an den Park angrenzende "Zone Cynégétique de la Pendjari" (vgl. Abb. 2). Damit verbunden wäre auch eine erhebliche Reduzierung der Kosten für die Instandhaltung des weit nach Norden reichenden Pistennetzes, was angesichts der volkswirtschaftlichen Situation des Staates - Benin zählt zu den ärmsten Staaten der Erde - sinnvoll erscheint und die touristische Attraktivität nicht mindern würde; vielmehr könnten die Anfahrtswege für Besucher verkürzt werden, was in Verbindung mit einer durchschnittlichen Aufenthaltsdauer der Parkbesucher von nur 1-2 Tagen (Malzbender 1994) sogar von Vorteil wäre.

3. Großräumige, länderübergreifende Naturschutzplanung und differenziertes Management der Gebiete im gesamten Naturschutzkomplex (vgl. Abb. 2) gemäß dem jeweiligen Schutzstatus, d.h. räumliche Entflechtung der Naturschutzziele (z.B. Prozeßschutz, Biotopschutz, Schutz ausgewählter Tier- und Pflanzenarten) und -maßnahmen.

4. Förderung nationaler und internationaler Projekte im Park nur noch auf der Grundlage der international anerkannten Schutz- und Entwicklungsziele für Nationalparks und Biosphärenreservate.

Die Republik Benin besitzt eine herausragende Rolle und Verantwortung im afrikanischen Naturschutz. Mit insgesamt 24 % geschützter Landesfläche ist sie der Staat mit dem größten Anteil an Schutzgebieten (der Kategorie I-V der IUCN, vgl. IUCN 1970, 1994) in Westafrika - gefolgt von der Côte d'Ivoire (früher: Elfenbeinküste) mit rund 17 % - und nach Tansania mit rund 25 % sogar in ganz Afrika (Mbaelele 1992). Mit der Ausweisung des Nationalparks sowie der Beantragung der Anerkennung eines Biosphärenreservates hat sich die Regierung Benins selbstverpflichtet, die anthropogenen Eingriffe im Park weitestgehend auszuschließen und eine eigendynamische Entwicklung im Pendjari-Nationalpark zuzulassen.

Anders als in vielen Teilen der Erde verhindern im Pendjari-Nationalpark Akzeptanzprobleme bei der einheimischen Bevölkerung kaum die Umsetzung der Schutzvorschriften. Der Park befindet sich komplett im Eigentum des beninischen Staates und liegt in einer sehr bevölkerungsarmen Region (20 Ew./km^2; zum Vergleich verfügt die Bundesrepublik Deutschland über eine Bevölkerungsdichte von 227 Ew./km^2); zum Zeitpunkt der Ausweisung des Nationalparks existierten keine permanenten Siedlungen im Schutzgebiet und seiner unmittelbaren Umgebung (FAO 1979). Einschränkungen durch die Naturschutzauflagen betrafen vor allem die traditionelle Jagd, die seit der Unterschutzstellung in vermindertem Umfang als Wilderei fortgeführt wird; dabei handelt es sich fast ausschließlich um Jagd auf Warzenschweine und verschiedene Antilopenarten zur Selbstversorgung und nicht - wie in den meisten Schutzgebieten Ost- und Südafrikas - um kommerzielle Trophäenjagd.

Das größte Hindernis für die Entwicklung des Gebietes zu einem Nationalpark, der diesen Namen verdient, d.h. den internationalen Anforderungen genügt, ist somit das staatliche Feuermanagement. Brandlegung und Naturschutz in afrikanischen Nationalparks schließen sich aus. Zwar wäre das Feuer auch ein wichtiger Faktor in einem vom Menschen unbeeinflußten Parkgebiet, jedoch unter anderen Rahmenbedingungen, beispielsweise in Verbindungen mit Starkregen, da natürliche Brände fast ausschließlich durch Blitzschlag bei Gewittern in der Regenzeit verursacht werden und infolgedessen - aufgrund einer stärkeren Durchfeuchtung der Böden und der Vegetation - weniger intensiv und seltener als derzeit auftreten würden. Wie spezielle Untersuchungen auf Testflächen in Parknähe unter Ausschluß anthropogener Feuer belegen, dringt bei Vorhandensein von Resten der einheimischen Pflanzenarten - was im Pendjari-Nationalpark der Fall ist - allmählich wieder die ursprüngliche Waldvegetation auf die Standorte der sekundären Savannen vor (Meurer et al. 1994).

Aber auch ein nahezu flächendeckender Trockenwald ist nicht als Ziel gemäß der internationalen Nationalpark-Definition für den Pendjari-Nationalpark anzusehen. Bereits vor fast 60 Jahren beschrieb Aubreville (1938) die westafrikanischen Feucht- und Trockenwälder als ein Mosaik unterschiedlicher Entwicklungsstadien, deren Zyklus überwiegend durch natürlich auftretende Feuer bestimmt wird. Gleichzeitig stellte Aubreville die verheerenden Konsequenzen anthropogener Feuer in der Sudanzone und die durch sie verursachte Störung der natürlichen Waldentwicklung dar. Um der Verdrängung der ursprünglichen westafrikanischen Waldformationen Einhalt zu gebieten, hielt Aubreville bereits vor nahezu 60 Jahren die Einrichtung von Schutzgebieten, in denen vom Menschen verursachte Brände (i.G. zu natürlichen Feuern) mit allen Mitteln verhindert und eine natürliche Waldentwicklung[1] zugelassen wird, für dringend notwendig.

7. Literatur

AGBR [Ständige Arbeitsgruppe der Biosphärenreservate in Deutschland] (Hrsg.) (1995): Biosphärenreservate in Deutschland. Leitlinien für Schutz, Pflege und Entwicklung. - Berlin, Heidelberg u.a.

Aubreville, A. (1938): La forêt coloniale. Les forêts de l'Afrique occidentale française. - Annales de l'Académie des Sciences coloniales 9. Paris

Bousquet, B. (1992): Guide des Parcs nationaux d'Afrique. - Paris, Neuchâtel

CCE [Commission des Communautés Européenes] und SECA [Societe d'Eco-Aménagement] (Hrsg.) (1989): Projet Aménagement des Parcs Nationaux et Protection de l'Environnement - Bénin. Evaluation des Effets sur l'Environnement des Projets FED. 2ème Phase. - Brüssel, Montpellier

Delvingt, W.; J.-C. Heymans und B. Sinsin (1989): Guide du Parc National de la Pendjari. - Brüssel

FAO [Food and Agriculture Organization of the United Nations] (Hrsg.) (1979): Développement des Parcs nationaux, Bénin. Plan directeur. Parc national de la Pendjari. - Rapp. techn. 1 (FAO-FO:DP/BEN/77/011). Rom

FAO [Food and Agriculture Organization of the United Nations] (Hrsg.) (1982): Développement des Parcs nationaux, Bénin. Conclusions et recommandations du Projet. - Rapp. termin. (FAO-FO:DP/BEN/77/011). Rom

Hagen, H. (1992): Zur Situation der Wildlife Conservation in Afrika. In: Natur und Landschaft 67, S.62-64

Hess, S. (1993): Entwicklung einer Biotopkomplexkarte für den Pendjari-Nationalpark (Republik Benin) auf der Grundlage von Fernerkundungsdaten. - Bonn (unveröff.)

IUCN [International Union for Conservation of Nature and Natural Resources] (Hrsg.) (1970): Proceedings and Summary of Business of the Tenth General Assembly, New Delhi, 1969. - Morges

IUCN [International Union for Conservation of Nature and Natural Resources] (Hrsg.) (1987): IUCN Directory of Afrotropical Protected Areas. - Gland, Cambridge

---

1 Der von Aubreville (1938) für Westafrika entwickelte, auf einen ökosystemorientierten Prozeßschutz ausgerichtete Naturschutzansatz findet seit Anfang der 90er Jahre Eingang in die bundesdeutsche Naturschutzliteratur (u.a. Scherzinger 1990; Remmert 1991).

IUCN [World Conservation Union] (Hrsg.) (1994): Guidelines for protected area management categories. - Gland

Malzbender, S. (1994): Tourismus in afrikanischen Nationalparks südlich der Sahara und seine Verträglichkeit mit den Nationalpark-Zielen unter besonderer Berücksichtigung des Pendjari-Nationalparks (Benin). - Bonn (unveröff.)

Mbaelele, M. (1992): L'Afrique de l'Ouest. In: IUCN [World Conservation Union] (Hrsg.): Regional Reviews (IVth World Congress on National Parks and Protected Areas, Caracas 1992). - Gland, Cambridge

Meurer, M.; K. Reiff; H.-J. Sturm und H. Will (1994): Savannenbrände in Tropisch-Westafrika. In: Petermanns Geographische Mitteilungen 138, S.35-50

Müller-Haude, P. und K. Neumann (1995): Böden und Vegetation in Trockenwäldern Südwest-Burkina Fasos. - Berichte des SFB 268 (Frankfurt/Main) 5, S.177-188

Remmert, H. (1991): Das Mosaik-Zyklus-Konzept und seine Bedeutung für den Naturschutz: Eine Übersicht. - Laufener Seminarbeiträge 5, S.5-15

Sauerborn, J.; S. Hess und J. Grunert (1995): Untersuchungen zu Wirkungen und Erfolgen des Naturschutzes im Pendjari-Nationalpark (Benin). In: Zentralblatt für Geologie und Paläontologie Teil 1, Heft 3/4 (1994), S.409-421

Sauerborn-Schell, J. und S. Hess (1993): Karte der Vegetationsformationen des Pendjari-Nationalparks (1:200.000). - Bonn (unveröff.)

Sauerborn-Schell, J.; S. Hess und J. Grunert (1992): Erfolge flächenbezogener Naturschutzmaßnahmen im Pendjari-Nationalpark (Republik Benin): Beschreibung eines Fernerkundungsprojektes. In: Geobotanisches Kolloquium 8, S.91-96

Scherzinger, W. (1990): Das Dynamik-Konzept im flächenhaften Naturschutz, Zieldiskussion am Beispiel der Nationalpark-Idee. In: Natur und Landschaft 66, S.292-298

Schmitz, B. (1995): Die aktuelle und potentielle natürliche Vegetation des Pendjari-Nationalparks in Benin/Westafrika. - Bonn (unveröff.)

Verschuren, J.; J.-C. Heymans und W. Delvingt (1989): Conservation in Benin - with the help of the European Economic Community. In: Oryx 23/1, S.22-26

Deutsch-israelische Zusammenarbeit im Naturschutz. Aufbau eines Geographischen Informationssystems und konzeptionelle Planung des Biosphärenreservates Mount Carmel

Peter Schall (Kranzberg),
Michael Sittard (Kranzberg),
Eliezer Frankenberg (Jerusalem),
Roman Lenz (Nürtlingen),
Jossi Cohen (Jerusalem) und
Friedrich Duhme (Freising-Weihenstephan)

1. Einführung

"Biosphärenreservate (BR) sind großflächige, repräsentative Ausschnitte von Natur- und Kulturlandschaften. Der überwiegende Teil ihrer Fläche soll rechtlich geschützt sein. In Biosphärenreservaten werden - gemeinsam mit den hier lebenden und wirtschaftenden Menschen - beispielhafte Konzepte zu Schutz, Pflege und Entwicklung erarbeitet und umgesetzt. Biosphärenreservate dienen zugleich der Erforschung von Mensch-Umwelt-Beziehungen, der Ökologischen Umweltbeobachtung und der Umweltbildung. Biosphärenreservate werden von der UNESCO im Rahmen des Programms 'Der Mensch und die Biosphäre' (MAB) anerkannt." (AGBR 1995, S.5) Angestrebt wird ein weltumspannendes Netz von Biosphärenreservaten, das die verschiedenen Ökosysteme und Naturräume der Erde umfaßt.

Insgesamt bestehen zur Zeit 337 UNESCO-Biosphärenreservate in 85 Staaten. Die eingerichteten Biosphärenreservate decken aber nicht alle biogeographischen Regionen gleichermaßen ab; so zeigt die räumliche Verteilung eine deutliche Unterrepräsentanz u.a. des ostmediterranen Raumes. Dort existieren bislang vier Biosphärenreservate, jeweils zwei in Griechenland (4.840 ha und 4.000 ha) und in Ägypten (2.575.809 ha und 1.000 ha). Im ostmediterranen Raum kommt Israel wegen seiner geographischen Lage eine besondere Bedeutung zu, denn hier zeigt sich ein steiler Gradient vom mediterranen Klima zum Wüstenklima. Während das Bergland von Galiläa im Norden Israels noch submediterran geprägt ist, mit durchschnittlichen jährlichen Niederschlägen von bis 1.000 mm, ist die Negevwüste von erratischen Winterregen mit durchschnittlich unter 100 mm/a gekennzeichnet. Als Folge des Klimagradienten verlaufen in Israel die Grenzen von drei Florenregionen, der mediterranen, der irano-turanischen und der saharo-arabischen, zudem kommen sudano-zambesische Florenelemente vor. Die sudano-zambesischen Florenelemente sind vornehmlich im Jordan- und 'Arava-Tal, als nördlichem Ende des Ostafrikanischen Grabenbruchs, anzutreffen. Damit reichen sie weit über den Wendekreis des Krebses - und definitionsgemäß die Tropen - hinaus. Demgegenüber findet sich an der Küste ein Gradient orogra-

phisch klimatischer Natur - im Detail noch wenig untersucht - vom Amanus-
gebirge mit eurosibirischen Florenelementen in der Südtürkei über den mediterranen Bereich bis hin zu extremen Wüsten im Sinai und Negev (vgl. Danin
1983).

Die Einrichtung von Biosphärenreservaten in Israel ist deshalb besonders
geeignet, bestehende Lücken im internationalen Netz zu schließen. Insbesondere
der Aspekt "Ökologische Umweltbeobachtung" könnte dabei, vor dem Hintergrund einer prognostizierten globalen Klimaänderung, von allgemeiner Bedeutung sein, denn es ist anzunehmen, daß sich die Auswirkungen von Klimaänderungen zuerst in Ökotonen (Übergangsbereichen) zeigen, wie sie in extremer
Form in Israel gegeben sind.

Dieser Gedanke wurde durch das deutsch-israelische Zusammenarbeitsprojekt "Implementation of a long-term ecological research and monitoring programme in the Mount Carmel area by using a GIS computer package: A contribution
to the establishment of the Mount Carmel Biosphere Reserve" aufgegriffen. Das
Projekt basiert auf der am 11. Dezember 1991 gezeichneten "Vereinbarung
zwischen der Regierung der Bundesrepublik Deutschland und der Regierung des
Staates Israel über ein Zusammenarbeitsprojekt im Bereich Naturschutz und
Landschaftspflege" und wurde gemeinsam von der Nature Reserves Authority,
Jerusalem und der Firma ESRI Gesellschaft für Systemforschung und Umwelt-
planung mbH, Kranzberg - im Auftrag des Bundesministeriums für Umwelt,
Naturschutz und Reaktorsicherheit unter fachlicher Begleitung des Bundesamtes
für Naturschutz - durchgeführt.

Das Projektgebiet Mount Carmel wurde - unter mehreren Alternativen -
wegen der hohen abiotischen und biotischen Vielfalt, dem relativ hohen Natür-
lichkeitsgrad und des bereits existierenden Schutzstatus von einer deutsch-israelischen Kommission ausgewählt. Die Projektziele gliederten sich in:

- Aufbau einer flächendeckenden digitalen Datenbasis der abiotischen und
  biotischen Ausstattung mit Hilfe eines Geographischen Informationssystems,

- Planung des Biosphärenreservates und

- Entwicklung eines Programms zur Ökologischen Umweltbeobachtung.

2. Der Natur- und Kulturraum des geplanten Biosphären-
reservates Mount Carmel

Das Gebiet des geplanten Biosphärenreservates Mount Carmel (266 km^2), an
der nördlichen mediterranen Küste Israels gelegen, umfaßt den überwiegenden
Teil der beiden Naturräume Carmel-Küste und Mount Carmel. Die südliche
Grenze wird durch den Übergangsbereich des Mount Carmel zum Menashe
Hochland und den mit der Stadt Zikhron Ya'aqov dicht besiedelten, südlichen
Teil des Mount Carmel gebildet. Im Osten schließt der agrarisch intensiv genutzte

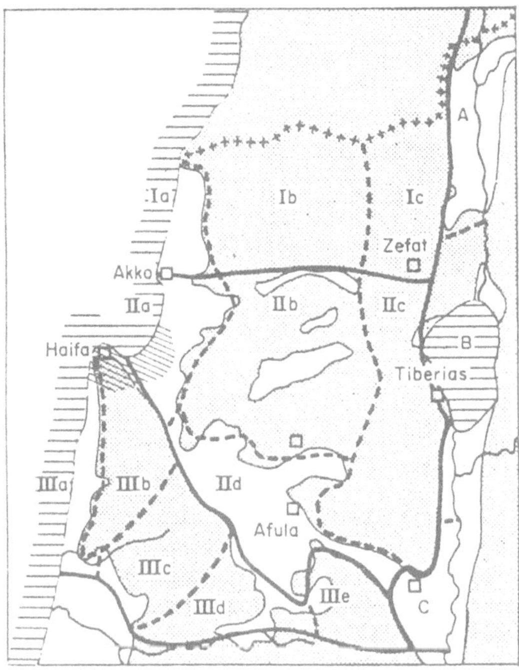

*Abb. 1: Physiographische Einheiten des nörd-
lichen Israels (nach Karmon 1983,
S.127)*

I   Obergaliläa: a Die galiläische Küste, b Westgaliläa,
    c Ostgaliläa;

II Untergaliläa: a Das Tal Zevulun ('Émeq Zevulun),
    b Der zentrale Sektor, c Die Basaltplateaus, d Das
    Yizre'elTal ('Émeq Yizre'el);

III Das Carmel-Gebirge: a Die Carmel-Küste, b Der
    Mount Carmel, c Das Menashehochland, d Die
    Alexanderkuppe, e Der Berg Gilboa, Der Jordan-
    graben: A Das Hulatal, B See von Galiläa,
    C Das BenShe'anTal.
    [weiße Flächen = Täler; gestrichelt = Ballungsraum
    Haifa]

Naturraum des Yizre'el-Tals ('Émeq Yizre'el) an und im Nordosten der industriell und agrarisch intensiv genutzte Naturraum des Tals Zevulun ('Émeq Zevulun) mit der Haifa Bay, der einzigen großen Bucht an der israelischen Mittelmeerküste. Der nördliche Teil des Mount Carmel, das Kap Carmel als einzige Unterbrechung der israelischen Küstenebene, wird von der Stadt Haifa eingenommen, die auch als wichtigster Hafen Israels und industrieller Schwerpunkt mit einer Bevölkerung von ca. 250.000 Einwohnern die nördliche Grenze des geplanten Biosphärenreservates bildet.

2.1 Abiotische Charakteristik des Mount Carmel

Der Mount Carmel ist ein nordnordwest-südsüdost verlaufender Mittelgebirgszug (vgl. Karte 1) aus Sedimenten der Oberen Kreidezeit (Cenoman und Turon Stufen) mit eingesprengten vulkanischen Ablagerungen (Basalte und Tuffe) aus der Senon Stufe, der auf 546 m über NN kumuliert. Da die Sedimente der Oberen Kreidezeit auch die Bergländer von Galiläa, Samaria und Judäa bilden, ist er für weite Teile Israels/Palästinas repräsentativ.

Geomorphologisch gesehen ist der Mount Carmel ein ungleichmäßig gehobener und durch viele Falten gegliederter Block (Horst) mit westsüdwestlicher Einfallsrichtung; wodurch die Kammlinie nach Osten verschoben ist. Die Ostab-

dachung - zum Yizre'el-Tal - fällt fast 500 m steil ab und ist durch Kerbtäler
gegliedert. Nach Westen ist das Gebiet durch die Tätigkeit von vier temporär
wasserführenden Bachsystemen (Wadis), die ein weitmaschiges Gefüge von
Kerbsohlentälern und Kerbtälern (z.T. mit Schluchtcharakter) strukturiert. Nur
die Rücken zwischen den Tälern bilden an der Grenze zur Küstenebene Steilflan-
ken mit 100 - 200 m Höhe aus. Die dominierenden bodenbildenden Gesteine sind
- mit abnehmender Bedeutung - Kalkstein, Kreide, Dolomit, Mergel, mergelige
Kreide und vulkanische Ablagerungen (vgl. Abb. 2). Als zonaler Bodentyp
mediterraner Klimate dominiert die Terra Rossa auch im Mount Carmel; in
Steillagen und auf Kreide sind zudem flachgründige Rendzinen ausgebildet.
Mediterrane Braunerden sind nur selten anzutreffen.

Die Carmel-Küste erstreckt sich bandförmig, mit einer Breite von 2 - 4 km
der schmalste Teil der israelischen Küstenebene, westlich des Mount Carmel. Sie
besteht zu über 90 % aus Alluvionen (vgl. Abb. 2), die intensiv agrarisch genutzt
werden. Den Abschluß zum Meer bilden zwei Küstentypen, die geradlinige
Sandküste mit hier nur schwach ausgebildeten Dünen und die gegliederte Kur-
karküste mit einer nur wenige Meter breiten Riffzone. Kurkar ist ein carbonatisch
gebundener Sandstein, entstanden durch Carbonateinwaschung in Dünen. Zudem
verläuft eine ältere Kurkarformation landeinwärts in Form eines bis zu 30 m
hohen und 100 - 400 m breiten küstenparallelen Höhenzuges.

Das Klima des Carmel-Gebietes ist mit Winterregen und Sommerdürre ty-
pisch mediterran. Nur zwischen Dezember und Februar tritt selten Frost auf. Im
Vergleich zum übrigen Israel ist das Carmel-Gebiet, mit einer durchschnittlichen
Tagesschwankung der Temperatur von ca. 8°C, ozeanisch geprägt. Aufgrund des
Höhengradienten kann eine thermomediterrane (in den Tieflagen) und eine me-

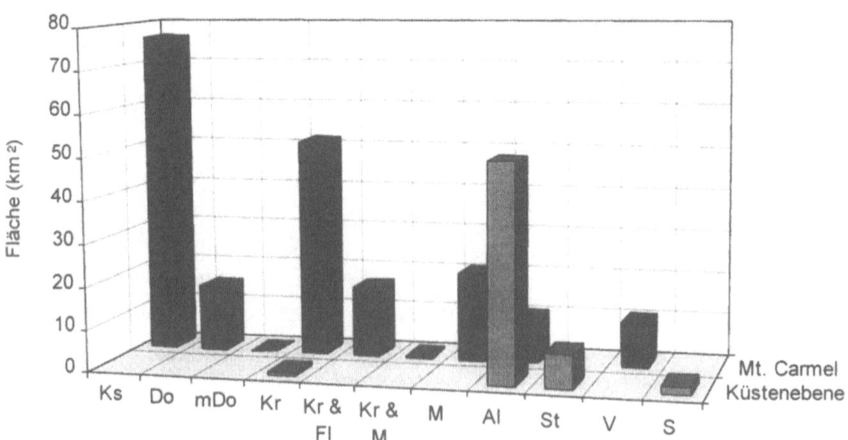

Abb. 2: Verteilung von Ausgangsgesteinen im Mount Carmel und der Küsten-
ebene (Ks: Kalkstein, Do: Dolomit, mDo: mergeliger Dolomit, Kr:
Kreide, Kr & Fl: Kreide und Flint, Kr & M: Kreide und Mergel,
M: Mergel, Al: Alluvium, St: carbonatisch gebundener Sandstein,
V: vulkanische Ablagerungen, S: Sand)

Klimaparameter		Carmel-Küste	Kammlage Mt. Carmel
Jährliche Globalstrahlungssumme	($GJ\ m^{-2}\ a^{-1}$)	7,5	7,5
Durchschnittliche jährliche Niederschläge	($mm\ a^{-1}$)	550	700
Niederschlagsanteil im Winterhalbjahr (Okt.-März)	(%)	>95	>95
Jährliche Evaporation offener Wasserflächen	($mm\ a^{-1}$)	1400	1400 - 1600
Jahresmittel der Lufttemperatur	(^{o}C)	19	17
Mittel der Lufttemperatur im Januar	(^{o}C)	13	11
Mittel der Lufttemperatur im August	(^{o}C)	25	24

Tab. 1: Klimatische Charakteristika des Carmel-Gebietes

somediterrane (in den Hochlagen) bioklimatische Zone unterschieden werden (vgl. Tab. 1). Daneben sind geländeklimatische Unterschiede zwischen Süd- und Nordhängen (bzw. West- und Osthängen) von besonderer Bedeutung; das Klima der Südhänge (bzw. Westhänge) ist allgemein wärmer, trockener und zeigt die größeren Amplituden. So empfängt z.B. ein Südhang im Nahal Oren-Tal im Sommer bis zu 300 % mehr Solarstrahlung als der gegenüberliegende Nordhang gleicher Hangneigung (Nevo 1995). Damit einher geht eine deutlich unterschiedliche Vegetation und Zoozönose.

Bedingt durch die geologische Situation erfolgt der Wasserabfluß weitgehend unterirdisch. Die jährliche Grundwasserneubildungsrate beträgt 32 Mio. m^3, davon werden 29 Mio. m^3 anthropogen genutzt, vornehmlich zur Bewässerung landwirtschaftlicher Flächen. Wegen der hohen Wasserleitfähigkeit der grundwasserführenden Schichten (Kalkstein, Dolomit und Sande) und der geringmächtigen Deckschichten ist das Wasserdargebot gegenüber Verschmutzung außerordentlich empfindlich; nur bei oberflächlich anstehenden Kreiden und Mergeln kann von einer nennenswerten Filterleistung ausgegangen werden. Da die Grundwasseroberfläche sowohl im Mount Carmel (3 - 5 m über NN) als auch in der Küstenebene (1,5 - 2 m über NN) nur geringfügig über Meeresniveau liegt, besteht zudem durch infiltrierendes Meerwasser Versalzungsgefahr. Für die israelische Trinkwasserversorgung hat das Wasserdargebot des Mount Carmel keine Bedeutung.

2.2 Biotische Ausstattung und Mensch-Umwelt-Beziehungen des Mount Carmel

Die Landschaften des mediterranen Raumes werden seit prähistorischer Zeit von Menschen bewohnt und genutzt. Damit einher gingen tiefgreifende Veränderungen der Vegetation, der Tierwelt und auch der Standorte mit Degradation,

Haifa

Karte 1: Topographie, Gewässersystem und Siedlungen des Carmel-Gebietes Eigennamen nach der deutschsprachigen Israel-Ausflugskarte, Maßstab 1:250.000, des Israelischen Vermessungsamtes).

Bodenerosion und Kolluvial-Alluvialbildung (Naveh/Dan 1973). Nach Zohary (1973) ist das Ausmaß der anthropogenen Veränderungen der Flora jenem der

Eiszeiten vergleichbar. Andere Autoren fassen die Mensch-Umwelt-Interaktion[1] sogar als einen coevolutiven Prozeß (Naveh/Kutiel 1990) auf. Die heutige biotische Ausstattung mediterraner Gebiete ist jedenfalls nur im Zusammenhang mit menschlichen Eingriffen zu verstehen.

Seit der Mittleren Altsteinzeit (vor ca. 300.000 Jahren) sind im mediterranen Becken Jäger und Sammler, die Feuer gebrauchten, nachgewiesen. In der Jungsteinzeit (vor ca. 6.000 - 10.000 Jahren) kamen Landwirtschaft und Haustierhaltung auf. Die endgültige Ausformung mediterraner Landschaften fand schließlich in historischer Zeit statt (seit ca. 2.000 - 3.000 Jahren). Es etablierte sich ein agro-pastorales Landnutzungssystem, das die gesamte nutzbare Fläche umfaßte und größtenteils - mit regionalen Unterschieden - bis ins 20. Jahrhundert überdauerte. Dabei wurden, stark generalisiert, sämtliche ebenen Lagen mit ausreichender Bodenqualität für Ackerbau genutzt, die mäßig steilen Hänge terrassiert und die restlichen Flächen beweidet (vgl. Naveh 1987). Typisch für den ostmediterranen Raum ist der Anbau von Getreide (insbesondere Hartweizen und Gerste) unter lückig stehenden Olivenbäumen. In den Weidegebieten entwickelte sich ein komplexes und dynamisches Vegetationsmuster (Degradations- und Regenerationsstadien), wobei die verschiedenen Gehölz- und Krautarten durch menschliche Störungen (d.h. Beweidung der Gehölze und Kräuter, Gehölzschnitt, Abbrennen) erhalten wurden. Die naturnahe Vegetation befindet sich damit in einem Ungleichgewichtszustand und unterliegt bei Nutzungsaufgabe einem Sukzessionsprozeß. Im Gegensatz zu mitteleuropäischen Wäldern ist das Endstadium der Sukzession, d.h. Artenzusammensetzung und Struktur, im eumediterranen Bereich aber weitgehend unbekannt bzw. umstritten - einen Vorschlag zur Potentiellen Natürlichen Vegetation des ostmediterranen Raumes legten Quézel/Barbéro (1985) vor - und war möglicherweise während der gesamten Nacheiszeit noch niemals ausgebildet (Walter/Breckle 1991). Allgemein verbreitet ist die Ansicht, daß die zonalen Standorte von einer dichten baum- bzw. strauchförmigen Vegetation, dominiert von sklerophyllen Arten ohne nennenswerten Unterwuchs, eingenommen werden (z.B. di Castri et al. 1981; Zohary 1973). Aus ethologischen Studien in der Südtürkei, auf Zypern und im Libanon schließen aber Barbéro et al. (1991), daß ein reifer sklerophyller Wald eine ähnliche Struktur wie sommergrüne Wälder aufweisen dürfte; d.h., eine Baumschicht aus mehreren Arten und eine diverse Krautschicht aus Geophyten und Hemikryptophyten.

Verglichen mit anderen mediterranen Landschaften Israels und insbesondere jenen in Judäa und Samaria ist das Ausmaß der aktuellen menschlichen Landnutzungseingriffe im Mount Carmel relativ gering. Dies wird durch die Ausweisung des gesamten nördlichen und östlichen Bereichs als Nature Reserve oder als National Park weiter gestärkt, bedeutet jedoch nicht, daß hier ein Relikt weitgehend unbeeinflußter Landschaft vorliegt.

---

1   Die Interaktion von Pflanzen, Mensch und Klima innerhalb der letzten 5.000 Jahre hat u.a. Waisel (1986) beschrieben.

In der Tannur-Höhle, einer Karsthöhle im Kliff zur Küstenebene (Nahal Me'arot Nature Reserve), wurden in verschiedenen übereinander gelagerten Schichten vollständige Skelette eines Neandertalers (Homo sapiens neanderthalensis) und eines Jetztmenschen (Homo sapiens sapiens) gefunden. Im unmittelbaren Umfeld der Höhle sind zudem die Überreste (u.a. Grabstätten) der jungsteinzeitlichen/frühackerbaulichen Natufian-Kultur, ca. 12.000 Jahre vor heute, vorhanden (vgl. Ronen 1984). Aus historischer Zeit stammt eine Vielzahl von Ruinen, unter anderem Dor und Atlit (Kreuzfahrer). Ungefähr 10 km südlich des Mount Carmel liegt die aus römischer Zeit stammende Stadt Caesarea. Die landwirtschaftliche Tätigkeit wird vielerorts durch Reste von Terrassen dokumentiert.

Während der folgenden Perioden wurden aber alle Siedlungen im Bergland aufgegeben und nur die Beweidung fortgeführt. Erst im 17. Jahrhundert legte die Religionsgemeinschaft der Drusen auf verschiedenen Bergrücken des Mount Carmel mehrere Dörfer an, von denen zwei größere Siedlungen erhalten geblieben sind. Die selbständigen Gemeinden Daliyat el Carmel und 'Isfiyã besitzen heute zusammen ca. 19.000 Einwohner und dehnen sich durch großzügige Einfamilienhausbebauung rapide aus.

2.2.1 Vegetation und Flora

Die naturnahe Vegetation des Mount Carmel (vgl. Karte 2) besteht, den klimatischen Bedingungen entsprechend, aus mediterranen Hartlaubwäldern mit der immergrünen Eiche *Quercus calliprinos* als dominierender Baumart (einen Überblick zum Wasserhaushalt mediterranener Pflanzen und Ökosysteme geben di Castri et al. 1988). Nach Zohary (1982) gliedert sie sich, mesoklimatisch und edaphisch bedingt, in

- den Kermeseichen-Pistazien-Wald,
- den Aleppokiefern-Wald,
- den Johannisbrotbaum-Mastixstrauch-Wald und
- den Valloneneichen-Wald.

Diese vier pflanzensoziologisch definierten Verbände gehören alle zur Klasse Quercetea calliprini, dem ostmediterranen Gegenstück der westmediterranen Hartlaubwälder und Macchien (Quercetea ilicis, zu deren Ökologie vgl. Romande/Terradas 1992).

Der Grad menschlicher Beeinflussung drückt sich bei den mediterranen Hartlaubwäldern neben der Artenzusammensetzung durch die Vegetationsformation aus. Im gesamten mediterranen Raum werden dabei 'Macchie' und 'Garrigue' und in Israel zusätzlich - als hebräischer Begriff - 'Batha' unterschieden. Macchien sind nicht oder nur schwach genutzte, dichte Gehölzbestände mit hohem Deckungsgrad, die zum weitaus überwiegenden Teil aus Phanerophyten bestehen. Im Unterwuchs - dieser kann auch fast gänzlich fehlen - kommen Chamaephyten und Hemikryptophyten vor. In der stärker genutzten Garrigue

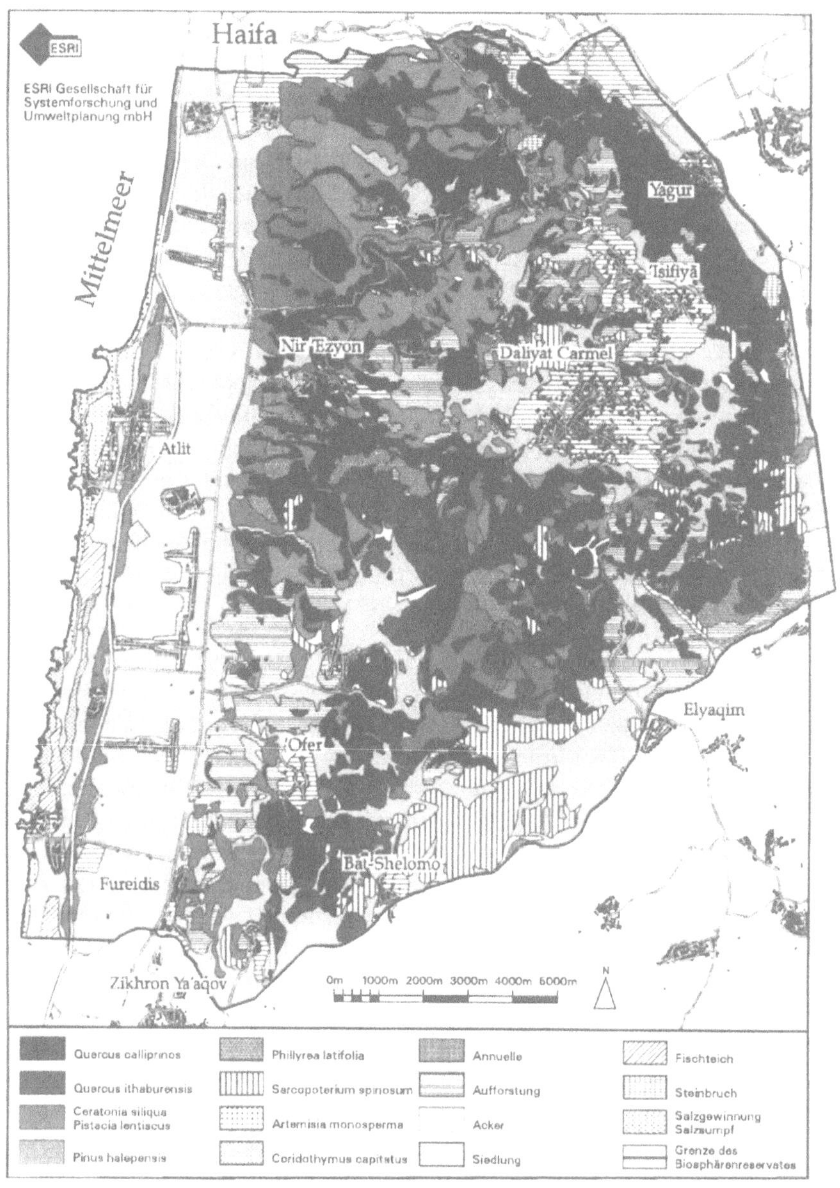

Karte 2:   Vegetation und Landnutzung.

sind die Phanerophyten durch Beweidung und sonstige Eingriffe der Weidepflege
in Wuchshöhe (unter 2 m) und Deckungsgrad reguliert. Damit einher geht ein im
Vergleich zur Macchie erhöhter Anteil der Chamaephyten. Die Batha schließlich,
als Degradationsstadium bei Übernutzung, weist in erheblichem Umfang offenen Boden auf und besitzt keine Phanerophyten. Sie wird typischerweise von

Chamaephyten dominiert, daneben können aber auch Ausprägungen mit hohen Anteilen von Hemikryptophyten und Kryptophyten vorkommen.

Der **Kermeseichen-Pistazien-Wald** (Quercion calliprini) ist das Rückgrat der baumförmigen Vegetation Israels; er findet sich in einem Höhenbereich von ca. 300 (auch tiefer) bis 1.200 m in den Bergländern von Galiläa, Judäa und Samaria. In weitgehend unbeeinflußtem Zustand oder als Regeneration über mehrere Dekaden bildet er die dichte Macchie oder einen geschlossenen Wald und ist relativ artenarm. Trotz des immergrünen Habitus kommen mit hoher Abundanz (ca. 50 %) laubabwerfende Arten vor. Da der Vegetationstyp seit jeher menschlich genutzt wird (Beweidung, Feuerholz, Abbrennen) ist er oft degradiert. In den so geformten mehr oder weniger großen Zwischenräumen siedeln dann Sträucher (Klein- und Zwergsträucher), Hemikryptophyten und Kryptophyten, die mehrere Sukzessionsstadien bilden. Diese Vielfalt von Degradations- und Regenerationsstadien - mit einer hohen Artenzahl - macht zu einem Großteil die Attraktivität mediterraner Landschaften aus. Im Mount Carmel ist eine typische Assoziation mit lithologischer Affinität zu Kalkstein und Dolomit und eine mit der sommergrünen Eiche Quercus boissieri, die in humideren mesoklimatischen Lagen vorkommt, anzutreffen. Daneben kommen Subassoziationen mit dem Erdbeerbaum (auf Kreide-Standorten) bzw. dem Lorbeerbaum (auf Nordhängen) vor.

Der **Aleppokiefern-Wald** (Pinion halepensis) besitzt besondere edaphische Ansprüche und ist deshalb in hohem Maße standortspezifisch. Er kommt nur auf Kreiden und Mergeln des Mittleren Cenomans vor, mit Bodentypen von Protorendzina bis zur Rendzina. Im Mount Carmel ist er auf den nördlichen Bereich beschränkt. In der typischen Ausbildungsform ist der Wald zweischichtig mit der Aleppokiefer als dominierender und den Gehölzen der Macchie als zweiter Baumschicht. Die Verjüngung der lichtbedürftigen Aleppokiefer innerhalb der schattenden Macchie ist problematisch. Sie wird insbesondere durch anthropogen verursachte Waldbrände und beweidungsbedingte Öffnung der Vegetation sichergestellt. Daneben dürften in exponierten Lagen aber auch immer offene Vegetationsstrukturen vorhanden gewesen sein. Die autochtonen Bestände der Aleppokiefer weisen in einem innerisraelischen Vergleich die höchste genetische Variabilität auf und sind deshalb als Genressource von besonderer Bedeutung (Schiller/Waisel 1989). Als Unterwuchs der Subassoziation Hyperico - Pinetum halepensis Carmeli sind insbesondere der Carmel-Ginster (Genista fasselata) und mehrere Ophrys und Orchis Arten hervorzuheben.

Der **Johannisbrotbaum-Mastixstrauch-Wald** (Ceratonio-Pistacion lentisci) zeigt oft ein savannenartiges Erscheinungsbild mit einzeln stehenden Johannisbrotbäumen innerhalb einer Strauchschicht, die vom Mastixstrauch dominiert wird. Daneben existieren aber auch gehölzfreie Bereiche mit einer sehr reichen Krautflora, insbesondere viele Annuelle inklusive segetaler Arten. Neben dem Johannisbrotbaum kann auch die Wilde Olive (*Olea europaea* var. *sylvestris*) baumförmig ausgebildet sein; sie besitzt hier ihr Hauptvorkommen. Im Mount Carmel nimmt dieser Offenwald hauptsächlich die Hänge und Verebnungen zur

Küstenebene hin ein - auf dem Kurkhar-Höhenzug in der Küstenebene kommen stark degradierte Bestände vor - und besetzt damit die unterste und wärmste Zone der mediterranen Macchien (unter 200 - 250 m über NN). Abgesehen vom thermomediterranen Bioklima ist der Vegetationstyp standortvag und kann auf sämtlichen Ausgangsgesteinen vorkommen. Seit altersher wird dieser Vegetationstyp beweidet; aufgrund der Degradation existieren im Carmel heute keine auch nur annähernd geschlossenen Bestände. Der Verband findet sich in typischer Ausprägung und einer Reihe von Übergangsstadien zum Quercion calliprini und zum Quercion ithaburensis.

Der **Valloneneichen-Wald** (Quercion ithaburensis) ist ein sommergrüner, ziemlich thermophiler, atypischer mediterraner Wald. Im Mount Carmel ist er auf den südlichen Bereich, meist unterhalb von 200 - 250 m über NN beschränkt und wegen der langfristigen Beweidung nur in einer savannenartigen Ausprägung (Park Forest) anzutreffen. Die oft sehr großen Zwischenräume werden hauptsächlich von Hemikryptophyten und Annuellen eingenommen; bemerkenswert ist das Fehlen von Kleinsträuchern. Auch wenn das Quercion ithaburensis häufig auf Kalkstein auftritt, so zeigt es doch eine Affinität zu Kreide, Mergel und vulkanischen Ablagerungen.

Einige Teile des mediterranen Bereichs sind - obwohl baumfähig - so stark degradiert, daß sämtliche strauch- und baumförmigen Gehölze fehlen. Diese Vegetationstyp wird als mediterrane Zwergstrauchgesellschaft (Batha) bezeichnet und von Zohary in der Klasse Sarcopoterietalia spinosi zusammengefaßt. Im Mount Carmel nimmt die Zwergstrauch-Batha nur kleine Bereiche im Umfeld der Siedlungen ein und wird von *Sarcopoterium spinosum* und *Calycotome villosa* oder, nach Bränden, von *Cistus*-Arten dominiert. Auf den meeresnahen Kurkar-Formationen der Küstenebene ist zudem das gischtbeeinflußte Caridothymetum capitati litorale ausgebildet.

Im südlichen Übergangsbereich des Mount Carmel zur Menashe-Hochebene kommt ein Batha-Vegetationstyp vor, der vornehmlich von Hemikryptophyten, Kryptophyten und Annuellen gebildet wird und zu den baumfreien Semi-Steppen gehört. Dabei ist das eigentliche Verbreitungsgebiet der Semi-Steppen der Grenzbereich des mediterranen Klimas im Osten und Süden. Wahrscheinlich ist das untypische, extrazonale Vorkommen der Menashe-Hochebene auf verringerte Niederschläge im Regenschatten des Mount Carmel und die geringe Wasserhaltekapazität sowie den erhöhten Oberflächenabfluß der dort ausgeprägten flachgründigen, mergeligen Rendzinen zurückzuführen. Die Hemikryptophyten-Batha ist außerordentlich artenreich und beinhaltet viele attraktive Blütenpflanzen.

Als azonale Vegetationstypen sind zudem noch die Artemisia monosperma Gesellschaft der Stranddünen und die Oleander-Gesellschaft der Wadis erwähnenswert.

Die Gesamtartenzahl des geplanten Biosphärenreservates Mount Carmel beträgt ca. 1.008 Arten (Israel gesamt etwa 2.400), davon sind ungefähr 100 selten (Fragman et al. 1994, 1996). Nur ca. ein Viertel der seltenen Arten kann der naturnahen, zonalen Vegetation und ihren Degradationsstadien zugeordnet werden. Der Rest ist entweder an Sonderstandorte, d.h. Feuchtgebiete, Wadiufer, Schluchten, Kliffs, etc. gebunden oder besitzt ein unsicheres Vorkommen. So erreicht z.B. der Hirschzungenfarn (*Phyllitis scloropendrium*) in den Schluchten des Mount Carmel (in Quellnähe) die Südgrenze seines Areals. Der zirikumpolar verbreitete und hier ebenfalls seltene Tüpfelfarn (*Polypodium vulgare*) kann zudem auch in alten Zisternen vorkommen.

2.2.2 Fauna

Die Fauna des Carmel-Gebietes ist paleo-mediterran und beinhaltet, wie die Flora, mehrere Arten, die hier ihre südliche Arealgrenze erreichen, u.a. den Feuersalamander. An Greifvögeln und Eulen kommen u.a. Schlangenadler, Uhu, Schleiereule, Steinkauz und Waldkauz vor; ausgestorben sind Wanderfalke und Gänsegeier. Für die genannten Arten sind die Felsklippen als Nistplatz von besonderer Bedeutung.

Die Fauna der Großsäuger ist stark dezimiert. So sind bis auf den sehr anpassungsfähigen Schakal (*Canis aureus*) sämtliche ehemals nachgewiesenen Räuber (z.B. der Wolf) verschwunden. Zudem wurden alle großen Pflanzenfresser (Großherbivore) ausgerottet; dokumentiert ist der Abschuß des letzten Rehs (*Capreolus capreolus*) im Jahre 1912. Aus faunistischer Sicht ist damit die Landschaft des Carmel nicht komplett. Während keine Möglichkeit zur Ansiedlung der Räuber besteht, existiert ein Wiederansiedlungssprogramm für Herbivore. In der 1973 gegründeten Aufzucht- und Wiederansiedlungsstation Hai Bar Carmel befinden sich z.Z. Populationen des Rehes, des Mesopotamischen Dammhirsches (*Dama dama mesopotamica*) - mit der weltweit größten Population - und der Wilden Ziege (*Capra aegagrus cretica*) im Aufbau.

Inwieweit die freizusetzenden Wildtiere die Funktion der Haustiere bei der Offenhaltung der Vegetation übernehmen können, ist bisher nicht geklärt. Bei natürlicher Populationsdichte dürfte ihr Effekt auf die Vegetation aber so gering sein wie in anderen gemäßigten Waldgebieten, z.B. dem nemoralen Zonobiom.

2.2.3 Landnutzung

Die beiden Naturräume Carmel-Küste und Mount Carmel unterscheiden sich in der Landnutzung beträchtlich (vgl. Abb. 3 und Karte 2). In der Küstenebene nehmen Agrarökosysteme (insbesondere bewässerte und unbewässerte Dauerkulturen) über 90 % der Fläche ein. Hier werden vornehmlich hochwertige landwirtschaftliche Produkte (u.a. Avocados, Bananen, Citrusfrüchte, Kiwis, Mandeln, Trauben) produziert, die zu nicht unerheblichem Anteil exportiert werden (geschütztes Warenzeichen "Carmel"). In Küstennähe existieren intensive Fischzuchtbetriebe (Süßwasserfische) mit ausgedehnten Teichanlagen für den inländischen Markt. Als landwirtschaftliche Betriebsform kommen genossenschaftliche Moshavim und kollektive Kibbutzim mit ungefähr gleichem Anteil

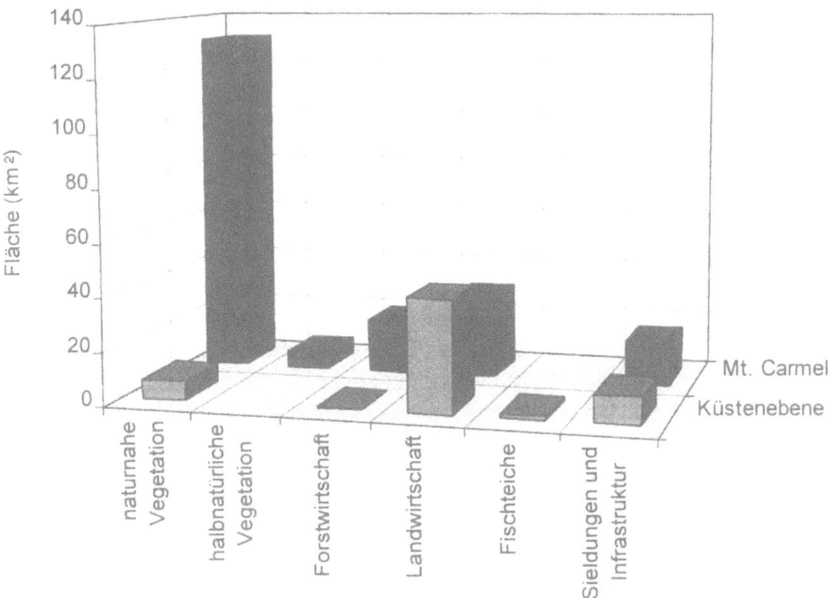

Abb. 3: Verteilung der Landnutzung im Mount Carmel und der Küstenebene

vor. Die naturnahen Ökosysteme sind auf unfruchtbare Lagen zurückgedrängt (Dünen, Kurkar) und zudem durch Landwirtschaft, Tourismus und Infrastruktureinrichtungen (z.B. Autobahn Haifa - Tel Aviv) stark beeinflußt. Als Entwicklungstendenz ist für die nahe Zukunft keinesfalls eine Extensivierung der agrarischen Nutzung abzusehen. Initiativen in Richtung nachhaltiger Landnutzung stehen hier massive ökonomische Interessen gegenüber.

Der Mount Carmel wird weitgehend extensiv durch Rinder-, Schaf- und Ziegenbeweidung bewirtschaftet. Zudem nehmen Gebiete mit besonderen Funktionen wie Nature Reserves (Naturschutzgebiete ohne Nutzung), National Parks (Schutzgebiete mit Erholungsfunktion, in denen Beweidung und Forstwirtschaft stattfinden kann) und militärische Sperrgebiete (Übungsplätze, die teilweise auch beweidet werden) über 70 % der Fläche ein. Sämtliche dieser Gebiete befinden sich in staatlichem Eigentum und sind - inklusive der militärischen Sperrgebiete - überwiegend naturnah. Eine Eigentümlichkeit der bestehenden Flächennutzung ist die überlappende Deklaration, so sind Teile der militärischen Sperrgebiete auch als Nature Reserve oder National Park ausgewiesen.

Intensive Landwirtschaft mit vorherrschend Getreidebau findet sich nur im Maharal-Tal ('Émeq Maharal) und um die kleinen jüdischen Siedlungen 'Ofer, Me'ir Sheféya, Bat Shelomo und Elyaqim. Die Landwirtschaft der Drusensiedlungen Daliyat el Carmel und 'Isfiyā nimmt eine Sonderstellung ein. Während die Flächen der jüdischen Siedlungen vornehmlich auf orographisch und edapisch günstigen Standorten liegen, wurden dort auch steilere Lagen und ärmere Böden genutzt. Zusammen mit der kleinbäuerlichen Landwirtschaftsstruktur und dem Generationenwechsel führte dies sehr häufig zu einer Auflassung der schwer zu bewirtschaftenden Felder. Andererseits fielen die guten Standorte in mehr oder weniger ebener Plateaulage um die Siedlungekerne einer ausgedehnten Einfamilienhausbebauung zum Opfer. Da beide Entwicklungen heute noch anhalten, kann für eher traditionelle Landwirtschaftsformen wie terrassierte Äcker, extensiver Regenfeldbau und Olivenhaine nur eine weitere Abnahme erwartet werden.

Auch bei der Beweidung kommen zwei Formen vor, die mit Rindern- und Schafen auf gezäunten Weiden und die Ziegen-Hütebeweidung, wobei die erstgenannte weitaus überwiegt. Dabei ist zu berücksichtigen, daß vor 1948 fast ausschließlich Hütebeweidung vorkam und das heutige Beweidungsregime mit Rindern und Schafen für mediterrane Bergländer eher untypisch ist. Die Ziegenbeweidung wird vornehmlich von Drusen betrieben. Durch den täglichen Auf- und Abtrieb zeigt sie in der Intensität einen deutlichen Gradienten mit der Entfernung von den Siedlungen, d.h. Batha, Garrigue und zunehmend weniger geöffnete Macchie. Bei vergleichbarer Triftbeweidung mit Rindern und Schafen ist, wegen ihrer höheren Ansprüche an den Futterwert, der Gesamteffekt auf die Vegetation als deutlich geringer anzusehen. Insbesondere ist oft eine Regeneration der Gehölze der Macchie zu beobachten. Die Triftbeweidung erfolgt durch jüdische landwirtschaftliche Betriebe, wobei sowohl die Vergabe der Beweidungsrechte als auch die Entwicklung und Erhaltung der Weiden - insbesondere Zäunung, aber auch manuelle Reduktion der Gehölzdichte - in den Händen einer 'Beweidungsverwaltung', als Teil des Landwirtschaftsministeriums, liegt.

Obwohl der Mount Carmel Waldland ist, spielt die forstwirtschaftliche Landnutzung nur eine untergeordnete Rolle und überschneidet sich zudem mit der Beweidung. Als Forstverwaltung fungiert dabei der Jüdische Nationalfonds (JNF, Keren Kayemth Leisrael); die Aufgaben des JNF hat u.a. Kolar (1989) dargestellt. Die forstwirtschaftlichen Aktivitäten konzentrieren sich auf die Aufforstung stark degradierter Landschaftsteile und die Pflege der naturnahen Eichenwälder mit dem Ziel, die Holzqualität und das Weideland zu verbessern. Aufforstungen mit Koniferen, vornehmlich Pinus halepensis aber auch Pinus brutia und Cupressus sempervirens wurden hauptsächlich in den 50er und 60er Jahren durchgeführt. Sie nehmen heute eine Fläche von ca. 20 km^2 ein und finden sich im südlichen Teil der Abdachung zur Küstenebene, östlich Nir 'Ezyon, südlich Daliyat el Carmel und um 'Isfiyā. Wegen ihrer Artenarmut und des hohen Waldbrandrisikos, auch vor dem Hintergrund der positiven Effekte, wie dem Erosionsschutz, sind die Koniferenforste kritisch zu beurteilen (vgl. Noy-Meir 1989). Während die Aufforstungen noch von der Idee 'Wiederbegrünung Israels' geleitet waren, wird mit der Pflege der naturnahen Eichenwälder ein mehr an die ökologischen Bedingungen angepaßtes Konzept verfolgt. Dabei ist das Ziel, die dichte, undurchdringliche Eichenmacchie (Quercus calliprinos Macchie) in eine Art Hochwald zu überführen, der

- nutzbares Stammholz,

- verbesserte Weidebedingungen der Bodenflora,

- leichtere Zugänglichkeit für Erholungssuchende und

- ein geringeres Waldbrandrisiko

aufweist (Josephy 1989). Dazu werden die in der Eichenmacchie mehrstämmig wachsenden Kermeseichen bis auf einen Hauptstamm ausgeschnitten und der Unterwuchs entfernt, anschließend wird die Fläche intensiv beweidet, um einerseits die entstehende Gras- und Kräuterdecke zu nutzen und andererseits den Stockausschlag zu unterdrücken. Nach mehreren Jahren und zusätzlichen manuellen Pflegeeingriffen bietet sich dann das Bild eines lichten Waldes aus kleinen (ca. 5 m hohen), aber baumförmigen Kermeseichen mit einer reichen Bodenflora eher lichtliebender Arten. Wegen des hohen Aufwandes ist diese Art von Pflege auf kleine Bereiche beschränkt.

Wegen der Nähe des Gebietes zum Verdichtungsraum Haifa besteht ein umfangreicher Tagestourismus mit jährlich ca. 2 Mio. Besuchern. Ein Großteil des Besucherstroms ist stark konzentriert und beschränkt sich vornehmlich auf die Picknickplätze südlich von Haifa und im Nahal Oren-Tal sowie auf einige Ausflugsziele von religiöser, geschichtlicher und naturkundlicher Bedeutung. In Daliyat el Carmel hat sich zudem eine Art Einkaufstourismus mit orientalischer Basaratmosphäre entwickelt. Neben diesen stark frequentierten Besuchermagneten besteht ein dichtes Netz von gekennzeichneten Wanderwegen. In der Küstenebene konzentrieren sich die Erholungsaktivitäten auf den Strandbereich; damit ist eine Beeinträchtigung der dortigen Vegetation durch Tritt und Verschmutzung verbunden.

Insgesamt wird die Landnutzung des Mount Carmel von folgenden fünf Hauptnutzern dominiert und gesteuert:

- Naturschutzbehörde (Nature Reserves Authority, NRA),

- Nationalparkbehörde (National Park Authotity, NPA),

- Jüdischer Nationalfonds,

- Beweidungsbehörde und

- Militär.

Traditionelle mediterrane Landnutzungsformen kommen entweder überhaupt nicht mehr vor (wie Feld-Graswirtschaft) oder sind (wie der Terrassenfeldbau) im Rückgang begriffen.

2.2.4 Nutzungskonflikte und Probleme

Viele der aktuellen Probleme der Biosphärenreservate in Deutschland existieren wegen anderer rechtlicher Rahmenbedingungen und Eigentumsverhältnisse in Israel nicht. So ist das Jagdrecht der NRA unterstellt, wodurch Konflikte mit der Jagdlobby entfallen - ohnedies besteht nur ein kleiner Markt für Wildschweine, als einzigem jagdbaren Wild. Aufgrund der Eigentumsverhältnisse - die von naturnahen und halbnatürlichen Systemen eingenommenen Bereiche im Mount

Carmel sind Eigentum des Staates Israel - ist ein effektives Gebietsmanagement allein durch Koordination der Hauptnutzer möglich, wobei zudem keine monetären Entschädigungsleistungen notwendig sind.

Neben den bereits angesprochenen Nutzungskonflikten wie Tourismus/Naturschutz im Küstenbereich, Siedlungsentwicklung/Landschaftsschutz im Umfeld der Drusendörfer und der Abnahme traditioneller Nutzungsformen ist ein Problemfeld akut: Dabei handelt es sich um anthropogen verursachte Waldbrände und die dadurch ausgelöste Diskussion über die generellen Entwicklungsziele des Mount Carmel.

Im Gegensatz zum westmediterranen Raum sind Waldbrände in Israel kein natürlicher Umweltfaktor, da sommerliche Gewitter mit Blitzschlag vollständig fehlen. Waldbrände gehen vielmehr auf Brandstiftung und Fahrlässigkeit zurück. Dennoch ist die mediterrane Vegetation Israels feuerangepaßt (Naveh 1974), d.h. die Arten sind entweder bis zu einem gewissen Grad feuerresistent und/oder regenerieren sich schnell aus unterirdischen Organen und Samen[2]. Einzelne Arten wie die Aleppokiefer und die Zistrosen werden sogar von Waldbränden begünstigt. Diese - im Vergleich zu den Eichen und anderen Gehölzen der Macchie - konkurrenzschwachen Arten setzen während der Brände große Mengen an Samen frei und besiedeln die freigewordene Fläche.

Der letzte große Waldbrand ereignete sich im Jahr 1989 und erregte in der israelischen Öffentlichkeit große Aufmerksamkeit. Ihm fielen ca. 4 km[2] Wald im nördlichen Mount Carmel zum Opfer, darunter ein großer Teil der naturnahen Aleppokiefernwälder und die Wiedereinbürgerungsstation 'Hai-Bar' - letztere inzwischen wiederaufgebaut. Da ein Großteil des Waldbrandgebietes zudem unter Naturschutz steht, stellte sich die Frage, ob nicht durch die Unterschutzstellung selbst die Grundlage, d.h. der Brennstoff, für ausgedehnte Waldbrände geliefert wurde. Denn zweifellos führte der nach Unterschutzstellung ablaufende Sukzessionsprozeß zu einem Zuwachs an Biomasse und toter organischer Substanz. Pointiert ausgedrückt wurde der Naturschutz von Wäldern - ohne Pflegeeingriffe - in Frage gestellt und die Notwendigkeit zur Pflege des gesamten Gebietes hervorgehoben. Dabei sollten Brandverhütung, d.h. Reduktion der Biomasse, durch traditionelle Landnutzungsformen wie Beweidung und kleinflächige Holznutzung oder durch gesteuerte Waldbrände erfolgen. Als Vegetationsleitbild wurden eine Garrigue mit einzelnen Bäumen und offene Macchie vorgeschlagen.

Der Waldbrand 1989 und die folgende Grundsatzdiskussion unterstrichen sowohl die Dringlichkeit einer umfassenden Planung als auch den Bedarf für Forschung zur Wirkung von Waldbränden auf Ressourcen und zur Waldregeneration. Die im folgenden als "Mount Carmel Post-fire Research" durchgeführten 12 Forschungsprojekte - darunter einige von der German Israeli Foundation und

---

2   Die Überlebensstrategien von Pflanzen wurden u.a. von Trabaud (1987) dargestellt.

dem Bundesministerium für Bildung, Wissenschaft, Forschung und Technologie geförderte Projekte - ergaben:

- die Regeneration der Vegetation erfolgt außerordentlich schnell, ebenso jene von Nagetierpopulationen und Boden-Mikroarthropoden,

- die floristische Artenzusammensetzung ähnelt der des Vorbestandes,

- die Verjüngung der Aleppokiefer ist nicht gefährdet, und

- die Bodenerosion übersteigt nicht - nach erhöhten Raten in den ersten zwei Jahren - jene von intakten Referenzflächen (vgl. Einzelaufsätze in Gasith et al. 1992).

Diese Ergebnisse, die auch durch Untersuchungen in anderen mediterranen Waldbrandgebieten bestätigt werden (Trabaud 1987), relativierten die anfänglichen an ein Katastrophenszenario erinnernden Befürchtungen. Jedoch, auch wenn nicht die befürchteten Degradationseffekte von Boden und Vegetation eintraten, so sind Waldbrände hinsichtlich Erholung, Landschaftsbild und Reifegrad der Ökosysteme eindeutig nachteilig. Da das Gebiet zudem relativ dicht besiedelt ist, können Waldbrände wegen der Gefährdung von Leben und Besitz nicht als notwendigerweise zu duldender Faktor akzeptiert werden.

3. Die konzeptionelle Planung des Biosphärenreservates Mount Carmel

"Biosphärenreservate sind als Modellgebiete angelegt, in denen neben Schutz und Pflege bestimmter Ökosysteme gemeinsam mit den hier lebenden Menschen eine nachhaltige Landnutzung entwickelt werden soll. Natürliche und naturnahe Ökosysteme in der Schutz- und der Pflegezone sind von Bereichen umgeben, in denen nachhaltige Nutzungen entwickelt werden, welche die Ökosysteme der Kulturlandschaft und deren Ressourcen langfristig erhalten. Der Begriff 'Biosphärenreservat' steht in diesem Zusammenhang für eine repräsentative Landschaft, deren Nutzungsgradient von der unbeeinflußten Kernzone bis hin zur intensiven, aber nachhaltigen Nutzung in der Entwicklungszone reichen kann. Von besonderer Bedeutung ist dabei der Schutz ... der Ressourcen Boden, Wasser, Luft und der Lebensgemeinschaften, die diese Schutzfunktion im Naturhaushalt ausüben. Der Schutz des Naturhaushaltes, des Landschaftsbildes und der genetischen Ressourcen sowie die Entwicklung einer nachhaltigen Nutzung sind eng miteinander verknüpft." (AGBR 1995, S.7f.)

Die Aufgaben von Biosphärenreservaten gliedern sich demnach in:

- Entwicklung von Konzepten und Modellen einer nachhaltigen Regionalentwicklung,

- Schutz des Naturhaushaltes und der genetischen Ressourcen,

- Bewahrung und Entwicklung von Ökosystemen und Ökosystemkomplexen unter Einbeziehung des Menschen,

- Forschung und Ökologische Umweltbeobachtung und

- Umweltbildung und Öffentlichkeitsarbeit.

Zur Umsetzung der Aufgaben sieht das Konzept von Biosphärenreservaten eine räumliche Gliederung in Kernzone (core area), Pflegezone (buffer zone) und Entwicklungszone (transition zone) vor. Durch die Zonierung wird ein Gradient menschlicher Tätigkeit repräsentiert. In den Kernzonen soll sich die Natur möglichst vom Menschen unbeeinflußt entwickeln können. Theoretisch müßte die Größe der Kernzonen so gewählt werden, daß tragfähige Populationen sämtlicher Arten des betreffenden Bioms existieren können (vollständiges Arteninventar) und damit eine Sicherung evolutionsbiologischer Prozesse gewährleistet wäre. In der Praxis ist diese Zielgröße, wie das Schicksal der Großräuber (u.a. Wolf, Bär, Lux) aber auch der Greifvögel in Europa und dem mediterranen Raum zeigt, oft nicht realisierbar, denn Naturgebiete sind auf kleine Restflächen zusammengeschrumpft. Die Ausweisung von Pflegezonen berücksichtigt einerseits den positiven und gewünschten Effekt angepaßter menschlicher Nutzungen auf die Arten-, Ökosystem- und Landschaftsdiversität und andererseits das 'Naturrecht' des Menschen auf Nutzung der Umwelt. Denn gerade die halbnatürlichen, von bestimmten menschlichen Eingriffsregimen geschaffenen und abhängigen Ökosysteme sind heute besonders gefährdet. Zu ihrem Verschwinden tragen zwei ökonomische Entwicklungstendenzen bei: die Intensivierung und Technisierung der Nutzungen auf allen geeigneten Flächen und die Nutzungsaufgabe wegen mangelnder Rentabilität. Zudem soll die Pflegezone (buffer zone) als Schutz für die Kernzonen dienen. In der Entwicklungszone sind schließlich intensivere menschliche Nutzungen - Siedlungen, Gewerbe, Landwirtschaft - angesiedelt. Inwieweit sich die Wirtschaftsweise in der Entwicklungszone, im Sinne von nachhaltiger Nutzung, von jenen anderer Gebiete außerhalb des Biosphärenreservates unterscheidet, hängt davon ab, welche politische Dimension dem "Modellcharakter" zugestanden wird. Entsprechend der anläßlich der "United Nations Conference on Environment and Development" (UNCED) 1992 in Rio de Janeiro verabschiedeten AGENDA 21 wird eine globale Nachhaltigkeit der Nutzung angestrebt.

Für das Biosphärenreservat Mount Carmel wurden folgende Ziele definiert:

Allgemeine Ziele:

- Entwicklung eines auf Israel zugeschnittenen Konzepts für Biosphärenreservate,

- Optimierung der Koexistenz von Naturschutz und ökonomischer und touristischer Aktivitäten,

- Erhaltung typischer mediterraner Landschaften und Entwicklung einer nachhaltigen Landnutzung.

Naturschutzorientierte Ziele:

- Erhaltung und Entwicklung natürlicher und naturnaher Ökosysteme (Wälder) in ihrer natürlichen Dynamik,

- in-situ-Schutz genetischer Ressourcen,
- Erhaltung von Sukzessions- und Degradationsstadien einschließlich der Landnutzungen, welche diese hervorbrachten,
- Entwicklung von Werkzeugen für einen dynamischen Naturschutz.

Forschungsorientierte Ziele:
- Aufbau eines flächendeckenden Informationssystems,
- Unterstützung von ökologischer Forschung, insbesondere der Langzeitökosystemforschung und Bereitstellung von Forschungsflächen und Infrastruktur,
- Teilnahme an internationalen Programmen zur Langzeitumweltbeobachtung.

Ziele der Umweltbildung und Öffentlichkeitsarbeit:
- Ausbau, Entwicklung und Koordination der bestehenden Einrichtungen zur Umweltbildung.

Die hier dargestellte Vorgehensweise beim Aufbau des Biosphärenreservates Mount Carmel zeichnet sich insbesondere dadurch aus, daß naturschutzorientierte und forschungsorientierte Ziele parallel und koordiniert verfolgt und in einer Planung umgesetzt wurden. Im einzelnen erfolgten

- eine umfangreiche Bestandserhebung der abiotischen und biotischen Ressourcen,
- die Verarbeitung der erhobenen Daten in einem Informationssystem,
- die Definition eines Leitbildes von Umweltqualitätszielen,
- die Umsetzung des Leitbildes in eine Zonierung und Pflegeplanung sowie
- die Entwicklung eines Programms zur Umweltbeobachtung, das u.a. Daten zur Erfolgskontrolle der Planung und Pflegemaßnahmen liefern soll.

Auf diese Schritte wird im folgenden eingegangen. Es ist hervorzuheben, daß hier nur die nachhaltige Landnutzung der Pflegezone behandelt wird. Die Erarbeitung eines Programms zur nachhaltigen Nutzung für die Entwicklungszone ist für eine spätere Phase - nach der Implementierung des Biosphärenreservates - vorgesehen.

3.1 Das Informationssystem für das Biosphärenreservat Mount Carmel

Kompetente Entscheidungen und Planungen sind ohne Kenntnis der Sachlage und ohne umfassende Zusammenstellung der relevanten Daten unmöglich. Im speziellen Fall, dem Aufbau eines Biosphärenreservates, sind zudem ein hoher Grad an Planungstransparenz sowie eine technisch moderne Datenhandhabung als Grundlage für die Ökologische Umweltbeobachtung und weitere vertiefende Forschung gefordert. Diesen Aspekten soll mit einem Informationssystem für das

Biosphärenreservat Mount Carmel Rechnung getragen werden. Daneben kann das Informationssystem als Entwicklungsbasis eines digitalen Systems zur Umweltbildung fungieren.

Das Informationssystem für das Biosphärenreservat Mount Carmel besteht aus einem flächendeckenden Geographischen Informationssystem (GIS) und mit dem GIS verknüpfbaren relationalen Datenbanken für vertiefende Studien. Im GIS sind geographisch/räumliche Daten als Flächen, Linien- und Punktinformation oder als Raster abgelegt und können fragestellungsbezogen überlagert, verknüpft und analysiert werden. Für planerische und wissenschaftliche Zwecke ist insbesondere die Überlagerung verschiedener thematischer Karten von Bedeutung; einen Überblick zu Einsatz, Methoden und Technik von Geographischen Informationssystemen in der Umweltforschung sind Turner/Gardner (1990) sowie Ashdown/Schaller (1990) zu entnehmen. Zu den speziellen inhaltlichen Anforderungen an Informationssysteme in den Biosphärenreservaten in Deutschland sei auf AGBR (1995) verwiesen.

Die Leitlinie bei der Datenaquisition bestand darin, vornehmlich auf bereits existierende Datenquellen zurückzugreifen, diese zu sichten und die geeigneten und relevanten Daten im Informationssystem zusammenzuführen. Nur bei offensichtlichen Datenlücken erfolgten Kartierungen oder vertiefende Untersuchungen. Durch diese Vorgehensweise wurde schon in der initialen Projektphase der Kontakt zu nicht unmittelbar am Projekt beteiligten Institutionen und Behörden hergestellt, was sich in der anschließenden Planungsphase positiv auswirkte.

Der digitale räumliche Datensatz (vgl. Tab. 2) gliedert sich in Grundlagenkarten und daraus abgeleitete Auswertungen, Interpretationen und Synopsen. In den Grundlagenkarten sind u.a. die wichtigsten abiotischen Merkmale wie Meereshöhe, Niederschläge, Temperatur, Bodentypen, geologisches Ausgangsgestein und Gewässer dargestellt, aber auch die biotische Ausstattung sowie die Technische Infrastuktur, die Siedlungen, die Verwaltungseinheiten und die Stätten des kulturellen Erbes. Um den Zustand des Gebietes exakt zu dokumentieren, wurden alle Grundlagenkarten mit der höchstmöglichen Auflösung verarbeitet, auch wenn in den anschließenden Schritten auf kleinere Maßstäbe reduziert wurde. Insbesondere bei der Standortcharakterisierung wurden Defizite aufgedeckt; so stammten die zusammenfassenden Beschreibungen von Böden und Geologie noch aus der Zeit des britischen Mandats. Hinsichtlich der Lithologie, die im mediterranen Raum häufig die Bodeneigenschaften überprägt (vgl. Zohary 1973), konnte dieses Defizit durch die Aufarbeitung neuerer Monographien, die jeweils Teilbereiche des Carmel abdecken, behoben werden.

Ein wesentlicher Fortschritt, z.B. gegenüber der Karte von Zohary (1982), stellt die Kartierung der Vegetation von Lahav/Farkash (1986) für den Mount Carmel und der NRA für die Küstenebene dar. Hier werden anhand dominierender und begleitender Gehölze allein für die zonale, naturnahe Vegetation 16 Gemeinschaften des Kermeseichen-Waldes, 5 des Valloneneichen-Waldes, 10 des Johannisbrotbaum-Mastixstrauch-Waldes und 9 des Aleppokiefern-Waldes unterschieden. Dazu kommen die stark degradierte, azonale und sonstige Sonder-

Themenbereich	Karteninhalt	Quelle(n)
Topographie	Meereshöhe	(2) DGM-Israel
	Höhenstufen, Hangneigung, Exposition	(2) GIS-Auswertung (NRA)
Technische Infrastruktur	Straßen	(2) Topographische Karte
	Wanderparkplätze	(1,2) NPA
	Wanderwege	(2) Topographische Karte
	Mülldeponien	(1) terr. Kartierung (NRA)
	Trinkwasserbrunnen	(1) Hydrological Service
Siedlungen	bebaute Flächen innerhalb von Ortschaften, Streubebauung	(2) Topographische Karte, Luftbildauswertung (NRA)
Landnutzung außerhalb Siedlungen	Forste	(1) JNF
	Äcker, Dauerkulturen	(1) terr. Kartierung, Luftbildauswertung (NRA)
	natürliche und halbnatürliche Vegetation	
	bestehende Landnutzungs- und Pflegeeingriffe	(2) terr. Kartierung, Befragung
Oberflächengewässer	temporäre Fließgewässer	(2)Topographische Karte
	Quellen, Tümpel, Teiche	(1,2) NRA
	Wassereinzugsgebiete	(2) GIS-Auswertung
Makroklima	jährliche Niederschlagssumme	(3) Atlas of Haifa and Mount Carmel
	durchschnittliche Lufttemperatur	
Standort	geologisch stratigraphische Einheiten	(3) Atlas of Haifa and Mount Carmel
	Bodentypen	
	geologisch lithologische Einheiten	(1, 2) Auswertung von Monographien (NRA)
	hydraulische Leitfähigkeit	(2) Interpretation
	mechanische Stabilität	(2) Interpretation
Fauna	Brutplätze von Greifvögeln	(2) terr. Kartierung (NRA)
Vegetation	Pflanzengesellschaften	(1) terr. Kartierung (LAHAV & FARKASH, 1986)
	Vegetationsformationen	
	Vegetationsgruppen	(1) Auswertung
	Waldbrandgebiete	(2) Befragung, Luftbilder
Kulturelles Erbe	Stätten von archäologischer Bedeutung	(1) terr. Kartierung
	Stätten von kultureller Bedeutung	
Biosphärenreservat	Landkreis- und Gemeindegrenzen	(2) Karte administrativer Einheiten
	Schutzgebiete	(1) NRA, NPA
	Landnutzungstyp	(2) Interpretation
	Ökosystemtyp	(2) Interpretation
	Zonierung	(2) Planung
	Managementplan	(2) Planung

Tab. 2: Der Inhalt des geographisch/räumlichen Teils des Informationssystems für das Biosphärenreservat Mount Carmel im Maßstab 1:50.000 und die Datenquellen (Originalmaßstäbe: (1) 1:10.000 - 1:20.000, (2) 1:50.000, (3) kleiner als 1:50.000; Quellen: NRA = Nature Reserves Authority, NPA = National Park Authority, JNF = Jewish National Fund)

standorte besiedelnde Vegetation. Durch die Aufnahme der Pflanzengesellschaften und der Vegetationsformation - neben Batha, Garrigue, Macchie, savannenartiger Wald und mehrschichtigem Wald auch eine Reihe von Übergangsformen und speziellen Ausprägungen - liegt eine detaillierte Beschreibung zum Entwicklungsstand und zur Verbreitung der Vegetation vor. Mit den Arbeiten von Fragman et al. (1994, 1996) ist zudem der Gefährdungsgrad einzelner Arten sowie deren Vorkommen bekannt.

Für Planungszwecke war es notwendig, die Grundlagendaten landschaftsökologisch zu interpretieren und zu harmonisieren, da die Angaben zu den naturnahen, forstlich-agrarischen und Techno-Systemen aus verschiedenen Quellen stammten. Dabei wurden folgende Nomenklatur und Merkmale berücksichtigt:

Typen	Kriterien
Pflanzengesellschaften	floristisches Inventar
Vegetationstypen	Pflanzengesellschaften ähnlichen floristischen Inventars (entsprechend den Verbänden von Zohary 1982)
Vegetationsformationen	strukturelle Eigenschaften (wie Batha, Garrigue, offene Macchie, geschlossene Macchie etc.)
Standorttypen	lithologische Eigenschaften
Landnutzungstyp	Vegetationstyp + forstlich-agrarische und Techno-Systeme
Ökosystemtyp	Kombination aus Standorttyp und Vegetationstyp + forstlich-agrarische und Techno-Systeme

Der verwendete Landnutzungs- sowie der Ökosystemtyp setzt sich deshalb aus hierarchisch-differenziert untergliederten Komponenten für natürliche und naturnahe Systeme (basierend auf Pflanzengesellschaften und Vegetationsformationen) und über die Nutzung definierte Komponenten für forstlich-agrarische und Techno-Systeme zusammen.

Die implementierte GIS-Datenbasis ist für Israel hinsichtlich Gebietsdeckung (flächendeckend), Vollständigkeit und Qualität einzigartig. Der zugehörige Merkmalskatalog der einzelnen räumlichen Einheiten und der Ökosystemtypen (vgl. AGBR 1995, S.46) umfaßt die Attribute der in Tab. 2 angeführten Karten und zudem weitere kennzeichnende Größen wie: Artenreichtum, Artendiverstiät, Vegetationsdichte, Bodenbedeckung, vertikale Komplexität (Schichtung), räumliche Komplexität (Patchiness), Angebot an Mikrostandorten.

Hinsichtlich vertiefender Studien der Vegetation wurde der folgende Stand erreicht: Das Gebiet ist durch über 2.000 qualitative Vegetationsaufnahmen der dominanten, subdominanten und einzelner begleitender Gehölzarten vollständig kartiert. In einem Testgebiet wurde zudem auf 144 Plots, die repräsentativ unter Einsatz des GIS ausgewählt wurden, die gesamte Gehölzflora quantitativ erfaßt und statistisch analysiert. Die dabei zur Umweltcharakterisierung verwendeten

Faktoren umfassen 15 aus dem GIS entnommene unabhängige Variablen wie z.B. Bodentyp, lithologische Einheit, Hangneigung und Exposition sowie 13 Faktoren, die in unterschiedlichem Maße von der Vegetation abhängig sind, wie z.B. Vegetationsformation, Bodenbedeckung, vertikale Stratifikation. Die quantitative Untersuchung der Vegetation erfolgte mit dem Ziel,

- die Validität der vorhandenen pflanzensoziologischen Klassifikation zu prüfen und

- den Zusammenhang zwischen den Umweltfaktoren und der Vegetationsstruktur und zwischen

- den Umweltfaktoren, der Vegetationsstruktur und der Artenzusammensetzung zu quantifizieren.

Alle statistischen Analysen - sowohl der qualitativen (Walczak 1995) als auch der quantitativen (Olsvig-Whittaker 1995) Erhebungen - ergaben, daß

- anthropogene Störungen den dominierenden Faktor für die Ausprägung der Vegetationsstruktur und die Artenzusammensetzung darstellen und daneben

- ein deutlicher Einfluß des Ausgangsgesteins und der Exposition nachweisbar ist.

Allerdings lagen die Informationen zu den historischen und rezenten anthropogenen Störungen nicht in einer Qualität vor, die die Entwicklung eines statistischen Prognosemodells der Artenzusammensetzung erlauben würde.

Ein wesentlicher Kartierungsschritt war deshalb die Erhebung der zur Zeit tatsächlich durchgeführten Landnutzungseingriffe, die hier auch als Pflege- und Managementpraktiken verstanden werden und als Grundlage für den Managementplan der Pflegezone dienen. Dabei wurden die in Tab. 3 dargestellten Eingriffsregime und deren Intensitätsstufen unterschieden. Hinsichtlich der Beweidungsregime ist anzumerken, daß die Beeinflussung nicht nur durch direkte Weide- und Äsungs-Nutzung, sondern auch durch begleitende Weidepflege wie Auslichten und Ausschneiden von Gehölzen erfolgt.

3.2 Die Planung des Biosphärenreservates Mount Carmel

Die reiche biotische Ausstattung und die hohe Biodiversität des Mount Carmel beruht, neben der Standortvielfalt, auf menschlichen Nutzungseingriffen unterschiedlicher zeitlicher und räumlicher Intensität einschließlich einer mehr als 40jährigen Regeneration großer Gebiete ohne nennenswerte Störungen. Abb. 4 verdeutlicht diesen Sachverhalt. Neben den typischen 'Klimax'- oder 'Pseudoklimax'-Ausprägungen der Vegetationstypen, wie z.B. der Macchie für den Kermeseichenwald oder savannenartiger Wald für den Cerationia siliqua Typ, kommen nutzungsbedingte Ausprägungen wie offene Macchie, Garrigue und Batha vor, die einen Gradienten zunehmender Eingriffsintensität repräsentieren. Sämtliche dieser Ausprägungen weisen spezifische Eigenschaften hin-

Eingriffsregime	Ausprägungen
Naturschutz im engeren Sinne	
keine Eingriffe	-
Forstwirtschaft	
waldbauliche Behandlung naturnaher Wälder (auslichten, ausschneiden, aufasten)	-
gesteuertes Abbrennen (prescribed burning)	zwei Intensitätsstufen
künstliche Nadelholzforste	-
Landwirtschaft, Beweidung	
Ziegen-Hütebeweidung	drei Intensitätsstufen
Koppelbeweidung mit Rindern und Schafen	drei Intensitätsstufen
Landwirtschaft, Ackerbau	
annuelle landwirtschaftliche Kulturen	bewässert und unbewässert
landwirtschaftliche Dauerkulturen	bewässert und unbewässert
Gewächshauskulturen	-
Erholung	
Picknick- und Ausflugsnutzung	drei Intensitätsstufen
Sonstiges	
militärische Übungen	zwei Intensitätsstufen
städtische und dörfliche Nutzungen	zwei Intensitätsstufen

Tab. 3: Die Eingriffsregime der bestehenden Landnutzungen im Biosphärenreservat Mount Carmel

sichtlich Vorkommen von Arten, Artenreichtum, Artendiversität, Vegetationsdichte, Bodenbedeckung, vertikaler Komplexität (Schichtung), räumlicher Komplexität (Patchiness) und dem Angebot an Mikrostandorten auf. Diese Eigenschaften wurden erhoben, doch dienen sie nicht dazu, den einzelnen Ausprägungen einen wie auch immer definierten Wert zuzuordnen, der als Planungskriterium eingesetzt wurde. Sie sind vielmehr Ausdruck einer eigenständigen Individualität ohne Wertzuweisung. Weil das Gebiet als solches ein Unikat in Israel darstellt, gibt es auch keine Planungsalternativen außer dem Erhalt dieser Komplexität.

Ausgehend von den charakteristischen Qualitäten der Ökosysteme und ihrer räumlichen Anordnung war es Aufgabe der Planung, die Zonation des Biosphärenreservates Mount Carmel festzulegen und einen Managementplan für die Pflegezone zu entwickeln.

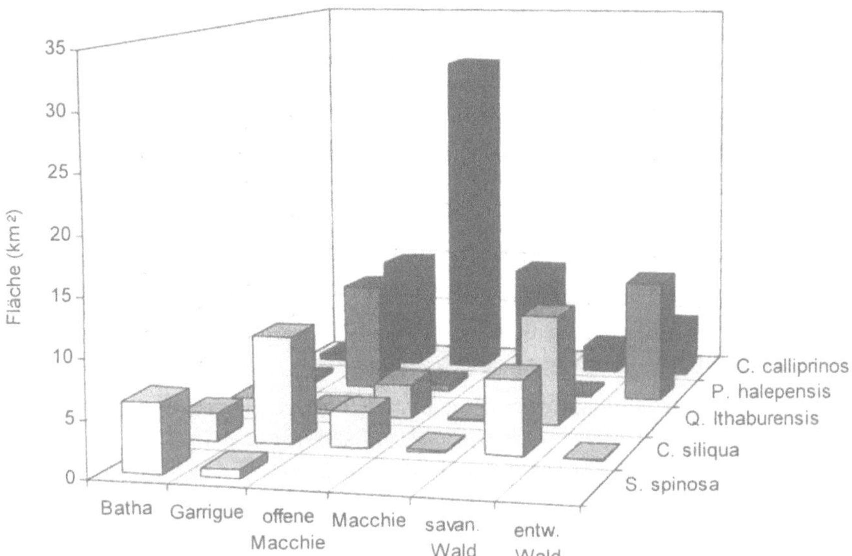

Abb. 4: Die landschaftsprägenden, naturnahen und halbnatürlichen, zonalen Vegetationstypen des Mount Carmel und ihr Entwicklungszustand, ausgedrückt durch die Vegetationsformation

3.2.1 Leitbild

Seit der Gründung des Staates Israel erfolgte im Gebiet des Mount Carmel ein erheblicher Landschaftswandel. Aus den während der britischen Mandatszeit fast das gesamte Bergland bedeckenden, stark degradierten Batha- und Garrigue-Formationen entwickelte sich ein differenziertes Landschaftsmuster, das die gesamte Spannbreite der möglichen Ausprägungen der zonalen Vegetationssysteme beinhaltet. Daneben erfolgten die Aufforstungen stark degradierter Standorte mit Koniferenwäldern, die Aufgabe ackerbaulicher Tätigkeit auf schwer zu bewirtschaftenden terrassierten Kleinparzellen und eine Intensivierung der Landwirtschaft in den Tallagen. Obwohl heute weitaus mehr Menschen im Gebiet und im Umfeld des Gebietes leben, wurde der Mount Carmel insgesamt naturnäher und diverser. Zudem wurde durch die Regeneration der Vegetation auch die Leistungsfähigkeit des Naturhaushalts nachhaltig gestärkt, insbesondere der Bodenschutz.

Vor dem Hintergrund dieser dynamischen Veränderung der Landschaft innerhalb der letzten 50 Jahre wäre es fatal, ein statisches Leitbild für das Biosphärenreservat festzulegen[3]. Vielmehr wurde akzeptiert, daß sich Ökosysteme und Nutzungen auch weiterhin ändern und entwickeln werden; die planungsrelevan-

---

3   Einen Überblick über die Dynamik und das Management mediterraner Ökosysteme geben u.a. Conrad/Oechel (1981).

ten Fragen dabei sind nur 'wie', 'wo' und 'wohin'. Hinsichtlich Geschwindigkeit der Änderungen und Endzustand (Klimax oder Nutzungsequilibrium) sind aber heute keine wissenschaftlich exakten Prognosen möglich, so daß hier der Grundsatz 'Entscheiden - Beobachten - Entscheiden' verfolgt wird. Das damit verbundene Konzept eines dynamischen Naturschutzes folgt den Maximen:

- Sicherung der natürlichen Entwicklung aller Systeme der zonalen Vegetation in den Kernflächen,

- Sicherung und Etablierung von verschiedenartigen, nachhaltigen Nutzungsregimen unterschiedlicher Intensität in der Pflegezone,

- Weiterführung des existierenden, bisher positiven Managementregimes unter intensiver Umweltbeobachtung,

- Akzeptanz von traditionellen Nutzungsregimen mit negativen Effekten auf den Naturhaushalt in einzelnen Landschaftsausschnitten (z.B. Ziegen-Hütebeweidung mit Bodenerosion),

- forcierte Änderung des bestehenden Nutzungsregimes nur bei Konflikten mit dem Schutzziel der Kernzone,

- keine 'künstliche', monetäre Förderung ökonomisch nicht tragfähiger Nutzungen,

- Langzeitmonitoring von Landschaft, Ökosystemen und Arten als Informationsbasis zur Evaluierung und Überarbeitung der Planung.

Dem dynamischen Bewirtschaftungsziel liegen Szenarien der Dynamik der dominierenden Systeme zugrunde, welche aus umfangreichen Expertenanhörungen abgeleitet wurden. Von den vier dominanten Systemen (dem Kermeseichen-, Aleppokiefern-, Johannisbrotbaum- und Valloneneichensystem) sei hier beispielhaft das Kermeseichensystem erörtert (vgl. Abb. 5). Als Klimaxformation des Kermeseichensystems wird eine geschlossene Macchie oder ein Hochwald im Sinne von Barbero et al. (1991) angenommen. Welche Formation und Struktur sich letztendlich ausprägt, ist zwar von großem akademischen Interesse, doch für das Leitbild - Sicherung der natürlichen Entwicklung - eher belanglos. Hier besteht aber ein massives Interesse an der Ökologischen Umweltbeobachtung. Daneben existieren Formationen, die nutzungsgeprägt sind. Unter diesen wird der mäßig offenen Macchie, wegen der Kombination von effektiver Nutzungsmöglichkeit (Beweidung), hoher Strukturvielfalt und hoher Artendiversität, eine besondere Bedeutung eingeräumt. Unter den gegebenen Nutzungsbedingungen, d.h. dem hohen Aufwand für manuelle Gehölzreduktion, wird aber wahrscheinlich eine Sukzession der mäßig offenen Macchie zu einem offenen Wald einsetzen; gleichzeitig findet eine Sukzession der Garrigue in Richtung der mäßig offenen Macchie statt. Der offene Wald ist ein relativ neues System innerhalb der mediterranen Vegetation; er ist mit der Triftbeweidung durch Rinder und Schafe verknüpft und zeichnet sich durch eine hohe strukturelle Diversität aus. Da versehentliche Waldbrände auch in Zukunft wahrscheinlich nicht verhindert werden können, ist eine Dynamik anzunehmen, die wieder bei der Garrigue beginnt. Die Batha-Formation, als Ausdruck einer Überweidung - mit negativen

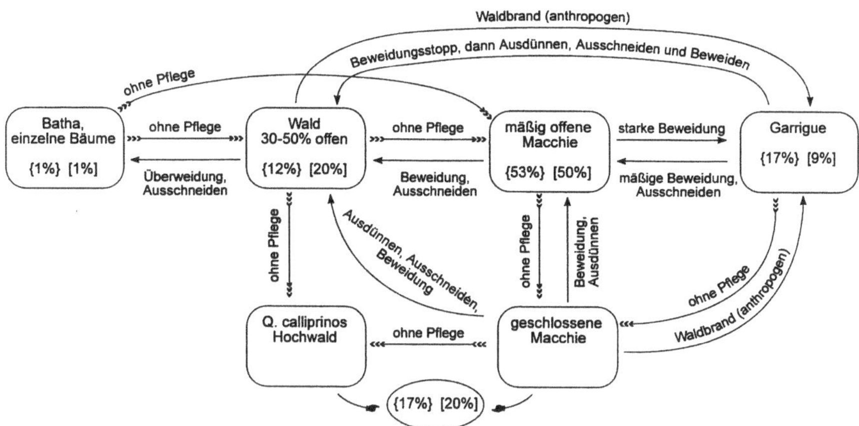

Abb. 5: Nutzungsabhängigkeit und natürliche Sukzession des Kermeseichensystems (Q. calliprinos). Die Werte in geschweiften Klammern geben das heutige Vorkommen und die in eckigen das angestrebte Vorkommen wieder

Effekten auf den Naturhaushalt - wird, zur Komplettierung der Nutzungsausprägungen, in Teilbereichen geduldet.

3.2.2 Zonierung

Die Zonierung (vgl. Karte 3) des Biosphärenreservates Mount Carmel erfolgte als Kombination eines ausschließenden (Verminderung von randlichen Wirkungen auf die Kernflächen) und eines eignungsbezogenen (Naturnähe der Ökosysteme) Ansatzes. Als zusätzliches Planungskriterium sollten alle Kernzonen bereits als Nature Reserve geschützt sein. Zur Sicherung der natürlichen Entwicklung der sieben Hauptökosysteme:

- Quercus calliprinos (1.) auf Kalkstein und (2.) auf Dolomit,
- Pinus halepensis (3.) auf Kreide,
- Ceratonia siliqua (4.) auf Kalkstein und (5.) auf Kreide,
- Quercus ithaburensis (6.) auf Kalkstein und (7.) auf Kreide

wurden drei Kernzonen, eine im Zentrum, eine auf der Ostabdachung und eine im nördlichen Bereich, mit einer Gesamtfläche von ca. 14 km^2 vorgeschlagen. Durch die drei räumlich getrennten Kernzonen wird das Risiko eines Totalverlusts dieser Ökosysteme durch Waldbrände reduziert. Die Pflegezone (185 km^2) umfaßt die restlichen Teile des Mount Carmel mit Ausnahme der Drusendörfer und die naturnahen Bereiche in der Küstenebene - wegen der hohen randlichen Beeinflussung und der nicht auszuschließenden Erholungsnutzung konnte in der Küstenebene keine Kernzone ausgewiesen werden. Da hier mit abnehmendem Anteil naturnahe Vegetation unterschiedlichen Beweidungsgrades, Forste und

Haifa

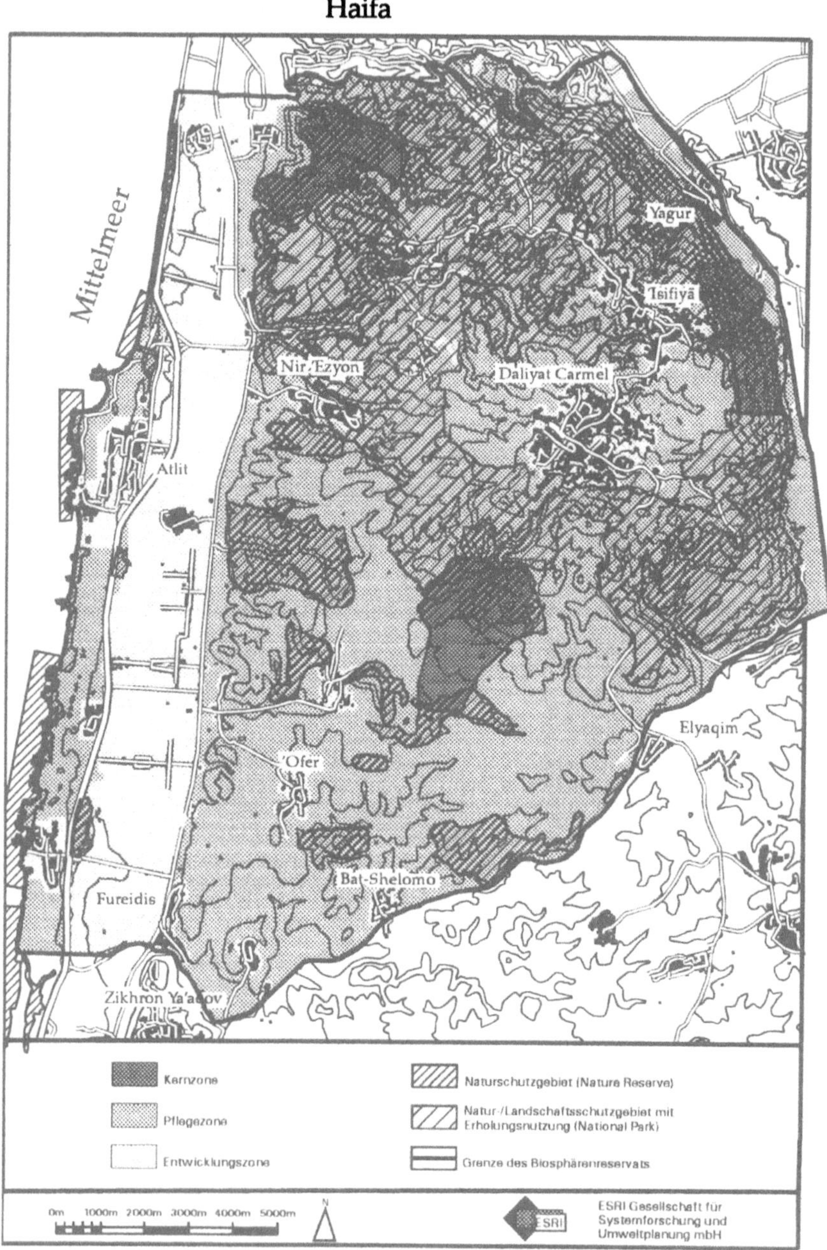

Karte 3:   Vorgeschlagene Zonierung und bisheriger Schutzstatus.

extensive Landwirtschaft vorkommen, ist ein ausreichendes Potential für Managementmaßnahmen gegeben. In der Entwicklungszone, ca. 67 km^2, sind schließlich die Gebiete intensiver Landwirtschaft und Siedlungen mit den zwei

Schwerpunkten Küstenebene und Drusendörfer auf der Kammlage des Mount Carmel zusammengefaßt.

3.2.3 Pflege und Management

Der Managementplan (vgl. Karte 4) soll die Pflege der Ökosysteme nicht abschließend festlegen, sondern ist als Zwischenetappe bis zur Implementierung des Monitoringprogramms und der Vorlage erster quantitativer Ergebnisse zur ablaufenden Landschafts- und Ökosystemdynamik gedacht. Mit der offiziellen Einrichtung des Biosphärenreservates wird zudem eine Überprüfung vorgenommener Gewichtungen anhand der Ziele des Biosphärenreservates notwendig.

Der Managementplan schreibt im wesentlichen die bestehenden Landnutzungsformen fort. Für die Plege der naturnahen Ökosysteme wird insbesondere die Fortführung der Triftbeweidung durch Rinder und Schafe vorgeschlagen. Diese Beweidungsform erscheint unter den gegebenen Rahmenbedingungen in Israel (Produktnachfrage und Organisationsgrad) als einzige dauerhaft-kontrolliert durchführbar und nachhaltig. Die Ziegen-Hütebeweidung soll bis auf weiteres im bisherigem Umfang und in bisheriger Intensität fortgesetzt werden. Bei eventueller Nutzungsaufgabe ist die Möglichkeit von Triftbeweidung zu prüfen. Durch beide Beweidungsregime wird mehr als 75 % der Pflegezone abgedeckt.

Die waldbauliche Behandlung von naturnahen Eichenwäldern durch den JNF erscheint zur Erhöhung der Landschaftsdiversität und zur Entwicklung von Multifunktionswäldern (Beweidung, Holzproduktion und Naturschutz) sinnvoll. Deshalb sollen die Anstrengungen fortgesetzt werden; eine Ausweitung allerdings hängt von den zu gewinnenden Erfahrungen zur Praktikabilität und den Ergebnissen des Monitorings ab. Bezüglich der bestehenden Koniferenforste wird angeregt, Diversifizierungsmöglichkeiten zu entwickeln und praktisch zu prüfen; durch partielle Bestandesauflichtungen könnte z.B. das Waldbrandrisiko gesenkt und die Ansiedlungsmöglichkeit für Arten der natürlichen Vegetation erhöht werden. Weitere Aufforstungen jedweder Art sind nicht vorgesehen.

Gesteuertem Abbrennen wird, anders als z.B. in nordamerikanischen Nationalparken, keine primäre Pflegefunktion beigemessen. Hier wird es nur im Umfeld von potentiellen Quellen der Feuerentstehung (u.a. im militärischen Übungsgelände) eingesetzt, um das Risiko der Feuerausbreitung zu minimieren. Ansonsten sind die Übungsaktivitäten außerhalb der Kernzone mit den Zielen des Biosphärenreservates vereinbar und werden als Pflegeform angesehen, die einer Nicht-Nutzung nahekommt.

Flächenhafte Erholungsnutzung ist in angepaßter Nutzungsintensität an der Küste und in bereits eingerichteten Zentren von NRA, NPA und JNF im Mount Carmel vorgesehen, wobei die Einrichtungen des Nahal Me'arot Nature Reserve auch zum Besucherzentrum des Biosphärenreservates ausgebaut werden können.

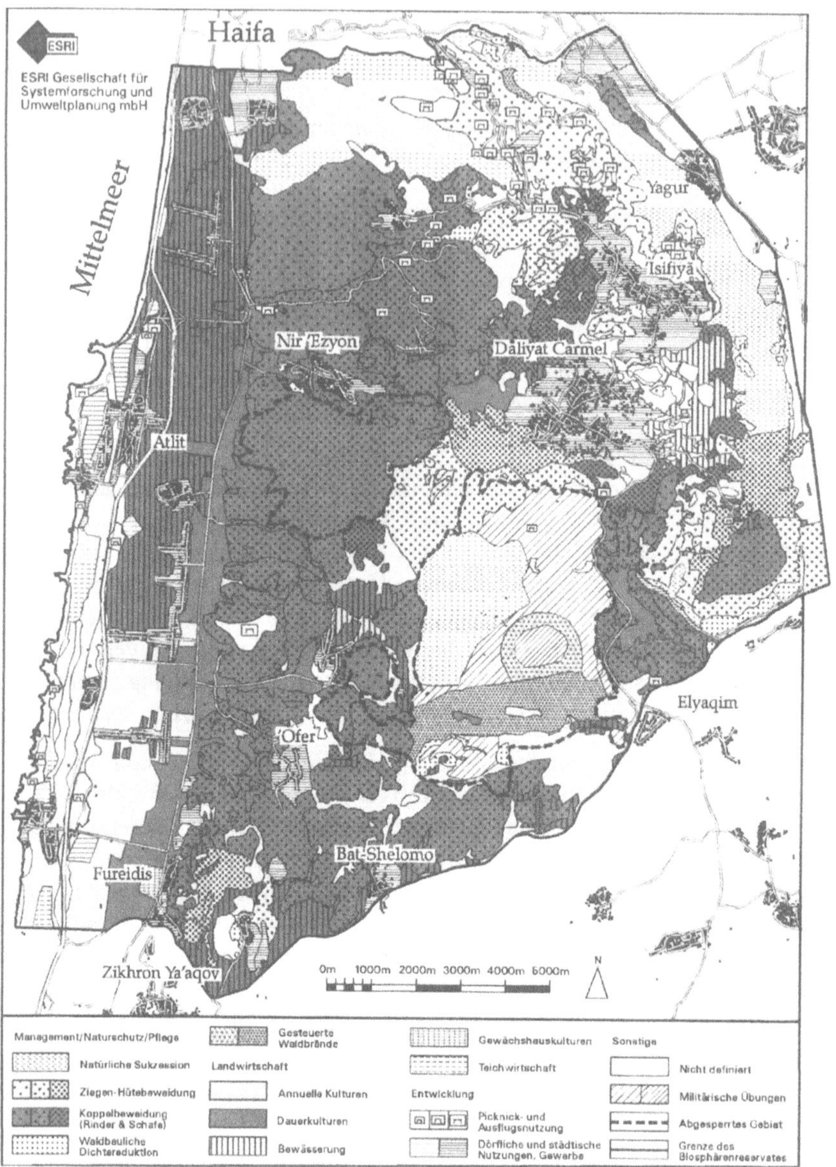

Karte 4:   Vorgeschlagener Managementplan.

3.3 Das Monitoringprogramm

Das Ziel des Monitoringprogramms ist Etablierung eines standardisierten Umweltbeobachtungsverfahrens, das zur Erfolgskontrolle der Planung, d.h. Zonierung und Management, des Biosphärenreservates Mount Carmel und als Datenbasis für eine sachlich fundierte Überarbeitung der Planung dient. Insbesondere sollen damit Daten zur Beurteilung der Effizienz der Managementeingriffe in der Pflegezone gewonnen werden. Hinsichtlich der natürlichen Sukzession in den Kernzonen kommt dem Monitoring auch wissenschaftliche Bedeutung zu. Der Aufbau eines 'Globalmonitorings' sämtlicher heute als sensitiv bekannter Umweltparameter und Ökosystemfunktionen und -strukturen ist das Ziel einer späteren Phase.

Das Monitoringprogramm berücksichtigt die drei Ebenen Landschaft, Ökosystem und Population mit jeweils spezifischen Fragestellungen. Auf der Landschaftsebene (vgl. Tab. 4) wurden die Fragestellungen Landnutzungsänderungen und Dokumentation abiotischer Umweltparameter angesiedelt. Für die Beobachtung der Landnutzung werden Fernerkundungsmethoden vorschlagen. Hinsichtlich der abiotischen Umweltparameter ist eine Zusammenarbeit mit den bereits bestehenden Meßnetzen vorgesehen.

Fragestellung	Methode und Erhebungsfrequenz
Klimavariabilität und -änderungen	Klimastationen, kontinuierlich
Niveau und Änderung von Luftschadstoffen	Immissionsmeßstationen, kontinuierlich
Änderung der Landnutzung	Fernerkundung, 5-jährig
Änderung des Gebietswasserhaushalts	Grundwasserpegel, kontinuierlich

Tab. 4: Fragestellungen und Methoden des Monitoring auf der Landschafts-
ebene

Auf der Ökosystemebene findet der Hauptteil der Monitoringaktivitäten statt. Die Fragestellung umfaßt hier die Auswirkungen der Sukzession und des Managements auf Vegetation und Tiere (vgl. Tab. 5). Das Rückgrat sind dabei 42 permanente Monitoringflächen die die sieben dominierenden Ökosysteme, je-

Fragestellung	Methode und Erhebungsfrequenz
Vegetationsveränderung in den dominanten Ökosystemen	7 x 2 x 3 permanente Whittaker-Plots, 5-jährig
Vegetationsveränderungen in nicht dominanten Ökosystemen	Vegetationsaufnahmen in permanenten Plots, 5-jährig
Veränderungen der Vogel-Zönose	Linientransekte, 5-jährig
Veränderungen der Raubvogel-Zönose	Kartierung der Nistplätze, jährlich
Veränderungen der Schnecken-Zönose	Probennahme, 5-jährig
Veränderungen von Ökosystemgrenzen	Fernerkundung, 5-jährig

Tab. 5: Fragestellungen und Methoden des Monitorings auf der Ökosystem-
ebene

weils unter Beweidung und natürlicher Sukzession mit jeweils drei Replikaten repräsentieren. Auf den Monitoringflächen werden sogenannte Whittaker-Plots zur quantitativen und qualitativen Beobachtung der Vegetationsdynamik eingerichtet und Flächen und Transekte zur Beobachtung der Schnecken- und Vogelzönose angeschlossen. Zur Dokumentation der nicht dominierenden Ökosysteme werden Vegetationsaufnahmen auf markierten Beprobungsflächen verwendet. Das Monitoring der Vegetation mit detaillierten Whittaker-Plots und semiquantitativen Vegetationsaufnahmen ist ein Kompromiß zwischen größtmöglicher Sensitivität und Repräsentativität.

Auf der Populationsebene ist das Monitoring seltener, geschützter und sonstiger bedeutsamer Arten angesiedelt (z.B. Madonnenlilie, Feuersalamander, Mittelmeerschildkröte).

4. Zusammenfassung und Ausblick

Der mediterrane Raum zeichnet sich durch eine langfristige anthropogene Überprägung aus. Unbeeinflußte natürliche Ökosysteme kommen, je nach Definition, überhaupt nicht oder nur in marginalem Umfang vor. Auch weitgehend unbeeinflußte Ökosysteme sind selten und meist nur in klimatisch, standörtlich oder geographisch ungünstigen Lagen anzutreffen. Von hervorragender Bedeutung sind die diversen Kulturlandschaften dieser Erdregion mit einem Gefüge von naturnahen, halbnatürlichen und Nutz-Ökosystemen. Neben Schutz und Entwicklung der naturnahen Ökosysteme ist im mediterranen Raum die Sicherstellung angepaßter Nutzungsformen der halbnatürlichen Ökosysteme von maßgeblicher Bedeutung, denn gerade diese sind durch die heutige Tendenz zur Nutzungsaufgabe oder Nutzungsintensivierung in hohem Maße gefährdet. Mit ihrem Verschwinden würde nicht nur die Schönheit und Vielfalt der Landschaft abnehmen, sondern auch ein bedeutender Artenrückgang zu verzeichnen sein.

Das Biosphärenreservatkonzept der UNESCO mit einer räumlichen Gliederung in unterschiedlich intensiv genutzte Kern-, Pflege- und Entwicklungszonen und entsprechend ausgerichteten Schutzzielen und Pflege/Managementmaßnahmen ist zur integralen Handhabung dieser Kulturlandschaften in besonderer Weise geeignet.

Mit dem Mount Carmel und der Carmel-Küste besitzt Israel Landschaften, deren Ausweisung als Biosphärenreservat eine Lücke im internationalen Netz der Biosphärenreservate schließen könnte und auch signalgebend für den ostmediterranen Raum wäre. Zwar sind bereits weite Teile als Nature Reserve oder National Park geschützt, doch eine integrative Planung zur 'Bewirtschaftung' des Gebietes fehlt.

Das geplante Biosphärenreservat Mount Carmel zeichnet sich durch Artenreichtum, Ökosystemvielfalt und ein differenziertes landschaftliches Mosaik aus. Diese hohe Biodiversität beruht, neben der Variationsbreite der Standorte und der biogeographischen Lage, auf menschlichen Nutzungseingriffen unterschiedlicher zeitlicher und räumlicher Intensität einschließlich einer mehr als 40jährigen Regeneration großer Gebiete ohne nennenswerte Störungen. Während die Carmel-Küste von hochproduktiven Agrarökosystemen geprägt ist und weniger beeinflußte Vegetation nur in Strandlage vorkommt, finden sich auf dem Mount Carmel überwiegend Wälder und deren nutzungsgeformte Degradationsstadien, die auf Beweidung und Weidepflege zurückgehen. Die zonale Vegetation wird von den vier mediterranen Waldtypen Kermeseichen-, Aleppokiefern-, Johannisbrotbaum- und Valloneneichen-Wald gebildet. Weitgehend ungenutzte Bestände in Form einer geschlossenen Macchie bzw. eines mehrschichtigen Waldes existieren allerdings nur vom Kermeseichen- bzw. Aleppokiefernwald. Die thermophilen Johannisbrotbaum- und Valloneneichen-Wälder werden allesamt beweidet und zeigen typischerweise eine savannenartige Ausprägung mit einzeln stehenden Bäumen und vielfältiger Zwergstrauch- und Krautflora. An diesen Vegetationstypen wird der jahrhundertelange Einfluß menschlicher Landschaftsprägung besonders deutlich. Zugleich kommt aber auch dem Aspekt des Klimaxzustandes der Ökosysteme eine besondere Dimension zu, denn mit der Ausweisung von ungenutzten Kernzonen und dem anschließend ablaufenden Sukzessionsprozeß dürften gänzlich neuartige Systeme entstehen.

Jährlich ca. 2.000.000 Besucher, ca. 200.000 im Gebiet wohnende Menschen und die unmittelbare Nachbarschaft zur Stadt Haifa, die den nördlichen Teil des Mount Carmel einnimmt, unterstreichen nachdrücklich den Multifunktionscharakter des Gebietes.

Kernstück der deutsch-israelischen Zusammenarbeit war Entwicklung und Aufbau eines umfassenden, flächendeckenden Geographischen Informationssystems zur abiotischen und biotischen Ausstattung, zu den Ressourcen und der anthropogenen Nutzung des geplanten Biosphärenreservates für Dokumentations-, Planungs- und Forschungszwecke. Auf dieser Datenbasis aufbauend wurde ein Vorschlag zu Zonierung und Pflege/Management des Biosphärenreservates erarbeitet. Den Abschluß bildete die Entwicklung eines Monitoringprogramms zur Dokumentation der Sukzessionsdynamik in den Kernzonen und den Bereichen geringer Managementintensität in der Pflegezone sowie zur Erfolgskontrolle der Pflegemaßnahmen.

Der entwickelte Zonierungs- und Managementvorschlag wird von NRA, NPA und JNF als den verantwortlichen Körperschaften unterstützt und getragen. Am 15. April 1996 hat die UNESCO das Gebiet Mount Carmel als Biosphärenreservat anerkannt.

5. Danksagung

Aufgabenstellung und Durchführung des Vorhabens zur Planung des Biosphärenreservates Mount Carmel und der ersten Umsetzung des Monitoringprogramms wären nicht zustandegekommen und durchführbar gewesen ohne die Unterstützung durch den Auftraggeber, das Bundesministerium für Umwelt,

Naturschutz und Reaktorsicherheit (BMU) (Fkz. 10 901 140), und die fachliche Begleitung des Bundesamtes für Naturschutz (BfN).

Zudem sei den zahlreichen Projektmitarbeitern und Beratern auf deutscher und israelischer Seite gedankt. Ohne das Engagement des GIS-Teams der Nature Reserve Authority (NRA, Jerusalem) - Adi Bin Nun, Yonat Magal und Hanna Livine - wäre die Erhebung und digitale Erfassung der Datenbasis nicht möglich gewesen. Wichtige konzeptionelle Impulse und praktische Hilfestellungen gingen von den deutschen Beratern - Helmut Franz (Nationalpark Berchtesgaden, Berchtesgaden), Wilfried Goerke (Ministerialrat a.D. im Bundesministerium für Umwelt, Naturschutz und Reaktorsicherheit, Bad Breisig), Andreas Haux (ESRI Gesellschaft für Systemforschung und Umweltplanung mbH, Kranzberg), Dr. Heribert F. Kerner (Team Landschaftsökologie Weihenstephan, Freising) und Dr. Wilhelm Windhorst (Projektzentrum Ökosystemforschung, Kiel) - aus. Wesentliche planungsrelevante Beiträge zur mediterranen Vegetation und deren Dynamik sind Dr. Linda Olsvig-Whittaker, Dr. Haviva Rabinovitsch und Dr. Margarita Walczak sowie zur Fauna Zeev Koler (alle NRA, Jerusalem) zu verdanken.

Schließlich sei insbesondere den externen, israelischen Beratern Havva Lahav (Society for Protection of Nature, Jerusalem), Prof. Dr. Zeeve Naveh (Technion Haifa), Prof. Dr. Imanuel Noi-Meir und Prof. Dr. Uriel Safriel (beide Hebrew University, Jerusalem) für ihre weltvollen Beiträge und die kritische Begleitung des Vorhabens gedankt.

6. Literatur

AGBR [Ständige Arbeitsgruppe der Biosphärenreservate in Deutschland] (1995): Biosphärenreservate in Deutschland. Leitlinien für Schutz, Pflege und Entwicklung. - Berlin-Heidelberg-u.a.

Ashdown, M. und J. Schaller (1990): Geographische Informationssysteme und ihre Anwendung in MAB-Projekten, Ökosystemforschung und Umweltbeobachtungen. - MAB-Mitteilungen 34

Barbéro, M.; R. Loisel und P. Quézel (1991): Sclerophyllous Quercus forests in the Eastern Mediterranean area: ethological significance. In: Engel, T.; W. Frey und H. Kürschner (Hrsg.): Flora et vegetatio mundi, Bd. 9. - Berlin-Stuttgart, S.189-198

Conrad, C.E. und W.C. Oechel (Hrsg.) (1981): Dynamics and management of mediterranean-type ecosystems. - Berkley

Danin, A. (1983): Desert vegetation of Israel and Sinai. - Jerusalem

di Castri, F.; C. Floret; S. Rambal und J. Roy (Hrsg.) (1988): Time scales and water stress. - Proc. of the 5th Int. Conf. on Mediterranean Ecosystems. Paris

di Castri, F.; D.W. Goddall und R.L. Specht (Hrsg.) (1981): Mediterranean-type scrublands. Ecosystems of the World, Vol. 11. - Amsterdam

Fragman, O.; A. Rabinovitz; A. Shmida und Z. Shamir (1996): The red data project - Rare plants of the Carmel. - Unpublished report

Fragman, O.; Z. Shamir; H. Leshner; A. Rabinovitz und A. Shmida (1994): The rare plants of the Carmel. - Jerusalem (in Hebräisch)

Gasith, A.; A. Adin; Y. Steinberger und Y. Garti (Hrsg.) (1992): Environmental Quality and Ecosystem Stability. Vol. V/B. - Jerusalem.

Josephy, E. (1989): Die Naturwälder in Israel. In: Allgemeine Forstzeitschrift. Sonderheft 24-26, S.659-661

Karmon, Y. (1983): Israel. Eine geographische Landeskunde. - Darmstadt

Kolar, M. (1989): Der Forstdienst des JNF. In: Allgemeine Forstzeitschrift. Sonderheft 24-26, S.598-599

Lahav, H. und M. Farkash (1986): Mount Carmel. Nature and Landscape Survey 1981-1983. - Tel Aviv (in Hebräisch)

Naveh, Z. (1974): The ecology of fire in Israel. - Proc. Annual Tall Timbers Fire Ecology Conference 13, S.131-170

Naveh, Z. (1987): Landscape ecology, management and conservation of European and Levant Mediterranean uplands. In: Tenhunen, J.D.; F.M. Catarino; O.L. Lange und W.C. Oechel (Hrsg.): Plant response to stress - Functional analysis of Mediterranean ecosystems. - NATO ASI Series G: Ecological Sciences 15, S.641-660

Naveh, Z. und J. Dan (1973): The human degradation of Mediterranean landscapes in Israel. In: di Castri, F. und H. Mooney (Hrsg): Mediterranean type ecosystems. Origin and structure. - Berlin-Heidelberg-u.a.

Naveh, Z. und P. Kutiel (1990): Changes in vegetation of the Mediterranean Basin in response to human habitation. In: Woodwell, G.M. (Hrsg.): The earth in transition. Pattern and processes of biotic impoverishment. - New York, S.259-300

Nevo, E. (1995): Asian, African and European biota meet at 'Evolution Canyon' Israel. Local tests of global biodiversity and genetic diversity patterns. - Proc. of the Royal Society of London 162, S.149-155

Noy-Meir, I. (1989): Ökologische Aspekte der Aufforstung in Israel: Vergangenheit und Zukunft. In: Allgemeine Forstzeitschrift. Sonderheft 24-26, S.610-613

Olsvig-Whittaker, L. (1995): MAB-8 Mount Carmel: Quantitative vegetation analysis. - Unpublished manuscript

Quézel, P. und M. Barbéro (1985): Carte de la végetation potentielle de la région méditerranéenne. Feuille No. 1: Méditerranée oriental. - Paris

Romande, F. und J. Terradas (Hrsg.) (1992): Quercus ilex L. ecosystems: function, dynamics and management. - Advances in vegetation science 13

Ronen, A. (Hrsg.) (1984): The Sefunim Caveon Mount Carmel and its archeological findings. - Oxford

Schiller, G. und Y. Waisel (1989): Among-provenance variation in Pinus halepensis in Israel. In: Forest ecology and Management 28, S.141-151

Soffer, A. und B.A. Kipnis (Hrsg.) (1980): Atlas of Haifa and Mount Carmel. - Haifa

Trabaud, L. (1987): Natural and prescribed fire: survival strategies of plants and equilibrium in mediterranean ecosystems. In: Tenhunen, J.D.; F.M. Catarino; O.L. Lange und W.C. Oechel (Hrsg.): Plant response to stress - Functional analysis of Mediterranean ecosystems. - NATO ASI Series G: Ecological Sciences 15, S.607-624

Turner, M.G. und R.H. Gardner (Hrsg.) (1990): Quantitative methods in landscape ecology. The analysis and interpretation of landscape heterogeneity. - Berlin-Heidelberg-u.a.

Waisel, Y. (1986): Interactions among plants, man and climate: historical evidence from Israel. - Proc. of the Royal Society of Edinburgh 89B, S.255-264

Walczak, M. (1995): MAB-8 Mount Carmel: Descriptive analysis of vegetation and environmental data. - Unpublished manuscript

Walter, H. und S.-W. Breckle (1991): Ökologie der Erde. Band 4. Gemäßigte und Arktische Zonen außerhalb Euro-Nordasiens. - Stuttgart

Zohary, M. (1973): Geobotanical foundations of the middle east. Band 1 und 2. - Stuttgart

Zohary, M. (1982): Vegetation of Israel and adjacent areas. - Beih. Tübinger Atlas Vorderer Orient A/7

Naturschutz in der Mongolei.
Eine nationale und internationale Herausforderung

Michael Stubbe (Halle)

1. Einleitung

Hintergrund der vorliegenden zusammenfassenden Darstellung ist eine 1962 beginnende enge Zusammenarbeit deutscher und mongolischer Biologen von Akademie- und Universitätsinstituten. Als im Jahre 1961 aus dem Komitee für Wissenschaften der Mongolischen Volksrepublik die *Mongolische Akademie der Wissenschaften* hervorging, war dies für die damalige Akademie der Wissenschaften zu Berlin Anlaß, in enge Wissenschaftskooperation mit den sich formierenden biologischen Einrichtungen der Mongolei zu treten. Es galt, die durch das *Institut für Kulturpflanzenforschung Gatersleben* unter dem Genetiker Hans Stubbe in den 50er Jahren begonnenen Arbeiten in Ostasien auf komplexen biologischen Expeditionen im nördlichen Zentralasien fortzusetzen. In den Jahren 1962 und 1964 wurden zwei große Sammelreisen in die Süd- und Westmongolei gemeinsam von beiden Akademien durchgeführt.

Da bis zu diesem Zeitpunkt fast alle großen Pflanzen- und Tiersammlungen ausländischer Forschungsreisender nicht in der Mongolei verblieben waren, bestand eine wesentliche Aufgabe der ersten Mongolisch-Deutschen-Biologischen Expeditionen darin, in Ulan-Bator die Basis für einen aufzubauenden botanischen und zoologischen Sammlungsfundus zu schaffen und in Pionierarbeit einen wesentlichen Beitrag zur Erfassung der Naturausstattung des Landes zu leisten. Das während der Expeditionen gesammelte Material diente und dient nicht nur der faunistischen und floristischen sowie taxonomischen Auswertung, sondern es birgt durch die Fülle der wissenschaftlichen Daten auch zahlreiche Ansätze zur Klärung ökologischer und biogeographischer Phänomene. Gleichfalls stand das Sammeln und die spätere Prüfung von Kulturpflanzen sowie wildwachsender Nahrungspflanzen, Heilpflanzen und anderer volkswirtschaftlich bedeutsamer Pflanzenarten im Mittelpunkt der Untersuchungen der botanischen Arbeitsgruppen (Stubbe et al. 1981).

Diese ersten gemeinsamen und sehr erfolgreichen Expeditionen hatten zur Folge, daß 1967 zwischen den Universitäten Ulan-Bator und Halle-Wittenberg sehr enge Arbeitskontakte im Rahmen eines Abkommens über wissenschaftliche Zusammenarbeit begannen, die sich bis heute über drei Jahrzehnte als sehr stabil und ergebnisträchtig erwiesen haben. Über diesen langen Zeitraum konnte die Entwicklung des Landes, der Naturwissenschaften und die Formierung des Naturschutzes somit hautnah verfolgt und zum Teil mitgestaltet werden.

In mehreren ausführlichen Publikationen konnte zum Jagdwesen und zur Jagdgesetzgebung der Mongolei (Stubbe 1965; Zevegmid et al. 1974) sowie zum Naturschutz (Hilbig/Tschuluunbaatar 1989) berichtet werden. Mit der politischen Umgestaltung des Landes nach 1990 erlangte der Naturschutz neue Dimensionen. Der recht hohe Stellenwert des Naturschutzes in der Mongolei liegt in der Historie begründet. Der vom Buddhismus geprägte Lamaismus (Hinzutreten von volkstümlichen Götter- und Dämonengestalten) bedingte durch die Lehre der Wiedergeburt ein zum Teil sehr enges Mensch-Tier-Natur-Verhältnis. Über Jahrhunderte galt der Vogelabschuß, Fischfang und Wildbretgenuß als großes Vergehen.

Die unermeßlichen Weiten der Mongolei, die geringe Bevölkerungsdichte und der einstige Wildreichtum beeindruckten seit Marco Polo alle Forschungsreisenden in den vergangenen Jahrhunderten. Die Ausrottung des Przewalskipferdes zu Beginn der 2. Hälfte dieses Jahrhunderts sowie das Vorkommen anderer vom Aussterben bedrohter Großsäuger wie Wildkamel, Dschigetai, Gobibär und Mongolische Saiga sowie zahlreiche Pflanzenendemiten der zentralasiatischen Wüstengebiete schrieben Geschichte und rückten das Herz Asiens in das öffentliche und wissenschaftliche Interesse (Ölzijchutag/Banzragč 1977; Grubov 1982). Der ehemalige Rektor der Universität Ulan-Bator und Zoologe Zevegmid führte die Mongolei als Außenminister und späterer Parlamentspräsident in die UNO und 1975 in die Mitgliedschaft der IUCN.

Die Gründung des Großen Gobireservates[1], des drittgrößten Naturschutzgebietes der Erde und größten in Asien unterstreicht die internationale Bedeutung und den nationalen Stolz auf Landschaft, Tier- und Pflanzenwelt. Die gemeinsam von russischen und mongolischen Wissenschaftlern vorgelegten Arbeiten zur Großen Gobi trugen wesentlich zur internationalen Anerkennung der Naturschutzbestrebungen der Mongolei bei.

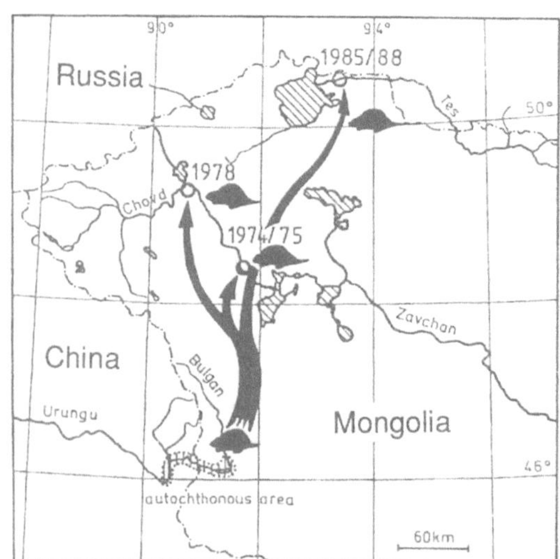

Abb. 1: Die Westmongolei mit dem autochthonen Bibervorkommen am Bulgangol und die Flußsysteme der Bibereinbürgerung (Chovd- und Tes-gol).

---

1 1990 erkannte die UNESCO die Große Gobi als Biosphärenreservat an.

Foto 1: Mongolisch-Deutsche Biberfang-
Expedition 1974 unter der Leitung
von N. Dawaa (links) und
M. Stubbe (Mitte).

Die mongolische Wissenschaft arbeitete außerordentlich kooperativ mit Fachkollegen aus zahlreichen anderen Staaten zusammen, so daß die Erforschung der biologischen Ressourcen einschließlich der Akklimatisation und Wiedereinbürgerung seltener und gefährdeter Tierarten einen hohen Stellenwert erlangten. Beispiele für derartige Arbeiten waren die Einbürgerung des Zentralasiatischen Bibers (*Castor fiber birulai* Serebrennikov) in Flußgebieten der West- und Nordwestmongolei (Stubbe/ Dawaa 1983a; Stubbe et al. 1991; vgl. Abb. 1 und Foto 1), die monographische Bearbeitung des Chövsgöl-Gebietes durch die über viele Jahre arbeitende Russisch-Mongolische komplexe Chövsgöl-Expedition der Universitäten Irkutsk und Ulan-Bator, die Forschungsreisen des ungarischen Entomologen Kaszab sowie die großen komplexen biologischen Expeditionen der Russischen und Mongolischen Akademie der Wissenschaften, der zahlreiche Monographien und Publikationsreihen entspringen. Hier fügt sich ebenso die in bisher acht Bänden vorliegende Schriftenreihe der Universitäten Halle und Ulan-Bator "Erforschung biologischer Ressourcen der Mongolischen Volksrepublik" ein. Nicht zu vergessen ist der einmalige Reichtum an paläontologischen Schätzen der Mongolei, die seit den Tagen des Amerikaners Andrews, der die ersten Sauriereier fand, bis in die aktuelle Gegenwart mit immer neuen Fossilien faszinierender Tiergestalten gehoben werden und weltweites Aufsehen erregen.

2. Kurzer Abriß der Erforschungsgeschichte der Tier- und Pflanzenwelt

Die gezielte wissenschaftliche Erforschung und taxonomische Bearbeitung der Säugetierfauna im nördlichen Zentralasien begann Ende des 18. Jahrhunderts durch Pallas, der bis in die Nordmongolei vorstieß. Diese erste Etappe der dennoch sporadischen faunistischen Erschließung des Gebietes und der angrenzenden Regionen dauerte etwa 150 Jahre. Sie wird flankiert von bedeutenden Forschungsreisen, wie jene von Radde, Przevalskij, Potanin, Pevzov, Grumgrshimajlo und Grumgrshimajlo, Kozlov, Kozlova, und erhielt durch die zusammenfassenden Arbeiten von Allen (1938/40) und Bannikov (1954) einen vorläufigen, wenn auch bis heute keineswegs endgültigen Abschluß. So hat die faunistisch-ökologische Bearbeitung mit modernen Methoden der Rasterkartierung und Nutzung von Geographischen Informationssystemen noch nicht einmal begonnen. Der Aufbau großer faunistischer Sammlungen wurde mit den Biologischen Expeditionen der Akademien der Wissenschaften der ehemaligen DDR und Mongolischen Volksrepublik 1962 und 1964 in Ulan-Bator in Angriff genommen. Die Säugetierforschung in der Mongolei wurde in allen Landschaftszonen in der Folgezeit, vor allem auch durch mongolisch-russische Expeditionen fortgesetzt und wendet sich heute stark ökologischen Aspekten, praxisrelevanten Fragen der Schädlingsbekämpfung, Pelztiernutzung, Wiedereinbürgerung, dem Naturschutz sowie der Aufklärung von Teilproblemen der Grundlagenforschung zu. Namhafte russische Mammologen wie Sokolov, Lobačev, Dimitriev, Shenbrot u.a. haben in den letzten Jahren in der Mongolei gewirkt. Über die Forschungsetappen und die Rolle deutscher Wissenschaftler bei der Erforschung der Säugetierfauna berichten ausführlich Stubbe/Dawaa (1983b). Sokolov/Orlov (1980) haben ein neues Bestimmungsbuch der Säugetiere der Mongolei vorgelegt. In den letzten Jahrzehnten haben mongolische Säugetierforscher wie Chotolchu, Dawaa, Dulamceren, Samjaa, Suchbat und viele andere zur Erforschung der Säugetierfauna beigetragen (vgl. u.a. Samjaa et al 1994; Stubbe/Chotolchu 1968; Stubbe et al. 1988). Die Anzahl der bekannten Arten beträgt etwa 136 Species.

Inzwischen erfolgt besonders an Großsäugern auch eine Zusammenarbeit mit amerikanischen Wissenschaftlern (Schaller) und holländischen und deutschen Wildpferdsachverständigen bei der Rückführung des Przewalskipferdes. Hierfür sind stärker als bisher die Erfahrungen und Datensätze des Europäischen Erhaltungszucht-Programms einzubringen, wofür der Kölner Zoo in Abstimmung mit der "World Working Group for Reintroduction of Przewalski-Horse" federführend ist.

Ähnlich verlief die Historie zur Erforschung der Avifauna (Piechocki 1983). Es sind wieder die großen russischen Forschungsreisenden wie Przevalskij, Potanin, Beresovskij, Kozlova (vgl. Foto 2), Sushkin, Kozlov, Tugarinov, die bis Ende der 30er Jahre des 20. Jahrhunderts den Grundstock zur ornithologischen Erforschung des Landes lieferten. Mit Beginn der 40er Jahre setzte auch die Ausbildung mongolischer Wissenschaftler an der 1942 gegründeten Universität in Ulan-Bator wie auch an den russischen Universitäten von Irkutsk und Moskau ein. In diesem Kontext weilte neben Bannikov und Skalon auch Dementjev mehrmals in der Mongolei. Er bereiste mit den mongolischen Kollegen Zevegmid und Dašdorž sowie Šagdarsuren und Bold das Land. Mit den Mongolisch-Deutschen-Biologischen Expeditionen kam Piechocki in die Süd- und Westmongolei.

*Foto 2: E.V. Kozlova bei der Bestimmung von Vogelbälgen mit M. Stubbe
1965 im Zoologischen Institut der Akademie der Wissenschaften in
Leningrad (heute St. Petersburg).*

In vier großen Arbeiten wird über die ornithologische Ausbeute Rechenschaft abgelegt. Etwa zeitgleich erschien von dem Amerikaner Vaurie (1964) "A survey of the Birds of Mongolia", in dem er die bis 1962 erschienenen ornithologischen Arbeiten über die Mongolei und amerikanisches Museumsmaterial auswertete.

In der Folgezeit häuften sich die Reisen deutscher Ornithologen und anderer Naturwissenschaftler, die in hervorragenden Beiträgen zur Erforschung der Avifauna beitrugen. Es ist auf Mauersberger, Kleinstäuber, Succow, Stephan, Baumgart, Nadler, Liedl, Dornbusch, Königstedt, Busching und Handtke sowie zahlreiche weitere Fachkollegen hinzuweisen. Darüber hinaus weilten der Ungar Bakovics, der polnische Wissenschaftler Nowak, der Engländer Kitson und recht bekannte russische Ornithologen wie Kiščinskij, Ostapenko, Gavrilov, Skrjabin, Fomin im Lande. Die mongolischen Ornithologen Bold (1991), Sumjaa und Ceveenmjadag legten wichtige Publikationen vor (vgl. u.a. Kiščinskij et al. 1980). Nicht unerwähnt bleiben soll das französische Werk von Étchécopar/Hüe (1978/1983) über die Vögel Chinas, der Mongolei und Koreas. In den östlichen Steppen-Naturschutzgebieten erfolgt gegenwärtig besonders in der Kranichforschung eine Zusammenarbeit mit amerikanischen Wissenschaftlern. Die Artenanzahl wird heute mit etwa 436 nachgewiesenen Vogelarten beziffert.

Die herpetologischen Ausbeuten kamen wie die meisten Wirbeltiersammlungen der russischen Expeditionisten des 19. Jahrhunderts nach Petersburg, wo diese von Strauch, Carevskij, Bedriaga bis hin zu Bannikov bearbeitet wurden. Mit der Erforschungsgeschichte hat sich Peters (1981) auseinandergesetzt. Inzwischen liegen weitere Arbeiten russischer Gelehrter vor. Es ist besonders auf die Arbeiten von Vorobyeva (1986) und jene mongolischer Herpetologen wie Mönchbajar und Terbiš hinzuweisen. Gegenwärtig sind aus der Mongolei 8 Amphibien- und 22 Reptilienarten bekannt.

Zum Stand der hydrobiologischen Forschungen hat die mongolische Wissenschaftlerin Dulmaa (1979, 1981) sowie in einer weiteren Arbeit (1973) über die Fischfauna der Mongolei berichtet. Die auf diesem Gebiet tätigen Wissenschaftler wurden vor allem durch die Schule des bekannten Baikalforschers Kožov geprägt. Zu ihnen zählt auch der Zoologe Dašdorž. Zusammenfassende Arbeiten zur Fischfauna liegen von Sokolov et al. (1983) sowie Travers (1989) vor (vgl. Foto 3).

Die hydrogeographische Gliederung des Gewässernetzes ist durch drei Entwässerungssysteme, die Einzugsgebiete des Stillen Ozeans, des Nördlichen Eismeeres und des abflußlosen zentralasiatischen Beckens, charakterisiert und zoogeographisch recht bedeutungsvoll.

Die Erforschung der Entomofauna hat in den letzten Jahrzehnten beachtliche Ausmaße angenommen. Die Bearbeitung der Aufsammlungen haben Spezialisten in aller Welt in Angriff genommen (Dorn/Stubbe 1981). Von großer Tragweite waren die Forschungsreisen des Ungarn Kaszab (1983) sowie der Petersburger Spezialisten, die mit der Herausgabe einer wichtigen Buchreihe "Nasekomye Mongolii" (Insekten der Mongolei) bedeutende Beiträge lieferten. Die Auswer-

Foto 3: Erfolgreicher Fischfang mongolischer Wissenschaftler und Studenten am Bulgan-gol 1974.

tung und Bearbeitung ist noch in vollem Gange. Eine Fülle für die Wissenschaft neuer Arten wurde zu Tage gefördert. Bei der Umwandlung von Steppen zu Ackerland ergeben sich interessante Einblicke in den Faunenwandel.

Dies gilt im gleichen Maße für die botanische Erforschung des Landes. Hilbig/Mirkin (1983) haben die wichtigsten Etappen der geobotanischen Forschungen in der Mongolei zusammengefaßt. Die ersten größeren Arbeiten gehen auf Pavlov und Baranov aus den 20er und 30er Jahren zurück. Eine herausragende Rolle spielten in den 40er Jahren unseres Jahrhunderts Junatov und Cacenkin, der Pflanzengeograph und Vegetationskundler Lavrenko sowie Grubov. Zu den Schülern Junatovs zählen die mongolischen Botaniker Dasnjam, Davažamc, Banzragč und Zerenbalžid. Schon in den 50er Jahren begannen stationäre Untersuchungen in verschiedenen Landesteilen. Im Rahmen der großen Russisch-Mongolischen Komplexen Expeditionen wurden vier Problemkreise geobotanisch bearbeitet: die geobotanische Gliederung der ariden Gebiete (Račkovskaja), des Changaj-Gebirgssystems (Karamyseva), der Wälder (Korotkov) und Untersuchungen zur Auenvegetation (Mirkin).

Auf den Mongolisch-Deutschen Biologischen Expeditionen arbeiteten Danert, Hanelt und Schmiedeknecht mit den Botanikern der Mongolischen Akademie der Wissenschaften unter Leitung von Davažamc und Sančir zusammen.

Durch die Zusammenarbeit der Universitäten Halle und Ulan-Bator kamen wiederholt die Hallenser Botaniker Schubert, Hilbig, Jäger, Helmecke, Dörfelt und Knapp im Rahmen gemeinsamer Forschungsprojekte in die Mongolei und arbeiteten mit den mongolischen Wissenschaftlern Schamsran und dessen Kollegen zusammen. Schubert (1981) hat ausführlich über den Stand und die Entwicklung der Erforschung der Flechten- und Moosflora der Mongolei berichtet. Vor allem Hilbig sind umfangreiche Dokumentationen (1981) und Forschungsarbeiten (1990, 1995) zu verdanken, die teilweise in engem Kontext zu Naturschutzprojekten, vor allem im Rahmen der Biberforschung, der Vertikalzonierung mongolischer Hochgebirge sowie der biologischen Inventar- und Biozönologieforschung in Agroökosystemen standen. Gegenwärtig sind aus der Mongolei über 3.000 Gefäßpflanzen, 927 Flechten, 437 Moos- und 875 Pilzarten bekannt. Die Flora beinhaltet fast 150 Endemiten und nahezu 100 Reliktarten. Im Rotbuch sind über 100 Arten als gefährdet aufgeführt.

3. Naturräumliche Gliederung der Mongolei

Von der Taiga bis zur Wüste durchziehen sechs Landschafts-/Vegetationszonen gürtelartig das Herz Asiens, dem meerentferntesten Gebiet der Erde (vgl. Abb. 2). Mit den gleichen Breitengraden auf den europäischen Kontinent projeziert reicht die Mongolei in der West-Ost-Achse von den Küsten der Bretagne bis auf die Höhe von Bukarest und in der Nord-Süd-Ausdehnung von Berlin bis Rom. Ulan-Bator liegt etwa auf dem Breitengrad von Wien. Extremes kontinentales Klima mit langen und kalten schneearmen Wintern sowie kurzen und heißen Sommern charakterisiert die abiotischen Bedingungen. Die mittlere Höhe der

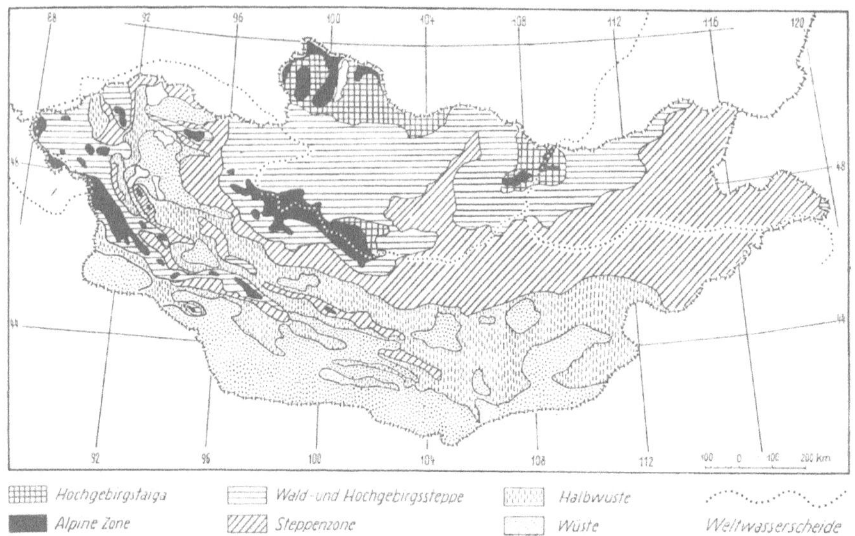

Abb. 2: Vegetationszonen der Mongolei (schematisiert nach Junatov 1950; aus Stubbe/Chotolchu 1968)

Mongolei beträgt 1.580 m über NN. Das niedrigste Niveau liegt bei ca. 900 m über NN in der Uvs-nuur-Senke der NW-Mongolei. Noch relativ ungestörte Naturlandschaften in heute kaum noch vorstellbarer Größe bilden einen nationalen Naturreichtum der Mongolei, der in das Weltnaturerbeprogramm der UNESCO eingebracht werden soll (vgl. u.a. Schirevdamba et al. 1993, 1994, 1995, 1996), aber auch der Förderung und ressourcenschonenden Erschließung sowie der umweltverträglichen Nutzung als Kapital des Staates bedarf, was nur mit internationaler Hilfe entwickelt werden kann.

3.1 Hochgebirgstundra

Hierbei handelt es sich um jene Hochgebirgsbereiche, die oberhalb der Baumgrenze liegen, Regionen im Mongolischen Altaj (bis 4.374 m), Chentej (bis 2.800 m), Changaj (3.905 m) und Chövsgöl-Gebiet (3.351 m), um die größten Gebirgsstöcke zu nennen. Die Hochgebirgsterrassen des Changaj und Chentej sind durch Dauerfrostböden und Blockfelder, den sogenannten "Golezformationen" charakterisiert, während im Altaj und Chövsgöl-Gebiet schroffe Hochgebirgsformationen das Relief, zumindest in den Randketten der Gebirge, prägen. Die Vegetation wird von Hochgebirgs- und Tundrenarten sowie einer reichen Flechtenflora dominiert. Seggen- und Zwergstrauchheiden bedecken die Golezterrassen. Zu den Charakterarten der Tierwelt zählen u.a. im Norden des Chövsgöl das Rentier, in Hochgebirgsmooren der Mornellregenpfeifer, aber auch Schneehase, Alpenpfeifhase und die Hochgebirgswühlmaus *Alticola macrotis* sowie Schneehühner, Schneefink, Riesenrotschwanz, Berggimpel, *Leucosticte*-Arten und Königshuhn.

Diese rauhen Hochgebirgsregionen werden nur im Sommer von Nomaden mit ihren Haustieren aufgesucht.

3.2 Gebirgstaiga

Die nördlichen Taigawälder mit Sibirischer Lärche (ca. 70 %), Zirbelkiefer, Waldkiefer und Sibirischer Fichte nehmen etwa 9 % der Landesfläche ein. Im wesentlichen gehört diese Zone zum Einzugsbereich des in das Nördliche Eismeer entwässernden Systems. Unter ihnen hat die Selenga den bedeutendsten Flächenbezug. Über den Changaj verläuft die Weltwasserscheide. In den dichten und dunklen Taigawäldern wachsen Beerkräuter verschiedenster Arten, Sumpfporst und dicke Moospolster formieren Moos- und Krautschicht. Dichter Flechtenbehang an den Nadelbäumen gehört zu den einprägsamen Naturausstattungen. Blockhalten an Talhängen sowie Weidendickichte und Durchströmungsmoore in den Talsohlen lockern die Taiga auf. Elch, Maral, Moschustier, Luchs, Braunbär, Taigapfeifhase gehören neben Tannenhäher, Steinauerwild, Birkhuhn, Bart- und Uralkauz zu den typischen Bewohnern. Für die Erhaltung der Taigawälder wurden große Schutzgebiete im Chentej, Chövsgöl und Bogd-uul eingerichtet bzw. sind sie in der Planung.

3.3 Berg- oder Waldsteppe

Hierbei handelt es sich um die Übergangszone von der Taiga zur Steppe. Lichte Lärchenwälder und steppenbewachsene Hänge mit teilweise reicher Hochstaudenflora wechseln einander ab. Der Lärchenwald konzentriert sich, durchmischt mit Birken und Espen, auf die feuchtigkeitsbegünstigten Nordhänge. Alpenaster, Kuhschelle, Edelweiß, Sumpfdotterblumen sind in ihren Jahresaspekten zu einem bunten Mosaik mit verschiedenen standörtlich bedingten Lärchenwaldformationen verzahnt. Die weitausschwingenden Täler sind durchgehend locker besiedelt und wichtige Weidegebiete der mongolischen Viehwirtschaft. Die Jurten als ideales Bauwerk des Menschen fügen sich harmonisch in die Landschaft ein und symbolisieren jahrtausendealte Tradition und Evolution im Spannungsfeld zwischen Siedlungs- und Wirtschaftsstruktur des ansässigen Menschen. Übernutzung durch Weidewirtschaft und Umgestaltung von Steppe in Ackerland verändern in zunehmendem Maße Landschaftsstruktur und das Verhältnis von Mensch und Natur. Ziesel, Murmeltiere, Sibirisches Reh und Wildschwein, Haselhuhn, Alpenkrähe, Schmarotzermilan, Blauschwanz, Kuckucke, Pieper, Drosseln und Ammern gehören u.a. zur Tierwelt (vgl. Piechocki 1968; Piechocki/Bolod 1972; Piechocki et al. 1981, 1982).

3.4 Steppe

Ein erst schmaler, dann breiter werdender Steppengürtel zieht sich von der NW-Mongolei über die Südabdachung des Changaj bis zu unendlichen Weiten der Ostmongolei. Es ist das Hauptweideland der Araten mit großen Herden von Schafen, Ziegen, Rindern und Pferden. Große unberührte Steppen liegen im Osten. Es sind Rückzugsgebiete vielköpfiger Herden der Mongolischen Gazellen. Die mongolische Steppe ist u.a. eine Heimat der endemischen Wühlmaus *Microtus brandtii*, des Korsaks oder Steppenfuchses, von Wölfen, Murmeltieren und Zieseln, des Tolaihasen, von Jungfernkranichen, Steppenadlern, Hochlandbussarden, der Mongolenlerche und vielen anderen Faunenelementen. *Stipa-* und Wermutarten, Schillergras und Kamm-Quecke sowie Steppenlupine gehören zu Charakterarten dieser Zone. Durch Überweidung und Suche nach Bodenschätzen (Erdöl) sind weite Gebiete bedroht.

3.5 Wüstensteppe oder Halbwüste

Schüttere Vegetation mit aufgelockerten Buschbeständen (*Caragana* u.a.) sowie abnehmende Niederschläge prägen diesen Landschaftsgürtel zwischen Changaj und Mongolischem Altaj, der sich über die Senke der Großen Seen bis in das Uvs-nuur-Gebiet hineinzieht und andererseits über den Gobi Altaj weit nach Osten reicht. *Stipa-* und vor allem *Allium*-Arten produzieren schmackhaftes Futter für Haustierherden und Kropfgazelle sowie die mongolische Saigaantilope, die vor allem im Kessel der Šargyn-gobi beheimatet ist. Steppenhühner sind regelmäßig und Kragentrappen nur noch selten anzutreffen. Eine Fülle anderer Arten besiedelt die eingelagerten Salzsümpfe und Seen. Im Gobi-Altaj ziehen Argali und Steinbock ihre Fährte, leben aber auch Irbis und Luchs, Kutten- und Bartgeier sowie Königshuhn, Pallaspfeifhasen und Wüstengimpel. Die Senke der großen westmongolischen Seen sowie das Tal der Seen mit Orog- und Buncaagan-nuur sind vor allem für den Vogelzug Feuchtgebiete internationaler Bedeutung.

3.6 Wüsten- oder Gobizone

Geröll-, Kies- und Sandwüsten, Sicheldünen (Barchane), Felspartien, Trokkentäler (Saire) durchziehen eine sehr vielgestaltige und geologisch bewegte Zone. Die Trockentäler sind teils von niedrigen lockeren Strauchbeständen begleitet, an wasserbegünstigten Stellen wächst der Saksaul als charakteristisches Gehölz. Seine Bestände werden von Kamelherden (Äsung) und von Menschen (Feuerholz) in zunehmendem Maße devastiert, so daß Schutz dringend geboten ist. Wildkamel, Dschigetais (Wildesel) und Gobi-Bären werden als bedeutendste Großsäuger nach der Ausrottung des Przewalskipferdes, das eigentlich ein Steppenbewohner war, genannt. Die Kleinsäugetierzönose wird vor allem von Springmausarten (*Dipodidae*) gebildet (Rogovin/Shenbrot 1995). Wenige Oasen und Quellbereiche durchsetzen diese Zone. Wildtiere und der Mensch mit seinen Haustieren konkurrieren um diese Ressource. Die Gobizone wurde durch ihren paläontologischen Reichtum weltweit berühmt.

4. Die Naturschutz- und Jagdgesetzgebung der Mongolei

Jagd- und Naturschutz haben in der Mongolei eine lange Tradition. die beiden diesbezüglich geltenden Gesetzeswerke ergänzen einander, so daß ein enger Kontext zwischen der Jagd- und Naturschutzgesetzgebung besteht. Auf die Jagdgesetzgebung vergangener Jahrhunderte gehen Zevegmid et al. (1974) ein. Danach begann der verstärkte Säugetierschutz in der Mongolei mit der Intensivierung des Pelzhandels in der zweiten Hälfte des 16. Jahrhunderts. Ergänzend führt Namnandorzh (1957) über die alten Jagd- und Naturschutzgesetze aus:

> "It was stipulated in Chapter 38 of the Legislative Code of the Mongolian Yuan Dynasty: The hunting of swans, falcons and hawks is strictly prohibited. Chapter 59 of the same Legislative code of Kublai's rule and of 1294 - the first year of Ulzeat's rule contained a directive for the protection and planting of forests, which reads: Governors of provinces, state officials, military officials, heads of postal stations, heads of handi-craft workshops, preachers, doctors, scholars, employees and citizens, Christans and Moslems must, according to the different climates, plant elm, pea-trees and weeping willows in the suburbs of the Great Capital and the provincial capitals, along the banks of rivers, lakes, canals and postal roads, and in rest-homes and inns. Work of protecting and planting trees is to be entrusted to special local government organs. Funds for tree-planting should be appropriated from the approved budget for the construction and repair of bridges, highways and dykes. When spring comes, the primary task is to plant trees. High officials, government workers, all citizens of the Mongolian. Han and other natinalities are not to allow their attle damage trees. Indiscriminate feeling of trees is prohibited. Violators will be dealt with according to law. Rich forests will bring great benefits to the country and people."

Das erste Jagdgesetz der Mongolischen Volksrepublik wurde nach der Revolution und Staatsgründung von 1921 durch den Großen Volkshural im Jahre 1924 verabschiedet. In den Jahren 1930 und 1962 (vgl. Stubbe 1965) wurden wesentliche Zusatzbestimmungen erlassen, die 21 bzw. 27 Tierarten unter Schutz stellten. Schon 1926 war die Jagd auf das Przewalskipferd und den Kulan (Dschigetai) verboten worden.

Mit der steigenden Bevölkerungszahl, der zunehmenden Industrialisierung und der Intensivierung der Viehwirtschaft und des Ackerbaues bedürfen auch der Naturschutz und die Jagdwirtschaft der Mongolei einer ständigen Überwachung. Obwohl die Mongolei mit 0,8 Einwohnern je km^2 infolge der harten klimatischen Bedingungen ein extrem dünn besiedeltes Land ist, stehen in der Mongolei einige Säugetierarten auf der Liste der vom Aussterben bedrohten Arten. Die Mongolei umfaßt ein Territorium von 1.565.000 km^2 und zählte 1969 eine Einwohnerzahl von 1.240.000, wovon 22 % in der Hauptstadt Ulan-Bator lebten. Seit Ende der

80er Jahre hat die Bevölkerungszahl die Zwei-Millionen-Grenze überschritten (z.Zt. 2,3 Millionen mit einer jährlichen Wachstumsrate von 1,8 %).

Die Pelztierjagd und Rohfellproduktion spielt auch heute noch eine bedeutsame Rolle (Stubbe 1965; Dawaa et al. 1971). Es werden jährlich z.B. über eine Million Murmeltierfelle (*Marmota bobak*) exportiert. Durch übermäßig starke und unkontrollierte Bejagung wurden einige Arten stark dezimiert und in ganzen Landstrichen ausgerottet. Wesentlichen Anteil daran hatte neben der Verbreitung moderner Waffen auch die steigende Verkehrsdichte. Jeder Autofahrer war zugleich an jedem Ort Jäger.

Heute ist man bemüht, Pelz- und Huftierarten in geeigneten Biotopen zu reaklimatisieren und die Bewirtschaftung auf eine wissenschaftliche Basis zu stellen. So wurden z.B. an mehreren Stellen Murmeltiere wieder reaklimatisiert und Bisamratten mit großem Erfolg eingebürgert. Intensive Schutzmaßnahmen führten bei einigen Arten schon nach wenigen Jahren zu beachtlichen Ergebnissen.

Entsprechend einem Beschluß des Ministerrates (Nr. 246) vom 19. Juli 1968 waren ab 15. August 1968 das Angeln, Fischen und die Jagd auf Vögel in folgenden Gebieten, die ab sofort als Jagdschutzgebiete galten, untersagt:

a) Vögel und Fische:

- im Terchin-cagaan-nuur (Archanchaj-Aimak),

- im Cagaan-nuur (Selenga Aimak, Selter Somon),

- im Galuntyn-chjasa und Cholbo-nuur (Bajan-chongor-Aimak).

b) Wasservögel:

- Zentralaimak, Somon Bajandelger, Gulutnuur, Börölshut-nuur.

c) Fische:

- Tola, von der Viehbase am Altan-Owoo bis Ulchyn-Bulan,

- Kerulen, von der untersten Brücke bis zur Brücke "Kerulen Bajan Ulaan".

Zusammenfassend läßt sich sagen, daß auch in der Mongolei Jagd- und Naturschutz zwei untrennbare Begriffe eines Wirkungsgefüges modernen Naturschutzes und wissenschaftlicher Wildbewirtschaftung sind. Die Zielvorstellungen haben eine gemeinsame Basis: Erhaltung einer artenreichen Wildtierfauna in einer wirtschaftlich tragbaren Wilddichte unter optimaler Nutzung des jährlichen Zuwachses. Diese Synthese stellt aber kein stabiles Gleichgewicht dar. Jede Generation muß sich immer wieder von neuem mit ihm auseinandersetzen und die Erhaltung und Optimierung dieses Beziehungsgefüges anstreben. Aus diesen Überlegungen heraus und der Entwicklung Rechnung tragend, wurde am 06. Januar 1972 ein neues Jagdgesetz der Mongolei vom Präsidium des Großen Volkshurals unterzeichnet. Dieses Jagdgesetz ist in deutscher Übersetzung bei Zevegmid et al. (1974) vollständig abgedruckt. Die Kenntnis ist nicht nur für Touristen, Jagdsafaris und naturwissenschaftliche Expeditionen, sondern für jeden, der das Land bereist oder vorübergehend in der Mongolei tätig ist, von kulturhistorischem Interesse.

Es wird auf oben genannte Publikation verwiesen und hier nur auszugsweise kommentiert. Ziel des Jagdgesetzes der Mongolei ist der Schutz des Wildbestandes, eines der bedeutendsten Naturreichtümer des Landes, die Sicherung des natürlichen Zuwachses und des Lebensraumes sowie die weitere planmäßige Entwicklung der Jagdwirtschaft auf wissenschaftlicher Grundlage.

Der Jagdfundus setzt sich aus Wild, Vögeln und Fischen zusammen, die ständig oder zeitweilig auf dem Territorium des Landes vorkommen und Jagdobjekte sind. Entsprechend der Verfassung ist der Jagdfundus Staatseigentum und Gemeingut des Volkes. Seine Nutzung wird durch die Gesetzgebung der Mongolei festgelegt. Nach Artikel 16 ist auf dem Territorium der Mongolei verboten:

a) die Anwendung von Giften, das Ausheben von Fanggruben, das Einstellen von Gewehren und Selbstschüssen sowie andere allgemeingefährliche Methoden;

b) der Fischfang mit Hilfe von Netzen, Reusen, Schlingen, Fallen und Sprengstoff;

c) die Jagd auf Huftiere, indem man sie auf Haftschnee und Eis jagt oder Fangeisen und Licht anwendet, sowie die Jagd auf Bisamratten unter Anwendung von Feuerwaffen;

d) die Jagd auf Wild, das man mit Motorfahrzeugen verfolgt oder im Lichtstrahl der Scheinwerfer erlegt;

e) die Jagd auf Wasserwild und der Fischfang mit dem Motorboot;

f) das Schießen mit Schrot auf Hirsche, Wildschweine und Murmeltiere;

g) das Ausräuchern des Wildes, das Überschwemmen der Höhlen und die Anwendung von Schlingen bei der Erbeutung von Murmeltieren.

Die Anwendung von Netzen, Reusen und Motorbooten ist nur in der Fischfangindustrie gestattet. Die Jagdzeiten sind nach Artikel 18 und 19 geregelt. Die Jagd ist zu folgenden Zeiten gestattet:

a) auf Dachse vom 1.9. bis zum 1.11.;

b) auf Füchse, Korsak, Steppenkatzen, Eichhörnchen, Solongoi, Steppen- und Tigeriltis, Hermelin, Tolai- und Schneehasen vom 20.10. bis zum 15.2. des darauffolgenden Jahres;

c) auf Bären im Frühjahr vom 15.3. bis zum 15.4., im Herbst vom 1.8. bis zum 1.12.;

d) auf Marderhund, Luchs und Vielfraß vom 15.10. bis zum 15.4. des darauffolgenden Jahres;

e) auf Rehe, Dseren und Wildschweine vom 1.9. bis zum 15.1. des darauffolgenden Jahres;

f) auf Murmeltiere vom 10.8. bis zum 15.10.;

g) auf Bisamratten vom 15.10. bis zum 1.1. des darauffolgenden Jahres;

h) auf Wölfe und verwilderte Hunde das ganze Jahr über.

Der Ministerrat der Mongolei kann die Jagd auf Wildtiere zu kulturellen, wissenschaftlichen, Produktions- und Wirtschaftszwecken für Zeiten gestatten, die in dem vorliegenden Gesetz nicht aufgeführt sind. Für die Jagd von Vögeln und für den Fischfang sind folgende Zeiten festgelegt:

a) auf Gänse, Enten und andere Wasser- und Sumpfvögel im Frühjahr vom 1.4. bis zum 15.5., im Herbst vom 1.8. bis zum 1.10.;

b) auf Trappen, Haselhühner, Rebhühner, Birkhühner und Auerhähne vom 15.8. bis zum 1.5. des darauffolgenden Jahres;

c) auf den Darchatsker Weißfisch vom 20.10. bis zum 1.8. des darauffolgenden Jahres und auf Buij-nuur-Karpfen vom 10.6. bis zum 15.5. des darauffolgenden Jahres;

d) auf die übrigen See- und Flußfische vom 15.7. bis zum 1.5. des darauffolgenden Jahres.

Es wird darüber hinaus festgelegt, auf welche Arten die Jagd verboten bzw. welche unter Schutz stehen oder nur mit Lizenzen bejagt werden dürfen. Auf dem Territorium der Mongolei ist die Jagd und die Vernichtung von Kulanen (Dschigetais), Przewalski-Pferden, Maralhirschen, Rentieren, Elchen, Gobi-Bären, Wildkamelen, Saiga-Antilopen, Steinböcken, Argalis, Kropfgazellen, Moschustieren, Schneeleoparden, Bibern, Fischottern, Zobeln, Steinmardern, Stören, Schwänen, Lämmergeiern, Ularen, Pelikanen, Fasanen, Mönchsgeiern, Bussarden, Käuzen, Uhus, anderen Eulen und Spechten verboten. Zusätzlich gibt es umfangreiche Festlegungen über die Bestrafung bei Jagdvergehen.

An Fischen waren aus der Mongolei bis Anfang der 70er Jahre, einschließlich der Rundmäulerart *Lampetra reissneri*, 61 Arten aus 11 Familien bekannt (Dulmaa 1973), unter ihnen eine große Reihe sehr guter Speisefische. Allein 36 Arten gehören zu den Cypriniden. Hierher zählen auch drei endemische Spezies der Gattung *Oreoleuciscus* aus dem abflußlosen Zentralasiatischen Becken. Zwei weitere hydrogeographische Zonen entwässern in das Nördliche Eismeer bzw. den Stillen Ozean. Nach Dulmaa erstreckt sich das Wassernetz der Mongolei über 50.000 km. Die wirtschaftliche Nutzung der reichen Fischvorkommen steht noch am Anfang. Fischwirtschaften gibt es am Buir-nuur, Dod-caagan, Ugij, Chunguin-char und einigen anderen Seen. In den letzten Jahren sind weitere Species neu nachgewiesen, so daß heute von ca. 75 Fischarten auszugehen ist (im Onon 28, im Cherlen 23, in der Tola und im Eröö z.B. 15 Arten).

1972 wurden vom Großen Volkshural die Aufgaben des Umweltschutzes und der rationellen Nutzung der natürlichen Ressourcen beraten, insbesondere der Reichtümer der Wälder und der jagdlich bewirtschafteten Fauna. Die Tagung nahm Entschließungen an, die eine breite Öffentlichkeitsarbeit für den Naturschutz und eine höhere Wirksamkeit der Gesetze zur Nutzung der Naturressourcen vorsehen. Nach Beschluß dieser für den Naturschutz in der Mongolei wichtigen Beratung werden seit 1972 im gesamten Land zweimal im Jahr Monatsaktionen für den Naturschutz durchgeführt. Beim Präsidium des Großen Volkshurals und in allen Aimak-, Stadt-, Somon- und Raion-Huralen wurden Ständige Kommissionen für Naturschutz eingerichtet. 1975 wurde vom Ministerrat der Mongolei die Verordnung Nr. 146 über die Naturschutzgebiete verabschiedet. Sie hat nach Hilbig/Tschuluunbaatar (1989, S.46f.) folgenden Wortlaut:

1.   Allgemeines

1.1 Naturlandschaften, die für die Welt und unser Land seltene Arten der Fauna
     und Flora und andere Naturschönheiten aufweisen und dadurch eine besondere
     wissenschaftliche und kulturelle Bedeutung besitzen, werden zu Naturschutz-
     gebieten erklärt.

1.2 Die die Naturschutzgebiete betreffenden Fragen werden vom Ministerium
     für Forstwirtschaft in Zusammenarbeit mit wissenschaftlichen Institutio-
     nen bearbeitet und den nächsthöheren Organen zur Entscheidung weiterge-
     reicht.

1.3 Der Schutz der Naturlandschaften und der Schutz und die Mehrung seltener
     Pflanzen- und Tierarten sowie ihre wissenschaftliche Erforschung sind das
     Hauptziel der Naturschutzgebiete.

1.4 Die in einem Naturschutzgebiet vorhandenen Pflanzen und Tiere sowie kul-
     turhistorische Denkmäler gehören zum Fond des Naturschutzgebietes.

1.5 Alle Maßnahmen, die für den Schutz und die Erhaltung der Naturschutzgebiete
     ergriffen werden, werden vom Ministerium für Forstwirtschaft geleitet.

1.6 Die Einhaltung der Verordnung über die Naturschutzgebiete in den Natur-
     schutzgebieten wird vom Ministerium für Forstwirtschaft und den zuständigen
     Jagd- und Forstorganisationen kontrolliert.

1.7 Die Maßnahmen zur Erhaltung und Mehrung der Pflanzen- und Tierwelt und
     zum Schutz der Naturschutzgebiete werden aus den Einnahmen der staatlichen
     Forst- und Jagdwirtschaft finanziert.

1.8 Die genaue Begrenzung der Naturschutzgebiete wird an Ort und Stelle vom
     Ministerium für Forstwirtschaft in Zusammenarbeit mit dem Ministerium für
     Landwirtschaft festgelegt.

2.   Vorschriften für Maßnahmen in den Naturschutzgebieten

2.1 Folgende Tätigkeiten sind in Naturschutzgebieten verboten:

     a) Jagd, Heuwerbung, Bodennutzung, Sprengungen und wirtschaftliche Nut-
         zung von Steinen und Erden,
     b) Maßnahmen, die zur Schädigung oder Vernichtung der natürlichen Stand-
         orte von Pflanzen und Tieren oder zur Vergrämung von Tieren führen
         können,
     c) Baumaßnahmen, die nicht auf den Schutz der Naturschutzgebiete ausge-
         richtet sind,
     d) Jagdwaffen und Jagdhunde mitzuführen.

2.2 Durch Sondererlaubnis des Ministerrates der Mongolei sind folgende Tätig-
     keiten in Naturschutzgebieten erlaubt:

     a) Fang und Jagd einiger Tiere mit dem Ziel der Aussetzung in anderen
         Gebieten und für wissenschaftliche Zwecke,
     b) Jagd bestimmter jagdbarer Säuger und Vögel zur Regulierung der Tierbe-
         stände,
     c) Baumaßnahmen, die auf den Schutz und die Vermehrung von Fauna und
         Flora der Naturschutzgebiete ausgerichtet sind.

2.3 Auf Veranlassung des Ministeriums für Forstwirtschaft können folgende Maßnahmen in Naturschutzgebieten durchgeführt werden:

a) Heuwerbung und wasserbauliche Maßnahmen (Brunnenbau, Ausbau von Quellen u.ä.), die auf den Schutz und die Vermehrung der Tierbestände ausgerichtet sind,

b) Bekämpfung von Waldbränden und Schädlingen und vorbeugende Maßnahmen zum Schutz gegen Waldbrandgefahr und Pflanzenschädlinge,

c) Maßnahmen zum Schutz und zur Vermehrung der pflanzlichen Ressourcen.

3.   Wissenschaftliche Arbeiten in den Naturschutzgebieten

3.1 Alle wissenschaftlichen Arbeiten in Naturschutzgebieten haben das Ziel, den Schutz der Naturreichtümer und deren Reproduktion zu sichern und ihre Gesetzmäßigkeiten zu erforschen.

a) Erarbeitung von Methoden zur bestandserhaltenden Nutzung, zum Schutz und zur Vermehrung von Fauna und Flora,

b) Erforschung und Festlegung von Normen der wirtschaftlichen Nutzung der Naturressourcen der an die Naturschutzgebiete angrenzenden Territorien und ihrer Wirkung auf die Natur,

c) Erarbeitung von Methoden zum Schutz der Biogeozönosen in den Naturschutzgebieten,

d) Erarbeitung von biologischen Bekämpfungsmaßnahmen gegen Pflanzenschädlinge,

e) Erarbeitung von Maßnahmen zum Schutz und zur Vermehrung der seltenen Arten von Flora und Fauna,

f) Erforschung der Ursachen quanitativer und qualitativer Veränderungen in der Tier- und Pflanzenwelt.

3.2 Die wissenschaftlichen Forschungsarbeiten in Naturschutzgebieten erfolgen nach einem vom Staatlichen Komitee für Wissenschaft und Technik bestätigten Arbeitsplan.

3.3 Die Veröffentlichung und Verbreitung wissenschaftlicher Ergebnisse, die durch Forschungstätigkeiten in Naturschutzgebieten gewonnen wurden, erfolgt durch das Ministerium für Forstwirtschaft in Zusammenarbeit mit den wissenschaftlichen Institutionen.

3.4 Verstöße gegen die Verordnung über die Naturschutzgebiete werden nach den Gesetzen der Mongolei geahndet.

5. Organisation des staatlichen und ehrenamtlichen Naturschutzes

Über viele Jahre war für die staatlichen Belange des Naturschutzes, und besonders für die Schutzgebiete, das Ministerium für Forstwirtschaft verantwortlich. Im Amt für Jagd- und Forstwirtschaft gab es einen ehrenamtlichen Mitarbeiter für Naturschutz. Ganz ähnlich waren diese Funktionen in den Aimaks und Somonen verteilt. Seit 1988 ist dem neu geschaffenen Ministerium für Natur und

Umwelt als Oberster Naturschutzbehörde die Hauptverantwortung übertragen. In den anderen Ministerien, die von Aufgaben des Umwelt- und Naturschutzes berührt waren, gab es nach Hilbig/Tschuluunbaatar (1989, S.48) vier weitere Staatliche Ämter mit naturschutzrelevanten Aufgaben:

- das Amt für Wasserwirtschaft beim Ministerium für Wasserwirtschaft,

- das Amt für Bodennutzung beim Ministerium für Landwirtschaft,

- die Naturschutz- und Umweltschutzabteilung beim Klimatologischen Amt und

- die Abteilung für Umwelthygiene des Hygieneamtes beim Ministerium für Gesundheitswesen.

Auch diese Ämter haben Entsprechungen in den Aimaks. Das Staatliche Komitee für Wissenschaft und Technik beim Ministerrat der Mongolei koordinierte die Arbeit der verschiedenen verantwortlichen Ministerien und Verwaltungen. Es erarbeitete Jahres- und Fünfjahrespläne zur Entwicklung des Naturschutzes und zur rationellen Nutzung der Naturressourcen.

Für die Abklärung bedeutender wissenschaftlicher Aspekte in Naturschutzprojekten wurden und werden Beiräte von Experten berufen. In ihnen haben Wissenschaftler aus Akademie- und Universitätsinstituten sowie aus Verbänden wichtige beratende Funktionen. Der wichtigste Naturschutzverband der Mongolei ist die "Mongolische Gesellschaft für Natur- und Umweltschutz", der ein zwölfköpfiges Präsidium vorsteht. Sie ist eine der wichtigsten und größten gesellschaftlichen Organisationen der Mongolei, worin sich die tiefe Naturverbundenheit des mongolischen Volkes widerspiegelt.

Mit über 70.000 Mitgliedern (Stand 1995) wird eine breite Öffentlichkeitsarbeit geleistet und der Naturschutz als wichtigste Kraft des Ressourcenerhalts und Landschaftsschutzes propagiert. Die hohe Mitgliederzahl ist umso erstaunlicher als erst vor wenigen Jahren die Anzahl der Einwohner die 2-Millionen-Grenze überschritt. Die Gesellschaft für Natur- und Umweltschutz wurde 1974 gegründet (Ministerratsbeschluß Nr. 541 vom 20.12.1974). Der damalige Präsident der Akademie der Wissenschaften, B. Šerendyb, faßte die Aufgaben, die vor dem Lande stehen und die sich die Gesellschaft gestellt hat, in die Worte:

> "Jeder Hektar Land, jeder Zentimeter Bodenfläche, jeder Baum, Strauch, See, Fluß, Quellbereich, die Vögel, Fische und übrigen Tiere - sie alle sind unser Volksvermögen. Wir müssen verstehen lernen, die Natur zu schützen, sich an der Schönheit zu freuen und sie zu genießen, ihre Gaben sinnvoll zu nutzen und sie nicht nur für uns, sondern für unsere Nachfahren zu schützen."

Für die Umwelterziehung hat die Gesellschaft Werbeplakate und in vielen Ortschaften sowie Naturschutzgebieten Aufsteller mit glühenden Appellen für den Tier- und Pflanzenschutz herausgebracht (vgl. Foto 4). Großer Beliebtheit erfreuen sich die im Land gedrehten Naturfilme sowie die in vielen Serien

*Foto 4: Öffentlichkeitsarbeit für den Natur-
schutz in der Mongolei.*

vorliegenden Briefmarken mit Motiven aus der Tier- und Pflanzenwelt. Vorträge und Pflanzaktionen sowie die Einflußnahme auf den Einsatz von staatlichen Geldern im Umwelt- und Naturschutz komplettieren die Breitenarbeit.

Durch den Zentralrat der Gesellschaft für Natur- und Umweltschutz wurden bis Ende der 80er Jahre bereits über 600 staatliche Inspektoren des Natur- und Umweltschutzes ernannt. Sie sind im gesamten Land tätig. Außerdem gibt es freiwillige Naturschutzinspektoren, die von den Aimakvorständen der Gesellschaft ernannt werden. 52 Personen wurden bis 1989 mit der Medaille "Naturschützer der Mongolei" ausgezeichnet.

6. Die Naturschutzgebiete, Jagdreservate, Naturdenkmale und Nationalparke

Auf die Ausscheidung von Naturschutzgebieten durch den Großen Volkshural wurde bereits hingewiesen. Ein Verzeichnis der damaligen acht existierenden Naturschutzgebiete findet sich bei Zevegmid et al. (1974). Ende der 80er Jahre gab es in der Mongolei 13 Naturschutzgebiete (NSG), ihre Lage ist in Abb. 3 dargestellt (Hilbig/Tschuluunbaatar 1989, S.50):

1. Bogd-uul (Ulan-Bator und Töv Aimak). Der zwischen Ulan-Bator und Zuunmod liegende bewaldete Gebirgsstock gehört zu den ältesten Naturschutzgebieten der Welt. Bereits 1778 wurden Schutzbestimmungen erlassen. Dawaa (1967), der über die Säugetiere des Bogd-uul berichtet, nennt als Jahr der Unterschutzstellung das Jahr 1809. Die Grenzen des NSG wurden 1924 und 1974 neu festgelegt. Größe: 40.800 ha.

2. Chorgo-uul (= Chorgyn-togoo) (Archangaj Aimak, Tariat Somon, seit 1965). Das Gebiet umfaßt den alten Vulkankrater Chorgo und den See Terchijn-Cagaan-nuur im Changaj. Größe: 2.700 ha.

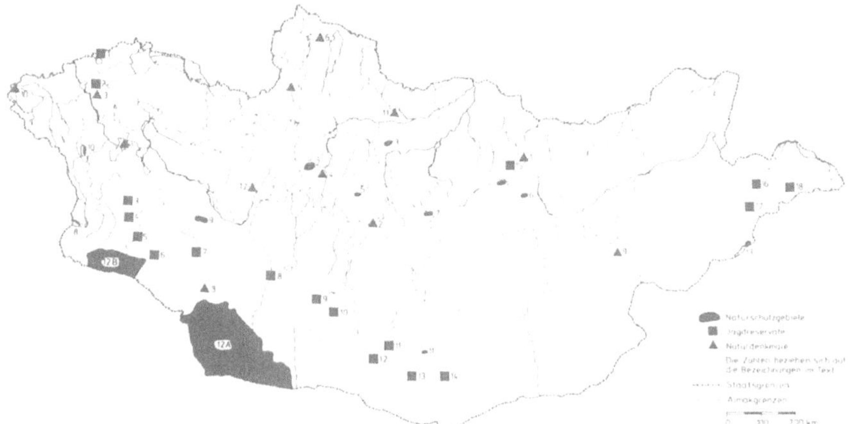

Abb.3: *Karte der Mongolei mit Naturschutzgebieten, Jagdreservaten und wichtigen Naturdenkmalen Mitte der 80er Jahre (nach Hilbig/ Tschuluunbaatar 1989, S.50).*

3. Tulga (= Burcher), Togoo (=Ich-togoo) und Zalavc-uul (Bulgan Aimak, Chutag-Öndör Somon, seit 1965). Die drei Berge stellen drei benachbarte erloschene Vulkankegel dar. Größe: 800 ha.

4. Uran-uul (= Uran-burcher, Uran-togoo) (Bulgan Aimak, Chutag-Öndör Somon, seit 1965; in Abb. 3 nicht dargestellt). Es handelt sich um einen weiteren erloschenen Vulkankrater in der Nähe der drei unter 3. genannten Vulkankegel. Größe: 900 ha.

5. Bulgan-uul (Archangaj Aimak, Cecerleg, seit 1965). Das Naturschutzgebiet liegt in unmittelbarer Nähe der Stadt Cecerleg zwischen dem Paß Chalzan-davaa, Chavcgaj-mod und Temen-uluu. Größe: 2.700 ha.

6. Nagalchan-uul (Töv Aimak, Erdene Somon, seit 1974). Größe: 2.800 ha.

7. Batchaan-uul (zwischen Övörchangaj Aimak, Bajan-Öndör Somon und Töv Aimak, Erdenesant Somon, seit 1974). Südlichster Berg des Changaj mit Nadelholzwäldern. Größe: 19.800 ha.

8. Bulgan-gol (Chovd Aimak, Bulgan Somon, seit 1965; vgl. Foto 5). Natürliches Siedlungsgebiet des zentralasiatischen Bibers. Größe: 7.600 ha.

9. Chasagt-Chajrchan-uul (Govaltaj Aimak, zwischen den Somonen Bajan-uul, Žargalan und Tajšir, seit 1965). Das NSG stellt einen Gebirgsstock mit Halbwüsten-, Bergsteppen- und Hochgebirgsvegetation dar, der bis zu einer Höhe von 3.582 m aufsteigt. Größe: 26.600 ha.

10. Chöch-serchijn-nuruu (zwischen Chovd und Bajan-Ölgij Aimak, seit 1974). Wegen Steinbock- und Argalivorkommen unter Schutz. Größe: 72.300 ha.

11. Jolyn-am (= "Bartgeier-Schlucht", Ömnögov Aimak, Zuun-Sajchan-uul, seit 1965). Felsenschlucht mit Steinböcken, Argali, Lämmergeiern und anderen seltenen Tieren, Alteisvorkommen auf der Talsohle. Größe: 7.000 ha.

Foto 5: Das Naturschutzgebiet Bulgan-gol.

12. Govijn-Ich-darchan-gazar (= Großes Gobi-Naturreservat, Govaltaj, Chovd und
    Bajanchongor Aimak, seit 1975; vgl. Abb. 4). Mit 5.385 Mio. ha ist das Große
    Gobi-Reservat das drittgrößte Naturschutzgebiet der Welt. Der größere östliche
    Teil A (Transaltai-Gobi) hat Nationalpark-Charakter, der kleinere Teil B (Dzun-

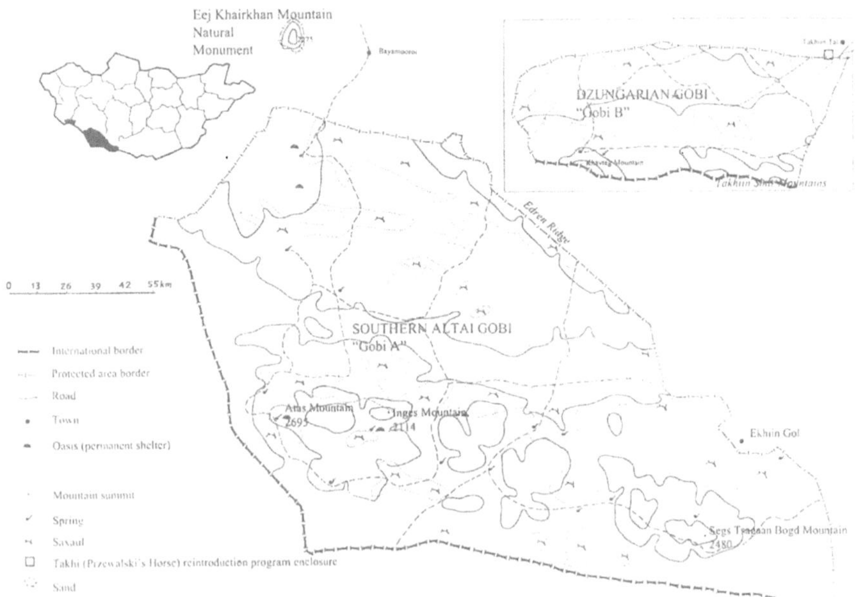

Abb. 4: Die großen Naturschutzgebiete Transaltai-Gobi (Gobi A) und
*   Dzungarische Gobi (Gobi B) (nach Finch 1996)*

garische Gobi) hat Reservat-Charakter. Der Wortlaut des Beschlusses des Großen Volkshurals über das Gobi-Reservat ist bei Žirnov/Ilinskij 1985 abgedruckt. Die Verwaltung des Gebietes befindet sich im Govaltaj Aimak. Das Gebiet ist als Biosphärenreservat von der UNESCO anerkannt.

13. Lchainvandad-uul (= Navin-vandan-uul) (Süchbaatar Aimak, Erdenecagaan Somon, seit 1965). Der waldfreie Gebirgsstock steht wegen des dort seit den 30er Jahren angesiedelten Maralbestandes unter Schutz. Größe: 57.100 ha.

Die 13 Naturschutzgebiete umfassen insgesamt eine Fläche von 56.261 km^2, das sind etwa 3,6 % der Landesfläche. 1992 wurden acht neue und 1993 sieben weitere große Schutzgebiete bestätigt. Somit sind gegenwärtig ca. 101.000 km^2 unter Schutz gestellt. Mongolische Wissenschaftler und Experten streben einen Schutz von 30 % der Landesfläche an.

Neben den genannten Naturschutzgebieten, deren Anzahl weiter steigt, gibt es die Jagdreservate oder Jagdschutzgebiete (Zakazniki), auf die z.T. schon hingewiesen wurde. Ölzijchutag/Banzragč (1977) führen 18 derartige Jagdschongebiete auf (vgl. Abb. 3), die dem speziellen Schutz bestimmter Tierarten dienen:

- Uvs Aimak
  1. Cagaan-šuvuut, 2. Char-Jamaat

- Chovd Aimak
  3. Baatar-chajrchan, 4. Mjangan-Ugalzat

- Govaltaj Aimak
  5. Tamčijn-nuruu, 6. Alag-chajrchan, 7. Char-Azargyn-nuruu

- Govaltaj und Bajanchongor Aimak
  8. Char-Argalant-uul

- Bajanchongor Aimak
  9. Baruun-bogd, 10. Mjangan-Jamaat

- Ömnögov Aimak
  11. Baruun-Sajchan, 12. Zöölöngijn-nuruu, 13. Argalant, 14. Nomgon

- Töv Aimak
  15. Chövč

- Dornod Aimak
  16. Sangijn-dalaj, 17. Lag-nuur, 18. Vangijn-Cagaan-uul.

Hilbig/Tschuluunbaatar (1989) gehen auch auf die Kategorie der Naturdenkmale ein. Alte und besonders geformte Bäume wurden bereits in vorrevolutionärer Zeit als heilige Bäume verehrt und geschützt sowie als religiöse Kultstätten (Mutterbäume) genutzt und aufgesucht.

Zu Naturdenkmalen können bedeutsame Einzelbildungen der Natur wie Bäume, Felsen, paläontologische Fundstellen, Höhlen, Seen und Wasserfälle erklärt werden. Naturdenkmale von zentraler Bedeutung werden von der Regierung beschlossen. Über Naturdenkmale von regionaler Bedeutung beschließt die Verwaltung des zuständigen Aimaks. Der Beschluß ist zeitlich auf eine Dauer von 3 Jahren begrenzt. Nach Ablauf der Frist muß ein Regierungsbeschluß oder eine Verlängerung des Aimak-Beschlusses erfolgen.

Die genannten Autoren führen folgende Naturdenkmale als Beispiele auf:

- Hochgebirgsseen
  1. Chagijn-Char-nuur (Chentej, Töv Aimak), 2. Najman-nuur (Changaj, Övörchangaj Aimak)

- Wasserfälle
  3. Goozuurijn-chürchree (Uvs Aimak), Ulaan-Cutgalan (= Wasserfall des Ulaan-gol am oberen Orchon, sog. Orchon-Wasserfall, Changaj, Övörchangaj Aimak)

- Cañon
  4. Čuluut-golyn-borgio (Changaj, Archangaj Aimak), 5. Beltesijn-chürchree (Chövsgöl Aimak)

- Schlucht
  6. Žaryn-golyn-am (Chövsgöl Aimak)

- Insel
  7. Agvas (Chovd Aimak, im Char-us-nuur)

- Felsen
  8. Chatan-eež-uul (Govaltaj Aimak), 9. Conžijn-čuluu (Dörnögov Aimak), Tajchar-čuluu (Changaj Archangaj Aimak)

- Höhle
  Gurvan-cencher-aguj (Chovd Aimak)

- versteinerte Bäume
  im Dörnögov Aimak

- Baum
  alte vielschäftige Lärche (im Gebiet von 4., Archangaj Aimak).

In der Naturschutzkarte der Mongolei werden noch drei weitere Naturdenkmale angeführt: 10. Tavan-bogd (Bajan-Ölgij Aimak), 11. Eg-tarvagatajn-biler (Bulgan-Aimak), 12. Ein unbenanntes Naturdenkmal (Zavchan Aimak). Bei den großflächigen Naturdenkmalen ist eine eindeutige Abtrennung von den Naturreservaten schwierig.

Derzeit verfügt die Mongolei über vier Nationalparke (NP): Das Chövsgöl-Gebiet (mit See und angrenzenden Regionen), den Choch-Serchi Nationalpark, den Nationalpark Gurvan Sajchan und im Chentej den Gorchi-Terelž-Nationalpark (Chan-Chentie). Die Erarbeitung der Grundlagen für die genannten Großschutzgebiete erfolgte unter maßgeblicher Beteiligung deutscher Experten und Förderung durch den WWF, das BMZ und die GTZ. Besonders für den Chentej- und Gurvan Sajchan-Nationalpark liegen Vorschläge zu bedeutenden flächenmäßigen Erweiterungen vor.

7. Das Rotbuch der Mongolei

Das Rotbuch der Mongolei wurde 1987 unter Leitung vom Zoologen, mehrjährigen Rektor der Universität sowie Direktor des Biologischen Institutes der Mongolischen Akademie der Wissenschaften, O. Šagdarsuren, unter Mitwirkung namhafter mongolischer Wissenschaftler wie Žigž, Cendžav, Dulamceren, Bold, Mönchbajar, Dulmaa, Erdenežav, Ölzijchutag, Ligaa und Sančir herausgegeben.

Nach dem Gefährdungsgrad werden vier Kategorien von Pflanzen- bzw. Tierarten unterschieden. Sofern vorhanden, werden alle Daten zur Ökologie, Verbreitung, Bestandsentwicklung, zum Bestandsrückgang, Schutzstatus und zu Maßnahmen zum Management zusammengefaßt. Über die Aufnahme von Arten in das Rotbuch befindet eine Kommission des Zentralrates der Gesellschaft für Natur- und Umweltschutz, die dem Präsidium eine Beschlußvorlage zuleitet. Folgende Schutzkategorien werden aufgelistet:

1. im Aussterben begriffene Tierarten (die Individuenzahl ist soweit gesunken, daß die Art ohne Unterstützung des Menschen bei der Erhaltung und Vermehrung nicht mehr existieren kann),

2. vom Aussterben bedrohte Pflanzenarten,

3. seltene Arten,

4. gefährdete Arten (diese bisher nur wenig erforschten seltenen Arten werden nach intensiverer Erforschung unter eine der drei oben angeführten Kategorien eingegliedert).

8. Ausblick

Insgesamt werden in der Mongolei derzeit vier Schutzkategorien unterschieden: Naturschutzgebiete (Strict Protected Areas), Nationalparke (National Parks), Naturreservate (Natural Reserves) und Naturdenkmale (National Monuments). Große Gebiete sollen, soweit in ihnen auf großen Flächen Wege zu einer nachhaltigen Entwicklung erarbeitet, erprobt und umgesetzt werden, der UNESCO als Biosphärenreservate vorgeschlagen werden. Zu ihnen gehört das geplante grenzüberschreitende Biosphärenreservat Uvs-nuur, im mongolisch-russischem Grenzbereich von Tuwinien, für welches ein Verbundprojekt der Deutschen Forschungsgemeinschaft zur Erforschung dieses Gebietes entworfen wurde und in welchem erste Arbeitsgruppen deutscher Universitäten gemeinsam mit mongolischen Partnerinstitutionen tätig geworden sind. Natur und Umwelt mit dauerhaft regenerierbaren Ressourcen in eine tragfähige Entwicklung einzubetten, gehört zu den großen Chancen dieses Landes. Bewährte Wirtschaftstraditionen mit neuem technologischen Fortschritt zu vereinen gilt als große Herausforderung.

Gegenwärtig grasen 25 Millionen Haustiere auf 117 Millionen ha Weideland, auf etwa 75 % des Territoriums der Mongolei. Devastierung, Desertifikation, Habitatverlust durch Ackerbau, Beweidung und Bebauung bedrohen die Naturlandschaften. 25 % der Weideflächen sind von Degradation betroffen. In stark beweideten Gebieten, besonders in der Nähe von Siedlungszentren hat die Biodiversität an Pflanzenarten um 80 % abgenommen, so daß der wissenschaftlichen

Begleitung der mongolischen Weidewirtschaft größte Aufmerksamkeit zu schenken ist.

Ähnliches gilt für die Wälder, die durch Kahlschlag, Devastierung durch Vieheintrieb (Saksaul-Bestände) und Brände in Mitleidenschaft gezogen werden.

Großprojekte zum Stau von Flüssen und der Energiegewinnung sollten nur nach der Durchführung von Umweltverträglichkeitsprüfungen mit größter Sorgfalt umgesetzt werden. Dem Schutz der Landschaft als Weltnaturerbe (vgl. Finch 1996) ist Vorrang einzuräumen und sollte die reichen Industriestaaten zur nachhaltigen Förderung bodenständiger Entwicklungen veranlassen.

Der Schutz großer Landschaftsformationen ist in der Diskussion, um ganze Ökosysteme und die dort ablaufenden Prozesse für die Zukunft zu sichern. Großregionen wie der Mongolische Altaj, der Changaj, die Senke der Großen Westmongolischen Seen, die Senke der Südgobi, die ostmongolische Steppenregion sowie das komplexe Chövsgölgebiet mit der Darchatsker Seensenke sollen in dieses weltweit bedeutsame Schutzgebietssystem einbezogen werden.

In Zusammenarbeit mit dem WWF (World Wide Fund for Nature) wurde 1992 ein Großprojekt "Schutzgebiete als Beitrag zur regionalen Entwicklung" begonnen, um Natur und Landschaft als Naturschatz zu erhalten und im Sinne des sustainable development zu entwickeln. Dies sind Bewährungsfelder für Politiker und Ökonomen, Biologen, Geographen, Geologen, Landwirte, Landschaftsökologen und alle anderen Landnutzer. Über das "United Nations Development Programme" (UNDP) ist das "Mongolian Biodiversity Project" im Bereich von "Global Environment Facility" (GEF) auf den Weg gebracht worden.

Sorgloser und ungeplanter Umgang mit der Natur kann zu weiteren spürbaren Biodiversitätsverlusten führen. Die Mongolei gehört zu den rohstoffreichsten Ländern an Mineralien. Ölförderung ist in der Ostmongolei und Südgobi in den optimalen Refugien von Wildtiervorkommen in naher Zukunft geplant. Der Druck auf die Landschaft durch den Ausbau der Infrastruktur mit neuen Verkehrswegen nimmt zu. Zerschneidung von Arealen und Wanderwegen seltener Arten können die Folge sein. Weitreichende Planungen und Vorsorge müssen Vorrang vor einer hemmungslosen Ausbeutung der Naturschätze haben. Dies wird nur gelingen, wenn die mongolische Regierung und ausländische Unternehmen höchste Umweltstandards an die eingesetzten Technologien stellen und sich tagtäglich der UN-Ethik von Rio de Janeiro (1992), der Bewahrung einer "inneren Werthaftigkeit" unserer Erde bewußt werden, da sonst ein Garten Eden untergehen wird.

9. Danksagung

Für die Überlassung aktueller Daten und Unterlagen über den Naturschutz in der Mongolei danke ich den Herren H. Mix und A. Bräunlich sowie Dr. R. Samjaa.

10. Literatur

Allen, G.M. (1938/40): The mammals of China and Mongolia. - New York

Bannikov, A.G. (1954): Die Säugetiere der Mongolischen Volksrepublik. - Moskau (russ.)

Bold, A. (1991): Katalog ptic Mongolskoj Narodnoj Respubliki. - Moskva

Dawaa, N. (1967): Die Säugetiere des mongolischen Naturschutzparkes Bogdo-Ul-Berge. In: Säugetierkundliche Mitteilungen 15, S.332-337

Dawaa, N.; M. Nicht und G. Schünzel (1971): Über die Pelztiere der Mongolischen Volksrepublik (MVR). In: Das Pelzgewerbe 21, S.3-14

Dorn, M. und M. Stubbe (1981): Spezialistenverzeichnis für die Bearbeitung der Arthropodenfauna der MVR. In: Erforschung biologischer Ressourcen der Mongolischen Volksrepublik 1, S.81-88

Dulmaa, A. (1973): Zur Fischfauna der Mongolei. In: Mitteilungen des Zoologischen Museums zu Berlin 49, S.49-67

Dulmaa, A. (1979): Hydrobiological Outline of the Mongolian Lakes. In: International Revue der gesamten Hydrobiologie 64, S.709-736

Dulmaa, A. (1981): Der Stand der hydrobiologischen Forschungen in der Mongolischen Volksrepublik. In: Erforschung biologischer Ressourcen der Mongolischen Volksrepublik 1, S.69-73

Étchécopar, R.D. und F. Hüe (1978/1983): Les Oiseaux de Chine de Mongolie et de Corée (non passereaux et passeraux). - Paris

Finch, C. (Hrsg.) (1996): Mongolia's Wild Heritage. - Boulder

Grubov, V.I. (1982): Opredelitel susudistych rastenij Mongolii. - Leningrad

Hilbig, W. (1981): Bibliographie pflanzensoziologischer Arbeiten über die Mongolische Volksrepublik. In: Erforschung biologischer Ressourcen der Mongolischen Volksrepublik 1, S.55-68

Hilbig, W. (1990): Pflanzengesellschaften der Mongolei. In: Erforschung biologischer Ressourcen der Mongolischen Volksrepublik 8, S.5-146

Hilbig, W. (1995): The Vegetation of Mongolia. - Amsterdam

Hilbig, W. und B.M. Mirkin (1983): Entwicklung und Stand der geobotanischen Forschung über die Mongolische Volksrepublik. In: Erforschung biologischer Ressourcen der Mongolischen Volksrepublik 3, S.33-46

Hilbig, W. und S. Tschuluunbaatar (1989): Naturschutz in der Mongolischen Volksrepublik. In: Archiv für Naturschutz und Landschaftsforschung 29, S.45-56

Kaszab, Z. (1983): Übersicht der Ergebnisse der Ungarischen Zoologischen Expeditionen in der Mongolischen Volksrepublik 1963-1968. In: Erforschung der biologischen Ressourcen der Mongolischen Volksrepublik 3, S.71-101

Kiščinskij, A.A.; V.E. Fomin; A. Bold und G.N. Cevenmjadag (1980): Problemy ochrany redkich vidov ptic v Mongolskoj Narodnoj Respublike. In: Biologičeskie Resursy MNR, ich ispolzovanie i ochrana, S.34-35 [Ulan-Bator]

Namnandorzh, O. (1957): Nature reserves in the People's Republic of Mongolia. - Ulan-Bator

Ölzijchutag, N. und D. Banzragč (1977): K voprosu ob ochrane redkich botaničeskich obektov MNR. In: Bot. Chür. Erdem šinil. Büteel - Ulaanbaatar 3, S.83-92

Peters, G. (1981): Die Erforschung der Herpetofauna der Mongolischen Volksrepublik: Situation und Perspektiven. In: Erforschung biologischer Ressourcen der Mongolischen Volksrepublik 1, S.75-80

Piechocki, R. (1968): Beiträge zur Avifauna der Mongolei, Teil I. Non-Passeriformes. In: Mitteilungen des Zoologischen Museums zu Berlin 44, S.149-292

Piechocki, R. (1983): Abriß der Erforschungsgeschichte der Avifauna mongolica. In: Erforschung biologischer Ressourcen der Mongolischen Volksrepublik 3, S.5-31

Piechocki, R. und A. Bolod (1972): Beiträge zur Avifauna der Mongolei. Teil II Passeriformes. In: Mitteilungen des Zoologischen Museums zu Berlin 48, S.41-175

Piechocki, R.; M. Stubbe; K. Uhlenhaut und D. Sumjaa (1981): Beiträge zur Avifauna der Mongolei. Teil III. Non-Passeriformes. In: Mitteilungen des Zoologischen Museums zu Berlin, Supplementband 57, Annalen für Ornithologie 5, S.71-128

Piechocki, R.; M. Stubbe; K. Uhlenhaut und D. Sumjaa (1982): Beiträge zur Avifauna der Mongolei. Teil IV Passeriformes. In: Mitteilungen des Zoologischen Museums zu Berlin, Supplementband 58, Annalen für Ornithologie 6, S.3-53

Rogovin, K.A. und G.I. Skenbrot (1995): Geographicae ecology of Mongolian desert rodent communities. In: Journal of Biogeography 22, S. 111-128

Šagdarsuren, O. (Hrsg.) (1987): Ulaan Nom. - Ulaanbaatar (Rotbuch der Mongolei)

Samjaa, R.; N. Dawaa und S. Amgalanbaatar (1994): Die Wildtierressourcen der Mongolei und ihre Bewirtschaftung. In: Beiträge zur Jagd- und Wildforschung 19, S.233-236

Schirevdamba, Z.; Z. Damdin; B. Tschimed-Otschir; P. Suvd und H.D. Knapp (1993): Naturerbe der Mongolei. - Ulaanbaatar (Faltblatt)

Schirevdamba, Z.; G. Gasuch; B. Tschimed-Otschir; P. Suvd und H.D. Knapp (1994): Naturerbe der Mongolei. Nationalpark "Chan Chentie". - Ulaanbaatar (Faltblatt)

Schirevdamba, Z.; D. Myagmarsuren; N. Ceveenmyadag; B. Tschimed-Otschir; H. Mix; H. Jungius und H.D. Knapp (1996): The Natural Heritage of Mongolia. The Protected Areas of Mongolia's Eastern Steppe. - Ulaanbaatar (Faltblatt)

Schirevdamba, Z.; Sandraa; B. Tschimed-Otschir; P. Suvd und H.D. Knapp (1995): Naturerbe der Mongolei. Nationalpark "Gobi Gurvan Saichan". - Ulaanbaatar (Faltblatt)

Schubert, R. (1981): Stand und Entwicklung der Erforschung der Flechten- und Moosflora in der Mongolischen Volksrepublik. In: Erforschung biologischer Ressourcen der Mongolischen Volksrepublik 1, S.53-54

Sokolov, V.E.; A. Bold; A. Dulmaa et al. (1983): The fishes of the Mongolian People's Republic. - Moscow

Sokolov, V.E. und V.N. Orlov (1980): Opredelitel mlekopitajuščich Mongolskoj Narodnoj Respubliki. - Moskau (russ.)

Stubbe, M. (1965): Jagd, Jagdgesetz und Wild in der Mongolischen Volksrepublik. In: Beiträge zur Jagd- und Wildforschung 4, S.163-178

Stubbe, M. und N. Chotolchu (1968): Zur Säugetierfauna der Mongolei. In: Mitteilungen des Zoologischen Museums zu Berlin 44, S.5-121

Stubbe, M. und N. Dawaa (1983a): Akklimatisation des Zentralasiatischen Bibers - Castor fiber birulai Serebrennikov, 1929 - in der Westmongolei. In: Erforschung biologischer Ressourcen der Mongolischen Volksrepublik 2, S.3-92

Stubbe, M. und N. Dawaa (1983b): Stand der Erforschung der Säugetierfauna der Mongolischen Volksrepublik. In: Erforschung biologischer Ressourcen der Mongolischen Volksrepublik 2, S.93-111

Stubbe, M.; N. Dawaa und N. Chotolchu (1988): Wild, Jagd und Naturschutz in der Mongolischen Volksrepublik. In: Hell, P. (Hrsg.): Jagd in den Ländern des RGW. - Bratislava, S.225-291

Stubbe, M.; N. Dawaa und D. Heidecke (1991): The Autochthonous Central Asiatic Beaver Population in the Dzungarian Gobi. In: McNeely, J.A. und V.M. Neronov (Hrsg.): Mammals in the Palaearctic Desert - Status and trends in the Sahara-Gobian Region. - Moscow, S.258-268

Stubbe, M.; N. Dawaa; W. Hilbig und Z. Schamsran (1981): Die Entwicklung der Zusammenarbeit auf biologischem Gebiet zwischen der MVR und DDR seit 1962. In: Erforschung biologischer Ressourcen der Mongolischen Volksrepublik 1, S.13-46

Svoboda, A.M. (1971): Priroda a jeji ochrana v Mongolsku. - Ochrana Fauny (Bratislava) 4, S.130-132

Travers, R.A. (1989): Systematic account of a collection of fishes from the Mongolian People's Republic: with a review of the hydrobiology of the major Mongolian drainage basins. In: Bulletin of the British Museum of Natural Historie (Zoology) 55, S.173-207

Vaurie, Ch. (1964): A survey of the Birds of Mongolia. In: Bulletin of the American Museum of Natural History 127, S.103-143

Vorobyeva, E.I. (Hrsg.) (1986): Herpetologische Untersuchungen in der Mongolischen Volksrepublik. - Moskau (russ.)

Zevegmid, D.; M. Stubbe und N. Dawaa (1974): Das neue mongolische Jagdgesetz vom 6. Januar 1972, die Naturschutzgebiete und Wirbeltierarten der MVR. In: Archiv Naturschutz und Landschaftsforschung 14, S.3-36

Žirnov, L.V. und V.O. Ilinskij (1985): Bolšoj Gobiskij zapovednik ubeiše redkich životnych pustyn Centralnoj Azii. - Moskva (russ.)

Politische Perspektiven des internationalen Naturschutzes

Martin Uppenbrink (Bonn)

1. Einleitung

Politische Perspektiven des internationalen Naturschutzes stellen ein sehr komplexes Thema dar, das - stärker als in der Vergangenheit - im Kontext anderer die Menschheit beschäftigender aktueller Themen gesehen werden muß. Diesbezüglich wichtige, sich weltweit stellende Komplexe und Problemlagen sind u.a. der Klimawandel, die Bodendegradation, die Verringerung der biologischen Vielfalt, die Verschmutzung und Verknappung des Süßwassers, die Übernutzung und Verschmutzung der Weltmeere, die Zunahme von Naturkatastrophen genauso wie die Bevölkerungsentwicklung und -verteilung, die Gefährdung der Welternährung und Weltgesundheit sowie globale Entwicklungsdisparitäten. Diese Liste könnte beliebig verlängert werden. Neben Themen, die unmittelbar den Bereich Natur/Umwelt betreffen, stehen andere, die nur vordergründig keine Natur/Umwelt-Bezüge aufweisen.

Zwei Schwerpunkte, die in Zukunft auch für die Lösung globaler Natur- und Umweltschutzprobleme unmittelbare Bedeutung haben werden, sind einerseits die Frage der Bevölkerungszunahme und andererseits die Frage der Ernährungslage. Zusammen mit dem Komplex Natur/Umwelt bilden sie ein "magisches Dreieck"; die sich daraus ableitenden Aufgabenfelder und der Umgang mit diesen werden auch über die Zukunft von Mensch und Natur/Umwelt mitentscheiden. Aufgrund der wachsenden wechselseitigen Interdependenzen zwischen den drei Bereichen, vor allem ausgelöst durch eine weiterhin dynamische Bevölkerungsentwicklung, wird der politische Handlungsspielraum des Naturschutzes zunehmend verringert. Dieser Spielraum droht sich in Zukunft weiter zu verengen.

Der Wissenschaftliche Beirat der Bundesregierung für Globale Umweltveränderungen (WBGU) hat in seinem Jahresgutachten 1995 "Welt im Wandel: Wege zur Lösung globaler Umweltprobleme" (WBGU 1996) die Frage des Bevölkerungswachstums und der Verteilung der Weltbevölkerung ausführlich behandelt. Abb. 1 gibt die Prognose des Weltbevölkerungsberichtes 1992 sowie die Prognose des WBGU aus dem Jahre 1994 zur globalen Bevölkerungsentwicklung für die vor uns liegenden Jahrzehnte wieder. Ohne die Daten im einzelnen interpretieren zu wollen, zeigt sich, daß - ausgehend von einer Weltbevölkerung von derzeit rund 6 Mrd. Menschen - etwa im Jahre 2050 die Zahl von 10 Mrd. Menschen überschritten werden wird. Die modifizierte Prognose des WBGU für das Jahr 1994 beruht auf der Annahme, daß in bevölkerungsreichen Staaten, wie beispielsweise Indonesien, die von den jeweiligen Regierungen eingeleiteten bevölkerungspolitischen Maßnahmen zu greifen beginnen. Obwohl sich in der

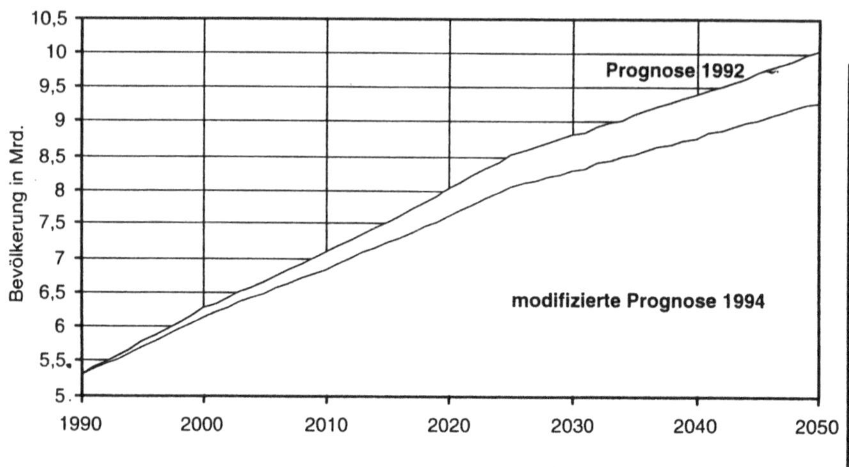

*Abb. 1: Modifizierte Bevölkerungsprognose bis zum Jahre 2050
(nach WBGU 1996, S.86)*

WBGU-Prognose insgesamt eine Abschwächung der Bevölkerungszunahme an-
deutet, sind die geschätzten Entwicklungen dennoch für den Naturschutz besorg-
niserregend. Für die Zukunft ist - global gesehen - von einer Zunahme des Drucks
auf die natürlichen Ressourcen auszugehen.

Ich bin davon überzeugt, daß die von dem magischen Dreieck Bevölkerungsentwicklung, Welternährung und Natur/Umwelt ausgehenden Problemlagen nationale und internationale Behörden und auch private Organisationen des Naturschutzes künftig ganz zentral und elementar beschäftigen werden. Vor dem
Hintergrund dieser neuen weltweiten Herausforderungen sind die gegenwärtig
ausgetragenen, mehr oder minder theoretischen Auseinandersetzungen, ob Umwelt oder Natur der umfassendere Begriff und ob eine biozentrische Sichtweise
einer anthropozentrischen Sichtweise vorzuziehen sei, wenig hilfreich. Die aktuellen Problemlagen werden künftig vermehrt auch die Themen des Natur- und
Umweltschutzes diktieren.

Im Anschluß an die einleitende Diskussion des rahmengebenden Spielraums
für den Naturschutz (Bevölkerungszunahme und Ernährungslage) werden im
folgenden Abschnitt verschiedene Fragen des internationalen Klimaschutzes
und deren bislang nur unzureichende Rezeption im Bereich des Naturschutzes thematisiert. Verschiedene naturschutzrelevante internationale Vereinbarungen (Wüstenkonvention, Walderklärung, Biodiversitätskonvention) stehen im
Mittelpunkt der anschließenden Kapitel, gefolgt von der Behandlung der Fragen
"Wie entstehen internationale Vereinbarungen für den Naturschutz?" und "Wie
werden internationale Vereinbarungen für den Naturschutz in Deutschland umgesetzt?". Den Abschluß bilden zehn Thesen zur Zukunft des internationalen
Naturschutzes.

2. Klimaschutz - vernachlässigte Frage des Naturschutzes

Zu einem zentralen Thema der internationalen Natur- und Umweltschutzpolitik hat sich die Frage des globalen Klimawandels entwickelt. Abb. 2 verdeutlicht, daß sowohl die gemessenen als auch die in verschiedenen Szenarien prognostizierten Temperaturen für die Zukunft einen deutlichen Temperaturanstieg erwarten lassen. Diese Klimaänderungen und die damit verbundenen Folgeschäden werden einige Staaten stärker treffen als andere. Insbesondere die Bewohner der "kleinen Inselstaaten"[1] werden als erste existenzbedrohend von dem erwarteten Anstieg des Meeresspiegels betroffen sein.

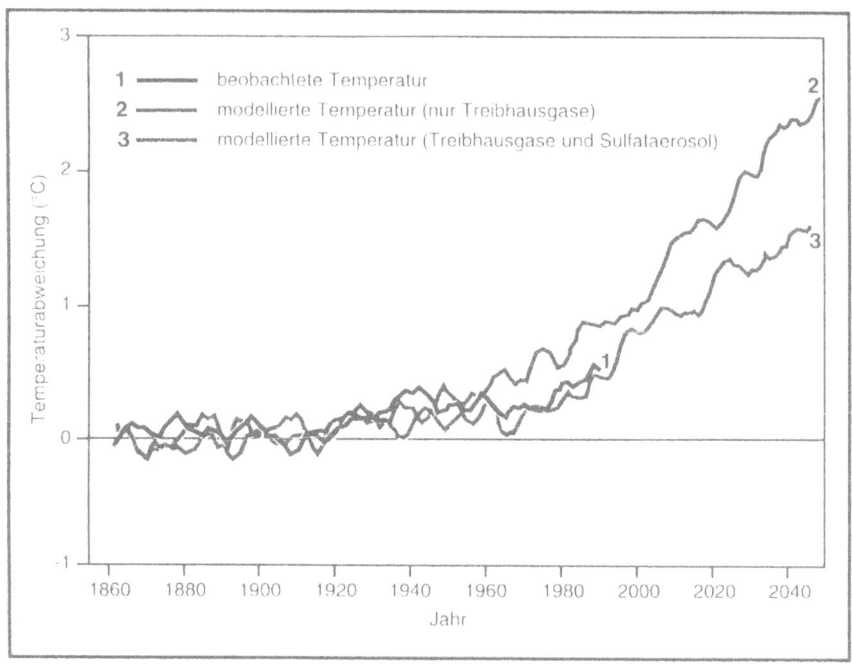

Abb. 2: Entwicklung der bodennahen globalen Mitteltemperatur, Beobachtungen (1860 - 1990) und Modellvorhersage eines globalen gekoppelten Ozon-Atmosphäre-Zirkulationsmodells (1860 - 2050) mit und ohne Aerosoleffekt (vgl. WBGU 1996, S.108)

Doch was kann, was muß künftig zum Schutz des Klimas geschehen? Ziel der internationalen Klimaschutzpolitik ist die weltweite Minderung des CO_2-Ausstoßes. Bislang ist es jedoch nur in wenigen Staaten gelungen, eine spürbare CO_2-Minderung durchzusetzen. Tab. 1 verdeutlicht anhand der jeweils formulierten Minderungsziele der OECD-Staaten die Zerissenheit der Industriestaaten. Einerseits sind die EU-Staaten zu nennen, die - basierend auf dem CO_2-Ausstoß von

---

1 Um ihre Interessen künftig besser vertreten zu können, haben sich diese zur Organisation der kleinen Inselstaaten (OSI) zusammengeschlossen.

Land	Treibhausgase	Ziel	Basis-jahr	Ange-strebter Zeit-raum
Australien	NMPs* Treibhausgase	Stabilisierung 20% Reduktion	1988 1988	2000 2005
Belgien	CO_2	5% Reduktion	1990	2000
Dänemark	CO_2	20% Reduktion	1988	2005
Deutschland	CO_2	25% Reduktion	1990	2005
Finnland	CO_2	Stabilisierung	k.A.	Ende 90er Jahre
Frankreich	CO_2	Pro-Kopf-Stabilisierung	k.A.	2000
Griechenland	CO_2	EU-Übereinkommen**		
Großbritannien	CO_2, Methan + andere wichtige Treibhausgase	Stabilisierung	1990	2000
Island	alle Treibhausgase	Stabilisierung	1990	2000
Irland	CO_2	Begrenzung auf ein 20%-iges Wachstum	1990	2000
Italien	CO_2	Stabilisierung	1990	2000
Japan	CO_2	Pro-Kopf-Stabilisierung	1990	2000
Kanada	CO_2 + andere NMPs und Treibhausgase	Stabilisierung	1990	2000
Luxemburg	CO_2	Stabilisierung 20% Reduktion	1990 1990	2000 2005
Niederlande	CO_2 alle anderen Treibhausgase	Stabilisierung 3-5% Reduktion 20-25% Reduktion	1989/90 1989/90 1989/90	1994/95 2000 2000
Neuseeland	CO_2	Stabilisierung	1990	2000
Norwegen	CO_2	Stabilisierung	1989	2000
Österreich	CO_2	20% Reduktion		2005
Portugal	CO_2	EU-Übereinkommen	1988	
Schweden	CO_2	Stabilisierung Reduktion	1990 1990	2000 nach 2000
Schweiz	CO_2	Stabilisierung Reduktion	1990 1990	2000 nach 2000
Spanien	CO_2	Begrenzung auf ein 25%-iges Wachstum	1990	2000
Türkei		es wurde kein Ziel gesetzt		
USA	alle Treibhausgase	Stabilisierung	1990	2000
EU	CO_2	Stabilisierung	1990	2000

* NMP = Nicht-Montreal Protokoll (bezieht sich auf Treibhausgase, die nicht unter das "Montrealer Protokoll zum Schutz der Ozonschicht" von 1987 fallen).
** Das betreffende Land fällt unter das EU-Reduktionsziel (am Ende der Tabelle angegeben), hat jedoch noch keine eigenen Reduktionsziele festgelegt.

Tab. 1: CO₂- und Treibhausgas-Emmissionsziele der OECD-Staaten (WBGU 1996, S.120)

1990 - beabsichtigen, eine Stabilisierung bis zum Jahre 2000 erreichen zu wollen. Ein verbindliches Minderungsziel konnte allerdings in der EU bislang noch nicht festgelegt werden. Einige Staaten, wie z.B. Dänemark, Österreich und Deutschland, haben sich durch öffentliche Erklärung zu einer CO_2-Reduktion verpflichtet, nicht so Japan und die USA. Beide Staaten - weltweit betrachtet bedeutende CO_2-Emmittenten - streben bis zum Jahre 2000, bezogen auf das Basisjahr 1990, lediglich eine Pro-Kopf-Stabilisierung an. Noch schwächer ist die Position von Frankreich. Ohne die Angabe eines Basisjahres, auf die eine Stabilisierung bezogen werden könnte, wird eine Pro-Kopf-Stabilisierung für den Zeitraum Ende der 90er Jahre angegeben. Obwohl die bislang erreichten Vereinbarungen zur Stabilisierung des CO_2-Ausstoßes zumindest einen wichtigen Anfang markieren, scheint das Ziel "Schutz des Klimas" mit den eingeleiteten Maßnahmen nicht erreicht werden zu können. Hierfür wäre eine CO_2-Reduktion erforderlich.

Um der Problematik des globalen Klimawandels künftig weltweit koordiniert entgegen wirken zu können, wurde anläßlich der "Konferenz der Vereinten Nationen für Umwelt und Entwicklung" (UNCED) 1992 in Rio de Janeiro ein Rahmenübereinkommen über Klimaänderungen, die sogenannte Klimakonvention, verabschiedet (vgl. BMU o.J.). Sie markiert einen wichtigen Schritt, dem erwarteten Klimawandel konkrete, international abgestimmte Maßnahmen entgegenzusetzen.

Auf nationaler und internationaler Ebene wird der Schutz des Weltklimas hauptsächlich dem technischen Umweltschutz zugeordnet, obwohl primär ein Schutz der natürlichen Ressourcen angestrebt wird mit dem Ziel, die Funktionsfähigkeit des Naturhaushalts zu erhalten. Bislang stehen - wenn allgemein von Klimaschutz die Rede ist - fast ausnahmslos Maßnahmen zur CO_2-Minderung bestimmter anthropogen in die Atmosphäre abgegebener Stoffe im Vordergrund. Unbestreitbar handelt es sich hierbei um eine wichtige Aufgabe. Die entfalteten Aktivitäten in diesem primär technischen Bereich verstellen jedoch sehr häufig den Blick für die wesentlichen ökosystemaren Zusammenhänge, die beim Schutz der natürlichen Ressourcen zu beachten sind (Enquete-Kommission 1994). Aufgrund des medienübergreifenden Ansatzes wäre der Schutz des Klimas deshalb im Naturschutz sicher besser angesiedelt.

Die bislang gültige Aufgabenverteilung geht auf die 1. Umweltkonferenz der Vereinten Nationen zurück, die 1972 in Stockholm stattfand und den Beginn des internationalen Umweltschutzes markiert. Auf dieser Konferenz dominierten Fragen des Schadstofftransfers und der Schadstoffwirkung auf den Menschen, während Fragen der natürlichen Ressourcen nicht thematisiert wurden. Der 1970 von der UNESCO entwickelte Ansatz, Mensch und Umwelt gemeinsam zu betrachten und interdisziplinäre Lösungskonzepte zu erarbeiten, zu erproben und umzusetzen - der u.a. im zwischenstaatlichen Programm "Der Mensch und die Biosphäre" (MAB) zum Ausdruck kommt (vgl. Erdmann/Nauber 1995) -, kam in Stockholm nicht zum Tragen.

Fairerweise muß jedoch auch darauf hingewiesen werden, daß der Naturschutz noch keine inhaltlichen Anregungen zur Neugestaltung der Aufgabenzu-

teilung gegeben hat. Da er in der Vergangenheit dieses zentrale Feld der Natur-
und Umweltschutzpolitik nicht besetzt hat, ist der technische Umweltschutz hier
eingesprungen. Es liegt die Vermutung nahe, daß diese Aufgabenzuweisung das
Spannungsverhältnis zwischen technischem Umweltschutz und Naturschutz mit-
begründet hat.

3. Die Wüstenkonvention

Ein für den internationalen Naturschutz sehr wichtiger Bereich ist die Verhinderung der Desertifikation, der Versteppung, der Verwüstung oder der Wüstenbildung (vgl. Mensching 1990). Im globalen Maßstab galt Desertifikation lange
Zeit als ein vernachlässigbares Thema, da Wüstenbildung lediglich als afrikani-
sches Problem angesehen wurde. Inzwischen hat sich jedoch zunehmend bestätigt, daß zwischen 10 % und 20 % der Landfläche der Erde von diesem Problem
betroffen sind, womit deutlich wurde, daß Desertifikation ein weltweites Problem
ist.

In Tab. 2 ist die Entstehungsgeschichte der Wüstenkonvention dargestellt. Als
Ausgangspunkt kann die große Hungerkatastrophe zu Beginn der 70er Jahre in
Westafrika angesehen werden, der etwa 250.000 Menschen zum Opfer fielen. Seit
dieser Zeit hat Afrika insgesamt - trotz des großen finanziellen Engagements
einiger Staaten - nur sehr geringe Hilfsmittel zur Lösung dieses Problems erhalten. Zwar riefen einige afrikanische Staaten eigenständige Programme zur Eindämmung der Wüstenbildung ins Leben, doch blieben diese - vor allem infolge
Geldmangels - weitgehend erfolglos.

Erst kurz vor der "Konferenz der Vereinten Nationen für Umwelt und Entwicklung" (UNCED) ergriff das United Nations Environment Programme
(UNEP) die Initiative, 1992 in Rio de Janeiro einen politischen Beschluß zur
Verringerung der Desertifikation in Form einer Konvention zu fassen. Diese
Aktivitäten mündeten im Oktober 1994 in der Unterzeichnung des Konventionstextes unter Beteiligung von 85 Zeichnerstaaten. Da es sich um ein völkerrechtliches Abkommen handelt, mit dem zum ersten Mal auch die Vergabe von Geld
(über die Weltbank und andere Fördererinstitutionen) verbunden ist, können die
von der Desertifikation betroffenen Staaten auf konkrete Hilfen zur Verringerung
der Wüstenbildung und Rekultivierung des verwüsteten Landes hoffen.

Zusammengefaßt läßt sich sagen, daß die Desertifikation als globales Problem
erkannt ist und zur Schaffung eines völkerrechtlichen Instruments in Form der
Wüstenkonvention sowie - was vielleicht noch viel wichtiger ist - zur Etablierung
eines Finanzierungsmechanismusses geführt hat.

4. Die Walderklärung

Mit einem Anteil von ca. 20 % an der Erdoberfläche ist Wald die dominieren-
de Vegetationsform der Biosphäre. Durch menschliche Eingriffe, die in Intensität

Anfang der 70er Jahre	Westafrika: Hungerkatastrophe kostet etwa 250.000 Menschen das Leben.
1977	Nairobi: United Nations Conference on Desertification (UNCOD). Ziel der Konferenz war es, das Problem bis zur Jahrhundertwende unter Kontrolle zu bekommen.
Juni 1992	Rio de Janeiro: "Konferenz der Vereinten Nationen für Umwelt und Entwicklung" (UNCED). Hier wurde unter anderem auch das Thema Desertifikation erneut in den Vordergrund gestellt. In Kap. 12 der AGENDA 21 sind eine Reihe von konkreten Programmbereichen genannt, die für die Bekämpfung der Desertifikation wichtig sind. Weiter erfolgt der Beschluß zur Vorbereitung einer internationalen Konvention mit konkreten und rechtlich verbindlichen Verpflichtungen zur Desertifikationsbekämpfung.
Dezember 1992	Das International Negotiating Committee for the Elaboration of an International Convention to Combat Desertification - INCD - wird gebildet, mit einem Sekretariat, das für organisatorische Fragen und wissenschaftliche Unterstützung des Verhandlungsprozesses zuständig ist.
1993 - 1994	vier INCD-Vorbereitungskonferenzen.
Juni 1994	Paris: Abschlußkonferenz mit der Verabschiedung eines gemeinsamen Textes.
Oktober 1994	Paris: Unterzeichnungszeremonie. 85 Vertragsparteien unterzeichnen die Konvention.
Januar 1995	New York: sechste INCD Konferenz. Insgesamt 98 Vertragsparteien hatten nach Ende unterzeichnet.
1996	Inkrafttreten der Wüstenkonvention. Bedingung: 50 Länder mußten ratifizieren (Kabinetts- bzw. Parlamentsbeschluß).

Tab. 2: Entstehungsgeschichte der Wüstenkonvention
(nach WBGU 1996, S.164)

und Ausmaß seit Mitte dieses Jahrhunderts sehr stark zugenommen haben, sind die Waldökosysteme jedoch weltweit z.T. tiefgreifend verändert oder sogar zerstört worden.

Bereits seit mehreren Jahrzehnten arbeiten verschiedene internationale Organisationen an einer globalen Regelung zum Umgang mit Wäldern. Auch anläßlich der "Konferenz der Vereinten Nationen für Umwelt und Entwicklung" (UNCED) 1992 in Rio de Janeiro wurde die Waldproblematik thematisiert (vgl. Tab. 3). Nicht zuletzt aufgrund des Widerstandes zahlreicher Entwicklungsstaaten, die die nationalstaatliche Souveränität für ihre Wälder und deren Ressourcen gefährdet sahen, wurde - so das Ergebnis von Rio de Janeiro - lediglich eine unverbindliche "Grundsatzerklärung über die Bewirtschaftung, Bewahrung und nachhaltige Entwicklung aller Arten von Wäldern" (Walderklärung) verabschiedet.

Ziele:

- Leistung von Beiträgen zur Bewirtschaftung, Erhaltung und nachhaltigen Entwicklung der Wälder,

- Sicherung der vielfältigen und sich gegenseitig ergänzenden Nutzungen und Funktionen der Wälder,

- Prüfung forstwirtschaftlicher Fragen und Möglichkeiten unter Berücksichtigung einer nachhaltigen Waldbewirtschaftung.

Grundsätze:

Die Staaten haben

- das Recht, ihre Ressourcen im Rahmen ihrer eigenen Umweltpolitik zu nutzen, zu bewirtschaften und zu entwickeln,

- die Pflicht, der Umwelt anderer Staaten keinen Schaden zuzufügen.

Elemente:

- Entwicklung und Förderung von Einrichtungen und Programmen für die Bewirtschaftung, Erhaltung und nachhaltige Entwicklung von Wäldern und Waldgebieten,

- Anerkennung der entscheidenden Rolle, die Wälder bei der Erhaltung des ökologischen Gleichgewichts, als Speicher biologischer Ressourcen und Quellen genetischen Materials haben,

- Förderung eines günstigen internationalen Wirtschaftsklimas, das einer nachhaltigen und ökologisch tragfähigen Entwicklung der Wälder dienlich ist,

- Treffen von Maßnahmen zur Wiederaufforstung und Aufforstung sowie zur Erhaltung der Wälder,

- Unterstützung der Entwicklungsländer bei ihren Bemühungen um forstliche Ressourcen durch die Völkergemeinschaft unter Berücksichtigung der Abtragung von Auslandsschulden,

- Bereitstellung neuer und zusätzlicher Finanzmittel für die Entwicklungsländer,

- Förderung und Erleichterung des Zugangs zu ökologisch tragfähigen Technologien und Fachkenntnissen,

- Unterstützung der Zusammenarbeit auf internationaler Ebene,

- Stützung des Handels mit Forsterzeugnissen auf nicht-diskriminierende, mehrseitig vereinbarte Regeln und Verfahren sowie Förderung des Abbaus von Zollschranken und Handelshemmnissen,

- Vermeidung einseitiger Beschränkungen zum internationalen Handel mit Holz oder anderen Forsterzeugnissen,

- Überwachung der Schadstoffeinträge, insbesondere aus der Luft.

Tab. 3: Inhalte der "Walderklärung" von 1992 (nach WBGU 1996, S.186)

Bislang ist noch ungeklärt, wie zukünftig weltweit die Fragen der Waldregime geregelt werden können, ob in Form einer Waldkonvention oder in Form eines Waldprotokolls im Rahmen der Biodiversitätskonvention.

5. Die Konvention über die Biologische Vielfalt (Biodiversitätskonvention)

Eine weitere für den internationalen Naturschutz wichtige, anläßlich der "Konferenz der Vereinten Nationen für Umwelt und Entwicklung" (UNCED) 1992 in Rio de Janeiro getroffene völkerrechtliche Vereinbarung ist die Konvention über die Biologische Vielfalt (vgl. BMU 1992; Schäfer 1995). In Tab. 4 ist die Entstehungsgeschichte der Konvention zusammenfassend dargestellt.

Für den internationalen Naturschutz ist die Konvention über die Biologische Vielfalt besonders interessant, da sie drei wichtige Schwerpunkte miteinander verbindet:

1. den klassischen konservierenden Naturschutz mit dem Ziel, die biologische Vielfalt zu bewahren. Die steigende Zahl der vom Aussterben bedrohten Arten verdeutlicht die große Dringlichkeit des Schutzes der Biologischen Vielfalt (vgl. u.a. Blab et al. 1984; Solbrig 1994).

2. die nachhaltige Nutzung ("sustainable use") mit dem Ziel, die natürlichen Ressourcen auf Dauer schonend zu nutzen. Menschliches Leben heutiger und künftiger Generationen ist auf die Entnahme und den Verbrauch natürlicher Ressourcen angewiesen, gleichfalls aber auch auf die Möglichkeit, diese zukünftig fortzusetzen (vgl. Kastenholz et al. 1996).

3. einen Finanzierungsmechanismus, der vorsieht, daß dic Besitzerstaaten für die Entnahme natürlicher Ressourcen von den Nutzern einen monetären Ausgleich erhalten. Mit der Konvention wird zum ersten Mal ein finanzieller Anspruch für die Entnahme natürlicher Ressourcen von dem Territorium eines Staates festgeschrieben.

Mit der Verabschiedung der Konvention über die Biologische Vielfalt wird insbesondere den Staaten der Dritten Welt - hier existieren die größten Vorkommen bislang noch nicht erfaßter biologischer Ressourcen (u.a. hinsichtlich Wirksamkeit und Nutzbarkeit) - ein Instrument zur gerechten Vermarktung und finanziellen Teilhabe an möglichen Nutzungsgewinnen geschaffen.

Es wurden bereits einige vertragliche Vereinbarungen zwischen Dritte Welt-Staaten und Wirtschaftsunternehmen über die Entnahme und die Nutzung natürlicher Ressourcen aus dem Vertragsstaat geschlossen. Dargestellt werden soll dies am Beispiel des INBio-Merck-Vertrages (vgl. WBGU 1996, S.179). Die Vertragsparteien Merck & Co., Inc. (New Jersey, USA), Tochterunternehmen des internationalen Pharmakonzerns Merck, und das Instituto Nacional de Biodiversidad (INBio, Costa Rica; vgl. Nader 1996), ein privates, nicht gewinnorientiertes Institut[2], das eng mit dem für Naturschutz zuständigen Ministerium in Costa Rica zusammenarbeitet, haben im September 1991 einen ersten Vertrag, der im Juli 1994 mit ähnlichem Inhalt erneuert wurde, bezüglich der Nutzung von natürlichen Ressourcen Costa Ricas geschlossen. Aufgrund der sehr hohen biologischen

---

2   Alle von INBio erzielten Überschüsse sind zweckgebunden für den Naturschutz zu verwenden.

Ziele (Art. 1):

Die Ziele dieses Übereinkommens, die in Übereinstimmung mit seinen maßgeblichen Bestimmungen verfolgt werden, sind

- die Erhaltung der biologischen Vielfalt,

- die nachhaltige Nutzung ihrer Bestandteile und

- die ausgewogene und gerechte Aufteilung der sich aus der Nutzung der biologischen Ressourcen ergebenden Vorteile, insbesondere durch:
    - angemessenen Zugang zu genetischen Ressourcen und
    - angemessene Weitergabe der einschlägigen Technologien unter Berücksichtigung aller Rechte an diesen Ressourcen und Technologien sowie durch
    - angemessene Finanzierung.

Grundsätze (Art. 3-4)

Die Nationen haben
- das Recht auf Nutzung der eigenen biologischen Ressourcen,

- die Pflicht, dafür zu sorgen, daß sie die Umwelt anderer Staaten nicht schädigen.

Nationale Verpflichtungen (Art. 5-14)

Die Vertragsstaaten verpflichten sich zur
- Zusammenarbeit bei Erhaltung und nachhaltiger Nutzung der biologischen Vielfalt von Gebieten außerhalb nationaler Hoheitsgrenzen sowie bei anderen Angelegenheiten gemeinsamen Interesses,

- Entwicklung nationaler Strategien zu Erhaltung und nachhaltiger Nutzung der biologischen Vielfalt,

- Integration von Erhaltung und nachhaltiger Nutzung von biologischer Vielfalt in bestehende nationale Pläne und Programme sowie in politisches Handeln,

- Bestimmung der Bestandteile sowie Überwachung der Biodiversität,

- Maßnahmen zur *In-situ*-Erhaltung (z.B. System von Schutzgebieten),

- Maßnahmen zur *Ex-situ*-Erhaltung (z.B. Genbanken, botanische Gärten),

- Einhaltung von Leitlinien zur nachhaltigen Nutzung der biologischen Vielfalt,

- Schaffung von Anreizen für die Erhaltung und nachhaltige Nutzung der biologischen Vielfalt,

- Förderung von Forschung und Ausbildung,

- Aufklärung und Bewußtseinsbildung in der Öffentlichkeit,

- Durchführung von Umweltverträglichkeitsprüfungen.

Zwischenstaatliche Regelungen (Art. 15-22)

Zu folgenden Themen enthält die Konvention Regelungen im zwischenstaatlichen Bereich:
- Zugang zu genetischen Ressourcen,
- Zugang zu und Transfer von Technologie,
- Informationsaustausch,
- Technische und wissenschaftliche Kooperation,
- Umgang mit Biotechnologie,
- Bereitstellung finanzieller Mittel,
- Verhältnis zu anderen Konventionen.

Die Artikel 2-5 enthalten Aussagen zu Definitionen, generellen Prinzipien und völkerrechtlichen Aspekten. Die Art. 23-42 regeln die administrativen und prozeduralen Mechanismen der Konvention.

Tab. 4: Die Konvention über die Biologische Vielfalt (nach WBGU 1996, S.175)

Vielfalt (Brückenfunktion) verbunden mit politischer Stabilität, relativ guten Umweltgesetzen und -einrichtungen sowie einem vergleichsweise gut ausgebautem Bildungssystem bestehen in Costa Rica sehr gute Voraussetzungen für eine für beide Vertragsparteien erfolgreiche Vertragserfüllung.

Die Leistungen von INBio[3] umfassen:

- Sammlung, Identifikation und Lieferung von ca. 10.000 Pflanzen- und Insektenproben in extrahierter Form aus den Naturschutzgebieten Costa Ricas,

- Überlassung der exklusiven Nutzung dieser Proben dem Vertragspartner für die Laufzeit des Vertrages,

- Übertragung der Rechte zur Patentierung der aus dem Material entwickelten Erfindungen an Merck.

Die Leistungen von Merck umfassen:

- Ausbildung von vier Wissenschaftlern Costa Ricas im Forschungszentrum von Merck,

- Zahlung von 1 Mio. US-$ an INBio für die Vertragsdauer von zwei Jahren, davon 100.000 US-$ an das Nationalparkprogramm Costa Ricas,

- Zahlung von 135.000 US-$ für eine Laboratoriumsausrüstung und die Einrichtung eines modernen Bestimmungslabors an der Universität von Costa Rica,

- Zahlung von etwa 2 - 6 % des Nettoverkaufserlöses von Produkten, die aus der Zusammenarbeit mit INBio stammen.

Mit diesem und ähnlichen Verträgen werden neuartige Ideen zum Finanztransfer für die Entnahme natürlicher Ressourcen in neue Konzepte überführt, die eine neue Form von Fairneß zwischen Industrie- und Entwicklungsstaaten aufweisen. Die hochkomplizierte Eigentumsfrage im Vertragsstaat einmal außer acht lassend, wird ein Mechanismus geschaffen, der sicherstellt, daß demjenigen Staat, der eine Ressource besitzt, vom Nutzer dieser Ressource eine Entschädigung vertraglich zusteht.

Die Konvention über die Biologische Vielfalt wird künftig eine zentrale Rolle bei der Entwicklung des internationalen Naturschutzes einnehmen.

6. Weitere internationale naturschutzrelevante Rechtsbestimmungen

Bereits vor dem Inkrafttreten der Konvention über die Biologische Vielfalt wurden zahlreiche internationale Rechtsbestimmungen mit Naturschutzrelevanz vereinbart.

---

3 INBio behält das Recht für weitere Vertragsabschlüsse mit anderen Firmen für gemeinschaftliche Forschung.

Zu nennen sind beispielsweise das Ramsar-Abkommen, die Konvention zum Schutz des Weltkultur- und Weltnaturerbes[4], das Washingtoner Artenschutzübereinkommen (vgl. den Beitrag von Böhmer in diesem Band) und die Konvention zur Erhaltung der wandernden wildlebenden Tierarten (Bonner Konvention; vgl. den Beitrag von Müller-Helmbrecht in diesem Band).

Eine besondere Bedeutung für den Naturschutz hat die Seerechtskonvention[5]. Insbesonders regelt sie den Zugang und den Zugriff auf die Bodenschätze der hohen See. Sie beinhaltet aber auch klare Ziele hinsichtlich des Schutzes der natürlichen Ressourcen, den Naturschutz. Es wäre jedoch vermessen und falsch zu behaupten, daß mit der Seerechtskonvention alle Naturschutzprobleme der hohen See gelöst seien.

Betrachtet man die verschiedenen Schadstoffeinträge in die Ozeane (vgl. Abb. 3), so fallen die exorbitant hohen Schadstoffanteile der Gruppe aus "Flüssen und Direkteinleitern[6]" auf, die vornehmlich aus Industrieanlagen stammen. Dem gegenüber ist der meeresbergbaubedingte Schadstoffanteil fast bedeutungslos. Ziel wird es zukünftig sein müssen, vor allem die in Abb. 3 aufgeführten bedeutenderen Schadstoffeinträge zu reduzieren, was - so kann vermutet werden - nur im Weltmaßstab befriedigend zu lösen sein wird. In Europa wurden bereits, um die Meere besser vor Schadstoffen zu schützen, verschiedene Verklappungsübereinkünfte geschlossen. Ein globales Übereinkommen könnte auch der Drit-

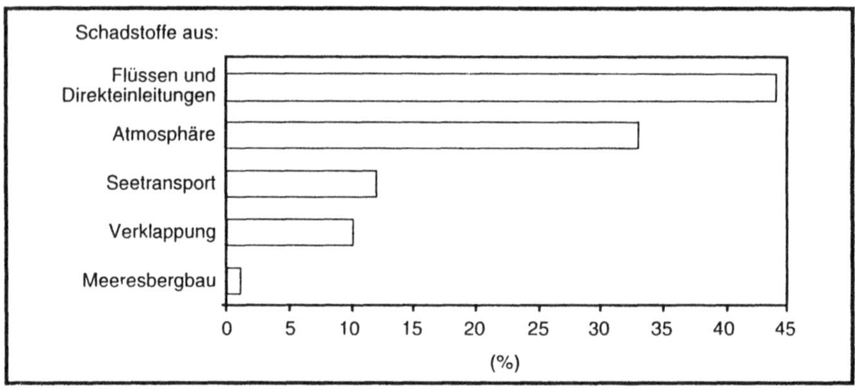

Abb. 3: Schadstoffeinträge in die Ozeane (nach WBGU 1996, S.142)

---

4   In Zusammenarbeit der Regierung Rußlands mit dem Bundesamt für Naturschutz (BfN), dem Naturschutzbund Deutschlands (NABU), dem Worldwide Fund for Nature (WWF) und Greenpeace wurden 1995 in Rußland sechs große Flächen identifiziert sowie hinsichtlich der Aufnahme in die Weltnaturerbeliste der UNESCO vorbereitet und vorgeschlagen.

5   Deutschland hat dieses, dem Vermögensrecht zuzuordnende Gesetzeswerk im Jahre 1994 ratifiziert.

6   Terminus aus dem deutschen Wasserhaushaltsgesetz.

ten Welt sehr helfen. Sehr viel stärker als die entwickelten Staaten sind die Dritte-Welt-Staaten auf die fischfanggestützte Eiweißgewinnung angewiesen. Zur Vermeidung von Nahrungsengpässen und gesundheitlichen Risiken sollten alle Möglichkeiten ausgelotet werden, die Schadstoffbelastung der Weltmeere möglichst gering zu halten.

7. Wie entstehen internationale Vereinbarungen für den Naturschutz und wie werden internationale Vereinbarungen für den Naturschutz in Deutschland umgesetzt?

Nachdem in den vorherigen Kapiteln verschiedene internationale Vereinbarungen zum Naturschutz vorgestellt wurden, soll im folgenden am Beispiel der Biodiversitätskonvention, der Klimakonvention und der Wüstenkonvention die Entstehung von Naturschutzkonventionen dargelegt werden (vgl. Abb. 4). Daran schließt eine Erörterung zu deren Umsetzung in Deutschland an.

Nur selten geht der Anstoß für eine internationale Naturschutzvereinbarung von staatlichen bzw. zwischenstaatlichen Institutionen aus. So beruht die Errichtung der Konvention über die Biologische Vielfalt auf einer Initiative der World Conservation Union (IUCN; vormals: International Union for the Conservation of Nature and Natural Resources), einer internationalen nichtstaatlichen Naturschutzorganisation mit Sitz in Gland/Schweiz. Mitbeteiligt waren die World Health Organisation (WHO) in Genf/Schweiz und das United Nations Environmental Programme (UNEP) in Nairobi/Kenia.

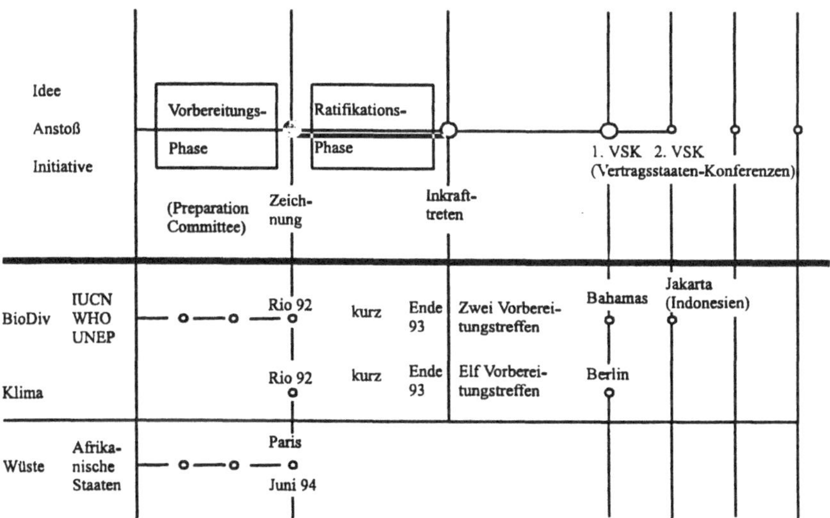

Abb. 4: Graphische Darstellung der Entstehung und Entwicklung der Biodiversitätskonventionen, der Klimakonvention und der Wüstenkonvention

Die Klimakonvention hat eine andere Entstehungsgeschichte. Beteiligt waren vor allem die World Meteorological Organisation (WMO) in Genf/Schweiz sowie das United Nations Environmental Programme (UNEP) in Nairobi/Kenia. Lange Zeit leisteten die Industriestaaten als die großen Emittenten großen Widerstand gegen die Errichtung einer Klimakonvention.

Die Wüstenkonvention geht vor allem auf die Initiative afrikanischer Staaten zurück, die als Folge der großen Dürrekatastrophe in den 70er Jahren die Errichtung einer Konvention für aride Räume immer wieder thematisierten.

Stößt die Initiative zur Erstellung einer Konvention in der internationalen Staatengemeinschaft auf Resonanz, folgt eine Phase der Vorbereitung, in der ein Komitee (Preparation Committee) auf sogenannten Vorbereitungstreffen den Konventionstext ausarbeitet.

Während - wie Abb. 4 verdeutlicht - für die Klimakonvention elf Vorbereitungstreffen durchgeführt wurden, waren es für die Konvention über die Biologische Vielfalt lediglich zwei Treffen. Konventionstexte profitieren in der Regel von der intensiveren Bearbeitung, so auch der Text der Klimakonvention. Im Vergleich zu diesem weist der Text der Konvention über die Biologische Vielfalt noch erhebliche Defizite auf, die jetzt im nachhinein behoben werden müssen.

Im Anschluß an die Vorbereitungsphase folgt die Zeichnung des Konventionstextes. Das Zeichnen ist jedoch weit weniger bedeutsam als das Ratifizieren, d.h. die Übertragung des Völkerrechts in das nationale Recht. Erst nach dem Ratifizieren tritt eine Konvention in einem Staat in Kraft. Danach setzt die Normalität derartiger Konventionen in Form von Vertragsstaatenkonferenzen ein. Dort treffen Vertreter jener Staaten zusammen, die den Vertrag gezeichnet und ratifiziert haben und damit dem Vertragswerk angehören. Auf diesen Konferenzen werden mögliche Schwächen eliminiert sowie das weitere Vorgehen abgestimmt.

In Deutschland sind Naturschutzkonventionen immer auf drei Verwaltungsebenen zu beziehen, erstens auf die Ebene der Europäischen Union[7], vertreten durch die Kommission in Brüssel, zweitens auf die Ebene des Bundes und drittens auf die Ebene der Länder.

Die EU - früher die EG - erläßt Regelwerke in Form von Richtlinien und Verordnungen. Zu verweisen ist in diesem Zusammenhang u.a. auf die "Richtlinie 92/43/EWG zur Erhaltung der natürlichen Lebensräume sowie der wildlebenden Tiere und Pflanzen", die sogenannte Flora-Fauna-Habitat-Richtlinie bzw. FFH-Richtlinie. Nach ihr sind die Mitgliedsstaaten der Europäischen Union zur Benennung von Gebieten für das Schutzgebietsnetz "Natura 2000" verpflichtet. Die Mitgliedsstaaten haben diese EU-Vorgaben jeweils in die nationale Gesetzgebung zu transformieren. Die Umsetzung in der Praxis obliegt in Deutschland den Ländern, d.h. die Länder müssen Gebiete melden, die künftig dem besonderen

---

7 Die Europäische Union ist ein völkerrechtliches Subjekt, sie kann Verträge abschließen und zeichnen, womit sie vertragspflichtig und damit auch zahlungspflichtig ist.

Schutz dieser Richtlinie unterliegen sollen. Neben Richtlinien und Verordnungen, die ins nationale Recht zu übertragen sind, existieren aber auch - für den Bereich der Europäischen Union - unmittelbar geltende Richtlinien, die direkt wirksam sind.

Für eine derart wichtige Materie wie den Naturschutz und die Landschaftspflege verfügt der Bund lediglich über eine Rahmenkompetenz, d.h. der Bund kann nur den Rahmen setzen, hat selbst allerdings - bis auf wenige Ausnahmen (u.a. das Washingtoner Artenschutzübereinkommen) - keine Vollzugskompetenz. Bei der kürzlich erfolgten Verfassungsänderung, die in Deutschland im Zusammenhang mit Maastricht II erforderlich wurde, ist die Rahmenkompetenz des Bundes im Naturschutz nochmals eingeschränkt worden, d.h. der Detaillierungsgrad, mit dem der Bund regeln darf und soll, ist noch geringer geworden. Die Regelungs*kompetenz,* aus der inzwischen auch eine Regelungs*pflicht* erwachsen ist, fällt damit zukünftig vermehrt den Ländern zu.

8. Zehn Thesen zum internationalen Naturschutz

Den Abschluß bilden zehn Thesen zur Zukunft des internationalen Naturschutzes. Mit der Reihung der Thesen ist keine Gewichtung verknüpft, allen Thesen sollte eine gleichwertige Beachtung geschenkt werden.

These 1:   Der Spielraum des Naturschutzes wird durch die globale Bevölkerungsentwicklung und Ernährungslage zunehmend eingeengt!

Die erste These weist auf das eingangs erläuterte magische Dreieck, bestehend aus Bevölkerungsentwicklung, Ernährungslage und Natur/Umwelt hin, das in Zukunft die verbliebenen Handlungsspielräume des Natur- und Umweltschutzes zunehmend einschränken wird. Der Natur- und Umweltschutz muß deshalb bei allen seinen Aktivitäten vermehrt die beiden weltweit wichtigen und begrenzenden Komponenten Bevölkerungsentwicklung und Ernährungslage berücksichtigen und in seine internationalen Konzepte und Strategien mit einbeziehen.

These 2:   Naturschutz wird zunehmend eine wachsende Bedeutung erlangen!

Spätestens zur Jahrhundertwende wird der technische Umweltschutz, der im wesentlichen eine Schadstoffbegrenzung zum Ziel hat, u.a. aufgrund zahlreicher Erfüllungstatbestände, seine bisherige Bedeutung verlieren. Auch in Zukunft wird eine Reduzierung der Schadstoffe möglich und nötig sein. Die zu erzielenden Wirkungen werden jedoch - bei wachsendem Aufwand - erheblich geringer sein als in der Blütezeit des Umweltschutzes Anfang und Mitte der 70er Jahre. Im Gegensatz zum Umweltschutz steht die große Zeit des Naturschutzes erst noch bevor.

Die wachsende Bedeutung des Naturschutzes kann u.a. auf die problematische Situation der europäischen Landwirtschaft[8] zurückgeführt werden. Eine weitere Steigerung der Produktivität in der Landwirtschaft scheint kaum noch möglich und wäre - vor dem Hintergrund der aktuellen Produktionsüberschüsse - auch wenig sinnvoll. Insbesondere aus wirtschaftlichen Erwägungen sind zur Stabilisierung der Preise auf den verschiedenen politischen Ebenen Extensivierungs-, Brachen- und Stillegungsprämien eingeführt worden. Hier deutet sich bereits an, daß - was den Sektor der Landwirtschaft insgesamt betrifft - ein Intensitätsrückgang der Landnutzung eintreten wird. Von dieser Entwicklung wird der Naturschutz erheblich profitieren - vorausgesetzt er kann mit neuen überzeugenden integrativen Konzepten aufwarten, die sowohl ökologische, ökonomische und soziale Komponenten aufweisen.

In der Forstwirtschaft[9] sind ähnliche Entwicklungen absehbar. Bei fallenden Preisen zählt die Forstwirtschaft in Deutschland zu den höchstsubventionierten Wirtschaftszweigen. Dies wird in einer Gesellschaft, die den schlanken Staat und schlanke Haushalte braucht, nicht mehr lange fortzusetzen sein. Aus dieser Situation werden dem Naturschutz Kooperationsmöglichkeiten mit den Waldnutzern erwachsen, die in dem gemeinsamen Ziel "Förderung einer naturnahen Waldbewirtschaftung" münden könnten.

Der dritte Bereich (ca. 14%), der den Rest der Fläche umfaßt, entfällt auf Siedlungs-, Industrie- und Infrastrukturflächen. Hier wäre es interessant - die Parteien scheinen dies bislang noch nicht erkannt zu haben -, den Naturschutz stärker in den Vordergrund zu rücken. Hier leben die Wähler von heute und morgen nicht im ländlichen Raum, dem von Naturschützern bevorzugten Raum.

These 3:   **Naturschutz muß politikfähig gemacht werden!**

Naturschutz erwuchs im 18. Jahrhundert dem Bildungsbürgertum als Reaktion auf eine wachsende Modernisierung, welche zahlreiche negative Begleiterscheinungen zur Folge hatte. Zu einem akzeptierten Politikbereich - im eigentlichen Sinne - hat sich der Naturschutz bislang noch nicht entwickeln können. Hier muß künftig ein fundamentaler Wandel stattfinden, will der Naturschutz eine, seinem Geltungsanspruch adäquate Rolle einnehmen. Möglicherweise müssen einige Prinzipien und Dogmen des Naturschutzes überdacht und vielleicht auch geändert werden. Ein zunehmend wichtiger werdender Terminus ist jener von der "Funktionsfähigkeit des Naturhaushaltes". Zusammen mit dem Terminus der "Biologischen Vielfalt" werden hier neue politische Grundpfeiler aufzubauen sein, mit welchen der Naturschutz in Zukunft eine stärkere Bedeutung erlangen kann und muß.

---

8   Ca. 55% der Fläche der Bundesrepublik Deutschland wird z.Zt. landwirtschaftlich genutzt.

9   Ca. 31% der Fläche der Bundesrepublik Deutschland wird z.Zt. forstwirtschaftlich genutzt.

These 4:   Naturschutz muß sich international öffnen!

Naturschutz muß stärker bilateral und multinational, d.h. international arbeiten. Naturschutz ist in der Regel - nicht nur in Deutschland, sondern auch in vielen anderen Staaten - territorial sehr kleinräumig angelegt. Vorzugsweise wird an der Verwirklichung von Naturschutzzielen im unmittelbaren Nahbereich, meist auf der lokalen Ebene gearbeitet. Immer noch von untergeordneter Bedeutung sind grenzüberschreitende, vor allem aber globale Fragestellungen. Damit der Naturschutz in Zukunft größere Wirkung entfalten kann, müssen für ihn weltweit effektivere Kommunikationsstrukturen konzipiert und aufgebaut werden. Im Gegensatz zu international vernetzten Sparten (wie z.B. der Wirtschaft) herrscht im Naturschutz noch eine große "Sprachlosigkeit". Fehlende Sprachkenntnisse sind ein großes Hindernis, Konzepte und Strategien untereinander bekannt zu machen und aufeinander abzustimmen. Naturschutz wird erst dann den gewünschten Erfolg erzielen, wenn die Leistungen auch international unter den verschiedenen Staaten bekanntgemacht werden.

These 5:   Die Naturschutzaktivitäten der verschiedenen internationalen Organisationen müssen künftig stärker und besser koordiniert werden!

Der bislang noch geringe Erfolg des internationalen Naturschutzes ist zu einem großen Teil auf die unzureichende Abstimmung und Koordination der Aktivitäten der verschiedenen beteiligten Organisationen zurückzuführen. Auf der globalen Ebene stellt sich die Frage, wie zukünftig erfolgreicher Naturschutz weltweit umorganisiert werden müßte. In diesem Zusammenhang ist zu klären, ob der Naturschutz davon profitieren könnte, wenn die United Nations Educational, Scientific and Cultural Organisation (UNESCO), das United Nations Environment Programme (UNEP) und das United Nations Development Programme (UNDP) enger mit der Weltbank zusammenarbeiten würden. Damit könnten Sachverstand, bestehende Strukturen, organisatorische Erfahrungen und die erforderlichen Finanzmittel zusammengeführt und eventuell auch koordiniert werden, was dem Geist von Rio entspräche.

These 6:   Biologische Vielfalt wird sich zum zentralen Thema des internationalen Naturschutzes entwickeln!

Der Schutz und die Nutzung der Biologischen Vielfalt werden zunehmend wachsende Bedeutung erlangen. Bislang reagiert der klassische Naturschutz noch mit sehr großer Zurückhaltung auf die neuen Inhalte mit ihrer neuen Begriffswelt. In Deutschland sind die internationalen Aktivitäten in diesem Bereich, die - wie zuvor ausgeführt - zur Erstellung einer Konvention über die Biologische Vielfalt geführt haben, lange Zeit nicht ernst genommen worden. Ein konkreter Regelungsbedarf wurde nicht gesehen. Diese Einschätzung war jedoch nicht richtig, da unter dem Stichwort "Biologische Vielfalt" nicht nur der klassische Schutz ("conservation"), sondern insbesondere auch die Nutzung ("use") natürlicher Ressourcen gefaßt wird.

These 7: Biologische Vielfalt muß stärker politisch interpretiert werden!

Biologische Vielfalt kann sich zu einem - vor allem - politischen Kampfbegriff[10] entwickeln. Nach meiner Ansicht ist er bereits auf dem Wege dorthin. Wenn es nicht gelingt, die mit der biologischen Vielfalt im Zusammenhang stehenden Forderungen in das politische Tagesgeschäft einzubringen, werden nur wenige der gesteckten Ziele erreicht werden können. Insgesamt muß der Naturschutz - ausgehend von seinen biologischen und physisch-geographischen Grundlagen - zunehmend auch politische, ökonomische, soziale und kulturelle Konzepte integrieren.

These 8: Naturschutz in Europa muß besser koordiniert werden!

Naturschutz kann und darf künftig nicht mehr an den Grenzen von Staaten enden. So bestehen bereits zahlreiche gemeinsame Naturschutzaktivitäten mit den Nachbarstaaten Deutschlands. Zu verweisen ist u.a. auf die Kooperation mit Dänemark und den Niederlanden im Bereich des Wattenmeeres (vgl. Enemark 1993), mit Tschechien und Österreich im Bereich der Region Bayerischer Wald/Sumava/Mühlviertel (vgl. Deutsches MAB-Nationalkomitee 1994) und mit Frankreich im Bereich der Region Pfälzerwald/Nordvogesen (vgl. Dexheimer/Weiß 1995, S.297f.). In Zukunft müssen die gemeinsamen Naturschutzanliegen noch stärker in den Vordergrund der bilateralen bzw. multilateralen Zusammenarbeit gestellt werden.

Ein weiterer Aspekt in diesem Zusammenhang ist der Bereich Umwelt- und Naturschutz im Rahmen der Europäischen Union. Von der Kommission mit Sitz in Brüssel werden in den nächsten Jahren wichtige Anstöße ausgehen und Anforderungen auf die nationalen Regierungen zukommen. Zu wünschen ist, daß die europäische Zusammenarbeit im Naturschutz zu einer stärkeren Harmonisierung von Konzepten und Strategien auf hohem Niveau kommt. Eine große Bedeutung könnte in diesem Zusammenhang die Europäische Umweltagentur in Kopenhagen/Dänemark erlangen. Ob und inwieweit die Agentur erfolgreich arbeiten kann, wird sehr stark davon abhängen, ob auf nationaler Ebene effizient zuarbeitende Zentren (National Focus Points) eingerichtet werden. Nur wenn dieses gelingt, kann die Agentur die ihr zugeschriebene Koordinationsfunktion wahrnehmen. Deutschland und auch die anderen Staaten der Europäischen Union sollten hier ihre Kräfte einsetzen und konzentrieren.

---

10 Parallelen bestehen u.a. zu den Termini Umweltschutz und Ökologie. Diese Begriffe wurden zwar in den Natur- und z.T. auch in den Sozialwissenschaften verwendet, als politische Begriffe fehlten sie jedoch bis 1970 in nahezu allen deutschen Wörterbüchern und Enzyklopädien. Als politischer Kampfbegriff wurden beide Termini um 1970 geradezu "erfunden".

These 9:   Der Naturschutz in Deutschland hat für die Staaten Zentral- und Osteuropas eine wichtige Mittlerfunktion!

Deutschland darf sich in Mittel- und Osteuropa nicht nur im wirtschaftlichen Sektor engagieren, sondern sollte verstärkt auch im Naturschutz aktiv werden. Gerade an Deutschland werden von den Regierungen der MOE-Staaten diesbezüglich große Erwartungen geknüpft. Insbesondere bei der Realisierung von Entwicklungsprojekten könnte Deutschland seine großen Erfahrungen bei der Anwendung von Umweltverträglichkeitsprüfungen (UVPs) und bei der Durchführung von möglichen Ausgleichsmaßnahmen vermitteln. Bislang ist diese Mittlerfunktion Deutschlands als wichtiges Aufgabenfeld des Naturschutzes noch nicht erkannt worden.

These 10:   Die große Chance des Naturschutzes liegt in der nachhaltigen Entwicklung!

Die letzte These ist der "nachhaltigen Entwicklung" gewidmet. Seit der Konferenz der Vereinten Nationen für Umwelt und Entwicklung (UNCED) 1992 in Rio de Janeiro hat sich dieser von der "World Commission on Environment and Development" (Hauff 1987; vgl. auch Goodland et al. 1992), der sog. Brundtland-Kommission, aufgegriffene Begriff zu einem Universalterminus entwickelt, der bislang weder auf nationaler noch auf internationaler Ebene definitorische Schärfe besitzt. So werden in Deutschland derzeit über 40 Begriffsbestimmungen von nachhaltiger Entwicklung verwendet (vgl. Renn/Kastenholz 1996). Konsens ist, daß eine nachhaltige Entwicklung sowohl ökologische als auch ökonomische und soziale Ziele verfolgt (vgl. BMU 1993, 1994).

Kritik an den Konzepten einer nachhaltigen Entwicklung wird einerseits von Vertretern der Wirtschaft vorgetragen, die befürchten, daß die Entwicklung von Industrie- und Handwerksbetrieben durch tiefgreifende umwelt- und sozialpolitische Eingriffe gehemmt werden könnte. Andererseits wird - vor allem von Vertretern des konservierenden Naturschutzes - der Vorwurf erhoben, mit dem Terminus der nachhaltigen Entwicklung werde lediglich ein Instrument zur wirtschaftlichen Entwicklung geschaffen, das sich als Bremsklotz für eine stärkere Berücksichtigung naturschützerischer Anliegen erweisen könne.

Trotz der zitierten Einwände bietet das Konzept einer nachhaltigen Entwicklung auch für den Schutz der Natur und der natürlichen Ressourcen Chancen, die nicht allzu leichtfertig verspielt werden sollten (vgl. SRU 1994). Vor allem vor dem Hintergrund, daß der bisher betriebene Naturschutz keinen nachhaltigen Erfolg verbuchen konnte und kann, bietet dieser neue Ansatz neuartige Perspektiven, Umwelt und Natur in die Entwicklungsplanung zukünftig stärker zu integrieren. Nicht zuletzt auch für die Umsetzung der Konvention über die Biologische Vielfalt hat das Konzept der nachhaltigen Entwicklung eine grundlegende Bedeutung: Wie können die natürlichen Ressourcen gerecht (sozialer Aspekt) genutzt (ökonomischer Aspekt) werden, ohne sie auf Dauer zu schädigen (ökologischer Aspekt).

Als Modellandschaften einer nachhaltigen Entwicklung kommt den von der UNESCO anerkannten Biosphärenreservaten eine zunehmend wichtigere Bedeutung zu (vgl. AGBR 1995). In ihnen sollen - beispielhaft für ähnlich strukturierte Landschaften - Konzepte erabeitet, erprobt und umgesetzt werden, die in gleicher Weise dauerhaft-umweltgerecht als auch wirtschaftlich tragfähig und sozial verträglich sind. Ziel ist es, daß die - in allen drei Dimensionen - von der lokalen Bevölkerung erfolgreich erprobten Konzepte auf die vom Biosphärenreservat repräsentierten Landschaften übertragen werden.

9. Ausblick

In den letzten Jahren hat der internationale Naturschutz eine vielfältige Differenzierung erfahren, darüber hinaus sind konzeptionelle Neuorientierung hinzugetreten. Ob und inwieweit diese neuen Ansätze international umgesetzt werden können, wird die Zukunft zeigen. Für Deutschland erhoffe ich mir weitere Anstöße, aus der nationalen Enge bisheriger Naturschutzkonzepte herauszutreten und zu einer Ausweitung auf neue Perspektiven zu gelangen. Es muß gelingen, Naturschutzanliegen auf die gesamte Fläche zu übertragen und eine nachhaltige Entwicklung einzuleiten. Dies wird allerdings nur möglich sein, wenn der Naturschutz kompetenter Gesprächspartner der verschiedenen Nutzergruppen wird. Trotz verschiedener Schwierigkeiten, die hier noch auszuräumen sind, bin ich dennoch guten Mutes: Schlußendlich wird sich das Notwendige durchsetzen.

10. Literatur

AGBR [Ständige Arbeitsgruppe der Biosphärenreservate in Deutschland] (1995): Biosphärenreservate in Deutschland. Leitlinien für Schutz, Pflege und Entwicklung. - Berlin-Heidelberg u.a.

Blab, J.; E. Nowak; W. Trautmann und H. Sukopp (1984): Rote Liste der gefährdeten Tiere und Pflanzen in der Bundesrepublik Deutschland. - Greven (4. Aufl.)

BMU [Bundesministerium für Umwelt, Naturschutz und Reaktorsicherheit] (Hrsg.) (1992): Bericht der Bundesregierung über die Konferenz der Vereinten Nationen für Umwelt und Entwicklung im Juni 1992 in Rio de Janeiro. - Bonn

BMU [Bundesministerium für Umwelt, Naturschutz und Reaktorsicherheit] (Hrsg.) (1993): Konferenz der Vereinten Nationen für Umwelt und Entwicklung im Juni 1992 in Rio de Janeiro: Agenda 21. - Bonn

BMU [Bundesministerium für Umwelt, Naturschutz und Reaktorsicherheit] (Hrsg.) (1994): Umwelt 1994. Politik für eine nachhaltige, umweltgerechte Entwicklung. Zusammenfassung. - Bonn

BMU [Bundesministerium für Umwelt, Naturschutz und Reaktorsicherheit] (o.J.): Konferenz der Vereinten Nationen für Umwelt und Entwicklung im Juni 1992 in Rio de Janeiro. Dokumente. Klimakonvention - Konvention über die Biologische Vielfalt - Rio-Deklaration - Walderklärung. - Bonn

Dexheimer, W. und A. Weiß (1995): Biosphärenreservat Pfälzerwald. In: Ständige Arbeitsgruppe der Biosphärenreservate in Deutschland (Hrsg.): Biosphärenreservate in Deutschland. Leitlinien für Schutz, Pflege und Entwicklung. - Berlin-Heidelberg u.a., S.271-299

Enemark, J.A. (1993): The Protection of the Wadden Sea in an International Perspective. In: Hillen, R. und H.J. Verhagen (Hrsg.): Coastlines of the Southern North Sea. - New York, S.202-213

Enquete-Kommission [Enquete Kommission "Schutz der Erdatmosphäre" des Deutschen Bundestages] (Hrsg.) (1994): Schutz der grünen Erde. Klimaschutz durch umweltgerechte Landwirtschaft und Erhalt der Wälder. Dritter Bericht der Enquete Kommission "Schutz der Erdatmosphäre" des 12. Deutschen Bundestages. - Bonn

Erdmann, K.-H. und J. Nauber (1995): Der deutsche Beitrag zum UNESCO-Programm "Der Mensch und die Biosphäre" (MAB) im Zeitraum Juli 1992 bis Juni 1994; mit einer englischen Zusammenfassung. - Bonn

Goodland, R.; H. Daly; S. El Serafy und B. von Droste (1992): Nach dem Brundtland-Bericht: umweltverträgliche wirtschaftliche Entwicklung. - Bonn

Hauff, V. (Hrsg.) (1987): Unsere gemeinsame Zukunft. - Greven

Kastenholz, H.G.; K.-H. Erdmann und M. Wolff (Hrsg.) (1996): Nachhaltige Entwicklung. Zukunftschancen für Mensch und Umwelt. - Berlin-Heidelberg u.a.

Mensching, H.G. (1990): Desertifikation. Ein weltweites Problem der ökologischen Verwüstung in den Trockengebieten der Erde. - Darmstadt

Nader, W. (1996): INBio - Mission und Aktivitäten im Sinne der UN-Konvention zur biologischen Vielfalt. In: ATSAF-Circular 45, S.48-50

Renn, O. und H.G. Kastenholz (1996): Von der Theorie zur Praxis: Perspektiven einer nachhaltigen Entwicklung. In: Erdmann, K.-H und J. Nauber (Hrsg.): Beiträge zur Ökosystemforschung und Umwelterziehung III. - MAB-Mitteilungen 38, S.27-37

Schäfer, H.-J. (Endred.) (1995): Materialien zur Situation der biologischen Vielfalt in Deutschland. - Bonn

Solbrig, O.T. (1994): Biodiversität. Wissenschaftliche Fragen und Vorschläge für die internationale Forschung. - Bonn

SRU [Der Rat von Sachverständigen für Umweltfragen] (1994): Umweltgutachten 1994 für eine dauerhaft-umweltgerechte Entwicklung. - Stuttgart

WBGU [Wissenschaftlicher Beirat der Bundesregierung für Globale Umweltfragen] (1996): Welt im Wandel: Wege zur Lösung globaler Umweltprobleme. Jahresgutachten 1995. - Berlin-Heidelberg u.a.

Springer
und
Umwelt